Lecture Notes in Mathematics

Edited by A. Dold, B. Eckmann and F. Takens

1416

C. Albert (Ed.)

Géométrie Symplectique et Mécanique

Colloque International
La Grande Motte, France, 23–28 Mai, 1988

Springer-Verlag
Berlin Heidelberg New York London Paris Tokyo Hong Kong

Editeur

Claude Albert
Département de Mathématiques, Université Montpellier II
Place E. Bataillon, 34085 Montpellier Cedex 2, France

Mathematics Subject Classification (1980): 53C, 58, 70

ISBN 3-540-52191-7 Springer-Verlag Berlin Heidelberg New York
ISBN 0-387-52191-7 Springer-Verlag New York Berlin Heidelberg

Printing and binding: Druckhaus Beltz, Hemsbach/Bergstr.
2146/3140-543210 – Printed on acid-free paper

PREFACE

Ce volume contient les actes du V° Colloque International du Séminaire Sud-Rhodanien de Géométrie (Universités d'Avignon, Lyon, Marseille, Montpellier).

Organisé à La Grande Motte (France) du 23 au 27 Mai 1988, ce colloque, intitulé

"Géométrie symplectique et Mécanique"

était placé sous le parrainage scientifique de D. Bennequin, D. Mc Duff, P. Libermann, A. Lichnerowicz, C.M. Marle, C. Simo, J.M. Souriau, A. Weinstein.

Les conférences de D. Bennequin, I. Ekeland, et C. Viterbo n'ont pas été rédigées.

TABLE DES MATIERES :

***

Hamiltoniens périodiques sur les variétés symplectiques compactes de dimension 4

Michèle Audin*

Dans cet article, je vais donner une classification à difféomorphisme équivariant près des S^1-variétés compactes de dimension 4 qui possèdent une forme symplectique invariante pour laquelle l'opération est hamiltonienne.

Plus que dans un cas particulier d'opération de S^1 en dimension 4 (*voir* [8]), nous sommes ici, par les méthodes, dans un cadre de classification d'opération hamiltonienne de groupe. Une différence importante par rapport à des situations étudiées précédemment ($SO(3)$ ou $SU(2)$ en dimension 4 dans [11], le tore T^n en dimension double dans [6]) est qu'on n'est plus ici dans un cas de "complète intégrabilité" ($\dim G + \mathrm{rg}\, G = \dim W$), ce qui rend la situation moins rigide. Du point de vue de la méthode, on dispose par contre ici d'une fonction H (le hamiltonien) qui décrit assez complètement l'opération, et qui permet d'utiliser des techniques éprouvées (théorie de Morse, variétés de Seifert, plombages).

Un des ingrédients de base, issu de la théorie de Morse, est un lemme de Dusa McDuff [14], ici le lemme 1.4.1 : tous les quotients des niveaux réguliers du hamiltonien sont des exemplaires de la même surface topologique B. Connaissant B, il est clair qu'on connait déjà beaucoup de la variété W. En étudiant alors la structure de fibré de Seifert sur B des niveaux réguliers du hamiltonien, et sa modification à la traversée des niveaux critiques, on montre notamment :

Théorème *W s'obtient par une suite finie d'éclatements de points fixes à partir d'un modèle simple.*

Ce modèle est en général un fibré en espaces projectifs $\mathbf{P}^1(\mathbf{C})$ sur B, avec quelques autres possibilités quand B elle-même est une sphère (*voir* 4.1 pour les détails)[1].

On remarquera que toutes les variétés obtenues possèdent une structure de surface projective complexe, et même, que ce sont exactement celles trouvées par Orlik et Wagreich [17] dans leur classification des surfaces projectives munies d'opérations de $\mathbf{C}^*$.

Chemin faisant, la méthode montre que toutes les variétés de Seifert orientées à base orientée peuvent être obtenues comme niveaux réguliers d'un hamiltonien périodique sur une variété symplectique compacte (2.2.4) et permet de dire quelles opérations de S^1 sont des restrictions à un sous-tore d'opérations hamiltoniennes d'un tore T^2 (3.5.1).

---

*exposé fait à la Grande Motte le 24 mai 1988.

[1] Un résultat analogue a été annoncé depuis dans [19], semble-t-il obtenu par des méthodes différentes, mais je n'en ai toujours pas vu de démonstration (juillet 1989).

Je remercie Michel Coornaert pour ses précieux conseils bibliographiques, Thomas Delzant pour de fréquentes discussions, Dusa McDuff pour sa correspondance encourageante et le Séminaire Sud-Rhodanien, en les personnes de Claude Albert et Pierre Molino, pour son hospitalité et son intérêt.

Dans toute la suite, *opération* signifiera opération *effective*.

1 Exemples et constructions fondamentales

Commençons par deux exemples très simples d'opérations hamiltoniennes de S^1, à partir desquels seront construits presque tous les autres :

1.1 L'espace projectif complexe $\mathbf{P}^2(\mathbf{C})$ est muni de la forme de Kähler usuelle et de l'opération de S^1 :

$$t \cdot [x, y, z] = [tx, y, z]$$

Le hamiltonien associé[2] est :

$$H([x, y, z]) = \frac{|x|^2}{|x|^2 + |y|^2 + |z|^2}$$

Il n'a que deux valeurs critiques :

- $a = 0$, minimum, réalisé par le $\mathbf{P}^1(\mathbf{C})$ d'équation $x = 0$,
- $a = 1$, maximum, réalisé par le point $[1, 0, 0]$.

Tous les niveaux de H dans $]0, 1[$ sont réguliers, et sont des sphères S^3 fibrées (par Hopf) sur $\mathbf{P}^1(\mathbf{C})$.

1.2 Considérons maintenant une surface (orientée) B munie d'une forme-volume η, et d'un fibré en droites complexes $L \to B$. Appelons W l'espace total du fibré en $\mathbf{P}^1(\mathbf{C})$:

$$\pi : W = \mathbf{P}(L \oplus \mathbf{1}) \to B$$

Faisons opérer S^1 sur W par :

$$t \cdot (b, [v, z]) = (b, [v, tz])$$

où $b \in B$, $v \in L_b$, $z \in \mathbf{C}$ et le crochet désigne, comme plus haut, les coordonnées homogènes. Les sous-variétés fixes pour ces opérations sont les deux sections $\sigma_i : B \hookrightarrow \mathbf{P}(L \oplus \mathbf{1})$

$$\sigma_1(b) = (b, [v, 0])$$

$$\sigma_2(b) = (b, [0, 1])$$

[2]Cet exemple fixe les conventions utilisées ici, qui peuvent différer par un facteur $\pm 1/2$, *voire* $\pm 1/2\pi$ d'un auteur à l'autre.

Munissons L d'une métrique hermitienne et $\mathbf{C}$ de sa métrique usuelle. Soit λ l'unique nombre réel tel que $c_1(L) = \lambda[\eta] \in H^2(B;\mathbf{Z})$, et soit α une 1-forme S^1-invariante sur l'espace total de L telle que sa restriction au fibré en cercles unité de L soit une forme de connexion à courbure la 2-forme $-\lambda\eta$. Appelons encore β la forme de Liouville de $\mathbf{C}$ ($\beta = pdq$), et considérons la 2-forme : $\pi^\star\eta + d\alpha + d\beta$ sur l'espace total de $L \oplus \mathbf{1}$. Il est clair que c'est une forme symplectique sur le fibré en disques de rayon a de $L \oplus \mathbf{1}$ tant que $(1 - a\lambda) > 0$. Si a vérifie cette propriété, la réduction symplectique du fibré en sphères de rayon a de $L \oplus \mathbf{1}$ fournit une forme symplectique ω_a sur $\mathbf{P}(L \oplus \mathbf{1})$ pour laquelle $a\,|z|^2$ est un hamiltonien de l'opération de S^1.

1.3 Notations

Soit (W,ω) une variété symplectique compacte et connexe, et $H : W \to \mathbf{R}$ un hamiltonien périodique associé à une opération de S^1 préservant ω.

Pour tout $a \in \mathbf{R}$, on pose $W_a = H^{-1}(]-\infty, a])$ et $V_a = H^{-1}(a)$. On peut supposer que le minimum de H est 0.

On choisit une fois pour toutes une structure presque complexe $\mathcal{J}$ adaptée à la forme symplectique, la métrique utilisée est celle pour laquelle le gradient de H est $\mathcal{J}\xi$, où ξ est le champ fondamental de l'opération.

Grâce à Frankel [9] et Atiyah [1] on sait que H a exactement un minimum et un maximum local, et que ses autres points critiques sont non-dégénérés et d'indice 2. Ainsi *toutes* les nappes de gradient de H sont des sphères S^2 (presque complexes et donc) symplectiques, feuilletées par les orbites de ξ.

1.4 Un lemme de D. McDuff et une application

Etant donnée une valeur régulière a de H, on sait que le niveau V_a est un fibré de Seifert sur une surface B_a, munie d'une forme symplectique (*réduite*) η_a. Bien sûr, quand on traverse une valeur critique de H, la topologie de V_a change (on lui ajoute une cellule d'indice 2). Il est remarquable que, sous nos hypothèses de dimension, la topologie de B_a, elle, ne change pas. Le lemme de Dusa McDuff est même plus précis : soit $P = H^{-1}([a_0 - \varepsilon, a_0 + \varepsilon])$, où a_0 est une valeur critique correspondant à un ou plusieurs points critiques non-dégénérés d'indice 2 de H, et ε est assez petit pour que a_0 soit la seule valeur critique dans l'intervalle considéré.

Lemme 1.4.1 *Avec les notations ci-dessus, si* $\dim P = 4$, *alors les surfaces* $B_a = V_a/S^1$, *pour* $a \neq a_0$, *sont toutes difféomorphes à une surface* B. *De plus les projections* $H^{-1}(a) \to B$ *s'assemblent en une application différentiable* $\pi : P \to B$.

Pour obtenir l'application π, D. McDuff suit tout simplement le gradient de H. Bien sûr, ça ne définit pas bien une application de P dans $V_{a_0+\varepsilon}$ puisque les points des nappes descendantes des points critiques au niveau a_0 n'ont pas d'image, mais, grâce à l'hypothèse de dimension, ça définit bien une application de P dans la surface réduite du niveau $a_0 + \varepsilon$. Rien n'empêche alors de continuer, jusqu'au maximum de H si celui-ci est réalisé par une surface, qui sera elle-aussi un exemplaire de B, ou jusqu'un peu avant sinon. Rien n'empêche non plus de commencer au minimum de H ou presque.

La proposition suivante est une conséquence simple du lemme 1.4.1 et de ces remarques.

Proposition 1.4.2 *Soit W une variété symplectique compacte de dimension 4 munie d'un hamiltonien périodique H n'ayant que deux valeurs critiques.*

1. *Soit H a un point critique isolé, alors l'autre valeur critique est atteinte le long d'une sphère S^2 et W est $\mathbf{P}^2(\mathbf{C})$.*
2. *Soit H n'a aucun point critique isolé, alors son maximum et son minimum sont atteints le long de deux exemplaires de la même surface B, et W est $\mathbf{P}(L \oplus \mathbf{1})$ où L est le fibré normal de la surface réalisant le minimum de H dans W.*

Autrement dit, les exemples ci-dessus décrivent tous les cas d'opérations avec deux valeurs critiques.

Démonstration. Le premier cas est un cas particulier d'un résultat de Delzant [6]. C'est ici extrêmement simple : le bord d'un voisinage équivariant du point considéré est une sphère S^3. L'autre valeur critique ne peut être atteinte en un point critique isolé puisque la sphère S^4 ne possède aucune structure symplectique, elle est donc atteinte le long d'une surface B dont S^3 est le bord d'un voisinage tubulaire, donc B est une sphère S^2 et on conclut facilement. Le deuxième cas n'est pas plus difficile : on sait que tous les niveaux réguliers ont la même surface réduite, bien sûr c'est celle qui réalise les *extrema* de H. Grâce à Frankel, on sait linéariser l'opération et la forme symplectique au voisinage de ces deux surfaces fixes, et on conclut tout aussi facilement. □

1.5 Dans tous les exemples que nous avons considérés, l'opération est évidemment semi-libre. Il y a bien sûr des exemples aussi naturels et aussi simples où ce n'est pas le cas. Par exemple, la célèbre fonction de Morse "parfaite" sur $\mathbf{P}^2(\mathbf{C})$:

$$H([x,y,z]) = \frac{m\,|x|^2 + n\,|y|^2}{|x|^2 + |y|^2 + |z|^2}$$

est le hamiltonien de l'opération de S^1 :

$$t \cdot [x,y,z] = [t^m x, t^n y, z]$$

qui est effective si m et n sont premiers entre eux, mais n'est pas semi-libre. Elle a trois points fixes, isolés. C'est d'ailleurs une conséquence simple d'un autre lemme de D. McDuff [14] (*voir* 1.7.1) que :

Proposition 1.5.1 *Une opération hamiltonienne semi-libre de S^1 sur une variété symplectique compacte de dimension 4, a au moins quatre points fixes.*

Dans le cas où la base B dans 1.2 est une sphère S^2, il y a d'autres opérations intéressantes de S^1 : on considèrera aussi la "surface de Hirzebruch"

$$W = \mathbf{P}(\mathcal{O}(k) \oplus \mathbf{1}) = \left\{[a,b][x,y,z] \in \mathbf{P}^1(\mathbf{C}) \times \mathbf{P}^2(\mathbf{C}) \mid a^k y = b^k x\right\}$$

avec la forme de Kähler induite et l'opération

$$t \cdot ([a,b][x,y,z]) = ([t^m a, b][t^{mk} x, y, t^n z])$$

(le cas où $m = 0, n = 1$ est un cas particulier de 1.2).

1.6 Eclatement d'un point fixe

Voici maintenant un modèle permettant de rajouter des points critiques. On considère l'opération du cercle près d'un point fixe, comme linéarisée par Frankel, soit

$$t \cdot (x,y) = (t^p x, t^{-q} y)$$

pour certains entiers relatifs premiers entre eux p, q à préciser. On éclate le point fixe $(0,0) \in \mathbf{C}^2$, et on obtient la variété

$$\widetilde{\mathbf{C}}^2 = \left\{([a,b],x,y) \in \mathbf{P}^1(\mathbf{C}) \times \mathbf{C}^2 \mid ay = bx\right\}$$

Il est clair que l'opération de S^1 se prolonge à $\widetilde{\mathbf{C}}^2$ en

$$t \cdot ([a,b],x,y) = ([t^p a, t^{-q} b], t^p x, t^{-q} y).$$

Il est clair aussi qu'il existe des formes symplectiques invariantes sur $\widetilde{\mathbf{C}}^2$ (*voir* plus généralement [13] par exemple, pour les formes symplectiques sur les variétés éclatées).

Remarques :

- En dehors du diviseur exceptionnel ($x = y = 0$), il ne se passe rien de neuf.
- Dans le cas où le point fixe éclaté faisait partie d'une surface critique, on peut supposer que $p = 1$ et $q = 0$ (pour que l'opération hamiltonienne soit effective), la transformée stricte de la surface de points fixes est une surface de points fixes. On a de plus rajouté le point fixe $([1,0],0,0)$, isolé d'indice 2.
- Si $p > 0$ et $q > 0$, le point fixe éclaté est un point critique isolé d'indice 2 de H, que nous appellerons *point critique* ou *point fixe de type* (p,q). L'éclatement le remplace par deux points fixes : $([0,1],0,0)$ de type $(p+q,q)$ et $([1,0],0,0)$ de type $(p,p+q)$ reliés par une nappe de gradient (l'exceptionnel).
- Si p et q sont de signe contraire, alors le point fixe éclaté était un *extremum* (isolé) du hamiltonien. Quitte à changer les signes, on peut écrire l'opération :

  $$t \cdot (x,y) = (t^m x, t^n y)$$

  où m et n sont > 0 et premiers entre eux (le point fixe est un minimum). L'opération sur $\widetilde{\mathbf{C}}^2$ est :

  $$t \cdot ([a,b],x,y) = ([t^m a, t^n b], t^m x, t^n y).$$

- Quand $m = n = 1$, l'exceptionnel est entièrement constitué de points fixes ; on a remplacé un point fixe isolé par un $\mathbf{P}^1$ de points fixes.
- Sinon, on peut supposer que $m > n > 0$. Alors le point $([0,1],0,0)$ est un minimum au voisinage duquel l'opération hamiltonienne s'écrit $(t^{m-n}u, t^n y)$, et le point $([1,0],0,0)$ un point critique isolé d'indice 2 et de type $(n, m-n)$.

1.7 Passage d'un point critique isolé d'indice 2

Soit a_i une valeur critique de H, correspondant à des points critiques isolés d'indice 2. Près d'un tel point critique, l'opération de S^1 peut s'écrire, dans des coordonnées locales complexes *ad hoc* :

$$t \cdot (x, y) = (t^p, t^{-q} y)$$

où p et q sont des entiers > 0 et premiers entre eux (pour que l'opération soit effective).

Grâce à un petit changement de coordonnées, le niveau $a_i - \varepsilon$ s'écrit :

$$V_{a_i - \varepsilon} = \{(x, y) \mid |x| \leq 1, |y| = 1\} \, (= D_x^2 \times S_y^1).$$

Il s'agit d'un voisinage d'une fibre "exceptionnelle" dans la variété de Seifert $V_{a_i-\varepsilon}$; la fibre exceptionnelle elle-même est $x = 0$ avec stabilisateur $\mathbf{Z}/q$ (bien entendu, elle n'a rien d'exceptionnel si $q = 1$, ce qui n'est absolument pas exclu).

Le niveau $a_i + \varepsilon$, quant à lui, est de même :

$$V_{a_i + \varepsilon} = \{(x, y) \mid |x| = 1, |y| \leq 1\} \, (= S_x^1 \times D_y^2)$$

avec fibre exceptionnelle à stabilisateur $\mathbf{Z}/p$.

Calculons les invariants de Seifert de ces orbites. Soient u et v les plus petits entiers > 0 donnés par Bezout :

(1) $$qu - pv = 1$$

Alors les invariants de l'orbite exceptionnelle considérée au niveau $a_i - \varepsilon$ sont (q, v) et ceux de l'orbite au niveau $a_i + \varepsilon$ sont (p, u).

Remarque. J'ai utilisé ici, pour les invariants de Seifert, les conventions d'orientation qu'on trouve dans [3], mais pas les conventions usuelles de normalisation, pour pouvoir éventuellement traiter certaines fibres principales comme des fibres exceptionnelles. Par exemple, $\alpha_i \geq 1$ est l'ordre du stabilisateur de l'orbite, α_i et β_i sont premiers entre eux, et :

$$(g \mid b, (\alpha_1, \beta_1), \ldots, (\alpha_r, \beta_r))$$

(notations de [16], au changement d'orientation près),

$$(g, (1, -b), (\alpha_1, \beta_1), \ldots, (\alpha_r, \beta_r))$$

et

$$(g, (1, -b - (m_1 + \cdots + m_r)), (\alpha_1, \beta_1 + m_1 \alpha_1), \ldots, (\alpha_r, \beta_r + m_r \alpha_r))$$

représentent la même variété de Seifert.

On en déduit d'ailleurs immédiatement une démonstration d'un autre des lemmes de [14] :

Lemme 1.7.1 *La classe d'Euler (au sens des fibrés de Seifert) d'un niveau régulier de H diminue de $1/pq$ au passage d'un point singulier de type (p,q).*

Démonstration. La classe d'Euler d'un fibré de Seifert de type $(g,(\alpha_1,\beta_1),\ldots,(\alpha_r,\beta_r))$ est, par définition, le nombre rationnel $e = -\sum \beta_i/\alpha_i$. Ainsi, si au niveau $a_i - \varepsilon$, on avait $e_- = a - \frac{v}{q}$, au niveau $a_i + \varepsilon$ on aura $e_+ = a - \frac{u}{p}$, et :

$$e_+ - e_- = \frac{v}{q} - \frac{u}{p} = -\frac{1}{pq}.$$

□

Démonstration de 1.5.1. On a vu dans 1.4.2 qu'il ne pouvait y avoir seulement deux points fixes, supposons donc qu'il n'y en ait que trois. Ce sont nécessairement un minimum de H, un maximum et un point critique d'indice 2. Comme l'opération est semi-libre, sur un niveau régulier proche du minimum, c'est l'opération principale sur S^3 et $e = 1$; le point critique d'indice 2 est de type $(1,1)$ et après l'avoir passé on a $e = 0$ grâce à 1.7.1, ce qui ne peut être la classe d'Euler d'une opération principale de S^1 sur S^3. □

Notons :

$$[b_1,\ldots,b_n] = b_1 - \cfrac{1}{b_2 - \cfrac{1}{\ddots - \frac{1}{b_n}}}$$

où $b_1,\ldots,b_n$ sont des entiers *quelconques*, et tels que :

$$[b_1,\ldots,b_i] = \frac{N_i}{D_i}$$

ait un sens pour tout i (par exemple, il ne peut y avoir deux "1" consécutifs).

Supposons que $[b_1,\ldots,b_n]$ soit un développement en fraction continue de q/v. Alors on sait que :

(2) $$N_{n-1}v - qD_{n-1} = 1$$

en ajoutant (1) et (2), on obtient :

$$v(p + N_{n-1}) = q(u + D_{n-1})$$

Comme v et q sont premiers entre eux grâce à (1), il y a un entier b_{n+1} qui vérifie :

(3) $$b_{n+1} = \frac{p + N_{n-1}}{q} = \frac{u + D_{n-1}}{v}$$

et on a :

$$\frac{p}{u} = [b_1,\ldots,b_n,b_{n+1}].$$

2 Type de difféomorphisme équivariant de W. Première partie : plombages

Dans cette première partie, on va considérer le cas où les *extrema* de H sont tous les deux réalisés le long de surfaces. Naturellement il s'agira de deux exemplaires de la même surface orientée B.

Pour toute cette partie, nous ferons donc l'hypothèse :

(H) *L'opération de S^1 a deux surfaces de points fixes*

qui est automatiquement réalisée, par exemple, quand le genre g d'une surface réduite d'un quelconque des niveaux réguliers de H est positif.

On va décrire W par plombage sur un graphe en étoile (*voir* [16] par exemple).

2.1 Le graphe de plombage

On associe à chaque niveau régulier a de H un graphe en étoile (figure 1) représentant la variété W_a et son bord V_a :

- le "centre" de l'étoile représente la surface B (minimum de H) et son fibré normal L dans W, et est donc pondéré par le genre g de B et l'opposé b de la classe d'Euler de L,
- à chaque nappe de gradient montante est associé un sommet, muni d'un entier représentant l'opposé de l'auto-intersection de la sphère S^2 qu'est cette nappe de gradient,
- à chaque point critique isolé d'indice 2 est associée une arête, joignant les deux sommets correspondant aux nappes de gradient aboutissant à ce point critique.

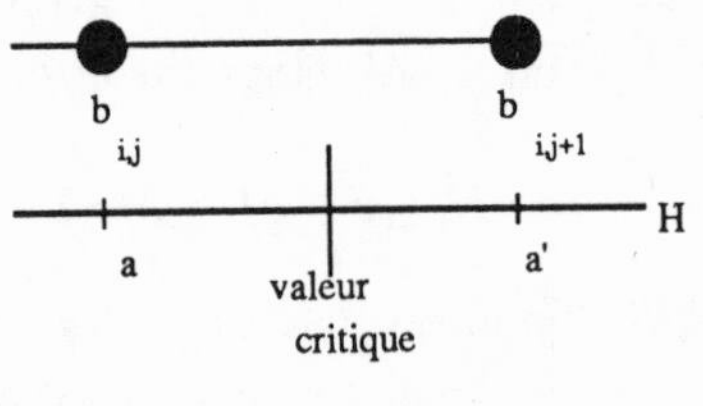

Figure 1

Le graphe est ainsi effectivement une "étoile" duale du graphe des nappes de gradient de H jusqu'au niveau a. On le notera :

$$\Gamma = (g \mid b, (b_{i,1}, \ldots, b_{i,s_i})(1 \leq i \leq r))$$

Exemple. Ainsi $(g \mid b)$ représente un fibré en disques du fibré L de classe d'Euler $-b$ sur la surface B de genre g.

Chaque branche de l'étoile représente une fibre exceptionnelle du niveau V_a ; rajouter un sommet à une branche revient à traverser un point critique isolé d'indice 2. On passe du type (p,q) du point critique au poids du sommet représentant la nappe montante qui en est issue grâce au jeu de la fraction continue expliqué en 1.7.

Lemme 2.1.1 *Les branches de l'étoile sont pondérées positivement.*

Démonstration. Elle se fait par récurrence, en utilisant la construction des b_i en 1.7. L'équation (3) s'applique pour $n = 0$ avec $q = 1$, $v = 1$, $u = p - 1$ et $\frac{N_0}{D_0} = 0$, et donne $b_1 = p$, qui est positif par définition, ce qui initialise la récurrence, que (3) permet d'achever. □

Les graphes de plombage considérés seront donc toujours implicitement supposés *positifs* (c'est dire que $b_{i,j} > 0$, on ne peut rien imposer à b).

Appelons M la valeur maximale prise par H sur W et choisissons un ε assez petit pour que H n'ait aucune valeur critique entre $M - \varepsilon$ et M. Ainsi le niveau $V_{M-\varepsilon}$ est un fibré *principal* sur B. Les invariants de Seifert de $V_{M-\varepsilon}$ sont de la forme $(1, \beta)$, c'est dire que les fractions continues associées aux branches de l'étoile construite ont pour valeurs des *inverses d'entiers*.

Définition 2.1.2 *Un graphe de plombage équivariant est dit* achevable *si pour chaque branche de l'étoile, on a :*

$$[b_{i,1}, \ldots, b_{i,s_i}](= \frac{\alpha_i}{\beta_i}) = \frac{1}{\beta_i}$$

Il est clair qu'un graphe de plombage achevable permet de construire une S^1-variété de dimension 4 fermée :

Proposition 2.1.3 *Soit* $\Gamma = (g \mid b, (b_{i,1}, \ldots, b_{i,s_i})(1 \leq i \leq r))$ *un graphe de plombage achevable avec*

$$[b_{i,1}, \ldots, b_{i,s_i}] = \frac{1}{\beta_i}$$

et soit D le fibré en droites complexes de classe d'Euler $b - \sum \beta_i$ sur la surface de genre g. Alors il existe un difféomorphisme équivariant renversant l'orientation qui permet de recoller la variété à bord obtenue par plombage le long de Γ et le fibré en cercles de D en une variété fermée de dimension 4 (munie d'une opération de S^1). □

Il est classique que le type de difféomorphisme $\mathbf{C}^*$-équivariant de la variété à bord donnée par le graphe de plombage est bien défini. Comme on recolle un fibré vectoriel complexe par une application équivariante, celui de la variété "achevée" l'est aussi. Celle-ci sera notée $W(\Gamma)$.

Les explications et calculs précédents se résument en :

Proposition 2.1.4 *Si Γ est le graphe de plombage défini par les points critiques de H sur W, alors W est difféomorphe au sens équivariant et comme variété presque complexe à $W(\Gamma)$.* □

Remarques.

- Les conventions d'orientation sont telles que, dans W, la classe d'Euler du fibré normal de B_{min} (auto-intersection de B_{min}) est $-b$, la classe d'Euler, en tant que fibré de Seifert, de son fibré en cercles est b et la classe d'Euler du fibré normal de B_{max} est $b - \sum \beta_i$.
- Il existe des plombages qu'on peut fermer et qui ne sont pas définis par des graphes “achevables” au sens de 2.1.2. C'est le cas quand le bord du plombage est une sphère S^3 : il faut pour cela que $g = 0$ et qu'au plus deux branches de l'étoile persistent à fournir des fibres vraiment exceptionnelles jusqu'au bout. On peut alors fermer en recollant une boule B^4 dans laquelle le point 0 est un point fixe isolé (*voir* l'étude du paragraphe 3).

Exemples.

- Le graphe $\Gamma = (g \mid b)$ est achevable, et $W(\Gamma) = \mathbf{P}(L \oplus \mathbf{1})$. Si $g = 0$ et $b = -1$, on pouvait aussi “achever” la variété en $\mathbf{P}^2(\mathbf{C})$.
- Le graphe $(0 \mid 0, k)$ n'est pas considéré ici comme achevable, bien que le plombage se ferme facilement par l'ajout d'une boule B^4. On obtient ainsi la surface de Hirzebruch $\mathbf{P}(\mathcal{O}(k) \oplus \mathbf{1}) \to \mathbf{P}^1(\mathbf{C})$ (l'opération de S^1 est celle de 1.5 avec $m = 1$ et $n = 0$).

2.2 Plombages et éclatements

On a vu (1.6) qu'éclater un point fixe de type (p, q) le remplace par deux points fixes, de types $(p + q, q)$ et $(p, p + q)$ reliés par une nappe de gradient.

L'effet sur la fraction continue est décrit par la figure 2 et la formule :

$$[\ldots, b_n, b_{n+1}, b_{n+2}, \ldots] = [\ldots, b_n, b_{n+1} + 1, 1, b_{n+2} + 1, \ldots] \tag{4}$$

ou si l'on préfère

$$b - \frac{1}{a - \frac{1}{x}} = b + 1 - \frac{1}{1 - \frac{1}{a+1-\frac{1}{x}}} \tag{5}$$

qu'on applique avec $b = b_{n+1}$, $a = b_{n+2}$, et $x = [b_{n+3}, \ldots]$ dans une des branches de l'étoile, ou alors avec $a = b_1$, $x = [b_2, \ldots]$ au centre de l'étoile. Dans le deuxième cas, $a - \frac{1}{x} = \frac{\alpha}{\beta}$, où (α, β) sont les invariants de Seifert de l'orbite considérée, et l'équation (5) s'écrit :

$$b - \frac{\beta}{\alpha} = b + 1 - \frac{\beta + \alpha}{\alpha}$$

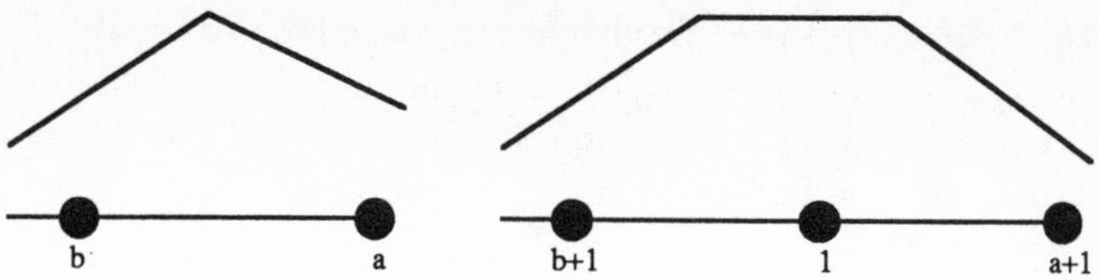

Figure 2

et décrit la situation au niveau des classes d'Euler.

Théorème 2.2.1 *Soit W une variété symplectique compacte de dimension 4 munie d'une opération hamiltonienne dont les deux* extrema *sont réalisés par des surfaces. Il existe une suite finie*

$$W = W^n \xrightarrow{\pi_n} \cdots \xrightarrow{\pi_1} W^0$$

où chaque W^i est une variété symplectique compacte de dimension 4 munie d'une opération hamiltonienne de S^1, avec hamiltonien H_i, π_i est l'éclatement d'un nombre fini de points de W^i et H_0 n'a que deux valeurs critiques.

Ainsi W est obtenue par une suite d'éclatements à partir d'une des variétés de la proposition 1.4.2.

Démonstration. L'argument remonte à von Randow [18], et est extrêmement simple. Grâce au lemme 2.1.1, on sait que les poids des branches sont tous strictement positifs. Dans chaque branche de l'étoile associée à W, on contracte les branches pondérées par des "1" : pour $a, b \geq 1$, on remplace $(a+1, 1, b+1)$ par (a, b) et (b+1,1) par b. Comme on l'a déjà remarqué, on ne peut jamais avoir deux "1" à la suite ; ainsi on peut, en une suite finie de telles contractions, supposer qu'il n'y a plus un seul "1" dans aucune branche. Chacune est donc maintenant pondérée par des entiers ≥ 2 ...ou a disparu. Pour finir, remarquons que si $b_1, \ldots, b_n \geq 2$, alors $[b_1, \ldots, b_n] > 1$... en particulier n'est jamis un inverse d'entier. Donc les branches de l'étoile ont disparu, il ne reste que $\Gamma = (g \mid b)$, soit une des variétés de 1.4.2. □

Cette démonstration est un algorithme décrivant les éclatements. Celui-ci est encore plus limpide dans le cas particulier où l'opération est semi-libre (c'est le cas où aucun niveau régulier de H ne contient de fibre exceptionnelle).

Proposition 2.2.2 *Sous les hypothèses du théorème* 2.2.1, *et si l'opération hamiltonienne est* semi-libre, *alors chaque π_i est l'éclatement d'un certain nombre de points de la surface B^i_{min} réalisant le minimum de H_i.*

Démonstration. Considérons le graphe de plombage définissant W, il est pondéré par $(g \mid b, (b_{1,1}, \ldots, b_{1,s_1}), \ldots, (b_{r,1}, \ldots, b_{i,s_r}))$. Dire que l'opération hamiltonienne est semi-libre, c'est dire que tous les points critiques isolés d'indice 2 sont de type $(1,1)$.

On voit facilement que l'unique solution du problème :

$$b_1, \ldots, b_j \in \mathbf{Z} \text{ tels que } \forall j \in [1,s]\ [b_1, \ldots, b_j] = \frac{1}{\beta_j}$$

est

$$(b_1, \ldots, b_s) = (1, 2, \ldots, 2)$$

avec $\beta_j = j$, c'est à dire :

$$[1, \overbrace{2, \ldots, 2}^{j-1}] = \frac{1}{j}.$$

Ainsi chaque branche de l'étoile est pondérée par un 1 suivi d'un certain nombre de 2, ce qu'on contracte facilement.

Pour préciser, choisissons ici pour W^0 un des exemples donnés par la proposition 1.4.2, c'est à dire : $W^0 = \mathbf{P}(L \oplus \mathbf{1})$ puisqu'on a précisé que le maximum est réalisé par une surface B_{max}. Le fibré L est alors le dual du fibré normal de B_{max} dans W.

Pour construire W^1, on éclate r points de la surface B^0_{min} dans W^0. Dans la surface B^1_{min}, transformée stricte de B^0_{min}, il y a ainsi r points marqués. On éclate encore certains d'entre eux (tous ceux qui correspondent à des branches de l'étoile de longueur ≥ 2) pour obtenir W^2. On continue jusqu'à avoir épuisé toutes les branches : le n de l'énoncé est le plus grand des s_i. □

Le théorème 2.2.1 a aussi une conséquence fort importante pour nous :

Corollaire 2.2.3 *Toutes les S^1-variétés fermées construites par plombage sur des graphes achevables possèdent des formes symplectiques invariantes.*

En effet, elles sont obtenues par éclatements de points fixes à partir de variétés symplectiques. □

En particulier, 2.2.1 est bien un théorème de classification. Une autre jolie conséquence en est :

Corollaire 2.2.4 *Toute variété de Seifert orientée à base orientée est un niveau régulier d'un hamiltonien périodique sur une variété symplectique compacte de dimension 4.*

Démonstration. En effet, toutes ces variétés se décrivent comme des bords de plombages sur des graphes en étoile : on développe les invariants de Seifert en fractions continues. Il suffit donc de vérifier que tous ces graphes peuvent se prolonger de façon à obtenir des graphes achevables. Comme c'est une propriété de chacune des branches, il suffit de vérifier que, pour toute suite d'entiers $b_1, \ldots, b_n$, on peut trouver une suite $b_{n+1}, \ldots, b_{n+m}$ telle que $[b_1, \ldots, b_{n+m}]$ soit un inverse d'entier. On écrit

$$[b_1, \ldots, b_j] = \frac{N_j}{D_j},$$

on choisit $a \geq 1$ quelconque et on pose

$$\begin{cases} u &= aN_{n-1} - D_{n-1} \\ v &= aN_n - D_n \end{cases}$$

On a ainsi $uN_n - vN_{n-1} = 1$ et $uD_n - vD_{n-1} = a \geq 1$; et

$$\frac{\frac{u}{v}N_n - N_{n-1}}{\frac{u}{v}D_n - D_{n-1}} = \frac{1}{a}$$

est un inverse d'entier (arbitraire). Il suffit alors de prendre pour $(b_{n+1}, \ldots, b_{n+m})$ un développement en fraction continue de u/v. □

2.3 L'exemple des surfaces toriques

Il s'agit d'une famille d'exemples que nous allons traiter partiellement dans cette partie, et qui seront surtout extrêmement utiles dans la suivante, pour comprendre le cas où tous les points fixes sont isolés.

Sur les variétés toriques, nous renverrons le lecteur à [5] et à [4], sur leurs rapports avec les opérations hamiltoniennes à [2,12,6].

Supposons que S^1 opère sur W comme un sous-groupe du tore T^2 (comme toujours, l'opération hamiltonienne de T^2 sera supposée *effective*). Dans ce cas la surface réduite des niveaux réguliers de H est une sphère S^2. De plus, des résultats classiques de [1] et [10], il suit que H a au plus deux valeurs critiques à chaque niveau critique.

Proposition 2.3.1 *Soit*

$$\Gamma = (g \mid b, (b_{1,1}, \ldots, b_{1,s_1}), \ldots, (b_{r,1}, \ldots, b_{1,s_r}))$$

un graphe de plombage achevable. Pour que la variété symplectique compacte $W(\Gamma)$ possède une opération hamiltonienne du tore T^2 prolongeant celle de S^1, il faut et il suffit que $g = 0$ et $r \leq 2$.

Remarque. On a donc mis en évidence dans les paragraphes précédents, beaucoup d'exemples d'opérations hamiltoniennes de S^1 qui ne se prolongent pas en opérations hamiltoniennes de T^2.

Comme niveaux réguliers d'un hamiltonien dans cette situation, on trouve donc les variétés de Seifert orientées à base S^2 avec au plus deux orbites exceptionnelles. Il est classique (*voir* [16]) que ce sont exactement les espaces lenticulaires.

Corollaire 2.3.2 *Pour qu'une variété de dimension 3 soit un niveau régulier d'un hamiltonien périodique induit par une opération hamiltonienne de T^2 sur une variété symplectique compacte de dimension 4, il faut et il suffit qu'elle soit un espace lenticulaire.*

Démonstration de la proposition 2.3.1. Montrons que la condition est suffisante. Si le nombre r de branches de Γ est 0, W est de la forme $\mathbf{P}(L \oplus \mathbf{1}) \to \mathbf{P}^1(\mathbf{C})$ et l'opération hamiltonienne se prolonge aisément. Sinon, on a vu que W est obtenue par une suite finie d'éclatements à partir de cet exemple (2.2.1). Comme l'étoile n'a pas plus de deux branches, on a commencé par éclater (au plus) deux points de B_{min}... mais celle-ci est un $\mathbf{P}^1(\mathbf{C})$ avec opération standard : il y a bien deux points fixes (pour T^2) qu'on peut éclater de façon à ce que l'opération se prolonge. On peut ainsi continuer. □

Le graphe Γ, comme on le voit sur la figure 3, ressemble au graphe associé à l'éventail d'une surface torique (*voir* [4] par exemple).

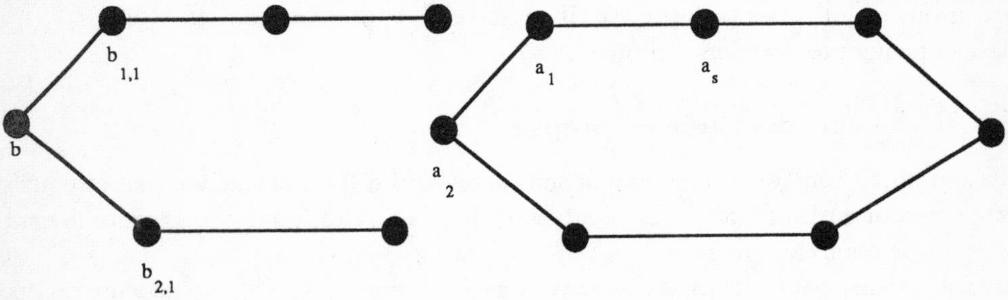

Figure 3

La ressemblance n'est pas fortuite : le plombage et l'éventail définissent la même construction de variété. Notre graphe est achevable, c'est dire qu'on peut le fermer en lui rajoutant un sommet. La variété achevée est la surface torique dont l'éventail est décrit par le graphe circulaire. Remarquons que l'opération de S^1 détermine toute l'action de T^2 (*voir* aussi 3.5.1).

3 Type de difféomorphisme équivariant de W. Deuxième partie : éventails

Dans cette partie, on traite le cas où l'un au moins des *extrema* de H est un point fixe isolé, on supposera toujours que c'est le cas pour le minimum. Il est clair qu'alors la surface B est une sphère. Au voisinage du minimum, l'opération est linéarisée en :

$$t \cdot (x, y) = (t^m x, t^n y) \tag{6}$$

où m et n sont positifs et premiers entre eux. Un niveau régulier proche est donc une sphère S^3 avec (éventuellement) deux fibres exceptionnelles, à stabilisateurs $\mathbf{Z}/m$ et $\mathbf{Z}/n$.

3.1 Nappes montantes issues du minimum

Ce paragraphe est consacré à la démonstration de :

Proposition 3.1.1 *Si un des* extrema *de H est réalisé par un point fixe isolé, alors il existe une suite finie d'éclatements*

$$W = W^n \xrightarrow{\pi_n} \cdots \xrightarrow{\pi_1} W^0$$

où W^0 est telle qu'aucun niveau de H^0 ne rencontre plus de deux nappes de gradient.

Si tous les points critiques de H sont isolés, alors W elle-même a cette propriété (sans éclatement).

Ce qui permettra de se limiter dans la suite au cas où il n'y a que deux nappes de gradient joignant le minimum à un autre point critique. Voici le lemme de base :

Lemme 3.1.2 *Si dans* (6), *m et n sont différents de* 1, *alors il n'y a que deux nappes de gradient joignant le minimum à un autre point critique.*

Démonstration. Au voisinage d'un point critique atteint par une telle nappe, l'opération est linéarisée en $(t^p u, t^{-q} v)$ où $q > 0$ et la nappe montante est l'axe des v. C'est une sphère $\mathbf{P}^1(\mathbf{C})$ au début de laquelle l'opération est donc linéarisée en $t \cdot w = t^q w$. Son espace tangent est donc un des vecteurs propres en 0. Supposons m et n distincts. Les nappes montantes issues du minimum sont nécessairement tangentes aux axes de coordonnées de l'écriture (6). Chacune coupe une petite sphère centrée en 0 en une orbite de l'opération de S^1. Il est classique qu'il n'y a pas d'opération de S^1 sur S^3 avec plus de deux orbites exceptionnelles (*voir* [16]). Donc si m et n sont différents de 1, il n'y a que deux nappes de gradient (une pour chaque axe de coordonnées). □

Grâce aux mêmes résultats, on sait en plus que si $m > n = 1$, il y a exactement une nappe de gradient tangente à l'axe des x (et peut-être beaucoup tangentes à l'axe des y).

Supposons qu'il y ait plus de deux nappes de gradient issues du minimum. Alors, soit $m = n = 1$, soit $m > 1$ et $n = 1$, auquel cas il y a une nappe montante tangente à l'axe des x et au moins deux tangentes à l'axe des y. Montrons que ce deuxième cas se ramène au premier :

Après un éclatement, l'opération près du nouveau minimum s'écrit (*voir* 1.6)

$$t \cdot (u, y) = (t^{m-1} u, ty)$$

donc m a décrû, mais le nombre et la disposition des nappes issues du minimum n'ont pas changé.

Après $m - 1$ tels éclatements, on donc ramené à la situation d'une variété W' avec un hamiltonien H', dont le minimum est réalisé en un point isolé près duquel l'opération est semi-libre (soit au cas où $m = n = 1$) et duquel sont issues $r \geq 3$ nappes de gradient.

On éclate encore une fois ce minimum pour obtenir une sphère d'auto-intersection -1. Supposons que le maximum de H soit isolé ; situation qui n'a pas changé après tous les éclatements du minimum. A ce maximum arrivent r nappes de gradient. Nécessairement l'opération de S^1 est alors linéarisée en $(\bar{t}^{m'} u, \bar{t} v)$. Une petite sphère

S^3, bord d'un voisinage de ce maximum, est aussi le bord du plombage défini par le graphe

$$\Gamma = (0 \mid 1, (b_{i,1}, \ldots, b_{i,s_i}) 1 \leq i \leq r)$$

avec

$$[b_{i,1}, \ldots, b_{i,s_i}] = \frac{1}{\beta_i}$$

sauf pour

$$[b_{r,1}, \ldots, b_{r,s_r}] = \frac{m'}{\beta}$$

où $0 < \beta < m'$.

Ainsi la classe d'Euler est $1 - \frac{\beta}{m'} - \sum_{i=1}^{r-1} \beta_i$ d'une part, et $-\frac{1}{m'}$ de l'autre. Ceci impose

$$\sum_{i=1}^{r-1} \beta_i = 1 - \frac{\beta - 1}{m'} \leq 1$$

ce qui est impossible puisque $r \geq 3$.

Cet argument prouve la deuxième assertion de la proposition, d'une part et d'autre part que, dans le cas où il y a trois nappes de gradient issues du minimum, alors le maximum est réalisé le long d'une sphère.

Fin de la démonstration de la proposition : S'il y a trois nappes issues du minimum, le complémentaire du minimum est donc obtenu par plombage le long d'un graphe Γ. Comme dans la démonstration de 2.2.1, on peut contracter les branches de l'étoile correspondant aux nappes de gradient arrivant sur l'axe des y. □

Je ferai donc dans le reste de cette partie l'hypothèse

(H') *Le minimum de H est réalisé par un point fixe isolé d'où sont issues exactement deux nappes de gradient*

3.2 Etude des orbites critiques près du minimum

Si l'opération est donnée par (6), les orbites (éventuellement) exceptionnelles sont

$$\begin{array}{ccccc} S^1_x & \times & 0 & \text{avec stabilisateur} & \mathbf{Z}/m \\ 0 & \times & S^1_y & \text{avec stabilisateur} & \mathbf{Z}/n \end{array}$$

Un "petit" changement de variables identifie un voisinage de $S^1_x \times 0$ à $S^1_x \times D^2_y$, de sorte que

$$S^3 = S^1_x \times D^2_y \bigcup_{\partial} D^2_x \times S^1_y,$$

l'orientation étant donnée par l'orientation complexe sur D^2_x et D^2_y et par l'orientation "bord" sur S^1_x et S^1_y.

Ainsi, si u et v sont les plus petits entiers positifs tels que

(7) $$mv - nu = 1,$$

les invariants de Seifert des orbites sont (m,u) et $(n,n-v)$.

Suivons maintenant une nappe montante, celle correspondant à m par exemple, et supposons qu'elle arrive à un point critique d'indice 2 où l'opération s'écrit

$$t\cdot(x,y)=(t^px,t^{-m}y).$$

Les invariants de l'orbite exceptionnelle avant la chirurgie sont (m,u). L'équation (1) s'écrit :

$$mU-pu=1. \tag{8}$$

En soustrayant (7) on obtient $m(U-v)-u(p-n)=0$, soit :

$$b_1=\frac{p-n}{m}=\frac{U-v}{u} \tag{9}$$

(en particulier $p=mb_1+n$). Il va sans dire qu'on n'espère plus obtenir des $b_i>0$ dans ce cas (*voir* 3.4 par exemple).

3.3 Construction d'un éventail

On a ainsi deux séries de nombres $(b_1,\dots,b_r)$ et $(c_1,\dots,c_s)$ associées aux deux familles de nappes montantes issues du minimum de H. Elles définissent une sorte d'"étoile à deux branches sans centre" sur laquelle on peut faire le même type de constructions que plus haut.

On va montrer ici qu'en réalité, l'opération de S^1 se prolonge (de façon unique) en une opération de T^2 et que W était en fait une surface torique complexe.

Choisissons une base (e_1,e_2) de $\mathbf{Z}^2$, et posons :

$$\begin{array}{rcl} v_0 &=& e_2\\ v_1 &=& e_1\\ v_2 &=& -v_0+b_1v_1\\ &\vdots& \\ v_{r+1} &=& -v_{r-1}+b_rv_r \end{array} \qquad \text{d'une part, et} \qquad \begin{array}{rcl} w_0 &=& e_1\\ w_1 &=& e_2\\ w_2 &=& -w_0+c_1w_1\\ &\vdots& \\ w_{s+1} &=& -w_{s-1}+c_sw_s \end{array}$$

de l'autre.

Lemme 3.3.1 *Le déterminant* $\text{dét}(w_{s+1},v_{r+1})$ *vaut* 1.

Démonstration. Commençons par écrire les deux vecteurs dans la base canonique :

$$\begin{aligned}(w_s,w_{s+1}) &= (w_{s-1},w_s)\begin{pmatrix}0&-1\\1&c_s\end{pmatrix}\\ &= (w_0,w_1)\begin{pmatrix}0&-1\\1&c_s\end{pmatrix}\cdots\begin{pmatrix}0&-1\\1&c_s\end{pmatrix}\\ &= (w_0,w_1)\begin{pmatrix}-D_{s-1}&-D_s\\N_{s-1}&N_s\end{pmatrix}\end{aligned}$$

où $[c_1, \ldots, c_s] = \frac{N_s}{D_s}$, et donc : $w_{s+1} = -D_s e_1 + N_s e_2$. De même $v_{r+1} = -D'_r v_0 + N'_r v_1 = N'_r e_1 - D'_r e_2$ où $[b_1, \ldots, b_r] = \frac{N'_r}{D'_r}$.

Calculons maintenant ces réduites. On a vu (9) qu'après le premier point critique d'indice 2, les invariants de Seifert de l'orbite exceptionnelle sont $(mb_1 + n, ub_1 + v)$. Ensuite, la relation (3) s'applique avec $N_0 = m$, $D_0 = u$ puis par récurrence pour donner finalement :

$$(m', u') = (mN'_r + nD'_r, uN'_r + vD'_r) \tag{10}$$

où (m', u') sont les invariants de Seifert de l'orbite sur cette nappe montante près du maximum : l'opération y est $(t^{-m'}x, t^{-n'}y)$ avec[3] $m'v' - n'u' = -1$. On en déduit :

$$\begin{cases} N'_r &= m'v - nu' \\ D'_r &= -m'u + mu' \end{cases}$$

De même, si l'on suit la nappe contenant les orbites exceptionnelles $(n, n-v)$, on va obtenir :

$$\begin{cases} N_s &= n'(m-u) - m(n'-v') = mv' - n'u \\ D_s &= -n'(n-v) + n(n'-v') = -nv' + n'v \end{cases}$$

ce qui permet de finir :

$$\text{dét}(w_{s+1}, v_{r+1}) = D_s D'_r - N_s N'_r = -(m'v' - n'u')(mv - nu) = 1.$$

□

Ainsi, dans la suite $(w_1, \ldots, w_{s+1}, v_{r+1}, \ldots, v_1)$, le déterminant de deux vecteurs consécutifs (y compris (v_1, w_1)) vaut 1. On a même mieux :

Proposition 3.3.2 $(w_1, \ldots, w_{s+1}, v_{r+1}, \ldots, v_1)$ *est le squelette de dimension* 1 *de l'éventail définissant une surface torique complète et lisse.*

Démonstration. La seule chose qui reste à vérifier est qu'on n'a pas fait plusieurs fois le tour de l'origine. Considérons la variété W et éclatons le minimum et le maximum suffisamment de fois pour que dans la variété $\widetilde{W}$ obtenue, les *extrema* soient réalisés le long de sphères. Nous savons grâce à 2.3 que $\widetilde{W}$ est une surface torique. Il est clair qu'un éventail définissant $\widetilde{W}$ est de la forme :

$$(w_1, \ldots, w_{s+1}, u_1, \ldots, u_i, v_{r+1}, \ldots, v_1, u_{i+1}, \ldots, u_{i+j}).$$

Si celui-ci est un éventail, le nôtre *a fortiori.* □

3.4 La combinatoire des nappes de gradient (avec les ordres des stabilisateurs des orbites exceptionnelles) dans le cas des exemples de 1.5 est donnée par la figure 4 dans les cas $n > m$ (à gauche, pour le projectif) et $n > mk$ (à droite, pour la surface de Hirzebruch). Les calculs précédents donnent $b_1 = -1$ dans le premier exemple, et l'éventail est défini par le 1-squelette $(e_1, e_2, -e_1 - e_2)$, où l'on reconnait (heureusement) $\mathbf{P}^2(\mathbf{C})$, et $b_1 = -k, c_1 = 0$ dans le deuxième où l'éventail $(e_1, e_2, -e_1 - ke_2, -e_2)$ est bien celui qu'on s'attend à trouver.

[3]le cas où le maximum n'est pas isolé n'est pas exclu : on peut avoir $\{m', n'\} = \{1, 0\}$.

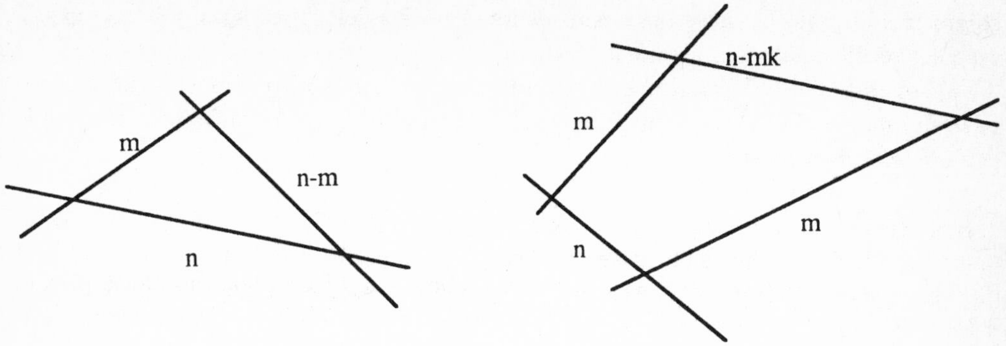

Figure 4

3.5 Opérations de T^2

Un corollaire à première vue un peu étonnant des résultats précédents est une version renforcée de 2.3.1.

Théorème 3.5.1 *Soit W une variété symplectique compacte de dimension 4 munie d'un hamiltonien périodique H. Pour que H soit une projection du moment d'une opération hamiltonienne du tore T^2, il faut et il suffit que*

1. *une des surfaces réduites d'un niveau régulier de H soit une sphère S^2*
2. *aucun niveau de H ne rencontre plus de deux nappes de gradient.*

De plus, quand ces deux conditions sont réalisées, l'opération de T^2 est bien déterminée par H.

En effet, on a pu reconstruire tout l'éventail (décrivant l'opération hamiltonienne de T^2) rien qu'avec les entiers b_i, c_j qui sont les auto-intersections des nappes de gradient de H et donc bien déterminées par H. □

C'est le cas en particulier quand tous les points fixes sont isolés, comme on l'a vu plus haut :

Corollaire 3.5.2 *Soit W une variété symplectique compacte de dimension 4 munie d'une opération hamiltonienne de S^1 dont tous les points fixes sont isolés. Alors W est une surface torique, et l'opération hamiltonienne de S^1 est induite par une opération de T^2.* □

En fait, ce résultat n'est pas si étonnant qu'il n'y paraît. On a déjà remarqué plus haut qu'un éventail en dimension 2 n'est qu'une sorte de diagramme de plombage ; or l'éventail décrit une variété munie d'une opération de $(\mathbf{C}^\star)^2$, alors que les plombages décrivent des variétés munies d'opérations de $\mathbf{C}^\star$. La raison est bien sûr que les âmes des bandes utilisées pour plomber sont des S^2 et peuvent donc être munies d'une opération complémentaire de S^1, avec pour deux points fixes les deux points de la bande utilisés pour les recollements définissant le plombage.

Si l'opération de S^1 détermine l'éventail, en retour celui-ci détermine la variété, mais pas celui des cercles S^1 qui nous intéresse, il faut rajouter une donnée, par exemple les deux entiers m, n de (6).

Il n'y a rien d'étonnant non plus à ce qu'on retrouve ici la classification des T^2-opérations hamiltoniennes effectives sur les variétés de dimension 4 (cas particulier de [6]) puisque ce résultat de T. Delzant a été une des sources d'inspiration du présent article.

Il est classique (*voir* [15] par exemple) que les surfaces toriques sont obtenues par éclatements successifs à partir du projectif ou d'une surface de Hirzebruch. On en tire ici :

Proposition 3.5.3 *Soit W une variété symplectique compacte de dimension 4 munie d'une opération hamiltonienne de S^1 dont tous les points fixes sont isolés. Alors W est obtenue par une suite d'éclatements à partir de $\mathbf{P}(\mathcal{O}(k) \oplus \mathbf{1})$ ou $\mathbf{P}^2(\mathbf{C})$ muni de l'opération hamiltonienne induite par une inclusion de S^1 dans le gros tore réel (autrement dit, à partir de l'un des exemples de 1.5).* □

4 Conclusion

4.1 Voici d'abord un résumé des résultats des paragraphes précédents :

1. Si les *extrema* sont réalisés par des surfaces
   - de façon équivalente, il y a deux surfaces de points fixes,
   - c'est automatique si l'une quelconque des surfaces réduites des niveaux réguliers a un genre $g \geq 1$ (1.4.1),
   - toutes les réduites des niveaux réguliers, la surface réalisant le minimum et celle réalisant le maximum sont des exemplaires de la même surface B,
     (a) W se décrit par plombage achevé le long d'un graphe en étoile (2.1.4) achevable,
     (b) elle s'obtient aussi par une suite d'éclatements à partir d'un $\mathbf{P}(L \oplus \mathbf{1})$ (2.2.1),
       – Si en plus l'opération est semi-libre, on peut n'éclater que des points d'une des surfaces extremales (2.2.2),
     (c) si $g = 0$ et si aucun niveau ne rencontre plus de deux nappes montantes, on peut aussi décrire W comme une surface torique complexe (2.3).

2. Si un seul des deux *extrema* est un point fixe isolé
   - de façon équivalente, il y a une unique surface de points fixes,

- l'autre *extremum* est réalisé le long d'une sphère, et toutes les surfaces réduites des niveaux réguliers sont des sphères (1.4.1),
  (a) si un niveau de H rencontre trois (ou plus) nappes de gradient, W est obtenue par une suite d'éclatements à partir d'une surface torique (3.1.1),
  (b) sinon, W elle-même est une surface torique (3.5.1).

3. Si les deux *extrema* sont des points isolés,
   - le genre des surfaces réduites est nul (1.4.1),
   - aucun niveau de H ne rencontre plus de deux nappes de gradient (3.1),
   - W est une surface torique (3.5.1).

Et dans tous les cas, W est obtenue par une suite d'éclatements à partir d'une opération de S^1 sur $\mathbf{P}^2(\mathbf{C})$ ou sur un $\mathbf{P}(L \oplus \mathbf{1})$ (3.5.3).

Cette liste est à comprendre comme liste de toutes les classes de variétés symplectiques compactes de dimension 4 à ***difféomorphisme équivariant préservant une structure presque complexe adaptée*** près. Pour conclure, faisons quelques remarques sur la forme symplectique.

4.2 Une jolie application du lemme 1.7.1

On sait que toutes les réductions symplectiques des niveaux réguliers v_a s'identifient à une même surface B, avec forme symplectique η_a. On considère le graphe de la fonction "volume" :

$$\mathcal{V}(a) = \int_B \eta_a$$

D'après un célèbre théorème de Duistermaat et Heckman [7], $\mathcal{V}$ définit une fonction continue et affine par morceaux de $H(W)$ dans $\mathbf{R}$. Plus précisément, elle est affine sur chaque intervalle ne contenant pas de valeur critique de H, de pente la classe d'Euler commune des "S^1-fibrés" $V_a \to B$. Grâce au lemme 1.7.1, on sait aussi comment la pente varie au passage d'une valeur critique, en particulier elle est strictement décroissante, et la fonction $\mathcal{V}$ est concave ; il est probablement plus judicieux, dans le contexte des opérations hamiltoniennes, de dire exactement le "contraire", c'est-à-dire :

Remarque. La fonction $\mathcal{V}$ est une fonction strictement positive, la partie de $\mathbf{R}^2$ située sous son graphe est un polygone convexe. Par exemple c'est un triangle ou un trapèze quand H n'a que deux valeurs critiques (***voir*** le paragraphe 1).

En particulier, si l'opération de S^1 considérée s'étend en une opération du tore T^2, ce polygone se construit facilement à l'aide de l'image du moment de l'opération de T^2. Soit $J : W \to (\mathfrak{t}^2)^\star$ le moment d'une opération hamiltonienne de T^2 sur une variété symplectique compacte W de dimension 4 ; soit $p : (\mathfrak{t}^2)^\star \to \mathfrak{t}^\star$ la projection sur l'algèbre de Lie duale d'un cercle $S^1 \hookrightarrow T^2$, $H = p \circ J$ le hamiltonien associé, et $\mathcal{V}$ sa fonction volume. Le graphe de $\mathcal{V}$ s'obtient en "aplatissant" le polygone image de J sur la droite $\mathfrak{t}^*$ comme sur la figure 5.

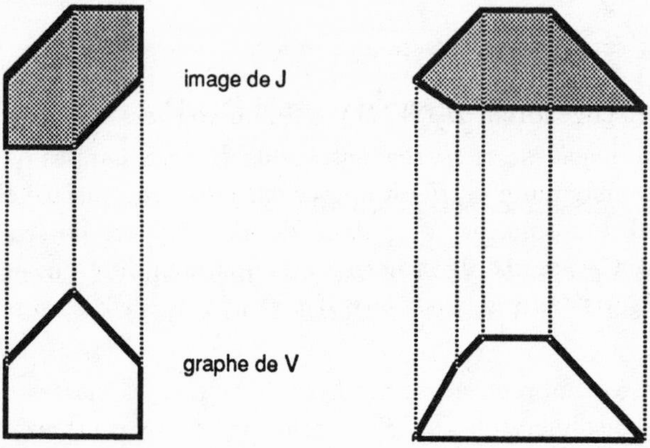

Figure 5

4.3 Volumes des nappes de gradient

La superposition du polygone "graphe de la fonction volume" et de l'arbre dual au graphe de plombage va permettre de décrire complètement la classe de cohomologie de la forme symplectique (figure 6).

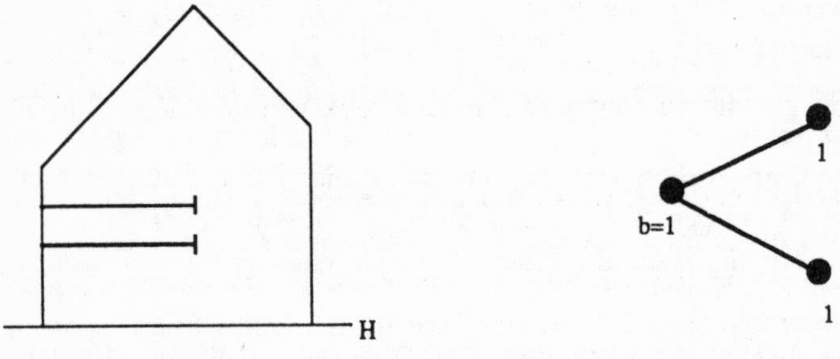

Figure 6

Le théorème de Duistermaat et Heckman permet aussi de calculer les volumes des nappes de gradient de H. Celles-ci sont orientées de façon que pour une sphère S^2, nappe *montante* allant du niveau critique a_i au niveau critique a_j,

$$\int_{S^2} \omega = a_j - a_j.$$

Ces volumes sont des invariants de la classe de cohomologie de la forme symplectique. Inversement :

Proposition 4.3.1 *La classe de cohomologie* $[\omega] \in H^2(W;\mathbf{R})$ *est déterminée par les volumes des nappes montantes de gradient et (éventuellement) le volume de la surface* B_{min}.

Démonstration. Il suffit de vérifier que les classes fondamentales de B_{min} et celles des nappes montantes engendrent $H_2(W;\mathbf{R})$ ce qu'on voit facilement par Mayer-Vietoris. □

Remarque. Si le maximum de H est aussi réalisé par une surface B_{max} (un exemplaire de B), et si le fibré normal de B_{max} dans W n'est pas trivial (cas où $b - \sum \beta_i \neq 0$), on peut remplacer le volume de la dernière nappe montante par celui de B_{max} : on le démontre par Mayer-Vietoris, et on le voit très bien sur le diagramme de la figure 7.

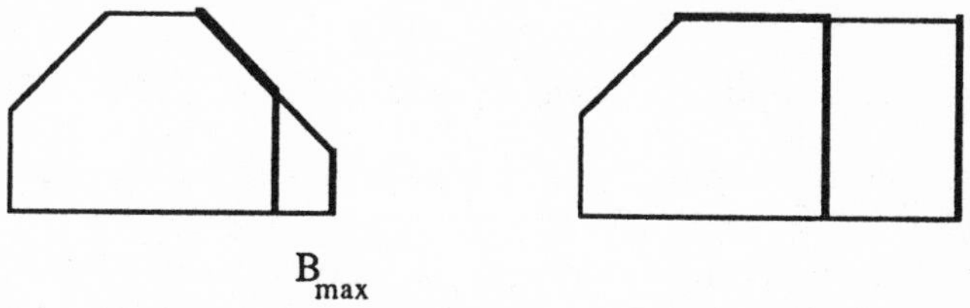

Figure 7

A droite le fibré normal de B_{max} est trivial, le volume de B_{max} est fixé par les données précédentes quelque soit le volume de la dernière nappe montante, qui peut être arbitraire. A gauche au contraire l'un des deux volumes détermine l'autre.

Grâce à la description de ces variétés par éclatements, il semble assez facile de vérifier que les conditions nécessaires "évidentes" imposées aux réels positifs que sont les volumes de ces surfaces par la positivité de la fonction $\mathcal{V}$ suffisent pour qu'ils déterminent une classe de cohomologie qui contienne une forme symplectique invariante. Le diagramme classifierait alors les variétés symplectiques compactes de dimension 4 comme plus haut avec en plus la classe de cohomologie de la forme (*voir* une étude complète de cette question pour le cas torique dans [6]).

Références

[1] M. Atiyah, *Convexity and commuting hamiltonians,* Bull. London Math. Soc. **23** (1982), 1–15.

[2] M. Atiyah, *Angular momentum, convex polyhedra and algebraic geometry*, Proceedings Edinburgh Math. Soc. **26** (1983), 121–138.

[3] F. Bonahon, L. Siebenmann, *The classification of Seifert fibred 3-orbifolds*, *Low dimensional topology*, R. Fenn, London Math. Soc. Lecture Notes Series, Cambridge University Press, (1985), 19–83.

[4] J.L. Brylinski, *Éventails et variétés toriques*, *Séminaire sur les singularités des surfaces*, Springer Lect. Notes in Math. **777** (1980), 248–288.

[5] V. I. Danilov, *La géométrie des variétés toriques*, Uspekhi Mat. Nauk **33** (1978), 85–134.

[6] T. Delzant, *Hamiltoniens périodiques et image convexe de l'application moment*, Bull. Soc. Math. France (à paraître).

[7] J. J. Duistermaat, G. J. Heckman, *On the variation in the cohomology of the symplectic form of the reduced phase space*, Invent. Math. **69** (1982), 259–269.

[8] R. Fintushel, *Classification of circle actions on 4-manifolds*, Trans. Amer. Math. Soc. **242** (1978), 377–390.

[9] T. Frankel, *Fixed points on Kähler manifolds*, Ann. of Math. **70** (1959), 1-8.

[10] V. Guillemin, S. Sternberg, *Convexity properties of the moment mapping, I et II*, Invent. Math. **67** (1982), 491–513. **77** (1984), 533–546.

[11] P. Iglesias, *Classification des $SO(3)$-variétés symplectiques de dimension* 4, Centre de physique théorique, Marseille, 1984.

[12] J. Jurkiewicz, *Torus embeddings, polyhedra, k^*-actions and homology*, Dissertationes Mathematicae **236** (1985).

[13] D. McDuff, *Examples of simply-connected symplectic non-kälerian manifolds*, J. Differential Geometry **20** (1984), 267–277.

[14] D. McDuff, *The moment map for circle actions on symplectic manifolds*, preprint, 1988.

[15] T. Oda, *Convex Bodies and algebraic geometry*, Ergebnisse der Mathematik, Springer, 1988.

[16] P. Orlik, *Seifert manifolds*, Lecture Notes in Mathematics 291, Springer, Berlin, Heidelberg, New York, 1972.

[17] P. Orlik, P. Wagreich, *Algebraic surfaces with k^*-action*, Acta Math. **138** (1977), 43–81.

[18] R. von Randow, *Zur Topologie von dreidimensionalen Baummanigfaltigkeiten*, Bonner Math. Schriften **14** (1962).

[19] K. Ahara, A. Hattori, *A classification of* 4 *dimensional symplectic* S^1 *manifolds admitting moment map,* 1988.

Mathématiques
Université Louis Pasteur
7 rue René Descartes
F–67084 Strasbourg cedex

A.M.S. Subject Classification (1988) : 57R13, 53C57, 14L32.

Mots-clefs : Application moment, Opérations hamiltoniennes, Plombages, Variétés toriques.

THE HAMILTONIAN HOPF BIFURCATION IN THE LAGRANGE TOP

R. Cushman

Mathematisch Instituut, Rijksuniversiteit Utrecht
P.O. Box 80.010, 3508 TA UTRECHT, The Netherlands

J.C. van der Meer

Faculteit der Wiskunde en Informatica,
Technische Universiteit Eindhoven
P.O. Box 513, 5600 MB EINDHOVEN, The Netherlands

ABSTRACT

We show that the Lagrange top undergoes a Hamiltonian Hopf bifurcation when the angular momentum corresponding to rotation about the symmetry axis of the body passes through a value where the sleeping top changes stability.

0. Introduction

Consider the equilibrium where the Lagrange top is sleeping. In this paper we will show that a Hamiltonian Hopf bifurcation takes place when this equilibrium changes its stability.

It is well known that the Lagrange top, a heavy symmetric rigid body with one point fixed, is a completely integrable Hamiltonian system [6]. Besides the Hamiltonian itself there are two additional integrals of angular momentum: one associated to rotation about the vertical axis fixed in space and the other associated to rotation about the symmetry axis of the body. After removing the symmetry of rotation about the body axis using the reduction theorem [1], one has a two degree of freedom system whose motions are described by the Euler-Poisson equations [4]. These equation are in Hamiltonian form with respect to a nonstandard Poisson structure on $\mathbb{R}^6$.

In a neighborhood of an equilibrium point corresponding to sleeping motion of the top, the Euler-Poisson equations become a parameter dependent Hamiltonian system on $\mathbb{R}^4$, whose Poisson structure is induced from that on $\mathbb{R}^6$. In order to prove the existence of a Hamiltonian Hopf bifurcation, only the constant part of the Poisson structure on $\mathbb{R}^4$ is of importance. The reason for this is that the normalization of the energy-momentum mapping in the sense of Van der Meer [8, ch.3] makes no use of the Poisson structure.

1. The Euler-Poisson formulation of the Lagrange top [7]

On $\mathbb{R}^6$ let $(C^\infty(\mathbb{R}^6),\cdot)$ be the commutative, associative algebra of smooth functions under pointwise multiplication $\cdot$. Let $z=(z_1,z_2,z_3,z_4,z_5,z_6)=(x_1,x_2,x_3,y_1,y_2,y_3)$ be co-ordinates on $\mathbb{R}^6$. Define a Poisson bracket $\{\ \}$ on $\mathbb{R}^6$ by

$$\{f,g\}=\sum_{i,j=1}^{6}\frac{\partial f}{\partial z_i}\frac{\partial g}{\partial z_j}\{z_i,z_j\},\qquad f,g\in C^\infty(\mathbb{R}^6),$$

where the bracket of the co-ordinate functions is given by Table 1.

$\{A,B\}$	x_1	x_2	x_3	y_1	y_2	y_3	B
x_1	0	0	0	0	$-x_3$	x_2	
x_2	0	0	0	x_3	0	$-x_1$	
x_3	0	0	0	$-x_2$	x_1	0	
y_1	0	$-x_3$	x_2	0	$-y_3$	y_2	
y_2	x_3	0	$-x_1$	y_3	0	$-y_1$	
y_3	$-x_2$	x_1	0	$-y_2$	y_1	0	
A							

Table 1.

It is easily checked that $(C^\infty(\mathbb{R}^6),\{\ \})$ is a Lie algebra. Because the bracket also satisfies Leibniz identity, namely

$$\{f,g\cdot h\}=\{f,g\}\cdot h+g\cdot\{f,h\},\qquad f,g,h\in C^\infty(\mathbb{R}^6),$$

it follows that $(C^\infty(\mathbb{R}^6),\cdot,\{\ \})$ is a Poisson algebra A.

In A the Hamiltonian vector field X_H of a Hamiltonian function $H\in C^\infty(\mathbb{R}^6)$ is the derivation

$$X_H(f)=ad_H\,f=\{H,f\},\qquad f\in C^\infty(\mathbb{R}^6).$$

Using Table 1 we see that Hamilton's equations for X_H are

$$\begin{aligned}\dot{x}&=\{H,x\}=x\times\frac{\partial H}{\partial y}\\ \dot{y}&=\{H,y\}=x\times\frac{\partial H}{\partial x}+y\times\frac{\partial H}{\partial y},\end{aligned}\tag{1}$$

where $\times$ is the usual vector-product on $\mathbb{R}^3$ and $\dfrac{\partial H}{\partial x}=\left(\dfrac{\partial H}{\partial x_1},\dfrac{\partial H}{\partial x_2},\dfrac{\partial H}{\partial x_3}\right)$.

The Lagrange top is described by the Hamiltonian

$$\tilde{H} = \frac{1}{2I_1}(y_1^2 + y_2^2) + \frac{1}{2I_3} y_3^2 + \Lambda x_3 \ , \ \Lambda > 0 \, , \tag{2}$$

where $I = \mathrm{diag}(I_1, I_2, I_3)$ is the moment of inertia tensor of the top. For I to be the moment of inertia tensor of a physically realizable body

$$0 < I_3 \leq 2I_1 \tag{3}$$

(see [6], p.100). From (1) we see that Hamilton's equations for the Lagrange top are

$$\dot{x} = x \times Iy$$
$$\dot{y} = x \times \Lambda e_3 + y \times Iy \, .$$

These are exactly the Euler-Poisson equations of the Lagrange top [4]. To remove as many parameters from $\tilde{H}$ as possible, we change the times scale by setting $t_{\mathrm{new}} = I_1 t$ and the length scale by $\Lambda I_1 = 1$. The resulting rescaled Hamiltonian is

$$H = \tfrac{1}{2}(y_1^2 + y_2^2) + \tfrac{1}{2}\gamma y_3^2 + x_3 \, , \tag{4}$$

and Hamilton's equations are

$$\begin{aligned} \dot{x} &= x \times Jy \\ \dot{y} &= x \times e_3 + y \times Jy \, , \end{aligned} \tag{5}$$

where $J = \mathrm{diag}(1, 1, \gamma)$. From (3) it follows that

$$\gamma = \frac{I_1}{I_3} \geq \frac{1}{2} \, . \tag{6}$$

A straightforward calculation shows that the manifold $Ta\, S^2 \subseteq I\!R^6$ defined by

$$x_1^2 + x_2^2 + x_3^2 = 1$$
$$x_1 y_1 + x_2 y_2 + x_3 y_3 = a$$

is invariant under the flow of X_H. In [3] it is shown that $Ta\, S^2$ is the reduced phase space obtained from the original phase space TSO (3) by removing the S^1 symmetry associated to rotation about the symmetry axis of the top at the corresponding angular momentum value a.

The third integral of the Lagrange top is the angular momentum

$$L : Ta\, S^2 \subseteq I\!R^6 \rightarrow I\!R : (x, y) \rightarrow y_3 \tag{7}$$

associated to the S^1 symmetry of rotation about a vertical axis fixed in space. From (1) it follows that Hamilton's equations for X_L are

$$\begin{aligned} \dot{x} &= x \times e_3 \\ \dot{y} &= y \times e_3 \, . \end{aligned} \tag{8}$$

2. Reduction, relative equilibria and the swallowtail

In this section we review the salient facts about the relative equilibria and critical values of the energy-momentum mapping of the Lagrange top. We follow [3]. We will show that near the two points where the thread attaches, the set of critical values looks like part of a swallowtail surface. This fact has been observed before by Prof. H. Knörrer of ETH and Prof. D. Chillingworth of the University of Southhampton. We begin by studying the relative equilibria of the S^1 action

$$\Psi_t : \mathbb{R}^3 \times \mathbb{R}^3 \to \mathbb{R}^3 \times \mathbb{R}^3 : (x, y) \to (R_t x, R_t y),$$

where $R_t = \begin{bmatrix} c & s & 0 \\ -s & c & 0 \\ 0 & 0 & 1 \end{bmatrix}$ and $c = \cos t$, $s = \sin t$. Ψ_t is the flow of X_L. It leaves $Ta\, S^2$ invariant and has momentum L.

We want to use this S^1 symmetry to reduce H to a one degree of freedom Hamiltonian system on a second reduced phase space $P_{a,\,b} = L^{-1}(b) \cap Ta\, S^2 / S^1$. However, there is a difficulty: the action of Ψ_t on $Ta\, S^2$ has fixed points, namely

$$(0, 0, 1, 0, 0, a), \text{ when } b = a ,$$

and

$$(0, 0, 1, 0, 0, -a), \text{ when } b = -a .$$

Thus the usual reduction theorem [1] does not apply for all values of a and b. To get around this problem we use invariant theory.

The algebra of polynomials on $L^{-1}(b) \cap Ta\, S^2$, which are invariant under the S^1 action generated by the flow Ψ_t, is generated by

$$\pi_1 = x_1^2 + x_2^2 ,\ \pi_2 = y_1^2 + y_2^2 ,\ \pi_3 = x_1 y_1 + x_2 y_2 ,$$

$$\pi_4 = x_1 y_2 - x_2 y_1 ,\ \pi_5 = x_3 ,\ \pi_6 = y_3 \tag{9}$$

subject to the relations

$$\pi_3^2 + \pi_4^2 = \pi_1 \pi_2 ,\ \pi_1 \geq 0 ,\ \pi_2 \geq 0 , \tag{10}$$

$$\pi_1 + \pi_5^2 = 1 ,\ \pi_3 + \pi_5 \pi_6 = a ,\ \pi_6 = b . \tag{11}$$

Note that (9) and (10) define the algebra of Ψ_t-invariant polynomials on $\mathbb{R}^6$. The extra relations (11) define the algebra of invariant polynomials on $L^{-1}(b) \cap Ta\, S^2$.

Eliminating the variables π_1, π_3 and π_6 from (10) and (11) gives

$$\pi_4^2 + (a - b\pi_5)^2 = (1 - \pi_5^2)\, \pi_2 ,\ \pi_2 \geq 0 ,\ |\, \pi_5 \,| \leq 1 , \tag{12}$$

which defines the second reduced phase space $P_{a,\,b}$. On $P_{a,\,b}$ the Hamiltonian induced by H is

$$E = \frac{1}{2}\,\pi_2 + \pi_5 + \frac{1}{2}\,\gamma b^2 . \tag{13}$$

The relative equilibria of H on $L^{-1}(b) \cap Ta\, S^2$ are S^1 orbits of X_L which correspond to critical points of E on $P_{a,\,b}$. E has critical points only on $P_{a,\,b} \cap \{\pi_4 = 0\}$. Solving (13) for π_2, setting $\pi_4 = 0$ in (12), and then eliminating π_2 from (12) gives

$$0 = f(\pi_5) = (1 - \pi_5^2)(\alpha - \pi_5) - \frac{1}{2}\,(a - b\,\pi_5)^2 ,\ |\,\pi_5\,| \le 1 , \tag{14}$$

where $\alpha = E - \frac{1}{2}\,\gamma b^2$. The critical points of E on $P_{a,\,b} \cap \{\pi_4 = 0\}$ correspond to multiple roots π_5 of the polynomial f which satisfy $|\,\pi_5\,| \le 1$. The critical values of the energy-momentum map of the Lagrange top correspond to a piece of the discriminant locus $\Delta = \{(a, b, E) \in I\!R^3 \mid \mathrm{discr}(f)(a, b, E) = 0\}$ which is pictured below.

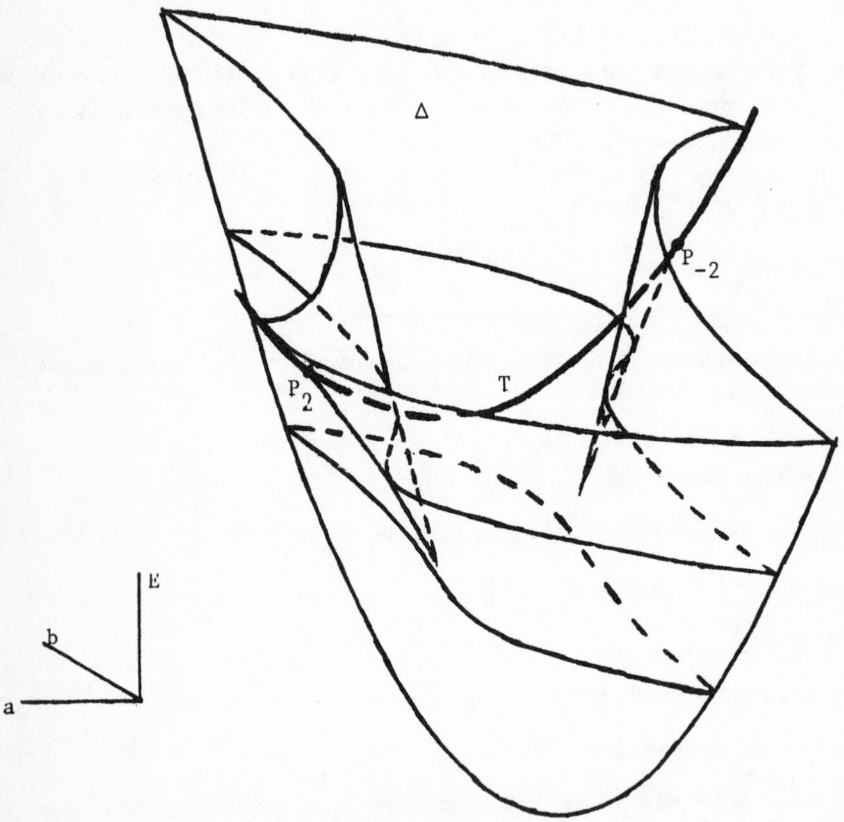

Figure 1. The critical values of the
energy-momentum mapping of the Lagrange top.

A striking feature of Δ is that it has a one dimensional piece $T = \{(a, b, E) \in I\!R^3 \mid a = b \;\&\; E = 1 + \frac{1}{2}\,\gamma a^2\}$, which we call the thread. For $|\,a\,| < 2$, T is isolated. The thread attaches to the two dimensional part of Δ at the points $P_{\pm 2} = (\pm 2, \pm 2, 1 + 2\gamma)$ where 1 is a triple root of f. When $|\,a\,| \ge 2$ T lies in the two dimensional part of Δ.

Next we give a local description of Δ near P_2. A similar argument works about P_{-2}. Introduce new parameters $(\lambda_1, \lambda_2, \lambda_3)$ as follows:

$$\alpha = 1 + \lambda_1 \, , \; a = \lambda_2 + \lambda_3 + 2 \, , \; b = \lambda_3 + 2 \, .$$

Then P_2 corresponds to $(\lambda_1, \lambda_2, \lambda_3) = (0, 0, 0)$ and

$$g(x) = -f(1-x) = x^3 + 2p\,x^2 - 4rx + q^2 \, , \tag{15}$$

where $x = 1 - \pi_5$ and

$$2p = \lambda_1 + \lambda_2 + \tfrac{1}{2}\lambda_3^2 \, , \; -4r = -2\lambda_1 + 2\lambda_2 + \lambda_1\lambda_2 \, , \; q = \frac{1}{\sqrt{2}}\lambda_2 \, .$$

We have

Lemma 1. [8, p.77]. The polynomials

$$f_1(x) = x^3 + 2p\,x^2 - 4r\,x + q^2$$
$$f_2(x) = x^3 - 2p\,x^2 - 4r\,x - q^2 = -f_1(-x)$$
$$f_3(x) = x^4 + p\,x^2 + q\,x + (r + \tfrac{1}{4}p^2)$$

have the same discriminant.

Proof: We compute the invariants g_2 and g_3 of f_1 and f_3, because in both cases we have

$$4^{-4}(\text{discr}) = g_2^3 - 27g_3^2$$

(see [2, p.182 & 185]). In the cubic case

$$f_1(x - \tfrac{2}{3}p) = x^3 - 4(\tfrac{1}{3}p^2 + r)x + 16(\frac{1}{27}p^3 + \frac{1}{6}pr - \frac{1}{16}q^2)$$

we obtain

$$g_2 = \tfrac{1}{3}p^2 + r \text{ and } -g_3 = \frac{1}{27}p^3 + \frac{1}{6}pr - \frac{1}{16}q^2 \, ;$$

while in the quartic case

$$f_3(x) = x^4 + 6(\frac{1}{6}p)\,x^2 + 4(\tfrac{1}{4}q)\,x + (r + \tfrac{1}{4}p^2)$$

we find that

$$g_2 = (r + \tfrac{1}{4}p^2) + 3(\frac{1}{6}p)^2 = \tfrac{1}{3}p^2 + r$$

and

$$g_3 = (\frac{1}{6}p)\,(r + \tfrac{1}{4}p^2) - (\tfrac{1}{4}q)^2 - (\frac{1}{6}p)^3 = \frac{1}{27}p^3 + \frac{1}{6}pr - \frac{1}{16}q^3 \, .$$

□

Since the discriminant locus of a quartic polynomial is a swallowtail ([2, p.189]), near P_2 the discriminant locus Δ is a piece Σ of a swallowtail. The piece Σ is determined by the requirement that all the roots of (15) are nonnegative. This condition arises from the requirement that $|\pi_5| \le 1$. Σ is pictured below. Near P_{-2} we have the same picture.

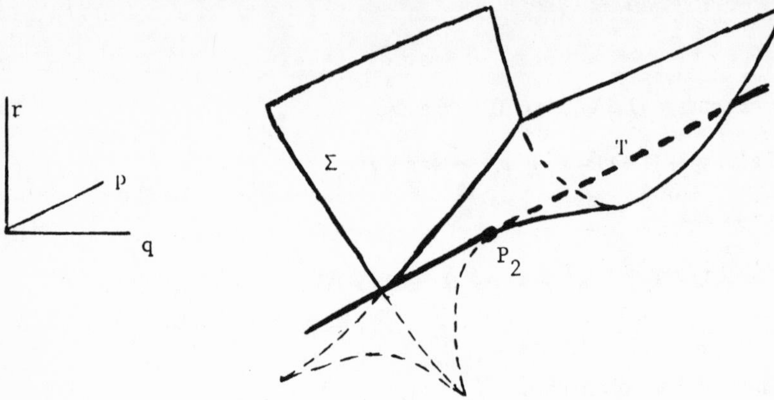

Figure 2. The swallowtail. Σ is the part
corresponding to nonnegative multiple roots of g.
The thread $T = \{q = r = 0, p > 0\}$.

In the remainder of this paper we will show that Σ comes from a Hamiltonian Hopf bifurcation in the Euler-Poisson equations of the Lagrange top as the parameter $|a|$ increases through the value 2.

3. The Hamiltonian Hopf bifurcation

In this section we describe the theoretical background for the Hamiltonian Hopf bifurcation in the Lagrange top. For a comprehensive treatment see [8].

We begin by showing that the Euler-Poisson equations (7) undergo a Hamiltonian Hopf bifurcation. For this it is sufficient to study the linearized equations. In order to obtain the swallowtail, we have to show that we are in the generic situation. This means that we have to check if the higher order terms satisfy certain conditions (see (23) below).

Observe that $p_a = (e_3, ae_3) \in Ta\,S^2$ is the equilibrium point of X_H which corresponds to a sleeping top. (Note that the value of the energy momentum mapping at p_a lies on the thread). We have to study what happens when $|a|$ increases through 2. Linearizing X_H at p_a gives

$$X_{H_0} = DX_H(p_a) \mid T_{p_a}(Ta\,S^2)$$

$$= \begin{pmatrix} 0 & a\gamma & 0 & -1 \\ -a\gamma & 0 & 1 & 0 \\ 0 & 1 & 0 & a(\gamma-1) \\ -1 & 0 & -a(\gamma-1) & 0 \end{pmatrix},$$

where $T_{p_a}(Ta\,S^2)$ has co-ordinates $(x_1, x_2, 0, y_1, y_2, 0) \in \mathbb{R}^6$. We identify $T_{p_a}(Ta\,S^2)$ with

$I\!R^4$. X_{H_0} is a linear Hamiltonian vector field on $(I\!R^4, \omega)$ where ω is the symplectic form

$$\omega(z,w) = w^t \begin{pmatrix} 0 & -a & 0 & 1 \\ a & 0 & -1 & 0 \\ 0 & 1 & 0 & 0 \\ -1 & 0 & 0 & 0 \end{pmatrix} z, \qquad w, z \in I\!R^4 . \tag{16}$$

In fact ω is equal to $(W(P_a) \mid T_{P_a}(Ta\, S^2))^+$, where W is the structure matrix of the Poisson bracket { } on $C^\infty(I\!R^6)$ and + denotes the operation of inverse transpose. A short calculation shows that the characteristic polynomial of X_{H_0} is

$$[\lambda^2 + \tfrac{1}{4}(a^2(2\gamma-1)^2 - (4-a^2))]^2 + \tfrac{1}{4}\, a^2(2\gamma-1)^2(4-a^2)$$

whose roots are

$$\begin{cases} \pm\frac{1}{2}\,(\sqrt{4-a^2} \pm ia\,(2\gamma-1)), & \text{if } |\,a\,| \le 2 \\ \pm\frac{1}{2}\, i(a(2\gamma-1) \pm \sqrt{a^2-4}), & \text{if } |\,a\,| \ge 2 . \end{cases}$$

As a function of the parameter a the eigenvalues of X_{H_0} behave as depicted in figure 3.

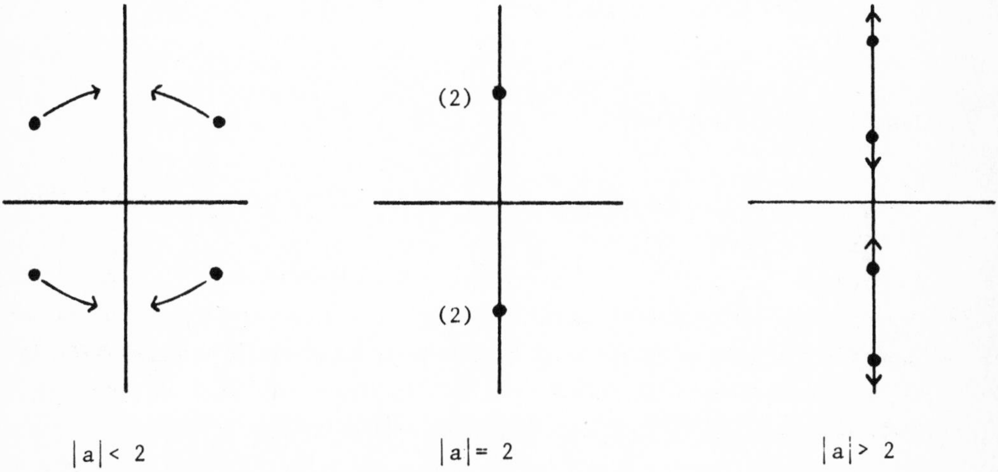

Figure 3. Eigenvalues of $X_{H_0}(a)$ in the complex plane.

This behaviour characterizes the Hamiltonian Hopf bifurcation. To make this rigorous, we have to show that the curve $\Gamma : I\!R \to \mathrm{sp}(\omega, I\!R) : a \to X_{H_0}(a)$ is generic, that is, Γ has a transversal intersection with the orbit $\mathbf{O} = \{ P\, X_{H_0}(2\rho)\, P^{-1} \in \mathrm{sp}(\omega, I\!R) \mid P \in \mathrm{Sp}(\omega, I\!R) \}$ of, the linear Hamiltonian vector field $X_{H_0}(2\rho)$, $\rho^2 = 1$, under the group of linear symplectic mappings $\mathrm{Sp}(\omega, I\!R)$. The matrix $X_{H_0}(2\rho)$ has purely imaginary eigenvalues and a semisimple-nilpotent decomposition

$$X_{H_0}(2\rho) = (2\gamma - 1)\,X_S + X_N\,,$$

where

$$X_S = \begin{pmatrix} 0 & \rho & 0 & 0 \\ -\rho & 0 & 0 & 0 \\ 0 & 0 & 0 & \rho \\ 0 & 0 & -\rho & 0 \end{pmatrix} \text{ and } X_N = \begin{pmatrix} 0 & \rho & 0 & -1 \\ -\rho & 0 & 1 & 0 \\ 0 & 1 & 0 & -\rho \\ -1 & 0 & \rho & 0 \end{pmatrix}. \tag{17}$$

One can show that a complement to $T_{\Gamma(2\rho)}\,\mathbf{O}$ in sp(ω, $I\!R$), the space of linear Hamiltonian vector fields on ($I\!R^4$, ω), is spanned by X_S and

$$X_M = \begin{pmatrix} 0 & 0 & 0 & 0 \\ 0 & 0 & 0 & 0 \\ 0 & -1 & 0 & 0 \\ 1 & 0 & 0 & 0 \end{pmatrix}.$$

Consequently

$$\mathrm{X} = \alpha X_S + \mathrm{X}_N + \beta\, X_M$$

is a versal deformation of $X_{H_0}(2\rho)$. Equating the characteristic polynomials of X and $X_{H_0}(2\rho)$ gives

$$\alpha = (v_2 - (v_2^2 + v_1)^{1/2})^{1/2} \text{ and } \beta = -2 + v_2 + (v_2^2 + v_2)^{1/2}\,,$$

where

$$4v_1 = a^2(2\gamma-1)^2(4-a^2) \text{ and } v_2 = a^2(2\gamma-1)^2 - (4-a^2)\,.$$

Since

$$\left.\frac{d\beta}{da}\right|_{a=2\rho} \neq 0 \text{ for every } \gamma \geq \tfrac{1}{2}\,,$$

Γ intersects $\mathbf{O}$ transversally at $X_{H_0}(2\rho)$.

It remains to investigate the higher order terms of H at p_a. Recall that the Hamiltonian H of the Lagrange top is invariant under the S^1 action Ψ_t. Near p_a we can describe $Ta\,S^2$ by the chart $(D_1 \times I\!R^2, \phi_a)$ where $\phi_a : D_1 \times I\!R^2 \subseteq I\!R^4 \to Ta\,S^2 \subseteq I\!R^6$ is given by

$$(x_1, x_2, y_1, y_2) \to (x_1, x_2, (1-x_1^2-x_2^2)^{1/2}, y_1, y_2, (a - x_1y_1 - x_2y_2)(1-x_1^2-x_2^2)^{-1/2})$$

with $\phi_a(0,0) = p_a$ and $D_1 = \{(x_1, x_2) \in I\!R^2 \mid (x_1^2 + x_2^2) < 1\}$. Expanding $(1-x_1^2-x_2^2)^{\pm 1/2}$ in a power series in $x_1^2 + x_2^2$, we find that $\hat{H} = \phi_a^* H$ is a power series in

$$\pi_1\,,\ \pi_2\,,\ \pi_3\,,\ \pi_4 \tag{18}$$

(see (9)), which are invariant under the S^1 action $\hat{\Psi}_t = \begin{pmatrix} c & s & 0 & 0 \\ -s & c & 0 & 0 \\ 0 & 0 & c & s \\ 0 & 0 & -s & c \end{pmatrix}$ on $I\!R^4$ induced by the S^1 action

Ψ_t. More precisely

$$\hat{H} = H_0 + H_1 + H_2 + \cdots ,$$

where

$$\begin{aligned} H_0(x, y) &= \tfrac{1}{2}\, a^2\gamma + 1 \\ H_1(x,y) &= \tfrac{1}{2}(a^2\gamma - 1)(x_1^2 + x_2^2) - a\gamma(x_1y_1 + x_2y_2) + \tfrac{1}{2}(y_1^2 + y_2^2) \\ H_2(x, y) &= \tfrac{1}{2}(a^2\gamma - \tfrac{1}{4})(x_1^2 + x_2^2)^2 - a\gamma(x_1^2 + x_2^2)(x_1y_1 + x_2y_2) + \tfrac{1}{2}\,\gamma(x_1y_1 + x_2y_2)^2 . \end{aligned} \tag{19}$$

Furthermore, in this chart the integral $\mathbf{L} = y_3$ becomes

$$\hat{L} = \hat{L}(x, y) = (a - x_1y_1 - x_2y_2)\,(1 + \tfrac{1}{2}(x_1^2 + x_2^2) + \frac{3}{8}(x_1^2 + x_2^2)^2 + \cdots).$$

Thus, near p_a, the energy-momentum mapping (H, L) of the Lagrange top on $Ta\ S^2$ is $(\hat{H}, \hat{L})$ near 0 in $\mathbb{R}^4$.

Because the functions

$$x_1^2 + x_2^2 + x_3^2 \text{ and } x_1y_1 + x_2y_2 + x_3y_3$$

(whose level sets define $Ta\ S^2$) are Casimir elements of the Poisson algebra $(C^\infty(\mathbb{R}^6), \cdot, \{\ \})$, the inclusion mapping $i : Ta\ S^2 \rightarrow \mathbb{R}^6$ is a Poisson mapping. In other words, restricting $\{\ \}$ to $Ta\ S^2$ defines a Poisson bracket $\{\ \}_{Ta\ S^2}$ on $C^\infty(Ta\ S^2)$. In the chart $(D_1 \times \mathbb{R}^2, \phi_a)$ we have an induced Poisson bracket $[\ ]$ on $\mathbb{R}^4$ given by

$$[f, g] = \phi_a^* (\{(\phi_a^{-1})^* f, (\phi_a^{-1})^* g\}_{Ta\ S^2}), \quad f, g \in C^\infty(D_1 \times \mathbb{R}^2).$$

The structure matrix $\mathbf{W}$ of $[\ ]$ is given in Table 2.

[ ]	x_1	x_2	y_1	y_2
x_1	0	0	0	$(1-x_1^2-x_2^2)^{1/2}$
x_2	0	0	$-(1-x_1^2-x_2^2)^{1/2}$	0
y_1	0	$(1-x_1^2-x_2^2)^{1/2}$	0	$(a-x_1y_1-x_2y_2)(1-x_1^2-x_2^2)^{-1/2}$
y_2	$-(1-x_1^2-x_2^2)^{1/2}$	0	$-(a-x_1y_1-x_2y_2)(1-x_1^2-x_2^2)^{-1/2}$	0

Table 2

Expanding $\mathbf{W}$ in a power series in $x_1^2 + x_2^2$ we get

$$\mathbf{W} = \mathbf{W}_0 + \mathbf{W}_1 + \cdots$$

where

$$\mathbf{W}_0 = \begin{pmatrix} 0 & 0 & 0 & 1 \\ 0 & 0 & -1 & 0 \\ 0 & 1 & 0 & a \\ -1 & 0 & -a & 0 \end{pmatrix} .$$

Note that $\mathbf{W}_0$ induces the symplectic form ω given by (16) and is the structure matrix of the Poisson bracket $[\ ]_0$.

Next introduce the functions

$$\begin{aligned} S &= x_1^2 + x_2^2 - \rho(x_1 y_1 + x_2 y_2), \\ N &= \tfrac{1}{2}(x_1^2 + x_2^2) + \tfrac{1}{2}(y_1^2 + y_2^2) - \rho(x_1 y_1 + x_2 y_2), \\ M &= \tfrac{1}{2}(x_1^2 + x_2^2), \\ T &= x_2 y_1 - x_1 y_2, \end{aligned} \tag{20}$$

where ρ is 1 if a is close to 2 and ρ is -1 if a is close to -2. Here S, M, N are Hamiltonian functions corresponding to the Hamiltonian vector fields X_S, X_M, X_N under the bracket $[\ ]_0$. We have

$$[T, M]_0 = 2M,\ [T, N]_0 = -2N,\ [N, M]_0 = T,$$

$$[S, M]_0 = [S, N]_0 = [S, T]_0 = 0,$$

and

$$T^2 + S^2 = 4MN,\ M \geq 0,\ N \geq 0. \tag{21}$$

Using (20) we can write

$$\hat{H} = (|a|\gamma - 1)S + N + a_0 M + a_1 M^2 + a_2 M S + \tfrac{1}{2}\gamma S^2 + \cdots,$$

where

$$\begin{aligned} a_0 &= a_0(a) = a^2\gamma - 2|a|\gamma \\ a_1 &= a_1(a) = 2a^2\gamma - 4|a|\gamma + 2\gamma - \tfrac{1}{2} \\ a_2 &= a_2(a) = 2\gamma(|a| - 1) \end{aligned} \tag{22}$$

and

$$\hat{L} = S + \cdots$$

The coefficient $a_1(a)$ is uniquely determined and

$$a_1(\pm 2) = 2\gamma - \tfrac{1}{2} > 0 \tag{23}$$

since $\gamma \geq \frac{1}{2}$.

Using the theory of [8, chpt. 3], it follows that there is an S^1 equivariant diffeomorphism ϕ of $\mathbb{R}^4$, which leaves the origin fixed and a diffeomorphism Φ of $\mathbb{R}^2$ such that

$$\Phi \circ (\hat{H}, \hat{L}) \circ \phi = (G, S).$$

Here $(\hat{H}, \hat{L}) : \mathbb{R}^4 \to \mathbb{R}^2 : (\xi, \eta) \to (\hat{H}(\xi, \eta), \hat{L}(\xi, \eta))$ and $(G, S) : \mathbb{R}^4 \to \mathbb{R}^2 : (x, y) \to (G(x, y), S(x, y))$ where

$$G(x, y) = N + a_0 M + a_1 M^2 \tag{24}$$

Consequently, the set of critical values of $(\hat{H}, \hat{L})$ is diffeomorphic to the set of critical values of (G, S). In this result from singularity theory the Poisson structure of $\mathbb{R}^4$ plays no role.

In fact, the mapping (G, S) is an energy momentum mapping for a Hamiltonian system G on $(\mathbb{R}^4, \omega)$. We now recount the analysis of this standard system given in [8]. S is an integral for G. The flow $\hat{\Psi}_t$ of X_S generates an S^1 action on $\mathbb{R}^4$. Since the algebra of $\hat{\Psi}_t$-invariant polynomials is generated by M, N, S and T subject to the relation (21) (compare with (18)), we can remove this S^1 symmetry using invariant theory. The reduced phase space is $P_S = S^{-1}(s)/S^1$ which is defined by

$$S^2 + T^2 = 4MN\,,\ M \geq 0\,,\ N \geq 0\,. \tag{25}$$

On P_S the Hamiltonian induced by G is

$$g = J = J(M, N) = N + a_0 M + a_1 M^2\,. \tag{26}$$

The relative equilibria of G are the X_S orbits on $S^{-1}(s)$ which correspond to critical points of J on P_S. J has critical points only on $P_S \cap \{T = 0\}$. Solving (26) for N and then substituting this into (25), having set $T = 0$, gives

$$4a_1 M^3 + 4a_0 M^2 + 4g\,M + s^2 = 0\,,\ M \geq 0\,. \tag{27}$$

The critical points of J on $P_S \cap \{T = 0\}$ correspond to the multiple nonnegative roots of (27). Since $a_1 > 0$ for $|\,a\,|$ near 2, using Lemma 1 we find that the discriminant locus of (27) is the same piece of the swallowtail surface as Σ in Figure 2. Thus Σ comes from a Hamiltonian Hopf bifurcation, which is what we wanted to show.

Acknowledgement

We would like to thank Prof. Victor Guillemin of M.I.T. for introducing us to this problem and for giving us his unpublished notes [5], which treated a related problem.

References

[1] Abraham, R. and Marsden, J.E., *Foundations of mechanics*, 2nd ed. Benjamin/Cummings, Reading, Mass., 1978.

[2] Brieskorn, E. and Knörrer, H., *Plane algebraic curves*, Birkhäuser, Boston, 1986.

[3] Cushman, R. and Knörrer, H., *The momentum mapping of the Lagrange top*, in: Differential geometric methods in physics, ed. H. Doebner et. al., LNM **1139**, (1985), 12 - 24, Springer-Verlag, New York.

[4] Golubev V., *Lectures on integration of the equation of motion of a rigid body about a fixed point*, Israel program for scientific translations, 1960.

[5] Guillemin, V., *Unpublished notes*, M.I.T., 1987.

[6] Landau, L. and Lifschitz, E., *Mechanics*, Addison-Wesley, Reading, Mass., 1960.

[7] Ratiu, T. and Van Moerbeke, P., *The Lagrange rigid body motion*, Ann. Inst. Fourier, Grenoble **32** (1982), 211 -234.

[8] Van der Meer, J.C., *The Hamiltonian Hopf bifurcation*, LNM **1160**, (1985), Springer-Verlag, New York.

GROUPOIDES SYMPLECTIQUES ET TROISIEME THEOREME DE LIE "NON LINEAIRE"

Pierre DAZORD
Université de Lyon I, Institut de Mathématiques et Informatique
43, boulevard du 11 Novembre 1918, 69622 VILLEURBANNE CEDEX (France)

INTRODUCTION.

Si $\mathfrak{g}$ est une algèbre de Lie de dimension finie, le troisième théorème de Lie assure qu'il existe un unique groupe connexe et simplement connexe (à isomorphisme près) d'algèbre de Lie $\mathfrak{g}$. Si, de plus, $\mathfrak{g}$ est une sous-algèbre de Lie de l'algèbre de Lie des champs de vecteurs d'une variété W, la théorie de LIE-PALAIS [28] permet de construire une action locale de G dans M dont les champs de Killing sont les champs de $\mathfrak{g}$. En particulier le feuilletage régulier défini par $\mathfrak{g}$ a pour feuilles les orbites de cette action locale. Enfin si $\mathfrak{g}$ est constituée de champs complets, on a une action globale de G dans W et les feuilles de $\mathfrak{g}$ sont les orbites de G et donc des espaces homogènes de G.

La notion de groupoïdes symplectiques introduite indépendamment par A. WEINSTEIN [39] et V. KARASEV [24] (et appelés pseudogroupes de Lie par Karasev) vise à aborder l'extension des résultats précédents aux algèbres de Lie de dimension infinie. Par exemple, le troisième théorème de Lie s'énonce ainsi dans ce cadre : T^*G muni des moments α et β des actions naturelles de G dans T^*G, $T^*G \underset{\beta}{\overset{\alpha}{\rightrightarrows}} \mathfrak{g}^*$, est canoniquement muni d'une structure de groupoïde symplectique au-dessus de la variété de Lie - Poisson $\mathfrak{g}^*$. Autrement dit le théorème de KOSTANT-KIRILLOV-SOURIAU [35] sur les orbites de la coadjointe s'interpète comme la version symplectique du Troisième Théorème de Lie.

Ce point de vue se prête immédiatement à généralisation . Le problème du Troisième Théorème de Lie "non linéaire" consiste à remplacer la variété - linéaire - de Lie-Poisson $\mathfrak{g}^*$ par une variété de Poisson quelconque (Γ_0,Λ_0) et de se demander s'il existe un groupoïde symplectique $(\Gamma,\sigma) \underset{\beta}{\overset{\alpha}{\rightrightarrows}} \Gamma_0,\Lambda_0$ de base (Γ_0,Λ_0). La différence essentielle avec la dimension finie est qu'il n'existe en général qu'un groupoïde symplectique local (au sens de VAN EST [20], [5] [39]). Il était connu depuis longtemps qu'en dimension infinie on ne pouvait en général espérer l'existence d'un objet global ([15] [21][22][29]).

Un des premiers objectifs de cet article est, par le biais de la théorie des réalisations isotropes de Libermann, de donner des obstructions à l'existence d'un groupoïde symplectique (Γ,σ) au-dessus de certaines variétés de Poisson régulières. En particulier ceci permet de construire des "espaces de phases" simplement connexes au sens de KARASEV [24], c'est-à-dire des groupoïdes symplectiques locaux, qui ne sont la restriction d'aucun groupoïde symplectique.

La théorie des groupes de transformations s'énonce fort bien dans ce cadre à travers la notion de feuilletage de Libermann de moment f [13] si f : $(M,\omega) \to (\Gamma_0,\Lambda_0)$ est un morphisme de Poisson et si $\hat{\mathfrak{g}}$ est l'algèbre de Lie des champs des hamiltoniens $f^* C^\infty(\Gamma_0, \mathbb{R})$, $\hat{\mathfrak{g}}$ définit encore un feuilletage de Stefan [36] (feuilletage à singularité au sens de [7]) et les feuilles de $\hat{\mathfrak{g}}$ sont les orbites du groupoïde local intégrant (Γ_0,Λ_0). Si le morphisme de Poisson f est complet et si (Γ_0,Λ_0) est intégrable, alors les feuilles de $\hat{\mathfrak{g}}$ sont les orbites de (Γ,σ). Ce sont en particulier des fibrés localement triviaux en espaces homogènes de groupes d'isotropie de Γ. Le rapport avec la théorie usuelle se fait en remarquant que si $\mathfrak{g}$ est une algèbre de Lie de champs de vecteurs de W, elle s'étend naturellement en une algèbre isomorphe de champs de vecteurs $\hat{\mathfrak{g}}$ de T^*W qui est un feuilletage de Libermann de moment $f : T^*W \to \mathfrak{g}^*$ défini par $f(\xi)(X) = \lambda(\hat{X})(\xi)$ où λ est le la forme de Liouville.

Pour paraphraser PALAIS [28], qui fixait comme but à son mémoire "A global formulation of the Lie theory of transformation groups" de "formuler de façon moderne la théorie due dans sa forme locale à Sophus Lie", cet article aura atteint son objectif s'il a contribué à faire comprendre l'intérêt de la "formulation symplectique" pour l'extension aux algèbres de Lie de dimension infinie de la théorie de Sophus Lie.

<u>N.B.</u> 1. Pour toute variété de Poisson (P,Λ), de tenseur de Poisson Λ, on note $\Lambda^\#$ le morphisme associé de $T^*P \to TP$. Si $u \in C^\infty(P,\mathbb{R})$ $\Lambda^\# u$ est le champ de hamiltonien u. Si (M,σ) est une variété symplectique et si $u \in C^\infty(M,\mathbb{R})$ on notera $^\#(du)$ le champ de hamiltonien u. On se reportera à [25] [26] ou [38] pour la théorie des variétés de Poisson.

2. La théorie des groupoïdes symplectiques amène à considérer des variétés non séparées en général. Ceci conduit à présenter brièvement dans un paragraphe, numéroté 0, la théorie des feuilletages dans ce cadre.

♦

Dans la préparation de cet article j'ai bénéficié de nombreuses discussions au sein du Séminaire Sud Rhodanien de Géométrie. Je remercie tout particulièrement Claude ALBERT, Alain COSTE, Gilbert HECTOR, Pierre MOLINO, Jean PRADINES, Daniel SONDAZ et Alan WEINSTEIN.

0. QUELQUES REMARQUES SUR LES FEUILLETAGES SUR LES VARIETES NON SEPAREES

Définition 0.1. *Soit* M *une variété (au sens de BOURBAKI [3]) connexe. Un feuilletage de Stefan* $\mathcal{F}$ *de* M *est la donnée pour tout* $x \in M$ *d'un sous-espace* $\mathcal{F}_x$ *de* T_xM *tel que pour tout ouvert* U *séparé de* M *la restriction de* $\mathcal{F}$ *à* U *soit un feuilletage de STEFAN [36] de* U.

Si $\mathcal{F}$ est un feuilletage de M, par tout point $x_0 \in M$ il passe une unique variété intégrale maximale connexe immergée F_{x_0} . F_{x_0} est la feuille de $\mathcal{F}$ en x_0. Soit X un champ de vecteurs tel que pour tout $x \in M$, $X(x) \in \mathcal{F}_x$. Si F_{x_0}, avec sa topologie de feuille, n'est pas séparée, on ne peut parler du flot de X : en effet, X définit un feuilletage de dimension 1 de F_{x_0} dont les feuilles sont des sous-variétés immergées de dimension 1. Dire que X définit un flot revient à dire que toutes ces sous-variétés intégrales de X sont séparées. Ceci amène à introduire une catégorie particulière de feuilletages sur M pour laquelle on aura le théorème d'accessibilité de SUSSMANN [37].

Définition 0.2. *Un feuilletage* $\mathcal{F}$ *sur* M *est à feuilles séparées si toute feuille de* $\mathcal{F}$ *munie de sa topologie de feuille est séparée.*

Soit $\mathcal{G}$ une sous-algèbre de Lie de $\mathfrak{X}(M)$ algèbre de Lie des champs de vecteurs sur M. Soit $\mathcal{F}$ la distribution de sous-espaces tangents à M définie pour tout x par $\mathcal{F}_x = \{X(x) | X \in \mathcal{G}\}$. En général [37] $\mathcal{F}$ n'est pas un feuilletage. On suppose dorénavant que $\mathcal{F}$ est un feuilletage. On dit alors que $\mathcal{G}$ est intégrable. Si de plus $\mathcal{F}$ est à feuilles séparées on peut, pour tout champ $X \in \mathcal{G}$, définir son flot φ_t. Si $x_0 \in M$ est $\mathcal{G}$-accessible à partir de x_0 si il existe une famille finie $(X_i)_{1 \leqslant i \leqslant k}$ de champs appartenant à $\mathcal{G}$ tels que, si φ_t^i est le flot de X^i, $x = \varphi_{t_k}^k \circ \ldots \circ \varphi_{t_1}^1(x_0)$ où $(t_1,\ldots,t_k) \in \mathbb{R}^k$. C'est clairement une relation d'équivalence.

Le résultat suivant est essentiellement le théorème de SUSSMANN [37] .

Théorème 0.1. *Soit* $\mathcal{G}$ *une sous-algèbre de Lie de* $\mathfrak{X}(M)$ *intégrable à feuilles séparées. Les feuilles de* $\mathcal{G}$ *sont les classes d'équivalence de* M *pour la relation d'accessibilité* .

Remarque. Si $\mathfrak{F}$ n'est pas à feuilles séparées, on ne peut plus définir le flot de X que relativement à un ouvert séparé U. Si l'on appelle de tels flots, flots locaux de X [1], les classes d'équivalence pour la relation d'accessibilité par flots locaux sont encore les feuilles de $\mathfrak{F}$. L'hypothèse de séparation des feuilles évite les complications introduites par les flots "locaux".

Exemple. 1. Soit (P,Λ) une variété de Poisson, $\mathcal{G}$ l'algèbre de Lie des champs hamiltoniens, $\mathcal{S}$ la distribution de sous-espaces tangents définie par $\mathcal{S}_x = \mathrm{Im}\,\Lambda^\#_x$. Des résultats sur les variétés de Poisson séparées ([25][26][38]), on déduit que $\mathcal{S}$ est un feuilletage, le feuilletage caractéristique de (P,Λ) dont les feuilles sont des variétés symplectiques. Comme $\mathcal{S}$ est le feuilletage associé à $\mathcal{G}$, si les feuilles de $\mathcal{S}$ sont séparées ce sont les classes d'équivalence de P pour la relation d'accessibilité par flots hamiltoniens. Une telle variété de Poisson sera dite *à feuilles séparées*.

2. Soit M une variété séparée, $\mathfrak{F}$ un feuilletage régulier sur M. $\Pi_1\mathfrak{F}$ le groupoïde fondamental de $\mathfrak{F}$ [30]. $\Pi_1\mathfrak{F}$ en général n'est pas une variété séparée mais le feuilletage relevé de $\mathfrak{F}$ dans $\Pi_1\mathfrak{F}$ est un feuilletage à feuilles séparées (cf. § 2,3).

1. GROUPOIDES SYMPLECTIQUES ET THEOREME DE KOSTANT-KIRILLOV-SOURIAU : LE PROBLEME DE L'INTEGRATION SYMPLECTIQUE

Un groupoïde symplectique est un groupoïde de Lie muni d'une structure symplectique compatible avec sa structure de groupoïde en un sens qui sera précisé. La notion de groupoïde de Lie est due à C; EHRESMANN [19] ; la terminologie de groupoïde de Lie a été substituée dans [5] à la terminologie de "groupoïde différentiel" par analogie avec les "groupes de Lie". Sur ces questions on pourra consulter l'article de synthèse de J. PRADINES [33]. Le concept de groupoïde symplectique est dû à A. WEINSTEIN [39] et a été introduit indépendamment par M.V. KARASEV [24]. Sur cette dernière question on pourra se reporter à [5] ou au travail en cours d'élaboration du Séminaire Sud Rhodanien de Géométrie [1].

Définition 1.1. *Un groupoïde de Lie est une variété (pas forcément séparée)* Γ *possédant une sous-variété* Γ_0 *séparée, deux submersions* α *et* β *de* Γ *sur* Γ_0*, et une multiplication* m *définie sur*
$\Gamma_2 = \{(x,y) | \alpha(x) = \beta(y)\}$ *telle que :*

(i) m *est* C^∞ *de* Γ_2 *dans* Γ *;*

(ii) $\forall x\ \ m(x,\alpha(x)) = m(\beta(x),x) = x$;

(iii) *si* $m(x,m(y,z))$ *ou* $m(m(x,y),z)$ *est défini, l'autre l'est et ils sont égaux ;*

(iv) *pour tout* $x \in \Gamma$ *il existe* $x^{-1} \in \Gamma$ *tel que* $m(x,x^{-1}) = \beta(x)$ $m(x^{-1},x) = \alpha(x)$ *;* x^{-1} *est unique et l'application* $x \to x^{-1}$ *est* C^∞.

On notera dorénavant $m(x,y) = x.y$. Sous ces hypothèses on a toutes les règles usuelles du calcul algébrique sur les groupes à la différence près que l'espace Γ_0 , appelé espace des unités, n'est pas, en général, réduit à un point. On vérifie d'ailleurs aisément que Γ est un groupe si et seulement si Γ_0 est réduit à un point. Pour tout $u \in \Gamma_0$ $\alpha(\beta^{-1}(u)) \equiv \beta(\alpha^{-1}(u))$ et s'appelle l'orbite de Γ dans Γ_0 issue de u.

On notera tout groupoïde de Lie : $\Gamma \underset{\beta}{\overset{\alpha}{\rightrightarrows}} \Gamma_0$ et on supposera toujours que Γ est α-connexe i.e. que les α-fibres sont connexes.

Définition 1.2. *Un morphisme* f *de groupoïdes de Lie de* Γ_1 *dans* Γ_2 *est une application* C^∞ *telle que si* x *et* y *sont composables dans* Γ_1 f(x) *et* f(y) *le sont dans* Γ_2 *et*

$$f(x)f(y) = f(xy).$$

Définition 1.3. *Groupoïdes Symplectiques* [39].

Si Γ *est un groupoïde de Lie, muni d'une structure symplectique* σ, (Γ,σ) *est un groupoïde symplectique si le graphe de la multiplication* $\{(z,x,y) | z = m(x,y)\}$ *est une sous-variété lagrangienne de* $-\Gamma \times \Gamma \times \Gamma$ *(où* $-\Gamma$ *désigne* Γ *muni de la structure symplectique opposée).*

Un morphisme de groupoïdes symplectiques est un morphisme pour les deux structures, de groupoïde et de variété symplectiques.

Si (Γ,σ) est un groupoïde symplectique, Γ_0 est une sous-variété lagrangienne de (Γ,σ) et il existe sur Γ_0 une unique structure de Poisson Λ_0 pour lequelle α (resp. β) est un morphisme (resp. un antimorphisme) de Poisson [5][39] . On notera $(\Gamma,\sigma) \underset{\alpha}{\overset{\beta}{\rightrightarrows}} (\Gamma_0,\Lambda_0)$ tout groupoïde symplectique.

L'espace des unités d'un groupoïde symplectique est toujours muni d'une structure de variété de Poisson. Si (Γ,σ) est α-connexe, les feuilles symplectiques de (Γ_0,Λ_0) sont les orbites de Γ dans Γ_0 .

On va maintenant interpréter dans ce contexte le théorème de KOSTANT-KIRILLOV-SOURIAU [35].

Soit G un groupe de Lie, $(T^*G, d\lambda)$ son fibré cotangent, λ la 1-forme de Liouville de T^*G ; on note α (resp. β) le moment de l'action à droite (resp. à gauche) naturelle de G dans T^*G. Si on identifie, grâce aux translations à gauche, T^*G à $G \times \underline{G}^*$, où $\underline{G}^*$ est le dual de l'algèbre de Lie $\underline{G}$ de G, $\alpha(g,\xi) = \xi, \beta(g,\xi) = ad^*_g \xi$. On désigne par $(\underline{G}^*, \text{can})$ la structure canonique de variété de Lie-Poisson de $\underline{G}^*$, dont le crochet des fonctions linéaires est le crochet dans $\underline{G}$ et on identifie $\underline{G}^*$ à l'espace cotangent à l'élément neutre de G. Enfin on munit T^*G d'une loi de groupoïde ainsi définie :

$$(g_1,\xi_1).(g_2,\xi_2) = (g_1 g_2, \xi_2) \text{ si } \xi_1 = ad^*_g \xi_2 .$$

On notera que les orbites de T^*G dans $\underline{G}^*$ sont précisément les orbites de la représentation coadjointe de G.

Le théorème de Kostant-Kirillov-Souriau s'énonce ainsi :

Théorème 1.1. $(T^*G, d\lambda) \overset{\beta}{\underset{\alpha}{\rightrightarrows}} (\underline{G}^*, \text{can})$ *est un groupoïde symplectique* .

Ceci conduit à poser la définition suivante :

Définition 1.3. Intégration symplectique. *Soit* (Γ_0, Λ_0) *une variété de Poisson séparée. l'intégration symplectique de* (Γ_0, Λ_0) *c'est la recherche des groupoïdes symplectiques* (Γ, σ) *d'unités* (Γ_0, Λ_0). (Γ_0, Λ_0) *est intégrable si il existe un groupoïde symplectique d'unités* (Γ_0, Λ_0) .

Dans cette terminologie si $\mathfrak{g}$ est une algèbre de Lie de dimension finie, le troisième théorème de Lie qui fournit un groupe de Lie G d'algèbre de Lie $\underline{G}$ est donc équivalent à l'intégration symplectique de $\mathfrak{g}^*$ et le problème de l'intégration symplectique de $\mathfrak{g}^*$ apparaît comme la version non linéaire du Troisième Théorème de Lie.

A la différence du cas linéaire, il n'y a pas en général de solution à l'intégration symplectique pour une variété de Poisson quelconque : on ne peut, en général, que construire un groupoïde local au sens de VAN EST [20] (cf. [1] [5][39]) . Le but de cet article est de construire, dans certains cas, une obstruction à l'existence d'un groupoïde symplectique.

2. GROUPOIDES DOUBLES. EXEMPLES DE GROUPOIDES SYMPLECTIQUES. GROUPOIDES DE POISSON.

La construction qui à partir d'un groupe G, i.e. d'un groupoïde dont l'espace des unités est réduit à un point, conduit au groupoïde symplectique $T^*G \overset{\beta}{\underset{\alpha}{\rightrightarrows}} \underline{G}^*$ peut être étendue à tout groupoïde. Pour clarifier les choses on introduit le concept de groupoïde double dû à EHRESMANN [19].

Définition 2.1. *Une structure de groupoïde double sur la variété (non séparée en général)* Γ est la donnée sur Γ de deux structures de groupoïdes de Lie $\Gamma \overset{\beta_i}{\underset{\alpha_i}{\rightrightarrows}} \Gamma^i_o$, $\oplus_i$ désignant la loi de Γ correspondante (i = 1,2) et vérifiant les axiomes suivants :

(i) α_1 et β_1 *(resp.* α_2 et β_2*) sont des morphismes de groupoïdes de* $(\Gamma,\oplus_2)$ *(resp.* $\Gamma,\oplus_1$*) dans lui-même ;*
(ii) *si* $(x \oplus_1 y)\oplus_2(z \oplus_1 t)$ *et* $(x \oplus_1 z)\oplus_1(y \oplus_2 t)$ *sont définis, ils sont égaux.*

Si de plus Γ *est muni d'une structure symplectique* σ *pour laquelle* $(\Gamma,\oplus_i)$ (i = 1,2) *est une structure de groupoïde symplectique, on dit que* (Γ,σ) *est un groupoïde symplectique double .*

Exemples.

1. Soit $\pi : E \to M$ un fibré vectoriel. On munit TE d'une structure de groupoïde double dont la première loi est l'addition dans les fibres de $TE \to E$ et la deuxième est notée $\oplus$: $X \oplus Y$ est définie si $T\pi X = T\pi Y$: si on choisit deux courbes $\xi(t)$ et $\eta(t)$ de E telle que $\pi_o\xi = \pi_o\xi = \pi_o\eta$ et $\frac{d\xi}{dt}(o) = X$ $\frac{d\eta}{dt}(o) = Y$, $X \oplus Y = \frac{d}{dt}(\xi(t) + \eta(t))_{|t=o}$. En particulier si E = TM on obtient la structure de double fibré vectoriel de TTM.

Remarques :

1. $E \otimes TM$ est de façon naturelle un groupoïde double. Si $p : TE \to E$ est la projection naturelle, $p \otimes T\pi$ est un morphisme de groupoïde double de $(TE,\oplus,+)$ sur $E \otimes TM$. Les scissions de ce morphisme qui sont des morphismes de groupoïde double sont les connexions linéaires dans E.

2. On peut généraliser l'exemple précédent, en remplaçant E par un groupoïde Γ. $T\Gamma$ est un groupoïde double pour la structure de fibré vectoriel d'une part et une loi $\oplus$ définie de manière analogue. $(T\Gamma,\oplus)$ a pour espace d'unités $T\Gamma_0$. Si μ est le graphe de la multiplication dans Γ, $T\mu$ est le graphe de la loi $\oplus$. En particulier si Γ est un groupe G, $(TG,\oplus)$ est la structure naturelle de groupe de TG. [5].

3. T^*G est un groupoïde symplectique double, pour l'addition dans les fibres d'une part et la loi $(g_2,\xi_2)(g_1,\xi_1) = (g_2\, g_1,\xi_1)$ définie précédemment d'autre part.

4. Plus généralement, soit $\Gamma \rightrightarrows \Gamma_0$ un groupoïde. Il existe sur $(T^*\Gamma,d\lambda)$ une structure de groupoïde double dont la deuxième loi, $\oplus$ a pour graphe $\{(\omega_3 = \omega_1 \oplus \omega_2, \omega_1, \omega_2)\}$ tels que $(-\omega_3, \omega_1, \omega_2)$ soit conormal au graphe de la loi $\oplus$ de $T\Gamma$. [5]. L'espace des unités de $(T^*\Gamma,\oplus)$ est le fibré conormal de Γ_0 dans Γ, $\nu^*\Gamma_0$. On notera que, à la différence de $T\Gamma$, $T^*\Gamma$ n'est jamais un groupe. Cette construction a été généralisée par J. PRADINES [34].

Définition 2.2. [40]. *Soit* $\Gamma \rightrightarrows \Gamma_0$ *un groupoïde de Lie, et* Λ *une structure de Poisson sur* Γ. *On dit que* (Γ,Λ) *est un groupoïde de Poisson si le graphe* $(z = x.y, x,y)$ *de la multiplication est une sous-variété coïsotrope de* $-\Gamma \times \Gamma \times \Gamma$ *(où l'on note* $(\Gamma,-\Lambda) = -\Gamma$*).*

Les constructions des groupoïdes tangents et cotangents fournissent une caractérisation simple des groupoïdes de Poisson. On note $\Lambda^\# : T^*\Gamma \to T\Gamma$ le morphisme associé à Λ et défini par

$$\iota_{\Lambda^\#\omega_1}(\omega_\iota) = \iota_\Lambda(\omega_1 \wedge \omega_2).$$

Théorème 2.1. *Soit* Γ *un groupoïde de Lie et* Λ *une structure de Poisson sur* Γ. (Γ,Λ) *est un groupoïde de Poisson si et seulement si* $\Lambda^\#$ *est un morphisme de groupoïde double de* $T^*\Gamma$ *dans* $T\Gamma$.

Démonstration . Soit μ le graphe de la loi $\oplus$ dans $T\Gamma$. Par définition $\omega_3 = \omega_1 \oplus \omega_2$ si et seulement si $(-\omega_3,\omega_1,\omega_2) \in \nu^*\mu$, fibré conormal de μ. Soit $\tilde{\Lambda} = (-\Lambda,\Lambda,\Lambda)$ le tenseur de Poisson de $-\Gamma \times \Gamma \times \Gamma$.

$$\tilde{\Lambda}^\#(-\omega_3,\omega_1,\omega_2) = (\Lambda^\#\, \omega_3, \Lambda^\#\, \omega_1, \Lambda^\#\, \omega_2).$$

Il en résulte que $\Lambda^\# (\omega_1 \oplus \omega_2) = \Lambda^\#\, \omega_1 \oplus \Lambda^\#\, \omega_2$ si et seulement si $\tilde{\Lambda}^\#\nu^*\mu \subset T\mu$, ce qui achève la démonstration.

De ce résultat se déduisent les propriétés des groupoïdes de Poisson [40]. En particulier il existe sur l'espace des unités une structure canonique de variétés de Poisson (Γ_0,Λ_0) telle que α (resp. β) est un morphisme (resp. un antimorphisme) de Poisson.

Exemples.

1. Tout groupoïde symplectique est de Poisson. Dans ce cas $\Lambda^{\#} : T^*\Gamma \to T\Gamma$ est un isomorphisme et $T\Gamma$ est donc muni naturellement d'une structure de groupoïde symplectique double.

2. Si (Γ_0,Λ_0) est une variété de Poisson, le groupoïde grossier $-\Gamma_0 \times \Gamma_0$, dont la loi s'écrit $(z,y) \circ (y,x) = (z,x)$ est un groupoïde de Poisson.

3. <u>Groupoïde fondamental d'une variété de Poisson régulière et séparée</u>. Soit (Γ_0,Λ_0) une variété de Poisson régulière et séparée, $\mathcal{S}$ son feuilletage caractéristique, $\pi_1\mathcal{S} \underset{\alpha_0}{\overset{\beta_0}{\rightrightarrows}} \Gamma_0$ son groupoïde fondamental (appelé groupoïde de monodromie dans [30]). C'est le groupoïde constitué par les classes d'homotopie dans les feuilles des chemins contenus dans les feuilles. Soit $\gamma_0 = (\beta o,\alpha o) : \pi_1\mathcal{S} \to -\Gamma_0 \times \Gamma_0$. γ est une immersion et de plus $\gamma(\pi_1\mathcal{S})$ est une réunion de feuilles symplectiques de $-\Gamma_0 \times \Gamma_0$. D'autre part γ est un morphisme de groupoïdes. Il s'en déduit immédiatement que $\pi_1\mathcal{S}$ est canoniquement muni d'une structure de groupoïde de Poisson $\tilde{\Lambda}_0$, dont les feuilles symplectiques sont les groupoïdes de jauge des revêtements universels des feuilles de $\mathcal{S}$; en particulier elles sont séparées. De façon précise si S est une feuille de $\mathcal{S}$, $\Gamma_S = \overset{-1}{\alpha}(S) = \overset{-1}{\beta}(S)$ est une feuille de $\tilde{\mathcal{S}}$ feuilletage caractéristique de $(\pi_1\mathcal{S}, \tilde{\Lambda}_0)$ et si $\tilde{S}$ est le revêtement universel de S, Γ_S s'identifie au quotient de $-\tilde{S} \times \tilde{S}$ par l'action diagonale de $\pi_1 S$.

3. INTEGRATION SYMPLECTIQUE DES VARIETES DE POISSON. REALISATION ISOTROPE DE LIBERMANN.

Le Troisième Théorème de Lie assure qu'à une algèbre de Lie de dimension finie $\mathfrak{g}$ donnée est associé un unique, à isomorphisme près, groupe de Lie G connexe et simplement connexe d'algèbre de Lie $\mathfrak{g}$. Le rôle tenu par les groupes simplement connexes est joué, parmi les groupoïdes, par les groupoïdes α-simplement connexes, c'est-à-dire dont les α-fibres sont simplement connexes.

A tout groupoïde $\Gamma \rightrightarrows \Gamma_0$ on peut associer un groupoïde α-simplement connexe $\tilde{\Gamma}$ de mêmes unités étalé au-dessus de Γ par un morphisme de groupoïdes :

$$\begin{array}{ccc} \tilde{\Gamma} & \longrightarrow & \Gamma \\ & \searrow\!\!\searrow \quad \swarrow\!\!\swarrow & \\ & \Gamma_0 & \end{array}$$

$\tilde{\Gamma}$ est l'espace des classes d'homotopie dans les α-fibres des chemins, dans les α-fibres, de source une unité [30].

Remarque. Si $\Gamma \rightrightarrows \Gamma_0$ est un groupoïde de Lie on lui associe son algèbroïde de Lie [31] qui est porté par le fibré normal de Γ_0 dans Γ, $\nu\Gamma_0 \to \Gamma_0$, (cf. [5], [14], [31]) et qui est isomorphe à l'algèbroïde de Lie de $\tilde{\Gamma} \rightrightarrows \Gamma_0$. Inversement on montre que tous les groupoïdes de Lie α-simplement connexes de même algèbroïde de Lie sont isomorphes.

Exemple.

1. Le groupoïde fondamental $\pi_1 \mathfrak{F}$ d'un feuilletage régulier sur une variété séparée est le groupoïde α-simplement connexe canoniquement associé au groupoïde d'holonomie de $\mathfrak{F}$. L'algèbroïde de Lie associé est l'algèbroïde de Lie canoniquement défini par $\mathfrak{F}$.

2. A la variété de Poisson (Γ_0, Λ_0) est associée canoniquement un algèbroïde de Lie porté par le fibré $T^*\Gamma_0 \to \Gamma_0$. [5]. Si $(\Gamma,\sigma) \rightrightarrows (\Gamma_0,\Lambda_0)$ est un groupoïde symplectique (local), l'algébroïde de Lie associé à $(\Gamma,\sigma) \rightrightarrows (\Gamma_0,\Lambda_0)$ est précisément l'algèbroïde de Lie porté par $T^*\Gamma_0 \to \Gamma_0$ [5]. Inversement si $E \to M$ est une algèbroïde de Lie, E^*, dual de E, est canoniquement muni d'une structure de LIE-

POISSON [14]. Il y a d'ailleurs équivalence de catégorie entre la catégorie des algébroïdes de Lie de base M et la catégorie des variétés de Lie-Poisson de base M [14]. On montrera par ailleurs qu'il y a équivalence entre la solution du Troisième Théorème de Lie local pour un algèbroïde au sens de J. Pradines (cf.[32] où seul l'énoncé local est correct) et la solution du Troisième Théorème de Lie non linéaire pour la variété de Lie-Poisson associée : si $G \rightrightarrows M$ est un groupoïde (local) d'algèbroïde de Lie $E \to M$, $T^*G \rightrightarrows E^*$ est un groupoïde (local) symplectique. Inversement si $(\Gamma,\sigma) \rightrightarrows E^*$ est un groupoïde (local) symplectique, il existe G tel que $T^*G = \Gamma$ et G est un groupoïde (local) d'algèbroïde E.

L'intégration symplectique d'une variété de Poisson (Γ_0,Λ_0) va donc se ramener compte tenu des remarques précédentes à la recherche des groupoïdes symplectiques α-simplement connexes d'unités (Γ_0,Λ_0).

Si (Γ_0,Λ_0) est une variété de Poisson, il existe un ouvert dense, $\mathcal{S}$-saturé, sur les composantes connexes duquel le feuilletage $\mathcal{S}$ est régulier. Ceci justifie que dans un premier temps, on se limite aux variétés de Poisson (séparées) <u>régulières</u>.

Si (Γ_0,Λ_0) est une variété de Poisson régulière, tout groupoïde symplectique α-simplement connexe (Γ,σ) a nécessairement pour orbites les feuilles du feuilletage caractéristique $\mathcal{S}$ de (Γ_0,Λ_0). Le théorème de factorisation de J. PRADINES [33] assure l'existence d'un morphisme de groupoïdes $f : \Gamma \to \pi_1\mathcal{S}$ qui est une submersion surjective à fibres connexes et séparées : si $z \in \pi_1\mathcal{S}$ $f^{-1}(z)$ est isomorphe à la composante connexe du groupe d'isotropie Γ_u de $u = \alpha(z)$. Afin de préciser les relations entre (Γ,σ) et $\pi_1\mathcal{S}$ on introduit la notion de réalisation isotrope de Libermann.

Définition 3.1. *Une réalisation isotrope de Libermann (R.I.L. en abrégé) est un triple constitué :*

(i) *d'une variété symplectique* (M,σ) *au sens de BOURBAKI [3], i.e. pas forcément séparée.*

(ii) *d'une variété* P.

(iii) *d'une submersion surjective* $f : M \to P$ *à fibres connexes, isotropes et séparées telle que* $f^*C^\infty(P,\mathbb{R})$ *soit une sous-algèbre de Lie de* $C^\infty(M,\mathbb{R})$. *De plus les fibres sont supposées complètes en un sens qui sera précisé ci-dessous* (iv).

La R.I.L. est dite à base paracompacte si P est une variété séparée et paracompacte de M.

Dans [9] seules les R.I.L. à base paracompacte sont considérées, ce qui permet une formulation cohomologique des résultats.

La condition d'isotropie des fibres de f implique que P est canoniquement munie d'une structure de variété de Poisson régulière pour laquelle f est une submersion de Poisson. On note Λ cette structure de Poisson, $\mathcal{S}$ le feuilletage caractéristique et $\pi : \nu^*\mathcal{S} \to P$ le fibré conormal à $\mathcal{S} = \mathrm{Im}\,\Lambda^\#$. Pour tout $y \in P$

et tout $\omega \in \nu_y^* \mathcal{S}$, on note $^{\#}f^*\omega$ le champ de vecteurs le long de $\overset{-1}{f}(y)$ défini par $\iota(^{\#}f^*\omega)\sigma = -f^*\omega$; $\overset{-1}{f}(y)$ étant une sous-variété séparée, cela a un sens de parler du flot de ce champ que l'on note φ_t^ω .

(iv) On dira que *la fibre* $\overset{-1}{f}(y)$ *est complète* si pour tout $\omega \in \nu_y^* \mathcal{S}$, le flot φ_t^ω est complet.

Théorème 3.1. *Si* $(\Gamma,\sigma) \rightrightarrows (\Gamma_0,\Lambda_0)$ *est un groupoïde symplectique à base régulière,* $f : (\Gamma,\sigma) \to (\pi_1 \mathcal{S},\tilde{\Lambda}_0)$ *est une R.I.L.* .

Commentaire. L'intégration symplectique d'une variété de Poisson régulière nécessite donc la recherche préalable des R.I.L. de son groupoïde fondamental. Ultérieurement (§ 7) on caractérisera les R.I.L. provenant d'un groupoïde symplectique.

Preuve du théorème 3.1. Compte tenu des remarques qui précèdent la définition 3.1. il ne reste à prouver que deux choses : d'une part que f est une application de Poisson et d'autre part que les fibres sont complètes. Or si l'on pose $\gamma = (\beta,\alpha)$ $\gamma : (\Gamma,\sigma) \to -\Gamma_0 \times \Gamma_0$ est un morphisme de Poisson ce qui entraîne immédiatement la même propriété pour f par construction de $\tilde{\Lambda}_0$.

D'autre part, si $\tilde{\omega} \in \nu_z^* \tilde{\mathcal{S}}$ où $z \in \pi_1 \mathcal{S}$ et $\alpha_0(z) = u$, soit ω l'unique forme appartenant à $\nu_u^* \mathcal{S}$ telle que $\alpha_0^*\omega = \tilde{\omega}$. $f^*\tilde{\omega} = \alpha^*\omega\,|_{\overset{-1}{f}(z)}$. $f^*\tilde{\omega}$ est donc la restriction à $\overset{-1}{f}(z)$ d'une forme invariante à droite. Comme d'autre part $T\beta^{\#}(\alpha^*\omega) = 0$ (car les α-fibres et les β-fibres sont symplectiquement orthogonales) et que $T\alpha(^{\#}(\alpha^*\omega)) = \Lambda_0^{\#}\omega = 0$ car $\omega \in \nu_u^*\mathcal{S}$, $^{\#}(\alpha^*\omega)$ est un vecteur vertical du fibré principal $\Gamma_u \to \overset{-1}{\alpha}(u) \xrightarrow{\beta} S_u$ où S_u est la feuille de u. $^{\#}(\alpha^*\omega)|_{\overset{-1}{\beta}(u)}$ est donc complet, ce qui achève la démonstration.

4. STRUCTURE DES R.I.L. A BASE PARACOMPACTE

L'objet de ce paragraphe est de présenter brièvement les principaux résultats concernant les R.I.L. à base paracompacte dans le but de chercher des obstructions à l'existence des R.I.L. et donc des groupoïdes. On se reportera à [9] pour une version détaillée.

Soit $f : (M,\sigma) \to (P,\Lambda)$ une R.I.L. ; la condition de complétion des fibres permet de définir une action fibrée de $\pi : \nu^*\mathcal{S} \to P$ considéré comme fibré en groupes abéliens sur $f : M \to P$ ainsi :

$$\begin{cases} \nu^* s \oplus_P M \to M \\ (\omega,x) \quad \to \varphi(\omega).x \end{cases}$$

où φ_t^{ω} désignant le flot de $^{\#}(f^*\omega)$, $\varphi(\omega).x = \varphi_1^{\omega}(x)$.

Pour tout $y \in P$ le noyau $\mathcal{R}_y$ de cette action est un sous-groupe discret fermé puisque $f^{-1}(y)$ est séparée. On note $\mathcal{R} = \bigcup_{y \in P} \mathcal{R}_y$ et on appelle rang de $\mathcal{R}$ en y, m(y), le rang de $\mathcal{R}_y$ comme groupe abélien.

La notion de réseau d'une variété feuilletée régulièrement va permettre de décrire les propriétés de $\mathcal{R}$.

Définition 4.1. *Un réseau* $\mathcal{R}^Q$ *d'une variété séparée régulièrement feuilletée* $(Q,\mathcal{F})$ *est une sous-variété (non nécessairment connexe) de* $\nu^*\mathcal{F}$ *, fibré conormal au feuilletage, telle que*

(i) $\mathcal{R}^Q$ *est un sous-faisceau de* $Z(\nu^*\mathcal{F})$*, faisceau des 1-formes conormales fermées.*

(ii) *pour tout* $y \in Q$, $\mathcal{R}_y^Q$ *est un sous-groupe discret fermé de* $\nu_y^*\mathcal{F}$.

(iii) *pour toute feuille de* S *de* $\mathcal{F}$, $\mathcal{R}_S \to S$ *est saturée pour l'holonomie infinitésimale.*

(iv) *pour toute sous-variété* W *de* Q *telle que* $\mathcal{R}_W$ *soit de rang constant* r, $\mathcal{R}_W \to W$ *est un* $\mathbb{Z}^r$*-revêtement.*

. *Si* $\mathcal{F}$ *est identiquement nul, on dit que* $\mathcal{R}^Q$ *est un réseau de* Q.

. *Si le rang de* $\mathcal{R}$ *sur* Q *est constant, on dit que* $\mathcal{R}$ *est* *<u>régulier</u>*.

. *On dit que* <u>$\mathcal{R}^Q$ *est fermé*</u> *si* $\mathcal{R}^Q$ *est une sous-variété fermée de* $\nu^*\mathcal{F}$.

. $\mathcal{R}^Q$ *<u>est constant</u> si c'est un faisceau constant.* $\mathcal{R}^Q$ *<u>est exact</u> si* $\mathcal{R}^Q$ *est constant et constitué de 1-formes fermées (globales) exactes.*

. *Enfin si* (P,Λ) *est une variété de Poisson régulière de feuilletage caractéristique* $\mathcal{S}$, *un réseau de* (P,Λ) *est un réseau de* $(P,\mathcal{S})$.

Remarques.

1. Si $\mathcal{F}$ a pour espace des feuilles une variété Q_o, il découle de (iii) que $\mathcal{R}^Q$ est l'image réciproque par la projection de Q sur Q_o d'un réseau de Q_o.

2. Si Q est compact, un réseau $\mathcal{R}^Q$ sur $(Q,\mathcal{F})$ ne peut pas être exact.

Théorème 4.1. [9]. *Soit* $f : (M,\sigma) \to (P,\Lambda)$ *une R.I.L. et* $\mathcal{R}$ *le sous-ensemble de* $\nu^*\mathcal{S}$ *noyau de l'action de* $\nu^*\mathcal{S}$ *sur* M.

(i) $\mathcal{R}$ *est un réseau de* (P,Λ), *fermé si* M *est séparée .*

(ii) $\nu^*\mathcal{S}/\mathcal{R}$ *est muni d'une structure de variété quotient, séparée si* M *est séparée .*

Le théorème suivant précise la structure locale des R.I.L. et constitue en fait une généralisation du théorème des variables actions-angles d'ARNOLD [2]. Des étapes intermédiaires de cette généralisation ont été données par divers auteurs (cf. [4][6][11][16][27]).

Pour toute section locale s de f on définit :

$$\begin{aligned} \varphi_s : \nu^*\mathcal{S}|_U &\longrightarrow \overset{-1}{f}(U) \\ \omega &\longrightarrow \varphi_s(\omega) = \varphi(\omega).s(\pi(\omega)) \end{aligned}$$

φ_s passe au quotient et définit

$$\hat{\varphi}_s : \nu^*\mathcal{S}/\mathcal{R}|_U \to \overset{-1}{f}(U)$$

qui est un difféomorphisme.

Théorème 4.2. [9]. $\hat{\varphi}_s$ *est un difféomorphisme symplectique sur* $(\overset{-1}{f}(U),\sigma)$ *de* $\nu^*\mathcal{S}/\mathcal{R}|_U$ *équipé de la 2-forme symplectique* $\pi^*s^*\sigma - \beta$ *où* β *est l'image dans* $\nu^*\mathcal{S}/\mathcal{R}$ *de la restriction à* $\nu^*\mathcal{S}$ *de la 2-forme canonique de* T^*P.

On vérifie alors que $f : M \to P$ qui est, d'après ce qui précède, localement isomorphe à

$\nu^*\mathcal{F}/\mathcal{R} \to P$ admet pour faisceau structural au sens de GROTHENDIECK [23] le faisceau quotient par $\mathcal{R}$ du faisceau des sections de $\nu^*\mathcal{F}$, $C^\infty(\nu^*\mathcal{F})$. Comme $\pi : \nu^*\mathcal{F} \to P$ est un fibré vectoriel, ce faisceau quotient s'identifie au faisceau des sections de $\nu^*\mathcal{F}/\mathcal{R} \to P$. Enfin P étant paracompacte $H^k(P,C^\infty(\nu^*\mathcal{F})) = 0$ si $k \geqslant 1$, ce qui entraîne que $H^1(P,C^\infty(\nu^*\mathcal{F}/\mathcal{R}))$ est isomorphe à $H^2(P,\mathcal{R})$ par l'opérateur cobord δ déduit de la suite exacte :

$$0 \to \mathcal{R} \to C^\infty(\nu^*\mathcal{F}) \to C^\infty(\nu^*\mathcal{F}/\mathcal{R}) \to 0$$

Les fibrés localement isomorphes à $\nu^*\mathcal{F}/\mathcal{R}$ avec $C^\infty(\nu^*\mathcal{F}/\mathcal{R})$ comme faisceau structural sont classifiés par $H^1(P,C^\infty(\nu^*\mathcal{F}/\mathcal{R}))$. Soit [f] la classe de f et $\nu = \delta[f]$ son image dans $H^2(P,\mathcal{R})$.

Définition 4.2. $\nu = \delta[f]$ *est la classe de Chern de la R.I.L. à base paracompacte* $f : (M,\sigma) \to (P,\Lambda)$.

Cette terminologie reprend la terminologie introduite par DUISTERMAAT pour les fibrations lagrangiennes à fibres compact [17] et est justifiée par le fait que si une R.I.L. est constituée par les orbites d'une action hamiltonienne libre d'un tore T^1, l'image de ν dans $H^2(P,\mathbb{R})$ est la classe de Chern usuelle.

La recherche des obstructions à l'existence de R.I.L. de base donnée (P,Λ) s'appuie sur la constatation que l'existence d'une R.I.L. introduit des limitations au niveau cohomologique. Soit $\mathcal{O}_{\mathcal{F}}$ le faisceau des germes d'applications distinguées du feuilletage $\mathcal{F}$ et $Z(\nu^*\mathcal{F})$ le faisceau des 1-formes fermées conormales au feuilletage. On a la suite exacte

$$0 \to \mathbb{R} \to \mathcal{O}_{\mathcal{F}} \xrightarrow{d} Z(\nu^*\mathcal{F}) \to 0.$$

La cohomologie de P à valeurs dans $\mathcal{O}_{\mathcal{F}}$ est la cohomologie feuilletée $H^*(\mathcal{F})$ et la cohomologie $H^*(P,Z(\nu^*\mathcal{F}))$ est la cohomologie appelée relative dans [11]. (P,Λ) étant une variété régulière, on lui associe une 2-classe feuilletée $[\sigma] \in H^2(\mathcal{F})$ obtenue à partir des formes symplectiques des feuilles. L'image par d de $[\sigma]$ notée $[\mathcal{F}]$ est la classe fondamentale de la variété de Poisson régulière (P,Λ) [11]. Utilisant la résolution molle de $Z(\nu^*\mathcal{F})$: $(C^\infty(\overset{*}{\nu}_p\mathcal{F}),d)$ où $\overset{*}{\nu}_p\mathcal{F}$ est le fibré des p-formes sur P nulles en restriction à $\mathcal{F}$ on voit que la non-nullité de $[\mathcal{F}]$ est l'obstruction à ce que les formes symplectiques des feuilles de $\mathcal{F}$ possèdent une extension à P qui soit exacte : autrement dit $[\mathcal{F}] = 0$ si et seulement si il existe sur P une 2-forme fermée σ telle que pour toute feuille $i_S : S \hookrightarrow P$ de $\mathcal{F}$, $i_S^*\sigma$ soit la 2-forme symplectique de S.

La différentielle extérieure $d : C^\infty(\nu^*\mathcal{F}) \to Z(\overset{*}{\nu}_2\mathcal{F}),d)$ définit par passage au quotient par $\mathcal{R}$ un morphisme

$$d_{\mathcal{R}} : C^\infty(\nu^*\mathcal{F}/\mathcal{R}) \to Z(\overset{*}{\nu}_2\mathcal{F})$$

qui induit en cohomologie un morphisme

$$H^1(P,C^\infty(\nu^*\mathcal{F}/\mathfrak{R})) \to H^1(P,Z(\overset{*}{\nu_2}\mathcal{F})).$$

Compte tenu de l'isomorphisme $H^1(P,C^\infty(\nu^*\mathcal{F}/\mathfrak{R})) = H^2(P,\mathfrak{R})$ et de l'isomorphisme $H^1(P,Z(\overset{*}{\nu_2}\mathcal{F})) = H^2(P,Z(\nu^*\mathcal{F}))$ qui traduit le fait que $(C^\infty(\overset{*}{\nu_p}\mathcal{F}),d)$ est une résolution molle de $Z(\nu^*\mathcal{F})$, on associe à d un morphisme

$$\overset{*}{d_{\mathfrak{R}}} : H^2(P,\mathfrak{R}) \to H^3(P,\mathcal{F})$$

où l'on pose $H^{k+1}(P,\mathcal{F}) = H^k(P,Z(\nu^*\mathcal{F}))$.

Théorème 4.3. [9]. *Soit* $\mathfrak{R}$ *un réseau de* (P,Λ) *et* $\nu \in H^2(P,\mathfrak{R})$. ν *est la classe de Chern d'une R.I.L.* $f : (M,\sigma) \to (P,\Lambda)$ *si et seulement si*

$$\overset{*}{d_{\mathfrak{R}}}\nu = [\mathcal{F}].$$

De plus M *est séparée si et seulement si* $\mathfrak{R}$ *est fermée*.

En particulier si M est isomorphe à $\nu^*\mathcal{F}/\mathfrak{R}$ $\nu = 0$ et donc $[\mathcal{F}] = 0$. Inversement si $[\mathcal{F}] = 0$, soit $\tilde{\sigma}$ une extension fermée de la forme symplectique des feuilles de $\mathcal{F}$. $\pi : \nu^*\mathcal{F} \to (P,\Lambda)$ est une R.I.L. (de réseau nul) si on munit $\nu^*\mathcal{F}$ de la forme symplectique $\pi^*\tilde{\sigma} - i^*d\lambda$ où i est l'inclusion de $\nu^*\mathcal{F}$ dans T^*P et λ la forme de Liouville de T^*P.

Corollaire. $\pi : \nu^*\mathcal{F} \to P$ *peut être muni d'une structure de R.I.L. si et seulement si* $[\mathcal{F}] = 0$.

Remarques.

1. La structure de R.I.L. construite sur $\nu^*\mathcal{F} \to P$ plus haut n'a rien de canonique. Plus généralement on montre que les R.I.L. correspondant à une même classe de Chern sont classifiées, à isomorphisme de R.I.L. près, par $H^2(P,\mathcal{F})/\overset{*}{d_{\mathfrak{R}}}H^1(P,\mathfrak{R})$. En particulier si $[\mathcal{F}] = 0$, elles sont classifiées par $H^2(P,\mathcal{F})$ (cf. [9]).

2. Du théorème de structure locale des variétés de Poisson régulières [25], on déduit que pour tout $y_0 \in P$ il existe un voisinage séparé U de y_0 muni d'une 2-forme fermée induisant sur les plaques de $\mathcal{F}$ dans U, leur structure symplectique. Ainsi $\nu^*\mathcal{F}|_U \to U$ peut être muni d'une structure de R.I.L. mais si $[\mathcal{F}] \neq 0$ il est impossible de recoller ces structures en une R.I.L. globale. Ainsi, à la différence des groupoïdes symplectiques [5][24], les R.I.L. se recollent mal.

5. OBSTRUCTION A L'EXISTENCE DE R.I.L. DE BASE PARACOMPACTE DONNEE.

Dans tout ce paragraphe (P,Λ) est paracompacte.

L'idée conduisant à la construction d'une obstruction est d'intégrer $[\mathcal{S}]$ sur les cocycles entiers des feuilles et d'obtenir ainsi un objet que doit nécessairement contenir $\mathcal{R}$. L'étude de cet objet fournira l'obstruction cherchée.

Soit J le faisceau des germes de 1-formes normales à $\mathcal{S}$ invariantes par holonomie infinitésimale. Si $d_{\mathcal{S}}$ désigne la différentielle extérieure covariante associée à la connexion de Bott, on a une résolution molle de J

$$0 \longrightarrow J \longrightarrow C^\infty(\nu^*\mathcal{S}) \xrightarrow{d_{\mathcal{S}}} C^\infty(\mathcal{S}^* \otimes \nu^*\mathcal{S}) \longrightarrow \dots$$
$$\longrightarrow C^\infty(\Lambda^p\mathcal{S}^* \otimes \nu^*\mathcal{S}) \xrightarrow{d_{\mathcal{S}}} \dots$$

On note $\mathcal{R}_S$ et J_S les restrictions à S feuille de $\mathcal{S}$ de $\mathcal{R}$ et J respectivement, et J(S) le faisceau des germes de sections de $\nu^*\mathcal{S}$. invariantes par holonomie infinitésimale. J(S) s'obtient à partir de J_S en prenant les jets d'ordre 0 le long de S. Par construction même $\mathcal{R}_S$ est un sous-faisceau de J(S).

Soit r le morphisme en cohomologie déduit de l'inclusion $Z(\nu^*\mathcal{S}) \to J$. Par composition de r avec le morphisme de restriction à S : $H(P,J) \to H(S,J_S)$ puis avec le morphisme déduit de l'application jet d'ordre 0 de J_S dans J(S) on construit un morphisme r(S) de $H^3(P,\mathcal{S}) = H^2(P,Z(\nu^*\mathcal{S}))$ dans $H^2(S,J(S))$. Soit j_S^* le morphisme de $H^2(S,\mathcal{R}_S)$ dans $H^2(S,J_S))$ déduit de l'inclusion $\mathcal{R}_S \hookrightarrow J(S)$.

Lemme 1. *Le diagramme suivant est commutatif* :

$$\begin{array}{ccc}
H^2(P,\mathcal{R}) & \xrightarrow{d^*_{\mathcal{R}}} & H^3(P,\mathcal{S}) \\
\downarrow & & \downarrow r(S) \\
H^2(S,\mathcal{R}_S) & \xrightarrow{j^*_S} & H^2(S,J(S))
\end{array}$$

Soit ν_S l'image de la classe de Chern ν de $f : (M,\sigma) \to (P,\Lambda)$ dans $H^2(S,\mathcal{R}_S)$. Le lemme 1 entraîne que : $$j_S^* \nu_S = r(S)\,[\mathcal{S}]. \quad (*)$$

Cette condition va s'exprimer simplement si S est sans holonomie infinitésimale. Dans ce cas $\mathcal{R}_S$ est isomorphe au faisceau constant $S \times \mathbb{Z}^{m_S}$ et J(S) au faisceau constant $S \times \mathbb{R}^k$ ce qu'on peut encore écrire ainsi

$$H^2(P,\mathcal{R}_S) = H^2(P,\mathbb{Z}) \otimes \mathcal{R}_S \text{ et } H^2(P,J(S)) = H^2(P,\mathbb{R}) \otimes J(S)$$

en identifiant, comme il est d'usage pour un faisceau constant, $\mathcal{R}_S$ à $H^0(S,\mathcal{R}_S)$, J(S) à $H^0(S,J(S))$.

Le morphisme j_S^* est le produit tensoriel du morphisme canonique de $H^2(P,\mathbb{R})$ par l'inclusion $\mathcal{R}_S \to J(S)$. Soit c un 2-cocycle entier de S. La relation (*) se traduit par $\int_c r(S)[\mathcal{S}] = \langle r(S)[\mathcal{S}],c \rangle = \langle c, j_S^* \nu_S \rangle \in \mathcal{R}_S$. On définit alors

$$\mathrm{Im}_S[\mathcal{S}] = \left\{ \int_c r(S)[\mathcal{S}] \mid c \in H_2(S,\mathbb{Z}) \right\}.$$

$\mathrm{Im}_S[\mathcal{S}]$ est par construction même un sous-faisceau constant de $\mathcal{R}_S$.

Définition 5.1. *Pour toute variété de Poisson* (P,Λ) *régulière dont le feuilletage* $\mathcal{S}$ *est sans holonomie infinitésimale, on pose* $\mathrm{Im}_S[\mathcal{S}] = \bigcup_{S \in \mathcal{S}} \mathrm{Im}_S[\mathcal{S}]$.

Toute fibration est un feuilletage sans holonomie et donc sans holonomie infinitésimale. Le feuilletage de Reeb de S^3 fournit un exemple de feuilletage sans holonomie infinitésimale qui n'est pas une fibration.

Si le feuilletage $\mathcal{S}$ est sans holonomie infinitésimale, on a mis en évidence une première obstruction :

Proposition 5.1. *Si* (P,Λ) *a un feuilletage sans holonomie infinitésimale et si* (P,Λ) *admet une R.I.L. pour tout* $x \in P$, $\mathrm{Im}[\mathcal{S}](x)$ *est un sous-groupe discret fermé de* $\nu_S^*\mathcal{S}$.

Exemple : On munit $P = S^2 \times S^2 \times \mathbb{R}^+$ de la structure de Poisson de feuilletage symplectique de feuilles $(S_t = S^2 \times S^2 \times \{t\})_{t>0}$, la structure symplectique de la feuille S_t étant induite par la 2-forme sur P

$$\sigma = t(p_1^*\sigma_0 + \rho p_2^*\sigma_0)$$

où p_i est la ième projection sur S^2, σ_0 la forme volume standard de S^2 et ρ un nombre irrationnel. La classe $[\mathcal{S}]$ est la classe de la 3-forme $(p_1^*\sigma_0 + \rho p_2^*\sigma_0) \wedge dt$ et pour tout $t \in \mathbb{R}_*^+$,

$\mathrm{Im}_{S_t}[\mathcal{S}] = \{(n+\rho m)dt/(n,m) \in \mathbb{Z}^2\}$. ρ étant irrationnel, $\mathrm{Im}_{S_t}[\mathcal{S}]$ est dense dans $\nu_S^*\mathcal{S}$ pour tout x. Il n'y a donc pas de R.I.L. de cette variété de Poisson.

Si ρ est rationnel non nul, l'obstruction fournie par la proposition 5.1. s'évanouit.

En supposant que le feuilletage $\mathcal{S}$ de P est une fibration, ce qui est le cas de l'exemple précédent, on va pouvoir donner des obstructions plus précises.

Théorème 5.1. *Si le feuilletage symplectique* $\mathcal{S}$ *de la variété de Poisson régulière* (P,Λ) *est une fibration localement triviale,* $g : P \to Q$ *et si* (P,Λ) *possède une R.I.L.* $\mathrm{Im}[\mathcal{S}]$ *est un réseau de* $(P,\mathcal{S})$ *image* réciproque *par* g *d'un réseau* $\mathcal{R}^Q$ *de* Q, *constant et exact sur tout ouvert trivialisant* g. *En particulier* $\mathrm{Im}[\mathcal{S}]$ *est régulier et la R.I.L. associée est séparée.*

Démonstration. Il suffit de prouver le théorème 5.1. dans le cas où $\mathcal{S}$ est une fibration triviale. On suppose donc dorénavant que

$$g : P = S \times Q \to Q.$$

Soit σ une extension de la forme fermée des feuilles de type (2,0) i.e. une application C^∞ de P dans Λ^2T^*S. $d\sigma$ est alors de type (2,1). Si l'on note c un 2-cycle entier de S, c_y le 2-cycle $c \times \{y\}$ de S_y et ϕ_c l'application de S dans $\mathbb{R}$ définie par $y \to \int_{c_y} \sigma_y$

$$\int_{c_y} r(S_y)[\mathcal{S}] = \int_{c_y} [d\sigma] = d\phi_c(y),$$

il en résulte que $\mathrm{Im}_{S_y}[\mathcal{S}](x) = \{g^*d\phi_c(x) | c \in H_2(S,\mathbb{Z})\}$. On pose $\mathcal{R}_0^Q = \{d\phi_c | c \in H_2(S,\mathbb{Z})\}$. Alors $\mathrm{Im}[\mathcal{S}] = g^*\mathcal{R}_0^Q$.

Si (P,Λ) possède une R.I.L. de réseau $\mathcal{R}$, $\mathcal{R}$ est l'image réciproque par g d'un réseau $\mathcal{R}^Q$ de Q et $\mathcal{R}_0^Q$ est contenu dans $H^0(Q,\mathcal{R}^Q)$. Il en résulte immédiatement que $\mathcal{R}_0^Q$ est un réseau constant exact de Q, ce qui achève la démonstration.

Si $\mathcal{S}$ est un feuilletage trivial $P = S \times Q \to Q$, le théorème précédent fournit en fait une condition nécessaire et suffisante. Pour obtenir dans ce cas une expression plus agréable, on introduit, pour tout $y \in Q$, $[\sigma_y] \in H^2(S,\mathbb{R})$ classe de la forme σ_y de la feuille symplectique $S \times \{y\}$.

Théorème 5.2. *Si* $\mathcal{F}$ *est une fibration triviale* $g : P = S \times Q \to Q$, (P,Λ) *admet une R.I.L. si et seulement si l'application* $\psi : y \to [\sigma_y]$ *de* Q *dans* $H^2(S,\mathbb{R})$ *est une submersion sur un ouvert d'un sous-espace affine de dimension finie de* $H^2(S,\mathbb{R})$ *dont la direction admet une base formée d'éléments de l'image dans* $H^2(S,\mathbb{R})$ *de* $H^2(S,\mathbb{Z})$.

Démonstration.

Partie directe : (P,Λ) possède une R.I.L. (M,σ). Soit $\mathcal{R}$ son réseau et $\mathcal{R}_o^Q$ la projection sur Q. $\mathcal{R}_o^Q$ étant constant, soit ρ le rang constant sur $\mathbb{Z}$ de $\mathcal{R}_o^Q(y)$, $y \in Q$. Comme pour tout y, $\mathcal{R}_o^Q(y)$ est un sous-groupe discret fermé de T_y^*Q, le rang de $\mathcal{R}_o^Q(y)$ sur $\mathbb{Z}$ est la dimension du $\mathbb{R}$-espace vectoriel $\mathcal{R}_o^Q(y) \otimes \mathbb{R}$. Autrement dit ρ est la dimension du $\mathbb{R}$ sous-espace vectoriel de T_y^*Q, $\{d\phi_c(y) | c \in H_2(S,\mathbb{R})\}$.

Comme $\mathcal{R}_o^Q$ est un faisceau, $d\phi_c(y)$ est entièrement déterminée par sa valeur en un point y_o de Q, fixé. On peut alors choisir une base c_i de $H_2(S,\mathbb{R})$ constitué de 2-cycles entiers et telle que $(d\phi_{c_i}(y_o))_{1 \leqslant i \leqslant \rho}$ soit une base de $\mathcal{R}_o^Q$ et $d\phi_{c_j}(y_o) = 0$ si $j > p$. Soit c_i^* la base duale. Pour tout $c \in H_2(S,\mathbb{R})$

$$< c, d\psi >(y) = < c, d[\sigma_y] > = d\phi_c(y) = \sum_{i=1}^{\rho} c_i^*(c) d\phi_i(y)$$

où l'on note $\phi_i = \phi_{c_i}$. Ceci s'écrit encore $d\psi(y) = \sum_1^{\rho} c_i^* d\phi_i(y)$,

soit
$$\psi(y) = \psi(y_o) + \sum_1^{\rho} c_i^* (\phi_i(y) - \phi_i(y_o))$$

ce qui prouve la partie directe puisque le rang de $d\psi$ est égal au rang sur $\mathcal{R}$ des $d\phi_i$, c'est-à-dire ρ.

Remarques :

1. On n'a nullement supposé S compacte. Si S est compacte la condition de finitude est automatique.

2. Sous la forme $[\sigma_y] = [\sigma_{y_o}] + \sum_1^{\rho} p_i c_i^*$ où $p_i(y) = \phi_i(y) - \phi_i(y_o)$, l'obstruction construite peut être présentée ainsi : si $(P = S \times Q, \Lambda)$ admet une R.I.L., nécessairement *la forme symplectique des feuilles varie linéairement* pour un système de coordonnées judicieux sur Q. C'est d'ailleurs sous la forme d'une variation linéaire de la forme symplectique des feuilles que DUISTERMAAT et HECKMANN [18] obtenaient le théorème 4.3. dans le cas d'une R.I.L. obtenue par l'action d'un tore.

Réciproque : Par hypothèse il existe ρ formes entières $[\omega_i]$ de S de classe dans $H_2(S,\mathbb{R})$ et une submersion de Q sur $\mathbb{R}^\rho$ $y \to (p^i(y))_{1 \leqslant i \leqslant \rho}$ telles que

$$[\sigma_y] = [\sigma_{y_0}] + \sum_1^\rho [\omega_i]p^i(y).$$

Par définition même de $[\mathcal{S}]$, $[\mathcal{S}]$ est la classe dans $H^3(P,\mathcal{S})$ de la 3-forme $\sum_1^\rho \omega_i \wedge dp^i \in Z(v_3^* \mathcal{S})$.

On pose $v = \sum_1^\rho [\omega_i]dp^i$, $\mathcal{R}^Q = \bigoplus_1^\rho \mathbb{Z}\, dp^i$ et on note $\mathcal{R}$ l'image réciproque de $\mathcal{R}^Q$ sur P. Par construction même $\mathcal{R}$ est un réseau de $(P,\mathcal{S})$ et $v \in H^2(P,\mathcal{R})$. La réciproque sera prouvée, compte tenu du théorème 5.2., si l'on montre que $d_{\mathcal{R}}^* v = [\mathcal{S}]$, ce qui résulte du lemme suivant :

Lemme 1. *Si* $v = \sum_1^\rho [\omega_i]dp^i \in H^2(P,\mathcal{R})$, $d_{\mathcal{R}}^* v$ *est la classe de* $\sum_1^\rho \omega_i \wedge dp^i$ *dans* $H^3(P,\mathcal{S})$.

Preuve du lemme. Soit (U_α) un recouvrement de Leray de S pour le faisceau constant $\mathbb{R}$. On note $U_{\alpha\beta} = U_\alpha \cap U_\beta$ etc... $[\omega_i] \in H^2(S,\mathbb{R})$. $[\omega_i]$ est donc la classe dans $H^2(P,\mathbb{R})$ d'un 2-cocycle réel localement constant $(a_{\alpha\beta\gamma}) = a$, obtenu ainsi : U_α étant contractile, il existe une 1-forme u_α^i sur U_α telle que $du_\alpha^i = \omega^i|_{U_\alpha}$. $u_\beta^i - u_\alpha^i$ est un 1-cocycle de S à valeurs dans le faisceau des 1-formes fermées sur S. Si $U_{\alpha\beta} \neq \varnothing$ on choisit une application C^∞ de $U_{\alpha\beta}$ dans $\mathbb{R}$ telle que $df_{\alpha\beta}^i = u_\beta^i - u_\alpha^i$. a est le cobord de la 1-cochaîne $f^i = (f_{\alpha\beta}^i)$ de (U_α) à valeurs dans le faisceau des germes d'applications C^∞ de S dans $\mathbb{R}$. Il est immédiat que $da_{\alpha\beta\gamma} \equiv 0$.

$d_{\mathcal{R}}^*$: $H^2(P,\mathcal{R}) \to H^3(P,\mathcal{S})$ s'obtient en composant le morphisme de $H^2(P,\mathcal{R})$ dans $H^2(P,Z(v^*\mathcal{S}))$ déduit de l'inclusion et l'isomorphisme de $H^2(P,Z(v^*\mathcal{S}))$ sur $H^3(P,\mathcal{S})$. Ce dernier s'obtient à partir de la résolution molle :

$$0 \to Z(v^*\mathcal{S}) \hookrightarrow C^\infty(v^*\mathcal{S}) \xrightarrow{\ d\ } C^\infty(v_2^*\mathcal{S}) \xrightarrow{\ d\ } \ldots$$

Pour calculer l'image de $d_{\mathcal{R}}^* v$ dans $H^3(P,\mathcal{S})$ on doit donc faire les opérations suivantes : écrire a comme le cobord d'une 1-cochaîne de $C^\infty(v^*\mathcal{S})$; par construction $a = \partial b$ où $b_{\alpha\beta} = f_{\alpha\beta}^i dp^i$; ensuite prendre l'image par d de la 1-cochaîne, ce qui fournit un 1-cocycle $df_{\alpha\beta}^i \wedge dp^i$ de $Z(v_2^*\mathcal{S})$; écrire ensuite le 1-

cocycle comme cobord d'une 1-cochaîne de $C^\infty(v_2^*\mathcal{A})$; par construction $db = \partial c$ où $c_\alpha = u_\alpha^i \wedge dp^i$. La 3-forme cherchée est alors $dc_\alpha = dc_\beta$ soit $\omega^i \wedge dp^i$ ce qui achève la démonstration.

Dans [8] le théorème 5.2 est annoncé sous une hypothèse superflue $H^1(S,\mathbb{R}) = 0 = H^3(Q,\mathbb{R})$.

Des étapes intermédiaires des résultats précédents ont été données dans [4] [11][16]. Une version résumée est présentée dans [10].

Remarques :

1. Soit $P = \mathbb{S}^2 \times \mathbb{R}_*^+$ muni de la structure de Poisson dont les feuilles sont $(\mathbb{S}^2 \times t)_{t>0}$ munies de la structure symplectique $f.\sigma_0$ où $f : P \to \mathbb{R}_*^+$ et σ_0 est la 2-forme canonique de $\mathbb{S}^2$ normalisée (i.e. $\int_{S^2} \sigma_0 = 1$). Soit $\bar{f}(t) = \int_{S^2\times t} f.\sigma_0$. P possède une R.I.L. si et seulement si $\bar{f} : \mathbb{R}_*^+ \to H^2(\mathbb{S}^2,\mathbb{R})$ est soit une submersion, soit une application constante que l'on peut, par normalisation, supposer égale à 1. Dans ce dernier cas la R.I.L. de réseau $\mathrm{Im}[\mathcal{A}] = 0$ est $\mathbb{S}^2 \times T^*\mathbb{R}_*^+$ avec la structure produit. Si $\bar{f}$ est une submersion, $\bar{f}$ est un difféomorphisme et en prenant f(t) comme coordonnées dans S^2, on obtient une structure linéaire

$$\sigma_t = \sigma_0 .t, \ \ t > 0$$

et $\mathrm{Im}[\mathcal{A}] = g^*(\mathbb{Z}dt)$. On vérifie alors que $g : (P = \mathbb{S}^3 \times \mathbb{R}_*^+) \to \mathbb{S}^2 \times \mathbb{R}_*^+$ où g est le produit de la fibration de Hopf par l'identité, est une R.I.L. à fibres compactes si on munit P de la 2-forme $g^*(\sigma_0 t) + dt \wedge \theta_0$ où θ_0 est une connexion sur $\mathbb{S}^3 \to \mathbb{S}^2$ de courbure σ_0 .

Par contre si $\bar{f}$ n'est pas du type précédent, il n'existe pas de R.I.L.. Il en est ainsi en particulier si $f(x,t) = (1+t)^2$. Cet exemple est dû à Alan Weinstein.

2. Si on cherche à résoudre le même problème avec $P = \mathbb{S}^2 \times \mathbb{S}^1$, la seule structure de Poisson sur P admettant $(\mathbb{S}^2 \times t)_{t\in \mathbb{S}^1}$ comme feuilletage symplectique et possédant une R.I.L. est la structure triviale $\bar{f}(t) = 1$ pour laquelle la R.I.L. est $\mathbb{S}^2 \times T^*\mathbb{S}^1$ avec la structure symplectique produit.

6. CAS DES R.I.L. A BASE NON PARACOMPACTE MORPHISMES DE POISSON COMPLETS

Si $f : (M,\sigma) \rightarrow (P,\Lambda)$ est une R.I.L. à base non paracompacte, pour tout $y_0 \in P$, on peut trouver un voisinage ouvert U de y_0 séparé. $\overset{-1}{f}(U) \rightarrow U$ est alors une R.I.L. à base paracompacte. On peut même supposer que l'on a restreint U à un voisinage ouvert distingué de $\mathcal{S}_u$ muni d'une section s_U de f. Dans ces conditions, $\mathcal{S}_u$ est une fibration triviale g de U sur une variété Q_U séparée. Des résultats précédents on déduit alors :

Proposition 6.1. (Structure locale). *Si* $f : (M,\sigma) \rightarrow (P,\Lambda)$ *est une R.I.L., pour tout point* $y_0 \in P$ *et tout voisinage de* y_0 *ouvert* <u>*séparé*</u> *distingué de* $\mathcal{S}$, *suffisamment petit,* $g : U \rightarrow Q_U$, *il existe un réseau* $\mathcal{R}_U$ *de* Q_U *; de plus* $(\overset{-1}{f}(U),\sigma)$ *est isomorphe comme R.I.L. à* $(v^*\mathcal{S}|_U \,/\, g^*\mathcal{R}_U)$ *muni de la forme symplectique* $\pi^* s_u^* \sigma - \beta$ *où* β *est l'image dans* $v^*\mathcal{S}|_U \,/\, g^*\mathcal{R}_U$ *de la restriction à* $v^*\mathcal{S}$ *de la forme symplectique canonique de* T^*P.

Soit (P,Λ) une variété de Poisson et $f : (M,\sigma) \rightarrow (P,\Lambda)$ un morphisme de Poisson. Si (M,σ) est séparée, les champs de hamiltoniens appartenant à $f^*C^\infty(P,\mathbb{R})$ engendrent un feuilletage de (M,σ), le feuilletage de Libermann de moment f [13]. Cette propriété subsiste donc si M n'est plus séparée.

Proposition et Définition 6.1. *Si* $f : (M,\sigma) \rightarrow (P,\Lambda)$ *est un morphisme de Poisson, l'algèbre de Lie* g *des champs de hamiltoniens appartenant à* $f^*C^\infty(P,\mathbb{R})$ *est intégrable et le feuilletage qu'elle engendre s'appelle le feuilletage de Libermann de moment* f.

Si $M,\mathcal{S}$ est le groupoïde fondamental d'une variété de Poisson régulière et séparée, les feuilles du feuilletage symplectique de $M,\mathcal{S}$ sont séparées. Ceci justifie qu'on se limite dans la suite de ce paragraphe aux R.I.L. de base une variété de Poisson à feuilles séparées (P,Λ). Pour toute fonction $h \in C^\infty(P,\mathbb{R})$ on peut alors définir le flot de $\Lambda^{\#}dh$, φ_t . Supposons que le feuilletage de Libermann de moment $f : (M,\sigma) \rightarrow (P,\Lambda)$ soit également à feuilles séparées. On définit alors le flot ϕ_t de $^{\#}(f^*dh)$ et pour tout $x \in M$ et pour tout t pour lequel $\phi_t(x)$ est défini,

$$f \circ \phi_t(x) = \varphi_t \circ f(x).$$

Définition 6.2. *Soit* (P,Λ) *une variété de Poisson à feuilles séparées et* f : (M,σ) → (P,Λ) *un morphisme de Poisson ; on dit que* f *est* *un morphisme de Poisson à feuilles séparées si les feuilles du feuilletage de Libermann de moment* f *sont séparées. On dit que* f *est complet si, de plus, pour tout* $x \in M$ *et tout* $h \in C^\infty(P,\mathbb{R})$, *le flot de* $^\#(f^*dh)$ *d'origine* x *a pour pour intervalle de définition celui du flot de* $\Lambda^\# dh$ *d'origine* f(x).

(P,Λ) étant à feuilles séparées, il est clair que cette propriété est locale et qu'il suffit donc de la vérifier sur tout ouvert d'un recouvrement ouvert séparé de P. On peut d'ailleurs se limiter sur chacun de ces ouverts séparés aux hamiltoniens à support compact dans l'ouvert considéré.

Théorème 6.1. *Si* f : (M,σ) → (P,Λ) *est une R.I.L. dont la base est à feuilles séparées,* f *est un morphisme de Poisson complet*.

Démonstration. Il suffit, d'après ce qui précède, de vérifier le théorème pour tout ouvert U séparé de P. En restreignant au besoin U, on peut supposer de plus que U est un ouvert distingué de $\mathcal{S}$ équipé d'une section s de f : $\overset{-1}{f}(U) \to U$. En utilisant le théorème de structure locale des variétés de Poisson, on peut choisir la trivialisation de $\mathcal{S}_U$ telle que $U = S \times Q$, la structure de Poisson de U étant le produit, par la structure triviale de Q, de la structure de Poisson d'une plaque S de $\mathcal{S}$ dans U. Le théorème 4.2 entraîne alors que $(\overset{-1}{f}(U), \sigma)$ est isomorphe à $(\nu^*\mathcal{S}_U/\mathcal{R}_U, \pi^*s^*\sigma - \beta)$, où $\mathcal{R}_U$ réseau de la R.I.L. à base paracompacte $(\overset{-1}{f}(U), \sigma) \to (U, \Lambda_u)$, est l'image réciproque par la projection g : = S × Q→ Q d'un réseau $\mathcal{R}_Q$ de Q. Si $x \in \overset{-1}{f}(U)$, la composante connexe de la feuille du feuilletage de moment f contenant x est isomorphe à $S \times T^*_{g(f(x))}Q/\mathcal{R}^Q_{g(f(x))}$. En particulier elle est séparée.

Soit $h \in C^\infty(U,\mathbb{R})$. Le flot de $^\#(f^*dh)$ se transporte par l'isomorphisme de $\overset{-1}{f}(U)$ sur $(\nu^*\mathcal{S}_U/\mathcal{R}_U)$ en l'image par la projection de $\nu^*\mathcal{S}$ sur $\nu^*\mathcal{S}_U/\mathcal{R}_U$ du flot du hamiltonien de π^*h pour la structure symplectique $\pi^*s^*\sigma - i^*d\lambda$ où i est l'inclusion de $\nu^*\mathcal{S}_U$ dans T^*U. Si on note (x^i) (resp. y^ℓ) les coordonnées dans S (resp. Q),

$$\pi^*s^*\sigma - i^*d\lambda = \frac{1}{2}a_{ij}\,dx^i \wedge dx^j + a_{i\ell}\,dx^i \wedge dy^\ell + c_{\ell m}\,dy^\ell \wedge dy^m - d\eta^\ell \wedge dy^\ell$$

où (x^i, y^ℓ, η^ℓ) sont les coordonnées canoniques dans $\nu^*\mathcal{S}_U$. Par construction a_{ij} ne dépend que de (x^k).

Soit (X^i, Y^ℓ, H^ℓ) les composantes de $^\#(f^*dh)$. On a immédiatement

$$\begin{cases} Y^{\ell} = 0 \\ X^{i} \text{ est la } i^{\text{ème}} \text{composante de } (\Lambda^{\#}dh) \\ H^{\ell} = a_{i\ell}X^{i} + \dfrac{\partial h}{\partial y^{\ell}} \end{cases}$$

ce qui assure que le flot $\phi_t(z)$, $z \in \overset{-1}{f}(U)$ est défini sur le même intervalle que le flot $\varphi_t(f(z))$, et achève la démonstration.

Remarque. Si $f : (M,\sigma) \to (P,\Lambda)$ est complet, et si h est une fonction constante sur un voisinage de $y \in P$ dans sa feuille, $\Lambda^{\#}dh \equiv 0$. Il en résulte que $^{\#}(f^{*}dh)$ a un flot complet. En particulier si f est de plus à fibres connexes et isotropes, f est une R.I.L. . Le résultat précédent signifie donc qu'il y a équivalence pour f entre être une R.I.L. et être un morphisme complet à fibres séparées isotropes et connexes si la base de f est à feuilles séparées.

7. OBSTRUCTIONS A L'INTEGRABILITE DE VARIETES DE POISSON REGULIERES

On peut caractériser parmi les R.I.L. de $(\Pi_1\mathcal{S},\tilde{\Lambda}_0)$ celles qui donnent naissance à un groupoïde symplectique. En effet si $(\Gamma,\sigma) \underset{\alpha}{\overset{\beta}{\rightrightarrows}} (\Gamma_0,\Lambda_0)$ est un groupoïde symplectique α-simplement connexe, soit $\mathcal{J} = \bigcup_{u\in\Gamma_0} \Gamma_u^o$ où Γ_u^o est la composante neutre du groupe d'isotropie de Γ en u. Soit i_0 l'inclusion canonique de Γ_0 dans $\Pi_1\mathcal{S}$. $\mathcal{J} = i_0^{-1}\Gamma$ est un groupoïde de Lie sur lequel les applications source et but coïncident. En particulier $\mathcal{J}$ possède une section globale. Cette propriété est caractéristique :

Théorème 7.1. (Γ_0,Λ_0) *étant une variété, séparée, de Poisson, régulière,* (Γ_0,Λ_0) *est intégrable si et seulement si il existe une R.I.L.* $f : (M,\sigma) \to (\Pi_1\mathcal{S},\tilde{\Lambda}_0)$ *telle que* $i_0^{-1}M \to \Gamma_0$ *possède une section globale .*

Démonstration. Il ne reste que la réciproque à prouver. Soit donc $f : (M,\sigma) \to (\Pi_1\mathcal{S},\tilde{\Lambda}_0)$ une R.I.L. . On pose $\alpha = \alpha_0 \circ f$ $\beta_0 \circ f$ où $\Pi_1\mathcal{S} \underset{\alpha_0}{\overset{\beta_0}{\rightrightarrows}} \Gamma_0$. Par construction les α-fibres et les β-fibres sont symplectiquement orthogonales. On pose $\mathcal{J} = i_0^{-1}M$ et on note s la section globale de $\mathcal{J} \to \Gamma_0$ donnée. On remarque que $\alpha|_{\mathcal{J}} = \beta|_{\mathcal{J}}$. On munit M de la 2-forme $\tilde{\sigma} = \sigma - \alpha^*s^*\sigma$. On va prouver que $f : (M,\tilde{\sigma}) \to (\Gamma_0,\Lambda_0)$ est une R.I.L. associée à un groupoïde symplectique.

Lemme 1. $s^*\sigma \in v_2^*\mathcal{S}$.

Preuve. Soit X_1,X_2, deux vecteurs tangents à $\mathcal{S}$ en $y \in \Gamma_0$. Il existe deux fonctions $C^\infty(h_i)$ (i = 1,2) telles que $X_i = \Lambda_0^\# dh_i(y)$. Soit $\tilde{X}_i = \Lambda^\#\alpha^*dh_i$ le hamiltonien de α^*h_i . $\tilde{X}_i$ - $TsX_i \in \mathrm{Ker}\, T\alpha$. De ce que α et β sont symplectiquement orthogonaux et de $T\beta(Ts\, X_i) = X_i$, on déduit que :

$$\begin{cases} Ts.X_i = \Lambda^\#\alpha^*dh_i - \Lambda^\#\beta^*dh_i + Z_i \\ T\alpha.Z_i = T\beta\, Z_i = 0. \end{cases}$$

Il existe donc $\omega_i \in \nu_y^* \mathcal{S}$ telle que $Z_i = \Lambda^\# \alpha^* \omega_i$ ce qui entraîne que

$$s^*\sigma(X_1,X_2) = \alpha^*\{h_1,h_2\} - \beta^*\{h_1,h_2\}.$$

Mais comme sur $\mathcal{G}$, α et β coïncident, $s^*\sigma(X_1,X_2) = 0$, ce qu'il fallait démontrer.

Lemme 2. $\tilde{\sigma}$ *est une forme symplectique .*

Preuve. Il suffit de prouver que $\tilde{\sigma}$ est à noyau nul. Soit donc X tel que $i_X \tilde{\sigma} = 0$. Pour tout Y, $i_X \sigma(Y) \equiv s^*\sigma(T\alpha X, T\alpha Y)$. En particulier si $Y \in \operatorname{Ker} T\alpha$, $i_X \sigma(Y) \equiv 0$, ce qui implique que $X \in \operatorname{Ker} T\beta$ nécessairement et donc que $T\alpha(X) \in \mathcal{S}$. Compte tenu du lemme 1, $i_X \sigma(Y) \equiv 0$ si $T\alpha Y \in \mathcal{S}$. Comme $X \in \operatorname{Ker} T\beta$, on peut trouver $\omega \in T_y^*\Gamma_0$ telle que $X = \Lambda^\#\alpha^*\omega$. Donc $i_X \sigma(Y) \equiv \omega(T\alpha Y)) \equiv 0$, si $T\alpha(Y) \in \mathcal{S}$. Il en résulte que $\omega \in \nu_y^*\Gamma_0$ et donc $X \in \operatorname{Ker} T\alpha$. Cette dernière relation entraînant que $i_X \sigma \equiv i_X \tilde{\sigma}$, $\tilde{\sigma}$ est à noyau nul ce qu'il fallait prouver.

Lemme 3. $f : (M, \tilde{\sigma}) \to (\Pi_1 \mathcal{S}, \tilde{\Lambda}_0)$ *est un morphisme de Poisson .*

Preuve. On note $\{,\}_{\tilde{\sigma}}$ et $\{,\}_\sigma$ respectivement les parenthèses de Poisson relativement à $\tilde{\sigma}$ et σ . Soient (h_i) $(i = 1,2)$ deux applications C^∞ de $\Pi_1 \mathcal{S}$ dans $\mathbb{R}$, $\tilde{X}_i$ (resp. X_i) le hamiltonien de f^*h_i relativement à $\tilde{\sigma}$ (resp. σ) .

$$\{ f^*h_1, f^*h_2 \}_{\tilde{\sigma}} = dh_2(Tf(\tilde{X}_1))$$

$-f^*dh_1 = i_{\tilde{X}_1}\tilde{\sigma} = i_{X_1}\sigma$ implique que, pour tout $Y \in \operatorname{Ker} T\alpha$, $\sigma(\tilde{X}_1 - X_1, Y) = 0$ et donc que $\tilde{X}_1 - X_1 \in \operatorname{Ker} T\beta$. Comme par construction $T\alpha(X_1) \in \mathcal{S}$ il en résulte que $T\alpha(\tilde{X}_1) \in \mathcal{S}$. Compte tenu du lemme 1 on en déduit que si $T\alpha(Y) \in \mathcal{S}$, $\sigma(\tilde{X}_1 - X_1, Y) = 0$, ce qui implique que $T\alpha\,\tilde{X}_1 = T\alpha\, X_1$. Comme $T\beta(\tilde{X}_1) = T\beta(X_1)$ et que $(\beta_0,\alpha_0) : \Pi_1 \mathcal{S} \to \Gamma_0 \times \Gamma_0$ est une immersion, ceci entraîne que $Tf(\tilde{X}_1) = Tf(X_1)$ et prouve que $\{f^*h_1, f^*h_2\}_{\tilde{\sigma}} = \{f^*h_1, f^*h_2\}_\sigma$. f est donc de Poisson de $(M,\tilde{\sigma})$ dans $(\Pi_1 \mathcal{S}, \tilde{\Lambda}_0)$.

Pour prouver que $f : (M,\tilde{\sigma}) \to (\Pi_1 \mathcal{F}, \tilde{\Lambda}_0)$ est une R.I.L., il suffit de prouver que les fibres sont complètes ce qui résulte immédiatement de ce que sur $\overset{-1}{f}(y)$ les flots des hamiltoniens de $f^*\omega$ ($\omega \in \nu_y^* \mathcal{F}$) relativement à $\tilde{\sigma}$ et σ coïncident.

Lemme 4. $(M,\tilde{\sigma}) \underset{\alpha}{\overset{\beta}{\rightrightarrows}} (\Gamma_0,\Lambda_0)$ *muni de la section* $s : \Gamma_0 \to M$ *est un groupoïde symplectique .*

Démonstration. α et β étant symplectiquement orthogonaux et s étant lagrangienne puisque $s^*\sigma = 0$, il suffit de prouver [5], que α est un morphisme complet de Poisson. Or $\alpha = \alpha_0 \circ f$. f étant un morphisme de R.I.L. est complet et α_0 est complet par construction même.

Le théorème est donc complètement prouvé.

Remarques :

1. Si $(\Gamma,\sigma) \rightrightarrows (\Gamma_0,\Lambda_0)$ est un groupoïde α-simplement connexe et $\tilde{\mathcal{R}}$ le réseau de la R.I.L. $(\Gamma,\sigma) \to (\Pi_1 \mathcal{F}, \tilde{\Lambda}_0)$, $i_0^{-1}\tilde{\mathcal{R}} = \mathcal{R}$ est un réseau de $(\Gamma_0,\mathcal{F})$ et le groupoïde d'isotropie $\mathcal{J}$ est isomorphe comme groupoïde à $\nu^*\mathcal{F}/\mathcal{R}$.

2. Le théorème 7.1 est encore valable si (Γ_0,Λ_0) n'est plus supposée séparée mais seulement à feuilles séparées, la démonstration ne nécessitant aucun changement car $\Pi_1\mathcal{F}$ est encore à feuilles séparées.

Théorème 7.2. *Soit* (Γ_0,Λ_0) *une variété de Poisson séparée régulière. On suppose que le feuilletage caractéristique* $\mathcal{F}$ *est une fibration localement triviale à fibres simplement connexes :* $g : \Gamma_0 \to Q$. (Γ_0,Λ_0) *est intégrable si et seulement si* Im $\mathcal{F}$ *est l'image réciproque par* g *d'un réseau* $\mathcal{R}^Q$ *de* Q, *constant et exact sur tout ouvert trivialisant* g. *De plus* (Γ,σ) *groupoïde simplement connexe intégrant* (Γ_0,Λ_0) *est séparé .*

Compte tenu des remarques faites au paragraphe 5, la CNS d'intégrabilité peut encore s'énoncer ainsi : pour tout ouvert U trivialisant g, l'application associée $y \to [\sigma_y]$ de U dans $H^2(S,\mathbb{R})$ où S est la fibre type est une submersion sur un ouvert d'un sous-espace affine de dimension finie de $H^2(S,\mathbb{R})$ dont la direction a une base constituée d'éléments de l'image de $H^2(S,\mathbb{Z})$.

Démonstration.

Partie directe : (Γ_0,Λ_0) étant intégrable, on considère la R.I.L. $(\Gamma,\sigma) \to (\Pi_1\mathcal{F},\tilde{\Lambda}_0)$. $\mathcal{F}$ étant une fibration localement triviale à fibres simplement connexes, $\Pi_1\mathcal{F}$ est une fibration localement triviale de même base Q de fibre S × S. Im $\tilde{\mathcal{F}}$ est donc l'image réciproque par $\tilde{g} : \Pi_1\mathcal{F} \to Q$ d'un réseau $\mathcal{R}^Q$ constant et exact sur tout ouvert trivialisant $\tilde{g}$ et donc a fortiori sur tout ouvert trivialisant g. Soit $\tilde{\sigma}_0$ une extension de la forme symplectique des feuilles de (Γ_0,Λ_0). Im $\tilde{\mathcal{B}}$ se calcule en intégrant $d(\alpha^* \tilde{\sigma}_0 - \beta^* \tilde{\sigma}_0)$ considérée comme 2-forme sur les feuilles à valeurs dans $Z(\nu^* \tilde{\mathcal{B}})$. Comme $H_1(S,\mathbb{Z}) = 0$, $H_2(S \times S,\mathbb{Z}) = H_2(S,\mathbb{Z}) \times H_2(S,\mathbb{Z})$. Tout 2-cycle entier c de $S \times S$ s'écrit donc $(c_1,0) + (c_2,c_2)$. Il en résulte que $\int_c d(\alpha^*\sigma_0 - \beta^* \tilde{\sigma}_0) = \int_{(c_1,0)} d\alpha^* \tilde{\sigma}_0 = \int_{c_1} d\,\tilde{\sigma}_0$.

Ainsi Im $\mathcal{B}$ étant la projection de Im $\tilde{\mathcal{B}}$ est l'image réciproque par g de $\mathcal{R}_Q$.

Réciproque :

a) On suppose dans un premier temps que $\Gamma_0 = S \times Q$. Dans ces conditions $\Pi_1\mathcal{B}_0 = S \times S \times Q$ puisque $\Pi_1 S = 0$. L'hypothèse faite assure l'existence d'une R.I.L. (Γ,σ) de $(\Pi_1\mathcal{B},\tilde{\Lambda}_0)$ (compte tenu du théorème 5.2) que l'on peut expliciter : $[\sigma_y] = \sum_1^k [\omega_i].p_i(y)$ où $[\omega_i] \in H^2(S,\mathbb{Z})$ et $p = (p_i)$ est une submersion sur un ouvert de $\mathbb{R}^k$. Comme $H^1(S,\mathbb{R}) = 0$ la 2-forme symplectique de $S \times S \times y$, Σ_y est telle que

$$[\Sigma_y] = \sum_1^k (\alpha^*[\omega_i] - \beta^*[\omega_i])p_i(y) .$$

La R.I.L. cherchée a pour classe

$$\nu = \sum_1^k (\alpha^*[\omega_i] - \beta^*[\omega_i]).dp_i .$$

Il en résulte immédiatement que si $i_0 : \Gamma_0 \to \Pi_1\mathcal{B}$ est l'application canonique $i_0^*\nu = 0$ ce qui implique que $i_0^{-1}\Gamma \to \Gamma_0$ possède une section globale, (Γ,σ) est donc un groupoïde symplectique. Comme $S \times S \times Q$ est séparé et que le réseau construit est constant (Γ,σ) est séparé, ce qui achève la démonstration dans ce cas.

b) On suppose maintenant que $\mathcal{B}$ est une fibration localement triviale, $g : \Gamma_0 \to Q$. Soit (U_i) un recouvement ouvert localement fini de Q par des ouverts trivialisant et $V_i = g^{-1}(U_i)$. Pour chaque i on construit un groupoïde symplectique α-simplement connexe (Γ_i,σ_i) de base $(V_i, \Lambda_0|_{V_i})$. Si (i,j) sont tels que $V_{ij} = V_i \cap V_j \neq \emptyset$, $\Gamma_{ij} = \Gamma_i|_{V_{ij}}$ et $\Gamma_{ij} = \Gamma_j|_{V_{ji}}$ sont deux groupoïdes symplectique α-simplement connexes de même base. Ils sont donc isomorphes [5], l'isomorphisme $\varphi_{ji} : \Gamma_{ij} \to \Gamma_{ji}$ induisant l'identité sur V_{ij}. On applique alors le principe de recollement des groupoïdes symplectiques: si $(U_i \cap U_j \cap U_k) \neq \emptyset$, $\varphi_{ki}^{-1} \circ \varphi_{kj} \circ \varphi_{ji}$ est un automorphisme de $\Gamma_{ijk} = \Gamma_i|_{V_{ijk}}$ relevant l'identité. C'est donc l'identité. Γ est le quotient de $\amalg\Gamma_i$ par la relation de recollement qui munit trivialement Γ d'une structure de groupoïde symplectique, ce qui achève la démonstration.

Exemples :

1. $\Gamma_0 = S^2 \times \mathbb{R}$ muni de la structure de Poisson $f.\sigma_0$ ne sera intégrable que si $\overline{f}(y) = \int_{S^2 \times y} f\,\sigma_0$ est constante ou une submersion. En particulier $(\Gamma_0, (1+y^2)\sigma_0)$ n'est pas intégrable : cet exemple est dû à A. Weinstein.

2. Supposons Γ_0 compacte régulière, le feuilletage $\mathcal{S}$ étant un feuilletage en sphères de dimension 2 (Γ_0,Λ_0) sera intégrable si et seulement si toutes les sphères ont même volume.

Remarques :

1. Sous les hypothèses du théorème 7.2 (Γ_0,Λ_0) est intégrable si et seulement si (Γ_0,Λ_0) possède une R.I.L. Dans [12] sont donnés des exemples de variétés régulières ne possédant pas de R.I.L. mais qui sont intégrables.

2. Si $(\Gamma_0,\Lambda_0) = (S^2 \times \mathbb{R}, (1+y^2)\sigma_0)$, il existe toujours un groupoïde symplectique local $(M,\sigma) \underset{\alpha}{\overset{\beta}{\rightrightarrows}} (\Gamma_0,\Lambda_0)$ de base (Γ_0,Λ_0) et on peut toujours, en se restreignant au besoin à un voisinage tubulaire de Γ_0 dans M, assurer que les α-fibres et les β-fibres sont des contractions. En particulier M est simplement connexe et c'est un espace de phase au sens de KARASEV [24]. Mais contrairement à ce qu'affirme KARASEV ([24], théorème 4.6), il n'y a pas de groupoïde symplectique intégrant $(S^2 \times \mathbb{R}, \sigma_0(1+y^2))$.

8. FEUILLETAGES DE LIBERMANN ET ACTIONS DE GROUPOIDES

Soit (Γ_0,Λ_0) une variété de Poisson séparée et $f : (M,\omega) \to (\Gamma_0,\Lambda_0)$ un morphisme complet de Poisson. On suppose que (Γ_0,Λ_0) est intégrable et on note (Γ,σ) le groupoïde symplectique α-simplement connexe intégrant (Γ_0,Λ_0).

Théorème 8.1. *Il existe une action naturelle de groupoïde symplectique de* (Γ,σ) *sur* (M,ω) *dont les orbites sont les feuilles du feuilletage de Libermann* $\mathcal{V}$ *de moment* f.

Démonstration. On utilise les techniques de [5].

Une action d'un groupoïde $\Gamma \rightrightarrows \Gamma_0$ sur $f : M \to \Gamma_0$ [33] est une application à valeurs dans $f : M \to \Gamma_0$ du produit fibré de $f : M \to \Gamma_0$ par $\alpha : \Gamma \to \Gamma_0$ dont le graphe $= \{(x_2,x_1,\gamma) | \; x_2 = \gamma.x_1\}$ est un sous-groupoïde H du produit du groupoïde grossier $M \times M$ par Γ. C'est une action de groupoïde symplectique [40] si H est une sous-variété lagrangienne de $-M \times M \times \Gamma$.

H admet pour unités $H_0 = \{(x_1,x,f(x)) \subset -M \times M \times \Gamma_0\}$ qui est une sous-variété isotrope de $-M \times M \times \Gamma$. D'autre part $H \subset K_\beta = \{(x_2,x_1,\gamma) | \; f(x_2) = \beta(\gamma)\}$ et on vérifie que K_β est une sous-variété coïsotrope de $-M \times M \times \Gamma$. Tout revient donc pour construire une action de (Γ,σ) sur $f : (M,\omega) \to (\Gamma_0,\Lambda_0)$ à trouver une sous-variété lagrangienne contenant H_0 et contenue dans K_β. K_β, étant coïsotrope, possède un feuilletage caractéristique $\mathcal{C}$ dont les feuilles sont engendrées par les champs de $-M \times M \times \Gamma : ({}^{\#}(f^*du),0,{}^{\#}(\beta^*du))$. Elles sont contenues dans le produit d'une feuille du feuilletage de moment f par une fibre de α et sont donc séparées. Ceci entraîne que les caractéristiques de K_β sont engendrées par les produits finis de flots de champs $({}^{\#}(f^*du),0,{}^{\#}(\beta^*du))$. Comme elles sont transverses à H_0, la méthode des caractéristiques (cf. [5]) permet de construire une immersion lagrangienne $i : L \to -M \times M \times \Gamma$ contenant H_0 et contenue dans K_β. Soit $\rho : L \to M \times \Gamma$ la restriction à L de la projection $(x_2,x_1,\gamma) \to (x_1,\gamma)$. Pour prouver que L est un graphe il suffit de prouver que $\rho|_L$ est un difféomorphisme sur le produit fibré de $f : M \to \Gamma_0$ par $\alpha : \Gamma \to \Gamma_0$. Compte tenu de la construction de L, ceci revient à prouver que, pour tout point $\xi_0 = (x_0,x_0,f(x_0) = a_0)$, la restriction de ρ à la caractéristique C_{ξ_0} issue de ξ_0 est un difféomorphisme sur $\overset{-1}{\alpha}(a_0)$. Or par construction même $\rho|_{C_{\xi_0}}$ est une submersion surjective. D'autre part les chemins de $\overset{-1}{\alpha}(a_0)$ issue de a_0 obtenus par produits de flots de hamiltoniens β^*du, $u \in C^\infty(\Gamma_0,\mathbb{R})$ se relèvent canoniquement en chemins de C_{ξ_0} . $\rho|_{C_{\xi_0}}$ est donc un revêtement et $\overset{-1}{\alpha}(a_0)$ étant connexe $\rho|_{C_{\xi_0}}$ est un difféomorphisme, ce qui achève la construction de l'action de (Γ,σ) dans $f:(M,\omega) \to (\Gamma_0,\Lambda_0)$. Par construction même, les orbites de Γ sont contenues dans les feuilles de $\mathcal{V}$. Soit $x_0 \in M$; tout point de la feuille de $\mathcal{V}$ passant par x_0 est accessible à partir de x_0 par produit de flots de hamiltoniens du type (f^*u_i), $u_i \in C^\infty(\Gamma_0,\mathbb{R})$. Comme (Γ,σ) est un groupoïde symplectique, les flots des hamiltoniens (β^*u_i) ont pour intervalle de définition les intervalles de définition des flots des champs $\Lambda_0^\# du_i$. Il en résulte que tout point de la feuille de $\mathcal{V}$ issue de x_0 appartient à la Γ-orbite de x_0, ce qui achève la démonstration.

Soit V_0 l'orbite de $x_0 \in M$, S_0 l'orbite de $a_0 = \alpha(x_0)$ dans Γ_0 ; V_0 est le quotient de $\overset{-1}{\alpha}(a_0)$ par le groupe $\Gamma_{x_0} = \{\gamma | \gamma . x_0 = x_0\}$. Γ_{x_0} est un sous-groupe du groupe d'isotropie Γ_{a_0} de a_0. Or $\beta : \overset{-1}{\alpha}(a_0) \to S_0$ est un Γ_{a_0}-fibré principal. $f: V_0 \to S_0$ est donc un fibré associé au fibré principal $\Gamma_{a_0} \to \overset{-1}{\alpha}(a_0) \xrightarrow{\beta} S_0$ de fibre type $\Gamma_{a_0} / \Gamma_{x_0}$.

Corollaire. *Sous les hypothèses du théorème 8.1, pour tout* $x_0 \in M$ *la feuille, issue de* x_0, *du feuilletage de Libermann* $\mathcal{V}$ *de moment* $f: (M,\omega) \to (\Gamma_0,\Lambda_0)$ *est isomorphe au fibré localement trivial quotient du fibré principal* $\Gamma_{a_0} \to \overset{-1}{\alpha}(a_0) \xrightarrow{\beta} S_0$ *par* Γ_{x_0}.

Remarques :

1. Le théorème 8.1 et son corollaire sont l'extension à des algèbres de Lie de dimension infinie de résultats sur les sous-algèbres de dimension finie $\mathfrak{g}$ de $\mathfrak{X}(W)$ algèbre de Lie des champs de vecteurs d'une variété W [28] : une telle algèbre de Lie définit un feuilletage de W par les orbites de G groupe connexe et simplement connexe d'algèbre de Lie $\mathfrak{g}$ si et seulement si les champs de $\mathfrak{g}$ sont complets. Pour traduire ce résultat en terme de géométrie symplectique, on associe à tout champ $X \in \mathfrak{g}$ de flot φ_t le champ $\hat{X}$ sur T^*W de flot $t \to \varphi_t^*$ et on considère l'algèbre de Lie, isomorphe à $\mathfrak{g}$, $\hat{\mathfrak{g}}$ qu'ils engendrent. Si λ désigne la forme de Liouville de T^*W, par construction même de $\hat{X}$, l'application $f: T^*W \to \mathfrak{g}^*$ définie par $f(\xi)(X) = \lambda(\hat{X})(\xi)$ est un morphisme de Poisson de $(T^*W,d\lambda)$ dans $\mathfrak{g}^*$ munie de sa structure canonique de Poisson. La condition de complétion du morphisme f équivaut à la condition de complétion sur les champs appartenant à $\mathfrak{g}$. Le théorème 8.1 assure alors l'existence d'une action du groupoïde symplectique T^*G sur $f: T^*W \to \mathfrak{g}^*$ dont il est immédiat de constater qu'elle relève à T^*W l'action de G sur W donnée par le théorème de PALAIS [28].

On peut noter également que la théorie de Palais ne suppose nullement la variété W séparée mais seulement que le feuilletage défini par $\mathcal{G}$ est à feuille séparée, ce qui équivaut pour f : $T^*M \to \mathcal{G}^*$ à la condition, que l'on a imposée, de séparation des feuilles de $\hat{\mathcal{G}}$.

2. Si l'on supprime la condition de complétion sur le morphisme f tout en conservant l'intégrabilité de (Γ_0,Λ_0), il est immédiat que toute feuille de $\mathcal{V}$ de moment f est obtenue comme quotient d'un ouvert d'une α-fibre de $\Gamma \rightrightarrows \Gamma_0$. On obtient ainsi une extension du théorème local de PALAIS [28].

3. En toute généralité (f non complet mais à feuilles séparées, (Γ_0,Λ_0) non intégrable) on ne peut plus assurer que l'existence d'un groupoïde local au sens de Van Est. Les feuilles de $\mathcal{V}$ seront alors localement isomorphes à des quotients d'ouverts des α-fibres. Ce cas ne se présente pas si $\mathcal{G}$ est de dimension finie.

BIBLIOGRAPHIE

[1] C. ALBERT - P. DAZORD, *Théorie des groupoïdes symplectiques*, à paraître, Travaux Séminaire Sud Rhodanien de Géométrie II, Publ. Dept. Math. Lyon (1989).

[2] V. ARNOLD, *Méthodes Mathématiques de la Mécanique classique*, Editions MIR (Moscou) 1976.

[3] N. BOURBAKI, *Variétés différentielles*, Fascicule de Résultat, Hermann.

[4] A. COSTE - D. SONDAZ, *Sur certaines submersions d'une variété symplectique sur une variété de Poisson*, C.R. Acad. Sc. Paris 302, Série I, 1986, 583-585.

[5] A. COSTE - P. DAZORD - A. WEINSTEIN, *Groupoïdes symplectiques*, Publ. Dept. Math. Lyon 2A, 1987, 1-62.

[6] P. DAZORD, *Feuilletages et Mécanique Hamiltonienne*, Publ. Dept. Math. Lyon, 1983, 3 et 3/B.

[7] P. DAZORD, *Feuilletages à singularités*, Indagationes Math. Vol. 47, Fasc. 1 (1985).

[8] P. DAZORD, *Obstructions à un troisième théorème de Lie non linéaire pour certaines variétés de Poisson*, C.R. Acad. Sc. Paris, 306, Série I, 273-278, 1988.

[9] P. DAZORD, *Réalisations Isotropes de Libermann*, à paraître : Travaux du Séminaire Sud Rhodanien de Géométrie II (Publ. Dept. Math. Lyon (1989).

[10] P. DAZORD, *Autour du mouvement de Lagrange*, Actes du Colloque Lagrange de la fondation Hugot du Collège de France (1988) (à paraître).

[11] P. DAZORD - T. DELZANT, *Le problème général des variables actions-angles*, J. Diff. Geometry 26 (1987), 223-251.

[12] P. DAZORD - G. HECTOR - C. LASSO DE LA VEGA, *Intégration symplectique de certaines variétés de Poisson* (à paraître).

[13] P. DAZORD - P. MOLINO, *Γ-structures Poissonniennes et feuilletages de Libermann*, Travaux du Séminaire Sud Rhodanien de Géométrie I, Publ. Dept. Math. Lyon 1988, 1/B.

[14] P. DAZORD - D. SONDAZ, *Variétés de Poisson . Algébroïdes de Lie*, Travaux du Séminaire Sud Rhodanien de Géométrie, (1ère partie), Publ. Dept. Math. Lyon 1988, 1/B.

[15] A. DOUADY - M. LAZARD, *Espaces fibrés en algèbres de Lie et en groupes*, Invent. Math. 1, p. 133-151 (1966).

[16] T. DELZANT, *Sur certaines fibrations de variétés symplectiques*, C.R. Acad. Sc. Paris, 299, Série I, p. 883-886 (1984).

[17] H. DUISTERMAAT, *On global action-angle coordinates*, Comm. Pure Appl. Math. 33 (1980), 687-706.

[18] H. DUISTERMAAT - G.J. HECKMANN, *On the variation in cohomology of the symplectic form of the reduced phase space*, Invent. Math. 69 (1983), 259-268.

[19] C. EHRESMANN, *Oeuvres complètes*, Cahiers de Topologie et Géométrie Différentielle.

[20] **W.T. Van EST**, Rapport sur les S-atlas in Structure transverse des feuilletages (J. Pradines ed.). Astérisque, 116, 235-292 (1984).

[21] **W.T.Van EST - Th. J. KORTHAGEN,** *Non elargible Lie algebras*, Indagationes Math., 26,1, (1964).

[22] **W.T. Van EST - M.A.M. Van DER LEE,** *Enlargeability of local groups according to Malcev and Cartan - Smith*, in "Actions hamiltoniennes de groupes. Troisième Théorème de Lie" (P. Dazord, N. Desolneux-Moulis, J.M. Morvan Ed.) Séminaire Sud Rhodanien de Géométrie VIII - Travaux en Cours - (1988), Hermann.

[23] **A. GROTHENDIECK,** *A general theory of fiber bundle with structure sheaf*, 2° ed. University of Kansas, Lansing, Kansas, 1958.

[24] **M.V. KARASEV,** *Analogies of the objects of Lie group theory for non linear Poisson brackets*, Math. USSR Izvestiya 28, n° 3, 1987, 497-527.

[25] **A. LICHNEROWICZ,** *Les variétés de Poisson et leurs algèbres de Lie associées*, J. Differential Geometry 12 (1977), 253-300.

[26] **P. LIBERMANN - C.M. MARLE,** *Géométrie symplectique, Base théorique de la Mécanique*, Publ. Math. Univ. Paris VII.

[27] **N.N. NEKHOROSHEV,** *Action-angle variables and their generalization*, Trans. Moscow Math. Soc. 26 (1972), 188-198.

[28] **R.S. PALAIS,** *A global formulation of the Lie theory of transformation groups*, Memoirs of the A.M.S. n° 22 (1957).

[29] **M. PLAISANT,** *Sur l'intégrabilité des algèbres de Lie banachiques dans le cadre des Q-variétés*, (Thèse 3e Cycle) Université de Lille I et de Valenciennes (1980).

[30] **J. PRADINES,** *Théorie de Lie pour les groupoïdes différentiables - Relations entre propriétés locales et globales*, C.R. Acad.Sc. Paris, 263, 907-910 (1966).

[31] **J. PRADINES,** *Théorie de Lie pour les groupoïdes différentiables - Calculs différentiels dans la Catégorie des Groupoïdes infinitésimaux*, C.R. Acad. Sc. Paris, 264, 245-248 (1967).

[32] **J. PRADINES,** *Troisième Théorème de Lie pour les groupoïdes des différentiables*, C.R. Acad. Sc. Paris, 267, (1968).

[33] **J. PRADINES,** *How to define the differentiable graph of a singular foliation*, Cahiers de Topologie et Géométrie Différentielle, Vol. XXVI - 4 (1985).

[34] **J. PRADINES,** *Remarque sur le groupoïde cotangent de Weinstein-Dazord*, C.R. Acad. Sc. Paris, 306, Série I, 557-560.

[35] **J.M. SOURIAU,** *Structure des systèmes dynamiques*, Dunod, Paris (1969).

[36] **P. STEFAN,** *Accessible sets, orbits and foliations with singularities*, Proc. London Math. Soc. 29 (1974).

[37] **H.J. SUSSMANN,** *Orbits of families of vector fields and integrability of distributions*, Trans. Amer. Math. Soc. 180, 171-188 (1973).

[38] **A. WEINSTEIN,** *The local structure of Poisson manifolds*, J. Diff. Geometry, 18 (1983), 523-557 et 22 (1985), 255.

[39] A. WEINSTEIN, *Symplectic Groupoïds and Poisson manifolds*, Bull. Amer. Math. Soc. 16 (1987), 101-103.

[40] A. WEINSTEIN, *Coïsotropic Calculus and Poisson groupoïds*, multicopié, 1988, University of California, Berkeley.

P. DAZORD
URA DO 746
MATHEMATIQUES
43, bd du 11 Novembre 1918
69622 VILLEURBANNE CEDEX

DYNAMIQUE DES SYSTEMES HAMILTONIENS COMPLETEMENT INTEGRABLES SUR LES VARIETES COMPACTES.

N. DESOLNEUX-MOULIS

INTRODUCTION.

Dans cet exposé, nous considérons une variété compacte M de dimension 2n de classe C^{∞}. Nous noterons ω la forme symplectique et { , } le crochet de Poisson associé. Soit X un champ hamiltonien sur M de hamiltonien h. Nous supposerons que X admet n intégrales premières $(h_1,...,h_n)$ qui commutent entre elles. Nous supposerons en outre que les singularités de chacune des fonctions h_i sont de type Morse-Bott [3]. Cette condition qui sera précisée au paragraphe **B** est réalisée dans les exemples étudiés dans [9].

Notons cependant que, les systèmes complètement intégrables étant exceptionnels dans l'ensemble des systèmes hamiltoniens, la condition précédente "avoir des intégrales premières de type Morse-Bott", ne saurait être considérée comme générique pour une topologie raisonnable sur l'espace des applications de M dans R.

Cet exposé est divisé en 3 paragraphes.

Dans le paragraphe **A** nous rappelons les résultats d'Eliasson [7] , [8] et [6] sur la structure de l'application $H = (h_1,...,h_n)$ de M dans $\mathbf{R}^n$ au voisinage d'un point où le rang de DH n'est pas maximum.

Dans le paragraphe **B**, les hypothèses du paragraphe **A** étant supposées vérifiées, nous décrivons complètement la dynamique du champ X, en particulier au voisinage des singularités de ses intégrales premières.

Dans le paragraphe **C**, en utilisant la stratification introduite en **B**, nous étudions comment bifurquent les tores de Liouville quand on traverse une valeur critique de l'application H. Nous retrouvons les résultats de Fomenko [9] sur la "perestroïka" des tores invariants.

PARAGRAPHE A

FORME NORMALE À PARAMETRE DES SYSTEMES HAMILTONIENS COMPLETEMENT INTÉGRABLES - CAS OU LA DÉGÉNÉRESCENCE EST DE RANG MAXIMAL.

Les résultats de ce paragraphe sont locaux. Nous nous placerons donc sur un ouvert W voisinage de o dans $\mathbf{R}^{2n}$. L'espace $\mathbf{R}^{2n}$ est muni de la structure symplectique standard ; on notera $\{\ ,\ \}_0$ le crochet de Poisson associé.

A_1 - RÉSULTATS ALGEBRIQUES.

Soit Q l'ensemble des formes quadratiques en 2n variables. L'ensemble Q est stable par crochet de Poisson ; Il est donc muni d'une structure d'algèbre de Lie. Nous avons pour cette structure la proposition suivante :

Proposition A_1 . *Toute sous-algèbre de Cartan* C *de* Q *est de dimension* n. *En outre il existe un système de coordonnées symplectiques* $x_1 \dots x_n, y_1 \dots y_n$ *dans lequel* C *est engendrée par des éléments* q_i *d'une des formes suivantes :*

a) $q_i = x_i^2 + y_i^2$

b) $q_i = x_i y_i$

c) $q_i = x_i y_i + x_{i+1} y_{i+1}$
$q_{i+1} = x_i y_{i+1} - x_{i+1} y_i$

(ces deux dernières formes vont toujours par paire) Une telle base sera dite "base adaptée".

La démonstration de cette proposition est élémentaire [1], surtout si on raisonne sur les champs hamiltoniens linéaires associés aux formes quadratiques.

A_2 - CONDITION (*) AU VOISINAGE D'UN POINT OU DH =O.

Soit H une application définie sur un voisinage de 0 dans $\mathbf{R}^{2n}$ à valeurs dans $\mathbf{R}^n$; soient $(h_1,\dots,h_n)$ les composantes de H. Nous supposons que $\{h_i, h_j\}_0 = 0$ et DH = 0.

Soit H l'espace vectoriel engendré par $(h_1,\dots,h_n)$ et H^2 l'espace vectoriel engendré par les jets d'ordre 2 en 0 des h_i. On vérifie que ces jets d'ordre 2 commutent 2 à 2 ; H^2 est donc une sous-algèbre commutative de l'algèbre Q des formes quadratiques.

Condition (*) : H^2 est une sous-algèbre de Cartan de l'algèbre Q. Dans ces conditions, on pourra définir une base de $\mathbf{R}^{2n}$ adaptée à H.

A$_3$ - CONDITIONS (*) AU VOISINAGE D'UN POINT OU LE RANG DE DH N'EST PAS MAXIMUM.

Les notations étant les mêmes que précédemment, nous supposons que le rang de DH(o) est r (o<r<n). Nous notons X_i le gradient symplectique de h_i.

Soit $K = \bigcap_{i=1}^{n} \operatorname{Ker} D h_i(o)$.

Soit O = espace vectoriel engendré par $X_1(o) \ldots X_n(o)$.

O est un sous-espace vectoriel de K ; soit R un supplémentaire symplectique de O dans K l'espace R canoniquement muni d'une structure de sous-espace vectoriel symplectique de $\mathbf{R}^{2n}$ de dimension 2n-2r.

Soit H^2_R l'algèbre définie sur R par la restriction de H^2 à R.

Condition (*) : H^2 est une sous-algèbre de Cartan de l'algèbre de Lie des formes quadratiques sur R.

(Suivant la terminologie de Dufour-Molino [6] H^2 est la linéarisée transverse de H).On peut donc, dans ce cas aussi, définir un système de coordonnées symplectiques $(x_1 \ldots x_n, y_1 \ldots y_n)$ adapté à la structure linéaire :

L'espace R est défini par les équation : $x_i = o \quad 1 \leq i \leq r$

$y_i = o \quad 1 \leq i \leq r$

L'espace O est défini par les équations : $x_i = o \quad i \leq r$

$y_i = o \quad 1 \leq i \leq n$

A$_4$ - FEUILLETAGE SINGULIER ASSOCIÉ À L'ESPACE VECTORIEL DES INTÉGRALES PREMIERES H ET À SON LINÉARISÉ H^2.

Soient X_i $(1 \leq i \leq n)$ les champs hamiltoniens associés aux éléments d'une base h_i $(1 \leq i \leq n)$ de H. Suivant [5] l'espace vectoriel engendré par ces champs est en tout point tangent à la feuille d'un feuilletage F à singularités au sens de Stefan. Chaque feuille est invariante par le flot des X_i.

Au voisinage des points où le rang de DH est maximum ce feuilletage est un feuilletage Lagrangien régulier ; dans les autres cas les feuilles singulières sont simplement isotropes.

Au voisinage d'un point où le rang de DH est o, on peut de même associer à la sous-algèbre de Cartan H^2 un feuilletage, à singularités noté F^2. Les feuilles de F^2 sont connues explicitement d'après les formules donnant une base de H^2 dans la proposition A$_1$.

Dans le cas général où le rang de DH(o) est r(o<r<n), soit $\overline{F_2}$ le feuilletage de R défini par H^2_R .

La feuille du feuilletage F_2 de $\mathbf{R}^{2n}$ passant par le point de coordonnées ($x_1 ... x_n, y_1 ... y_n$) (dans le système de coordonnées adaptées définies précédemment) est le produit par O de la feuille de $\overline{F_2}$ passant par le point de R de coordonnées ($x_{r+1} ... x_n$, $y_{r+1} ... y_n$).

A_5 - LEMME DE MORSE POUR n FONCTIONS COMMUTANT.

Le théorème suivant, dont des versions, dans des cas particuliers, ont été données par Vey, Russmann, Dufour et Molino, est du à Eliasson. Dans le cas où le rang de DH(o) est strictement compris entre o et n, c'est une conséquence facile de la version à paramètre du théorème C d'Eliasson.

THÉOREME A. *Soit* H *une application d'un ouvert de* $\mathbf{R}^{2n}$ *contenant* o *dans* $\mathbf{R}^n$, H = (h_1,...,h_n). *On suppose que* $\{h_i, h_j\} = O$ *pour tout couple* (i,j). *Soit* r *le rang en* o *de* DH(o≤r≤n). *Dans le cas où* r<n *on suppose que* H *vérifie en* o *la condition* (*). *Pour préciser nous supposerons que* Dh_1 (o),...,Dh_r(o)*sont des formes indépendantes. Alors il existe un difféomorphisme* φ *symplectique* d'un *voisinage* W *de* o *et un système de coordonnées locales symplectiques* (x_1,...,x_n,y_1,...,y_n), *tels que :*

a) dans la direction symplectique définie par l'orbite de o : $h_i \circ \varphi = y_i$

b) la direction symplectique transverse à l'orbite de o *étant définie par les coordonnées* x_{r+1},...,x_n,y_{r+1},...,y_n , *on a* $\varphi(F) = F_2$ *(Ces feuilletages F et* F_2 *sont ceux définis en* A_4).

et les actions hamiltoniennes d'un ouvert de $\mathbf{R}^n$ *sur ces deux feuilletages sont conjuguées par* φ

Addendum : dans le cas où H^2 n'a pas d'élément hyperbolique, soit $q_{r+1} ... q_n$ une base de H^2, alors il existe n-r fonctions g_i (r+1≤i≤n) telles que $h_i \circ \varphi = g_i(q_{r+1} ... q_n)$; dans le cas général $D(h_i)$ est combinaison linéaire des Dq_i (r+1≤i≤n), les coefficients de la combinaison linéaire dépendant de la feuille de F_2 sur laquelle on se place.

PARAGRAPHE B.

DYNAMIQUE D'UN CHAMP X COMPLETEMENT INTEGRABLE .

Dans tout ce paragraphe, nous considérons un champ X défini sur une variété compacte M, admettant n intégrales premières en involution qui vérifient au voisinage de chaque point singulier les hypothèses du paragraphe A. Nous noterons H l'espace vectoriel engendré par les n intégrales premières $h_1 ... h_n$. Soit F le feuilletage singulier de M dont la feuille passant par un point z_0 est l'orbite de z_0 sous l'action de $\mathbf{R}^n$ définie par les gradients symplectiques des éléments de H.

B_1 - STRATIFICATION ASSOCIÉE À H.

Définition B_1 : *Posons* $\Sigma_r = (z; z \in$ M*et rang* DH(z)=r).

Proposition B_1 : *L'ensemble des* Σ_r *forme une stratification de* M *au sens de Whitney. Chaque composante connexe de* Σ_r *est une sous-variété symplectique de* M *de dimension* 2r.*Chaque feuille de* F *de dimension* r *est contenue dans une strate* Σ_r .

La démonstration de cette proposition résulte trivialement du théorème A_1 qui donne un modèle local de la stratification, chaque composante connexe de strate étant localement un ouvert d'espace vectoriel coordonné.

B_2 - DYNAMIQUE DU CHAMP X.

Proposition B_2 : *Le feuilletage* F *induit sur chaque composante* M_r *de* Σ_r *un feuilletage en tores, cylindres ou espaces vectoriels de dimension* r, *le champ* X *est tangent aux feuilles et constant sur chaque feuille.*

Démonstration : Par définition de M_r le champ X est tangent à la variété M_r de dimension 2r. Sur cette variété il admet r intégrales premières en involution indépendantes. On peut donc appliquer sur cette variété le théorème d'Arnold-Liouville en remarquant que la restriction à M_r de chaque X_i est un champ complet sur M_r .

Théorème B_2 : *Soit* O_{z_0} *l'orbite d'un point* z_0 *de* M *et soit* F_{z_0} *la feuille du feuilletage défini à la proposition précédente passant par* z_0 , *alors les 3 cas suivants peuvent seuls se présenter :*

(i) l'orbite O_{z_0} *est périodique, ou réduite à un point .*

(ii) l'orbite O_{z_0} *est quasi-périodique et dense sur un tore.*

(iii) La feuille F_{z_0} *est un cylindre ou un espace vectoriel et les ensembles* α*-limite et* ω*-limite de* z_0 *sont des orbites de type (i) ou (ii).*

Démonstration : Soit z_0 un point de M tel que le rang de DH(z_0) soit r ($o \leq r \leq n$). Le champ étant constant sur F_{z_0} , si F_{z_0} est un tore l'orbite de z_0 est nécessairement périodique ou quasi-périodique et toutes les orbites du champ sur la feuille sont du même type. Ceci est en particulier le cas quand le rang de DH(z_0) est maximum.

Supposons que $\mathcal{O}_{z_0}$ ne soit ni périodique ni quasi-périodique, alors F_{z_0} est le quotient de $\mathbf{R}^n$ par un réseau Z^s avec $o \leq s \leq r$. Soit $\zeta_1 \ldots \zeta_r$ un système de coordonnées sur R^r tel que, par projection canonique sur F_{z_0} les s premières coordonnées associées $z_1, \ldots, z_s$ sur F_{z_0} soient périodiques.

La restriction à F_{z_0} du champ X se relève en un champ constant $\tilde{X}$ sur R^r de composantes $\alpha_1 \ldots \alpha_r$. Les cas (i) et (ii) étant exclus, il existe un indice j ($s<j\leq r$) tel que $\alpha_j \neq o$. Supposons $\alpha_j > o$ pour fixer les idées. Soit $\overline{z}_0$ un point de l'ensemble ω-limite de $\mathcal{O}_{z_0}$. La composante z_j étant strictement croissante le long de l'orbite de z_0, le point $\overline{z}_0$ appartient à la frontière de Σ_r dans M donc à une strate de dimension strictement inférieure à 2r. Soit p le rang de DH($\overline{z}_0$) ($p<r$). Au voisinage de $\overline{z}_0$ nous considérons une carte locale définie au théorème A_1 et centrée en $\overline{z}_0$. Soit $x_1 \ldots x_p\, y_1 \ldots y_p\, x_{p+1} \ldots x_n\, y_{p+1} \ldots y_n$, un système de coordonnées locales dans cette carte. Le long de l'orbite de $\overline{z}_0$ nous avons $\frac{dx_i}{dt} = o$ pour tout indice i, $\frac{dy_i}{dt} = c_i$ = constante pour tout indice i et $c_i = o$ si $i>p$. Si pour tout indice i, c_i est nul, le point $\overline{z}_0$ est fixe sous l'action du champ X, et nous sommes dans le cas (i).

Supposons que pour un indice k, $c_k>o$. Alors $\frac{dy_k}{dt}$ est aussi strictement positif le long de l'orbite de z_0 Ceci implique que la coordonnée y_k est périodique dans la feuille F_{z_0} donc dans la feuille $F_{\overline{z}_0}$.
Le raisonnement étant valable pour tous les indices k tels que c_k soit non nul la proposition est démontrée.

Remarque. Dans ce dernier cas, la sous-algèbre de Cartan dans la direction transverse à l'orbite de z_0 contient nécessairement des éléments de type hyperbolique ou mixte.

PARAGRAPHE C

PERESTROIKA OU BIFURCATION DES TORES DE LIOUVILLE

Dans tout ce paragraphe nous retrouvons des résultats énonçés dans [9].

Les notations et hypothèses étant celles du paragraphe précédent, soit a une valeur régulière du hamiltonien h associé au champ X. Posons $M_a = h^{-1}(a)$. La fonction h est constante sur les feuilles du feuilletage F, donc M_a est une sous-variété compacte de M de codimension 1 qui admet un feuilletage singulier F_a en tores cylindres ou espaces vectoriels. La feuille passant par un point régulier de l'application moment est un tore de Liouville de dimension n. Nous étudions comment dans certains cas, bifurquent ces tores quand on passe par un point critique de l'application moment.

Nous supposerons en outre, dans tout ce paragraphe, que $h = h_1$, ce qui ne change rien à la généralité du problème.

L'outil principal de cette étude est la décomposition de la variété M_a en anses toriques introduites par Fomenko.

Définition C_1 :

a) Une p-*anse torique de dimension* n *et d'indice* k *est un fibré* E *d'espace total* **E** *de base un tore* T^p *de fibre* $D^{n-p-k} x D^k$.

b) Soit N *une variété de dimension* n, *de bord* ∂N *et soit* **E'** *le sous-fibré de* E, *d'espace total* E' *contenu dans le bord de* E, *de même base* T^p , *de fibre* $D^{n-p-k} x S^{k-1}$ *soit* f *une application de* E' *dans* ∂N *qui est un difféomorphisme sur son image ; posons* $N' = N \cup_f E'$. *On dit que la variété à bord* N' *se déduit de* N *par attachement de l'anse torique* **E.**

c) L'âme de l'anse **E** *est un sous-fibré* **E"** *de* **E** *d'espace total* E" *de base* T^p , *de fibre* D^k.

Les anses toriques sont une généralisation des anses rondes d'Asimov [2] (dans le cas considéré par Asimov le fibré est trivial).

CAS D'UN SYSTEME À DEUX DEGRÉS DE LIBERTÉ.

Posons $M_{ac} = \{z; z \in M_a \text{ et } h_2(z) \leq c\}$.

Théorème C_1 : *Soit* z_o *un point critique de l'application moment ;*
a) l'orbite de z_o *par le champ* X *est périodique*
b) si c<o *et* c'>o *sont tels que* o *soit la seule valeur critique de* h_2 *comprise entre* c *et* c'. *Alors* $M_{ac'}$ *se déduit de* M_{ac} *par attachement d'une* 1-*anse torique d'indice* o, 1 *ou* 2.

Démonstration : D'après l'hypothèse $Dh_1(z_o) \neq o$ et $Dh_2(z_o)$ est située sur une strate de dimension 2 transverse à M_a . L'intersection de M_a et de cette strate est une sous-variété de dimension 1 plongée dans M; cette sous-variété est nécessairement compacte car sinon, dans son adhérence se trouveraient des points d'une strate de dimension o, donc des points où DH = o ce qui est contraire à l'hypothèse sur a. L'orbite est donc une composante connexe de l'intersection ; elle est difféomorphe à S^1 donc périodique. Ceci démontre la partie a). Pour la partie b) suivant Fomenko (pages 636-637), il est possible de construire une rétraction de $M_{ac'}$ sur $M_{ac} \cup_b E$ où E est l'epsace total d'une 1-anse torique dont l'âme est donnée par la réunion des variétés instables pour le gradient de h_2 des points de l'orbite périodique de z_o ; l'application d'attachement f est définie d'abord sur l'âme par l'intersection de chaque variété instable avec M_{ac} puis épaissie. La rétraction se fait de façon fibrée sur S^1 en suivant en dehors d'un petit voisinage des points critiques les lignes de gradient de h_2 ; au voisinage de la variété critique, on applique la même méthode que dans [10].

Nous précisons la signification de cette opération d'attachement d'anse :

- Une anse circulaire d'indice o est difféomorphe à un fibré en disques D^2 de base S^1 . L'espace total est un tore solide. Elle correspond au cas où la section nulle est l'ensemble des points où h_2

prend la valeur maximum. Le bord de $M_{ac'}$ est un tore de Liouville de dimension 2 et nous avons le diagramme de bifurcation suivant :

$$\emptyset \longrightarrow S^1 \longrightarrow T^2 \qquad \text{(voir figure 1)}$$

- Une anse circulaire d'indice 2 est difféomorphe à un fibré en disques D^2 de base S^1. L'espace total est un tore solide. Elle correspond au cas où la section nulle est l'ensemble des points où h_2 prend la valeur maximum. Le bord de M_{ac} est un tore de Liouville de dimension 2 et nous avons le diagramme de bifurcation suivant :

$$\emptyset \longleftarrow S^1 \longleftarrow T^2$$

Dans les deux cas ci-dessus, les résultats de Dufour et Molino [6] montrent que le fibré peut être trivialisé par un difféomorphisme symplectique.

- Une 1-anse circulaire d'indice 1 est difféomorphe à un fibré de base S^1, de fibre $D^1 \times D^1$. L'âme de l'anse est soit un cylindre, soit un ruban de Moebius.

Ceci correspond au cas où $S^1 \times (o,o)$ est l'ensemble des points selles de h_2 dans la direction transverse à l'orbite critique.

L'opération d'attachement de l'anse se fait le long d'un ou deux tores de Liouville T^2 situés sur le bord de M_{ac}.

La surface de niveau singulière d'équations $h_1 = a$, $h_2 = o$ est un fibré **H** sur S^1 de fibre la courbe en huit H.

Si le fibré $\mathbf{H} = \mathbf{H}_0$ est trivial, le diagramme de bifurcation est le suivant :

$$2T^2 \longrightarrow \mathbf{H}_0 \longrightarrow T^2 \quad \text{ou} \quad T^2 \longrightarrow \mathbf{H}_0 \longrightarrow 2\,T^2$$

(voir la figure 1 : deux tores "minces" enroulés une fois à l'intérieur d'un tore "gras" deviennent tangents et se transforment en l'unique tore "gras").

Si le fibré $\mathbf{H} = \mathbf{H}_1$ n'est pas trivial, nous sommes dans le cas où l'âme de l'anse est une bande de Moebius et le diagramme de bifurcation est le suivant :

$$T^2 \longrightarrow \mathbf{H}_1 \longrightarrow T^2$$

(voir la figure 2 : une tore "mince" enroulé deux fois à l'intérieur d'un tore "gras" devient tangent à lui-même et se transforme dans le tore "gras").

<u>CAS DES SYSTEMES À n DE DEGRÉS DE LIBERTÉ (n>2)</u>

Soit a une valeur régulière du hamiltonien $h = h_1$ associé au champ X. Nous définissons l'hypersurface M_a d'équation $h(z) = a$.

Un chemin générique dans l'espace image de l'application moment rencontre l'image de strates de dimension 2n et 2(n-1).

Si un point z_0 de M_a est régulier, son orbite est située sur un tore de Liouville de dimension n.

Si le point z_0 appartient à uns strate de dimension n-1, une seule des intégrales premières est singulière en z_0 ; le même raisonnement que précédemment montre que l'orbite de z_0 est située sur un tore de dimension n-1. Les tores de Liouville bifurquent de façon analogue à celle étudiée précédemment par attachement de (n-1)-anses toriques de dimension 2n, d'indice o,1 ou 2.

Dans tous ces cas, il serait intéressant d'étudier le complexe cellulaire défini par ces anses toriques et leur opération d'attachement suivant des méthodes analogues à celles de [11] ou [12].

BIBLIOGRAPHIE

[1] **ARNOLD V.** Méthodes mathématiques de la mécanique.

[2] **AZIMOV D.** Round handles and non sisngular Morse-Smale flows. *Annals of math. 102 (1975) p. 41-54.*

[3] **BOTT R.** Non degenerate critical manifolds. *Annals of math. 60 (1954) p. 248-261.*

[4] **BOTT R.** Lectures on Morse theory. *Bonn Sommersemester 1958. Publ. Universitat Bonn.*

[5] **DAZORD P.** Publications du Séminaire Sud Rhodanien.

[6] **DUFOUR J.P. , MOLINO P.** Compactification d'actions de R^n et variables action-angle avec singularités. *Publications du Séminaire Sud Rhodanien.*

[7] **ELIASSON L.** Hamiltonian systems with Poisson commuting integrals. *Thesis, Stockholm 1984.*

[8] **ELIASSON L.** Normal forms for hamiltonian systems with Poisson commuting integrals-Elliptic case. *Commentarii Math. Helvetici (à paraître).*

[9] **FOMENKO A.** The topology of surfaces of constant energy in integrable Hamiltonian systems and obstructions to integrability. *Math. USS. Izvestiya, Vol. 29 (1987) n° 3, p. 629-658.*

[10] **MILNOR J.** Morse theory. *Annals of Mathematics Studies n° 51.*

[11] **MILNOR J.** Lecture on h-cobordism. *Annals of Mathematics Studies n°*

[12] **THOM R.** Sur une partition on cellules associée à une fonction sur une variété. *C.R.A.S. 228 (1949) p. 973-975.*

GEOMETRIE DES ORBITES COADJOINTES DES GROUPES DE DIFFEOMORPHISMES

Paul Donato
Université de Provence &
Centre de Physique Théorique
C.N.R.S. Luminy Case 907
13288 Marseille Cedex 9 (France)

1 - Introduction

On sait l'importance des structures symplectiques dans la description des systèmes dynamiques. On trouve sur les orbites coadjointes d'un groupes de Lie G une structure symplectique à partir de laquelle on peut déterminer toutes les orbites symplectiques de G. Cette structure est utilisée pour la construction de représentations irréductibles des groupes de Lie, et partant, pour la quantification des systèmes. Que subsiste-il de cette géométrie pour les orbites coadjointes de groupes de difféomorphismes d'une variété? J.-M. Souriau a montré que toute variété symplectique (X,σ) préquantifiable (i.e. base d'un fibré principal en cercles $\pi{:}Y\to X$, où Y est muni d'une 1-forme de contact ω telle que $d\omega = \pi^*\sigma$) est une orbite coadjointe d'un groupe de difféomorphismes. A partir d'un rappel de ces faits, ce travail propose une exploration d'une géométrie possible de telles orbites. Le point de vue adopté, à partir des 1-formes invariantes, ne nécessite pas l'hypothèse de compacité de la variété; néanmoins la dualité avec les champs de vecteurs est précisée dans le cas compact. La dernière partie propose une condition de préquantification des orbites de certaines extensions centrales de groupes de difféomorphismes, notamment des difféomorphismes du cercle (groupe de Virasoro).

Nota : dans toute la suite, «différentiable» vaudra pour C^∞. L'expression «groupe de difféomorphismes» désignera tout sous-groupe de *Diff(M)* , groupe de tous les difféomorphismes d'une variété différentiable M . Cette dénomination inclut en particulier tous les groupes de Lie de dimension finie, sous-groupes de leur propre *Diff(G)* .

2 - Un point de vue covariant

Etant donné un groupe de Lie G de dimension finie; l'action des automorphismes intérieurs sur l'algèbre de Lie $\mathfrak{g}$ définit la représentation adjointe de G ; la représentation coadjointe en est précisément l'action duale sur $\mathfrak{g}^*$.

Le dual $\mathfrak{g}^*$ s'identifie aux 1-formes différentielles invariantes par les translations à gauche de G. C'est cette identification que l'on généralise au cas des groupe de difféomorphismes. Cette extension de la notion de forme peut se faire en toute généralité dans la catégorie des «espaces difféologiques» ou dans celle «espaces différentiels» [3], catégorie parente de la précédente. Ces catégories contiennent aussi bien les variétés, les quotients de variétés, que les groupes de difféomorphismes. Nous en extrayons les seules définitions nécessaires au cas particulier des groupes de difféomorphismes. Le lecteur trouvera plus de précisions dans les références [1] et [10].

M et M' désignant des variétés différentiables, soit F une partie quelconque de $C^\infty(M,M')$.

Définitions 2.1

1- *Nous appellerons* paramétrisation différentiable *de* F *toute application* P *telle que:*

(i) P *est définie sur un ouvert* Ω *d'un espace numérique* $\mathbf{R}^q$ *(q variant de 1 à l'∞)*

(ii) $(r,m) \longmapsto P(r)(m)$ *est une application* C^∞ *de* $\Omega \times M$ *dans* M'.

2- *Soit* $F' \subset C^\infty(N,N')$, $A:F \to F'$ *est dite* différentiable *si, pour toute paramétrisation différentiable* P *de* F , $A \circ P$ *est une paramétrisation différentiable de* F'.

3- *Enfin une application* φ *de* F *dans une variété quelconque* N' *est dite différentiable si* $\varphi \circ P$ *est* C^∞ . ❑

Remarquons qu'alors, pour toute paramétrisation différentiable $P:\Omega \to F$ et pour toute application $\varphi \in C^\infty(\Omega',\Omega)$, $P \circ \varphi$ est encore une paramétrisation différentiable de F . La *dimension* d'une paramétrisation est, par convention, la dimension de sa source. $q=1$ correspond à l'isotopie différentiable. Nous nous intéresserons au cas où F est un groupe de difféomorphismes d'une variété.

G désignera désormais un groupe de difféomorphismes.

Les formes sont des objets essentiellement covariants, c.à.d. pouvant être caractérisés par leurs images réciproques

Définition 2.2 *Une* p-forme différentielle ω *sur* G *est une fonctionnelle qui, à toute paramétrisation différentiable* P *de* G *, associe une p-forme* $\omega(P)$ *de* $\Omega = def(P)$ *, avec la condition de compatibilité:*

$\forall\varphi$ C^∞ *à valeurs dans* Ω *on a:* $\omega(P o \varphi) = \varphi^*(\omega(P))$

où $\varphi^*(\omega(P))$ *désigne l'image réciproque de* $\omega(P)$ *par* φ *.* ❑

Dans le cas où G est de dimension finie, on retrouve une caractérisation des p-formes différentielles sur G. Les 0-formes sont les applications $f{:}G \to \mathbf{R}$ différentiables au sens 2.1 . On a, dans ce cas, $f(P) = Pof$. Les p-formes de G forment un espace vectoriel noté $\Lambda^p(G)$.

Soient $A{:}G \to G'$ différentiable (au sens 2.1) et $\omega \in \Lambda^p(G')$; l'application $A^*(\omega)$ qui à toute paramétrisation P de G associe $\omega(AoP)$, est encore une p-forme de G appelée *image réciproque* de ω par A. De même on peut vérifier que si $\varphi{:}G \to M'$ est différentiable, alors toute p-forme ω sur M' se transporte par image réciproque sur G en:

$$P \longmapsto \varphi^*(\omega)(P) = (\varphi o P)^*\omega .$$

On a bien sûr: $(\phi o \psi)^* = \psi^* o \phi^*$. Le transport par image réciproque permet de produire facilement des exemples de formes sur les groupes de difféomorphismes. On peut également procéder par dérivation: si $f{:}G \to \mathbf{R}$ est différentiable alors $P \longmapsto d(foP)$ définit une 1-forme de G notée df. Plus généralement la dérivée et le produit extérieurs se définissent comme suit :

$$\text{si } \omega \in \Lambda^p(G) \text{ alors } d\omega{:}\, P \longmapsto d(\omega(P)) , \text{ et } d\omega \in \Lambda^{p+1}(G) \tag{1}$$

$$\text{si } \omega \in \Lambda^p(G) \text{ et } \mu \in \Lambda^q(G) \text{ alors } \omega\wedge\mu{:}\, P \longmapsto \omega(P)\wedge\mu(P) , \text{ et } \omega\wedge\mu \in \Lambda^{p+q}(G) \tag{2}$$

Du fait que l'image réciproque commute avec la dérivation et le produit extérieur (dans $\mathbf{R}^n$); ces expressions définissent bien des formes de G.

Il nous faut généraliser les définitions 2.1 et 2.2 aux quotients de G.

Définition 2.3 *Soit* $\pi : G \to G/\sim$ *un quotient quelconque de* G *par une relation d'équivalence. Une application* P *, d'un ouvert* Ω *dans* $G/\sim$ *, est une paramétrisation différentiable de* $G/\sim$ *si et seulement si* P *est partout localement relevable à* G*: tout point* $\rho \in \Omega$ *admet un voisinage ouvert* U_ρ *sur lequel* $P = \pi o P_\rho$ *, où* P_ρ *est une paramétrisation différentiable de* G *définie sur* U_ρ *.* ❑

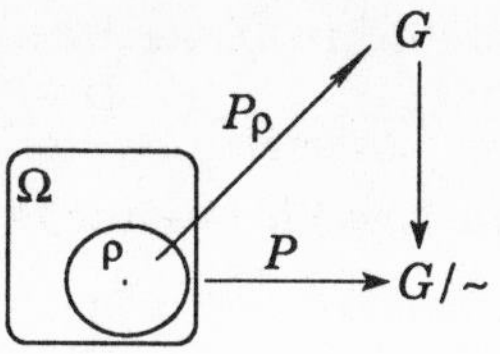

Les formes sur ces quotients se définissent alors comme en 2.2 en remplaçant G par son quotient. Ce quotient pouvant fort bien être celui d'un groupe de Lie par un sous-groupe non fermé [1] . Nous donnerons ici l'exemple où $G = Diff(M)$ et S_{m_o} est le sous-groupe des transformations qui laissent fixe un point m_o arbitrairement donné dans M . Si M est connexe, le quotient G/S_{m_o} s'identifie à M . Moyennant cette identification, on retrouve les formes différentielles de M .

Remarque 2.4 Si $G \subset Diff(M)$ et $G' \subset Diff(M')$ alors $G \times G' \subset Diff(M \times M')$ et une paramétrisation $r \longmapsto (P(r), P'(r))$ est alors différentiable si et seulement si P et P' sont différentiables.

☞ On trouvera dans [1] et [10] plus de détails sur le calcul différentiel dans la catégorie difféologique. Pour le présent exposé le lecteur doit savoir qu'une p-forme est caractérisée par ses évaluées sur les paramétrisations différentiables de dimension p ; autrement dit, deux p-formes sont égales si et seulement si leurs évaluées sur toute paramétrisation de dimension p sont égales.

3 - L'action coadjointe

Les translations à gauche: $L_a\colon g \longmapsto ag$, à droite: $R_a\colon g \longmapsto ga$, ainsi que l'inverse: $g \longmapsto g^{-1}$, sont des transformations de G , différentiables au sens (2.1). Une 1-forme $\omega \in \Lambda^1(G)$ sera dite *invariante à gauche* si, pour tout $a \in G$, $L_a{}^*\omega = \omega$. On notera $\mathfrak{g}^* \subset \Lambda^1(G)$ le sous-espace des 1-formes invariantes à gauche, appelé *espace des moments de G* . On vérifie que $R_a{}^*(\mathfrak{g}^*) = \mathfrak{g}^*$.

Pour tout automorphisme intérieur $\tau_a = L_a R_{a^{-1}} = R_{a^{-1}} L_a$ et pour tout $\omega \in \mathfrak{g}^*$, on pose:

$$r(a)\omega = \tau_{a^{-1}}^*\omega = R_a^* L_{a^{-1}}^*\omega = R_a^*\omega \qquad (3)$$

ainsi $r(a)\omega \in \mathfrak{g}^*$. L'évaluation sur une paramétrisation P s'écrit:

$$r(a)\omega(P) = \omega(r \longmapsto P(r)a) \qquad (4)$$

ces égalités définissent *l'action coadjointe* de G sur $\mathfrak{g}^*$.

☞ Dans toute la suite nous dirons « forme invariante» en lieu de «forme invariante à gauche».

En dimension finie, la donnée d'un covecteur ω_e (ou vecteur cotangent) en l'élément neutre détermine uniquement une 1-forme invariante prenant la valeur ω_e en e ; ce fait se généralise en partie [10]:

Deux q-formes ω et μ de G auront *même valeur* en $a \in G$ si pour toute paramétrisation différentiable P on a:

$$\omega(P)(r_o) = \mu(P)(r_o) \quad \text{et ce } \forall r_o \ / \ P(r_o) = a \tag{5}$$

On ne perdra pas de généralité en fixant $r_o=0$. La *valeur* de ω en a est, par définition, la classe de ω pour la relation «avoir même valeur en a » , elle est notée $val(\omega)(a)$. Etant donnée une 1-forme ω sur G , il existe une unique 1-forme invariante $\tilde{\omega}$ qui ait même valeur que ω en l'élément neutre; évaluée sur une paramétrisation différentiable P , elle est donnée par:

$$\tilde{\omega}(P)(u) = \omega(r \longmapsto P(u)^{-1}P(u+r))(0) \tag{6}$$

$r \longmapsto P(u)^{-1}P(u+r)$ est une paramétrisation définie au voisinage de l'origine et telle que $P(0) = e$.

Ainsi toute 1-forme définit uniquement un élément de $\mathcal{G}^*$. Si ω est elle-même invariante, l'égalité (6) indique qu'il suffit de connaître sa valeur en l'élément neutre pour la calculer en tout point; mais il faut s'assurer au préalable de l'existence de la forme globale. Cette nécessité est illustrée par les formes simpliciales définies ci-dessous.

Il existe, dans $\mathcal{G}^*$, un sous-espace priviligié (notamment pour les procédures de préquantification), celui des *formes simpliciales* : celles qui coïncident avec une 1-forme exacte en e . Noté $\mathcal{G}^*_S$, ce sous-espace est globalement invariant par l'action coadjointe; il coïncide avec $\mathcal{G}^*$ en dimension finie. C'est sur les orbites de certaines formes simpliciales que l'on pourra généraliser la notion de structure symplectique. Dans l'exemple du groupe $\mathbf{T}_\alpha$, quotient du tore $\mathbf{T}^2$ par un enroulement de pente α irrationnel, groupe auquel s'appliquent toutes les définitions ci-dessus, on a $\mathcal{G}^*_S = 0$ alors que $\mathcal{G}^* \approx \mathbf{R}$ [1].

4 - Et l'action adjointe ?

En dérivant un chemin différentiable $t \longmapsto c(t) \in Diff(M)$ passant par l'identité : $c(0) = 1_M$ on définit un champ de vecteurs ξ_c de M :

$$\xi_c(m) = \frac{\partial}{\partial t} c(t)(m)_{t=0} \tag{7}$$

L'espace $Vect(M)$ des champs de vecteurs C^∞ sur M apparaît donc comme l'aspect infinitésimal de $Diff(M)$ et, de fait, dans le cas où M est compacte, et où les espaces d'applications sont munis de la topologie C^∞, $Diff(M)$ est un groupe de Lie de dimension infinie modelé sur l'espace de Fréchet $Vect(M)$, qui joue donc le rôle d'algèbre de Lie de $Diff(M)$. Il faut toutefois noter que ce n'est pas l'exponentielle des champs de vecteurs qui réalise un homéomorphisme de $Vect(M)$ sur un voisinage ouvert de l'identité dans $Diff(M)$ (pour ces questions on pourra se reporter au cours de Milnor [5]). L'action adjointe est alors l'action naturelle de $Diff(M)$ sur les champs de vecteurs de M . L'espace des moments sera le dual topologique $Vect(M)^*$ (pour la topologie C^∞); si on note $D'(M)$ l'espace des distributions sur M , $Vect(M)^*$ s'identifie au produit tensoriel:

$$Vect(M)^* \approx \Lambda^1(M) \underset{\Lambda^0(M)}{\otimes} D'(M) \tag{8}$$

la dualité est donnée par $<\alpha\otimes T,\xi> = <T,\alpha(\xi)>$.

En fait, on travaille sur deux sous-espaces:

- $Vect(M)^*_F$ défini par les distibutions à support fini

- $Vect(M)^*_R$ défini par les distributions $\varphi \longmapsto <\omega,\varphi>=\int_M \varphi\omega$ associées aux n-formes de M (n=dim$M$).

Les orbites de l'action coadjointe sur ces sous-espaces ont été étudiées et classifiées dans de nombreux cas par Kirillov [4].

Nous allons préciser le lien entre $Vect(M)^*$, nouvel espace des moments, avec $\mathcal{G}^*$ défini précédemment et lui-même candidat à héberger les moments de $Diff(M)$.

Dans toute la suite de ce paragraphe la variété M est supposée compacte.

$Vect(M)$ est une partie de $C^\infty(M,TM)$; on peut donc parler de paramétrisation différentiable (2.1) des champs de vecteurs. Nous notons $Vect(M)^*_D$ l'espace des formes linéaires $\mu:Vect(M) \to \mathbf{R}$ différentiables au sens (2.1). En pratique μ est différentiable si, pour tout champ de vecteurs ξ_r dépendant différentiablement d'un paramètre $r\in \Omega$, alors $r \longmapsto \mu(\xi_r)$ est C^∞. L'action coadjointe de $Diff(M)$ sur $Vect(M)$ se prolonge naturellement à $Vect(M)^*_D$.

Lemme 4.1 *on a l'inclusion*

$$Vect(M)^* \subset Vect(M)^*_D$$

❑

■ Résumé de la preuve:
il s'agit de vérifier que pour tout $\mu =\alpha\otimes T,\ r \longmapsto <\alpha\otimes T, \xi_r> = <T,\alpha(\xi_r)>$ est C^∞ , dès

lors que les composantes de ξ_r sont des fonctions différentiables du paramètre r. Il est clair que $\alpha(\xi_r)$, combinaison linéaire des composantes de ξ_r, est C^∞ en r. La différentiabilité de $r \longmapsto \langle T, \alpha(\xi_r)\rangle$ est alors une conséquence de la propriété de dérivation sous le signe distribution ■

Soient $\omega \in \mathcal{G}^*$ et $\xi \in Vect(M)$; M étant compacte, l'exponentielle $t \longmapsto expt\xi$ définit un chemin différentiable dans $Diff(M)$; ainsi $\omega(t \longmapsto expt\xi)$ est une 1-forme de **R** et sa valeur à l'origine s'identifie avec un réel. Nous poserons :

$$\Phi(\omega)(\xi) = \omega(t \longmapsto expt\xi)(0) \tag{9}$$

on a alors:

Lemme 4.2 *Φ applique linéairement $\mathcal{G}^*$ dans $Vect(M)^*_D$. De plus Φ entrelace les actions coadjointes.* ❑

■ preuve:
pour toute 1-forme ω et pour toute paramétrisation différentiable s'écrivant $(r,s) \longmapsto P(r,s)$ on montre [1] que:

$$\omega(P)(r_o,s_o) = \pi_r{}^*\omega\,(r \longmapsto P(r,s_o))(r_o) + \pi_s{}^*\omega\,(s \longmapsto P(r_o,s))(s_o) \tag{10}$$

où $\pi_r(r,s) = r$ et $\pi_s(r,s) = s$. En particulier :

$$\begin{aligned}\Phi(\omega)(\xi+\mu) &= \omega(t \longmapsto expt(\xi+\mu))(0) = \omega(t \longmapsto exp(t\xi+t\mu))(0)\\ &= \omega(t \longmapsto expt\xi)(0) + \omega(t \longmapsto expt\mu)(0) = \Phi(\omega)(\xi) + \Phi(\omega)(\mu)\end{aligned}$$

$\Phi(\omega)$ est donc linéaire. Pour établir la différentiabilité de $\Phi(\omega)$, il faut que, pour toute déformation différentiable d'un champ de vecteurs $r \longmapsto \xi_r$, $r \in \Omega \subset \mathbf{R}^q$, on ait $r \longmapsto \{\omega(t \longmapsto expt\xi_r)(0)\}$ C^∞. Remarquons qu'alors $(r,t) \longmapsto expt\xi_r$ est une paramétrisation différentiable de $Diff(M)$ (différentiabilité des solutions d'équations différentielles linéaires dépendant d'un paramètre), ainsi $\omega\,[(r,t) \longmapsto expt\xi_r]$ est une 1-forme de $\Omega \times \mathbf{R}$, elle s'écrit:

$$\omega\,[(r,t) \longmapsto expt\xi_r] = \omega_o(r,t)dt + \sum \omega_k(r,t)dr_k$$

expression dans laquelle les $\omega_i(r,t)$ ($i=0...q$) sont C^∞ par rapport au couple (r,t). Notons $j(r_o) : \mathbf{R} \to \Omega \times \mathbf{R}$ l'injection définie par $j(r_o)(t) = (r_o,t)$; on a:

$$\omega(t \longmapsto expt\xi_{r_o}) = \omega\{[(r,t) \longmapsto expt\xi_r]\circ j(r_o)\} = j(r_o)^*\omega\{(r,t) \longmapsto expt\xi_r\}$$

$$= j(r_o)^*\{\omega_o(r,t)dt + \sum \omega_k(r,t)dr_k\} = \omega_o(r_o,t)dt$$

r_o étant arbitraire, on a: $\omega(t \longmapsto expt\xi_r) = \omega_o(r,t)dt$; et finalement: $\omega(t \longmapsto expt\xi_r)(0) =$

$\omega_o(r,0)$ (identification indiquée en (9)) est bien C^∞ en r. La linéarité de Φ est triviale. Notons $a^*(\mu)$ l'action coadjointe d'un difféomorphisme a ($\mu \in Vect(M)^*$); avec les notations 3.2, on peut écrire:

$$\Phi[r(a)\omega](X) = r(a)\omega(t \longmapsto exptX)(0) = \omega(t \longmapsto exptXoa)(0)$$

$$= \omega(t \longmapsto a^{-1}o(exptX)oa)(0) = a^*(\Phi(\omega))(X)$$

d'où l'équivariance de Φ par rapport aux actions coadjointes ■

Soit $r = (r_1,\dots,r_q) \longmapsto P(r) \in Diff(M)$ une paramétrisation différentiable, alors:

$$\frac{\partial}{\partial r_i} P(r)(m)_{r=r_o}$$

est un vecteur au point $P(r_o)(m)$, ainsi:

$$V_{i,P(r_o)}(m) = [T_m P(r_o)]^{-1}\left(\frac{\partial}{\partial r_i} P(r)(m)_{r=r_o}\right)$$

définit un élément $V_{i,P(r_o)} \in Vect(M)$.

Soit μ une forme linéaire différentiable sur $Vect(M)$. Pour tout r_o fixé dans $def(P)$, posons:

$$\Psi(\mu)(P)(r_o) = \sum_i \mu\{V_{i,P(r_o)}\} dr_i \tag{11}$$

Le terme en facteur de dr_i est l'évaluée de μ sur un champ de vecteurs; cette expression définit donc une 1-forme au point r_o. Avec ces notations et celles de 4.2 on a la proposition suivante:

Proposition 4.3 *pour tout* $\mu \in Vect(M)^*_D$, $\Psi(\mu)$ *définit une 1-forme invariante à gauche sur* $Diff(M)$. *De plus, si* $G = Diff(M)$, *alors:*
(i) Ψ *applique linéairement* $Vect(M)^*_D$ *dans* $\mathcal{G}^*$ *et entrelace les actions coadjointes.*
(ii) $\Phi o \Psi = 1_{Vect(M)^*_D}$ ❑

■ preuve:
Pour toute paramétrisation différentiable P, $\Psi(\mu)(P)$ est, par définition, une 1-forme de $def(P)$, différentielle par hypothèse de différentiabilité de μ; il s'agit donc de vérifier la condition de compatibilité (2.2); soient $\lambda \in C^\infty(\Omega', def(P))$, et $r_o = \lambda(s_o)$, on a:

$$\Psi(\mu)(Po\lambda)(s_o)(k_1,\dots,k_m) = \Sigma_j\, \mu\{x \longmapsto T_{P(r_o)(x)}P(\lambda(so))^{-1}[\frac{\partial}{\partial s_j} P(\lambda(s)(x)_{s=s_o}]\}\, k_j$$

$$= \Sigma_j\, \mu\{x \longmapsto T_{P(r_o)(x)}P(\lambda(so))^{-1}[\Sigma_i \frac{\partial}{\partial s_j}\lambda_i(s)_{s=s_o} \frac{\partial}{\partial r_i} P(r)(x)_{r=r_o}]\}\, k_j$$

en utilisant la linéarité de μ , cette expression s'écrit:

$$= \sum_j \sum_i \frac{\partial}{\partial s_j}\lambda_i(s)_{s=s_o}\mu\{ x \longmapsto T_{P(r_o)(x)}P(\lambda(s_o))^{-1}[\frac{\partial}{\partial r_i} P(r)(x)_{r=r_o}]\}\ k_j$$

$$= \sum_i \mu\{ x \longmapsto \frac{\partial}{\partial r_i} P(r)(x)_{r=r_o}\}\ [\sum_j \frac{\partial}{\partial s_j} \lambda_i(s)_{s=s_o} k_j] = \Psi(\mu)(P)(\lambda(s_o))[T_{s_o}\lambda](k_1,\dots,k_m)$$

$$= \lambda^*(\Psi(\mu)(P))(k_1,\dots,k_m)$$

$\Psi(\mu)$ est donc bien une 1-forme de $Diff(M)$; l'invariance à gauche est une conséquence facile de l'égalité:

$$[T_m a o P(r_o)]^{-1}(\frac{\partial}{\partial r_i} a[P(r)](m)_{r=r_o}) = [T_m P(r_o)]^{-1}(\frac{\partial}{\partial r_i} P(r)(m)_{r=r_o})$$

où $a \in Diff(M)$. La vérification de l'équivariance de Ψ sera facilitée par la remarque suivante:

Remarque 4.3.1 $\Psi(\mu)$ est caractérisée par sa valeur à l'origine calculée sur une paramétrisation P de dimension 1 (cf. la fin du §1) et telle que $P(0) = 1_M$; valeur qui s'identifie avec le réel:

$$\Psi(\mu)(P)(0) = \mu\{ m \longmapsto \frac{\partial}{\partial t} P(t)(m)_{t=0} \}$$

Ainsi pour une telle paramétrisation, on a:

$$r(a)[\Psi(\mu)](P)(0) = \Psi(\mu)(Pa)(0) = \Psi(\mu)(a^{-1}Pa)(0) =$$

$$= \mu\Big(m \longmapsto \frac{\partial}{\partial t}\{ [a^{-1}oP(t)](a(m))\}_{t=0}\Big) = (a^*\mu)\{ m \longmapsto \frac{\partial}{\partial t} P(t)(m)_{t=0}\} = \Psi(a^*\mu)(P)(0)$$

$r(a)[\Psi(\mu)]$ et $\Psi(a^*\mu)$ évaluées sur les 1-paramétrisations sont égales en l'élément neutre; l'invariance à gauche permet donc de les identifier. Enfin, on vérifie que Φ est bien inverse à gauche de Ψ:

$$\Phi(\Psi(\mu))(\xi) = \Psi(\mu)(t \longmapsto expt\xi)(0) = \mu[m \longmapsto \frac{\partial}{\partial t} (expt\xi)(m)_{t=0}] = \mu(\xi)$$

La linéarité de Ψ étant élémentaire, ceci termine la preuve de 4.3 ■

Dans le diagramme:

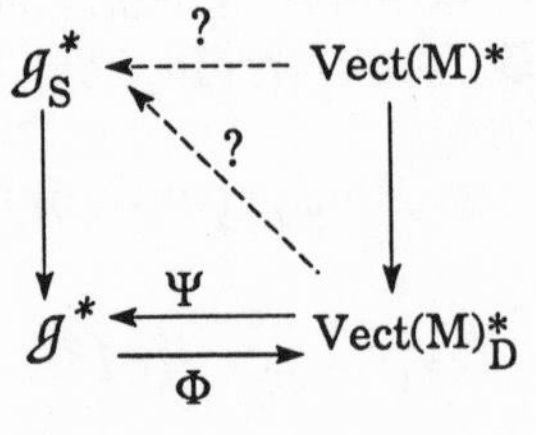

Les flèches verticales sont des inclusions. Ψ définit un plongement linéaire de $Vect(M)^*_D$ (et donc de $Vect(M)^*$) dans $\mathcal{G}^*$, l'espace des 1-formes invariantes sur $G = Diff(M)$. Existe-il un plongement linéaire dans les formes simpliciales $\mathcal{G}^*_S$? Dans le cas $M = S^1$, la réponse est partiellement affirmative. Plus précisément on a la proposition suivante:

Proposition 4.4 *Ψ définit un plongement linéaire du dual topologique $Vect(S^1)^*$ dans les formes simpliciales de $Diff(S^1)$* ❑

■ preuve:

à tout difféomorphisme g du cercle on associe le champ de vecteurs:

$$\xi(g) := z \longmapsto izRe[\frac{g(z)}{iz}]$$

Pour tout $\mu \in Vect(M)^*$ on définit une application différentiable:

$$A_\mu : Diff(S^1) \to \mathbf{R}\text{, en posant: } A_\mu(g) = \mu(\xi(g)) \text{ .}$$

dA_μ détermine une 1-forme invariante caractérisée par sa valeur en l'élément neutre, et donc par son évaluée sur les 1-paramétrisations telles que $P(0) = 1_M$

$$dA_\mu(P)(0) = d(A_\mu \circ P)(0) = d\{\, t \longmapsto \mu[z \longmapsto izRe(\frac{P(t)(z)}{iz})]\,\}(0)$$

après dérivation sous le signe distribution (dérivation permise par la restriction au dual topologique) on a:

$$dA_\mu(P)(0) = \mu\{\, z \longmapsto izRe(\frac{1}{iz}\frac{\partial}{\partial t}P(t)(z)_{t=0})\}dt$$

mais $\frac{\partial}{\partial t}P(t)(z)_{t=0}$ est un vecteur au point z donc de la forme $izp(z)$ et ainsi:

$$dA_\mu(P)(0) = \mu\{\, z \longmapsto izRe(\frac{1}{iz}\frac{\partial}{\partial t}P(t)(z)_{t=0})\} = \mu\{\, z \longmapsto \frac{\partial}{\partial t}P(t)(z)_{t=0})\} = \Psi(\mu)(P)(0)$$

$\Psi(\mu)(P)$ est donc bien une forme simpliciale. ■

5 - Un schéma général de Préquantification

Soient G un groupe de difféomorphismes, connexe par isotopie différentiable et ω une 1-forme invariante et simpliciale; notons S son stabilisateur (généralement appelé «groupe d'isotropie») pour l'action coadjointe. L'inclusion $i: S \to G$ est différentiable au sens 2.1 (élémentaire). La *restriction* de ω à S est, par définition, $i^*\omega$. On a dans ces conditions:

Proposition 5.1 (Souriau [10])

1) $i^*\omega$ *est invariante bilatère et fermée*

2) $d\omega$ *est l'image réciproque par* $\pi: G \to G/S$ *d'une 2-forme fermée* σ, *invariante par l'action naturelle de* G *sur son quotient .* ❑

G/S (=espace des classes à gauche gS) s'identifie à l'orbite de ω sous l'action coadjointe. Toute orbite coadjointe est donc pourvue d'une 2-forme fermée et G-invariante; en l'absence d'un candidat espace tangent, la question de la régularité de σ reste en suspens. Un élément de réponse est proposé dans les paragraphes suivants.

Exemple: soient $G = Diff(M)$, $\alpha \in C^\infty(M, \mathbf{R})$ et m_o tel que $d\alpha(m_o) \neq 0$. $A: G \to \mathbf{R}$, définie par $A(g) = \alpha(g(m_o))$ est une application différentiable, donc la valeur de dA en l'identité détermine une unique 1-forme simpliciale dont l'orbite coadjointe s'identifie à la variété symplectique $TM\text{-}M$ (le fibré tangent de M privé de sa section nulle).

Notons S_o la composante neutre du stabilisateur S . La restriction ω_{S_o} est fermée (5.1), son relevé $\hat{\omega}_{S_o}$ au revêtement universel $\hat{S}_o$ est donc exacte. Signalons que le revêtement simplement connexe d'un groupe connexe de difféomorphismes est défini, comme pour les groupes de Lie, par les classes d'homotopie des 1-paramétrisations différentiables $\gamma: \mathbf{R} \to G$ telles que $\gamma(0) = 1_M$, et ce, sans se préoccuper de topologie. Ces questions trouvent une bonne formulation dans la catégorie difféologique déjà citée. Le souci d'alléger cet exposé me contraint à renvoyer le lecteur intéressé aux références [1] et [9].

L'invariance bilatère de ω_{S_o} implique que les potentiels du relevé de ω_{S_o} soient nécessairement affines; il en existe donc un qui soit un morphisme de groupes. On le note $f: \hat{S}_o \to \mathbf{R}$. Dans la projection $\pi: \hat{S}_o \to S_o$, la fibre au-dessus de l'identité est un sous-groupe de $\hat{S}_o$ (et un modèle du groupe fondamental de S_o). Son image par f est donc soit dense dans la droite réelle, soit discrète. La 1-forme ω est dite *entière* si $f(\pi^{-1}(1_M)) \subset 2\pi\mathbf{Z}$ La valeur du potentiel, en un point $\hat{s} \in \hat{S}_o$, est donné par l'intégrale:

$$f(\hat{s}) = \int_\gamma \hat{\omega}_{S_o} := \int_0^1 \gamma^* \hat{\omega}_{S_o} = \int_0^1 \gamma^* \pi^* \omega_{S_o} = \int_0^1 (\pi \circ \gamma)^* \omega_{S_o}$$

où γ est un chemin différentiable tel que $\gamma(1) = \hat{s}$ et $\gamma(0) =$ l'élément neutre de $\hat{S}_o$ [10]. Si $\hat{s} \in \pi^{-1}(1_M))$, la projection $\pi \circ \gamma$ est un lacet passant par 1_M . La condition d'intégralité de ω s'écrit donc , pour tout lacet différentiable λ de S_o passant par l'élément neutre:

$$\int_\lambda \omega := \int_0^1 \lambda^* \omega \in 2\pi\mathbf{Z} \tag{12}$$

On a dans ce cas le diagramme suivant:

$$\begin{array}{ccc} \hat{S}_o & \xrightarrow{f} & \mathbf{R} \\ \downarrow & & \downarrow \\ S_o & \xrightarrow{\chi} & \mathbf{T} \end{array}$$

T représentant le Tore. L'inclusion $\pi^{-1}(1_M) \subset ker(f)$ implique l'existence d'un caractère $\chi : S_o \to \mathbf{T}$ qui complète le diagramme. On dira qu'une 1-forme simpliciale ω est *quantique* (Souriau [10]) si:

- ω est entière,
- la restriction de ω à son stabilisateur S n'est pas nulle,
- le caractère $\chi : S_o \to \mathbf{T}$ admet un prolongement à S tout entier.

Cette dernière condition étant équivalente à la nullité d'une certaine classe de cohomologie discrète du groupe S/S_o.

Si tel est le cas on note Σ le noyau du prolongement de χ dans S. $G/\Sigma \to G/S$ est un fibré principal de fibre-type $S/\Sigma \approx \mathbf{T}$. On a la proposition:

Proposition 5.2 (Souriau [10]) *La forme ω passe au quotient G/Σ en une 1-forme ω_0 invariante par l'action naturelle de G sur son quotient. De plus $d\omega_0$ est l'image réciproque de σ par la projection $G/\Sigma \to G/S$. Il existe une application $\psi: G/\Sigma \to \mathfrak{g}_S^*$ vérifiant :*

(i) $\psi(a\Sigma) = [g \longmapsto ga\Sigma]^* \omega_0 = r(a)\omega$

(ii) $\psi(a\Sigma) = \psi(b\Sigma) \Rightarrow aS = bS$

ψ passe à G/S en une application injective appelée application moment *(notée ψ par abus).*

On a le schéma de *préquantification* :

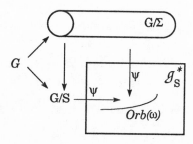

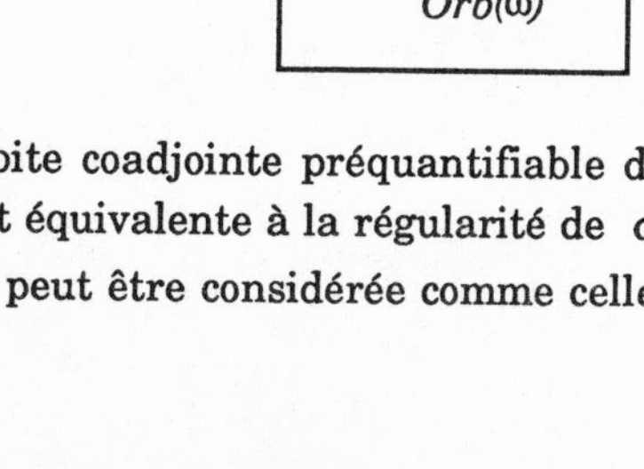

☞ Dans le cas d'une orbite coadjointe préquantifiable d'un groupe de dimension finie l'injectivité du moment est équivalente à la régularité de σ, aussi, dans le cas général, la survivance de l'injectivité peut être considérée comme celle de la régularité de la 2-forme fermée.

Moralité: la structure symplectique des orbites coadjointes des groupes de Lie de dimension finie trouve une généralisation aux orbites préquantifiables des groupes de difféomorphismes.

Toute préquantification de variété peut être obtenue à partir du schéma précédent:

soit (X,σ) une variété symplectique connexe; si la classe de cohomologie entière de σ est nulle, X est la base d'un fibré principal en cercle $\pi:\Xi\to X$, Ξ est muni d'une 1-forme de connexion et de contact ω_0 telle que $d\omega = \pi^*\sigma$. Notons $G = Quant(\Xi)_0$ la composante neutre du groupe de tous les isomorphismes du fibré préservant ω_0 , appelés *quantomorphismes* . En fixant arbitrairement $x_0 = \pi(\xi_0)$, l'égalité $\omega = [q \longmapsto q(\xi_0)]^*\omega_0$, où q désigne un point courant de G , définit une 1-forme de G . Il se trouve que:

- ω est simpliciale et X s'identifie à G/S , l'orbite coadjointe de ω
- ω est quantique au sens ci-dessus.

Une variété symplectique sur laquelle agit transivement et symplectiquement un groupe de Lie G , n'est pas à priori une orbite coadjointe de G . Si l'action admet une application moment alors la variété s'identifie à une orbite d'une action affine de G sur son algèbre de Lie, c.à.d. de l'action coadjointe corrigée par un cocycle d'algèbre de Lie [8]. Si la variété est préquantifiable, et toujours en présence d'une application moment, l'action du groupe se relève en une action de quantomorphismes [11]. On peut conjecturer que ce résultat subsiste pour les orbites coadjointes préquantifiables de groupes de difféomorphismes. L'indice en est donné par la remarque ci-dessous faisant apparaître un cheminement réciproque: les orbites coadjointes préquantifiables d'un groupe G de difféomorphismes apparaissent comme des orbites affines d'un groupe de difféomorphismes symplectiques dont G est une extension centrale par le Tore. Ce qui suit peut être formulé et prouvé dans la catégorie difféologique; nous nous plaçons néanmoins dans le cas des variétés.

Soient $\pi:\Xi\to X$ une préquantification d'une variété symplectique et $G = Quant(\Xi)_0$ (notations ci-dessus). Le tore agit verticalement sur Ξ par quantomorphismes, et ceux-là sont les seuls qui se projettent sur l'identité de X . De plus $\mathbf{T}$ est égal au centre de G et se trouve donc dans tout les stabilisateurs de l'action coadjointe.

Le groupe de toutes les projections des éléments de Γ s'identifie donc à $H = G/T$. On a le diagramme:

$$\begin{array}{ccc} G & \longrightarrow & G/\Sigma \approx \Xi \\ \downarrow & & \downarrow \qquad \downarrow \\ H=G/T & & G/S \approx X \end{array}$$

H agit symplectiquement et transitivement sur X. On peut montrer que, pour tout $g \in \Gamma$, $r(g)\omega - \omega$ passe au quotient H en une 1-forme qui ne dépend que de la classe $h=g\boldsymbol{T}$, ceci détermine une 1-forme invariante $\theta(h) \in \mathfrak{h}^*$. θ vérifie la condition de cocycle d'algèbre:

$$\theta(hh') = r(h)\theta(h') + \theta(h)$$

d'où une action affine de H sur $\mathfrak{g}^*$ définie par

$$\underline{h}(\eta) = r(g)\eta + \theta(h) \qquad (h = g\boldsymbol{T})$$

l'orbite de ω, pour cette action s'identifie à X. Malheureusement l'exposé des techniques permettant la preuve de ces affirmations alourdirait par trop ce texte.

6 - Extensions centrales

Sur le produit direct $G \times A$ d'un groupe G par un groupe abélien A, on écrit une loi modifiée:

$$(g,a)(g',a') = (gg',aa'B(g,g')) \tag{13}$$

cette égalité définit une loi de groupe si et seulement si $B{:}G \times G \to A$ vérifie la condition de cocycle de groupe:

$$B(gh,k)B(g,h) = B(g,hk)B(h,k) \tag{14}$$

Toutes les extensions centrales de G par A s'obtiennent algébriquement de la sorte. Par extension centrale on entend une suite exacte: $0 \to A \to \Gamma \to G \to 0$ où A se plonge dans le centre de Γ. Par abus on désignera par e l'élément neutre de G aussi bien que celui de A. On peut alors vérifier que, pour tout $g \in G$:

$$B(g,e) = B(e,g) = B(e,e) \tag{15}$$

$$B(g,g^{-1}) = B(g^{-1},g) \tag{16}$$

On peut , en restant dans une même classe d'extension, choisir $B(e,e) = e$. Dans ce cas (e,e) est élément neutre et

$$(g,a)^{-1} = (g^{-1},a^{-1}B(g^{-1},g)^{-1}) \tag{17}$$

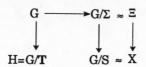

Dans la catégorie des groupes de Lie, on atteint avec les cocycles différentiables toutes les extensions qui sont topologiquement des produits directs [11]. Ces extensions apparaissent en physique et dans les questions de quantification [7] [11]. Sans vouloir discuter des classes d'extensions centrales des groupes de difféomorphismes, contentons nous de remarquer que si G et A sont des groupes de difféomorphismes, la donnée d'un cocycle B différentiable définit une extension centrale:

$$0 \to A \to G\underline{\times}A \to G \to 0$$

où $G\underline{\times}A$ est muni de la loi définie en (14) et où les flèches sont des morphismes différentiables. En dimension finie l'algèbre de Lie du produit semi-direct $G\underline{\times}A$ est isomorphe à la somme directe des algèbres de Lie des composantes. Nous allons montrer que ce fait reste (heureusement!) vrai, dans le formalisme covariant, pour le produit semi-direct d'un groupe de difféomorphismes par un groupe de dimension un. Nous choisirons le tore pour conserver l'analogie avec le §5; le raisonnement est facilement adaptable aux extensions par **R**.

Soit donc $\Gamma = G\underline{\times}\mathbf{T}$ un tel produit d'un groupe de difféomorphismes par le tore. On définit sur Γ la loi modifiée: $(g,z)(g',z') = (gg',zz'B(g,g'))$ avec $B(e,e)=1$. Nous rappelons que les paramétrisations différentiables de $G\underline{\times}\mathbf{T}$ sont les paramétrisations $r \longmapsto (\gamma(r),\zeta(r))$ où γ et ζ sont des paramétrisations différentiables respectivement de G et du tore.

Dans le diagramme:

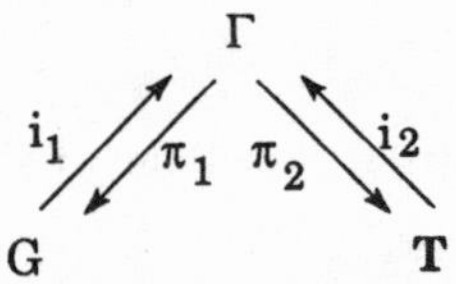

π_1 et π_2 sont les projections naturelles. i_1 et i_2 sont les injections définies par $i_1(g) = (g,1)$ et $i_2(z) = (e,z)$. Toutes les flèches sont différentiables mais seules π_1 et i_2 sont des morphismes de groupes.

Notons $\omega_T = d\theta = \dfrac{dz}{iz}$ la 1-forme canonique du Tore. Fixons ω, une 1-forme invariante de Γ . Notons ω_G la 1-forme invariante de G ayant même valeur en l'élément neutre que $i_1{}^*\omega$. Si ω est simpliciale ω_G le sera aussi, du fait que i_1 applique l'origine de G sur celle de Γ . i_2 est un morphisme ainsi $i_2{}^*\omega$ est invariante donc proportionnelle à ω_T :

$$i_2{}^*\omega = c\,\omega_T \quad , \; c \text{ réel} \tag{18}$$

Le coefficient c est appelé *charge centrale* de ω.

$i_1{}^*\omega$ et ω_G diffèrent d'une 1-forme qui s'annule à l'origine, en fait cette 1-forme ne dépend que de la charge centrale et du cocycle de groupe. On a la proposition:

Proposition 6.1 *Il existe sur* G *une 1-forme* β *telle que pour toute* ω *1-forme invariante de* Γ *on ait:*

♣ $i_1{}^*\omega - \omega_G = c\beta$, c *étant la charge centrale de* ω

♦ $\omega = \pi_1{}^*[\ \omega_G + c\beta] + c\ \pi_2{}^*\omega_T$

♥ $\omega_G \in \mathfrak{g}^*$ *et* c *réel étant donnés, l'égalité (2) définit une unique 1-forme invariante de* Γ.

♠ *l'évaluée de* β *sur une paramétrisation* γ *est donnée par :*
$\beta(\gamma)(u) = \omega_T\ \{r \longmapsto B(\gamma(u)^{-1}, \gamma(u+r))\}\ (0)$

❑

■ preuve:

appliquons la relation (10) de «dérivées partielles» à une paramétrisation $r \longmapsto (\gamma(r), \zeta(t))$ de Γ telle que $(\gamma(0), \zeta(0)) = (e,1)$:

$$\omega(\gamma,\zeta)(0) = \omega(r \longmapsto (\gamma(r),1))(0) + \omega(r \longmapsto (e,\zeta(r))(0) = \omega_G(\gamma)(0) + c\,\omega_T(\zeta)(0) \tag{19}$$

ceci en tenant compte de ce que $i_1{}^*\omega$ et ω_G ont même valeur à l'origine de G. En appliquant la relation (6) on trouve que pour une paramétrisation $r \longmapsto (\gamma(r), \zeta(r))$ quelconque on a:

$$\omega(\gamma,\zeta)(u) = \omega[\ r \longmapsto (\gamma(u),\zeta(u))^{-1}(\gamma(r+u),\zeta(r+u))](0) =$$

$$\omega[\ r \longmapsto (\gamma(u)^{-1},\ \overline{\zeta(u)}\ \overline{B(\gamma(u)^{-1},\gamma(u))})(\gamma(r+u),\zeta(r+u))](0)$$

la barre indique la conjugaison complexe. En développant cette expression suivant la loi (13), puis en simplifiant grâce aux relations de 2-cocycles, à l'invariance à gauche de ω_T et à la relation (19) on aboutit à:

$$\omega(\gamma,\zeta)(u) = \omega_G(\gamma)(u) + c\ \omega_T(r \longmapsto B(\gamma(u)^{-1},\gamma(u+r))(0) + \ c\ \omega_T(\zeta)(u) \tag{20}$$

cette égalité montre que, par différence, $\gamma \longmapsto \{u \longmapsto \omega_T(r \longmapsto B(\gamma(u)^{-1},\gamma(u+r))(0)\ \}$ définit une 1-forme $\tilde{\beta}$ de Γ , qui est trivialement un invariant intégral de π_1 , il existe donc une 1-forme β de G telle que $\tilde{\beta} = \pi_1{}^*\beta$; ce qui permet d'écrire (20) sans recours aux paramétrisations:

$$\omega = \pi_1{}^*[\ \omega_G + c\beta] + c\ \pi_2{}^*\omega_T \tag{21}$$

d'où:

$$i_1{}^*\omega = i_1{}^*\pi_1{}^*[\ \omega_G + c\beta] + c\ i_1{}^*\pi_2{}^*\omega_T\ =\ \omega_G + c\beta$$

ce qui établit 6.1 ♠,♣ et ♦ .

ω_G 1-forme invariante sur G et c réel étant donnés, l'expression $\omega = \pi_1{}^*[\, \omega_G + c\beta] + c\pi_2{}^*\omega_T$ définit une 1-forme de Γ ; il faut en vérifier l'invariance à gauche pour établir 6.1♥; fixons (a,z_o) dans Γ:

$$L^*_{(a,z_o)}\omega\,(\gamma,\zeta)(u) = \omega(r\longmapsto(a,z_o)\,(\gamma(r),\zeta(r))(u) = \omega[r\longmapsto(a\gamma(r),z_o\zeta(r)B(a,\gamma(r))](u) =$$

$$= \omega_G(r\longmapsto a\gamma(r))(u) + c\omega_T\,[r\longmapsto\zeta(r)B(a,\gamma(r)](u) + c\omega_T\,[r\longmapsto B(\gamma(u)^{-1}a^{-1},a\gamma(r+u))](0) =$$

$$= L^*{}_a\omega_G(\gamma)(u) + c\omega_T\,[r\longmapsto\zeta(r)B(a,\gamma(r)](u) + c\omega_T\,[r\longmapsto B(\gamma(u)^{-1}a^{-1},a\gamma(r+u))](0) =$$

en utilisant l'invariance de ω_G , celle de ω_T , l'égalité des cocycles et (6), cette expression est égale à:

$$= \omega_G(\gamma)(u) + c\omega_T\,[r\longmapsto\ \overline{\zeta(u)}\ \overline{B(a,\gamma(u))}\zeta(r+u)B(a,\gamma(r+u))](0) +$$
$$c\omega_T\,[r\longmapsto\ \overline{B(a,\gamma(r+u))}B(\gamma(u)^{-1},\gamma(r+u))B(\gamma(u)^{-1},a)](0) =$$

cette dernière expression, passée au travers d'une moulinette utilisant les invariances ainsi que (6) (10) et (14), en ressort égale à:

$$= \omega_G(\gamma)(u) + c\omega_T\,(\zeta)(u) + c\omega_T\,[r\longmapsto B(\gamma(u)^{-1},\gamma(r+u))](0) =$$

$$= \omega_G(\gamma)(u) + c\beta(\gamma)(u) + c\omega_T\,(\zeta)(u) = \omega(\gamma,\zeta)(u)$$

donc $L^*_{(a,z_o)}\omega\,(\gamma,\zeta)(u) = \omega(\gamma,\zeta)(u)$ ce qui termine la preuve de 6.1 ■

Remarque 6.2 i_1 n'est pas un morphisme mais néamoins applique l'élément neutre de G sur celui de Γ ; il en résulte que ω_G est simpliciale si ω l'est.

Il y a donc isomorphisme entre les 1-formes invariantes de Γ et la somme directe $\mathfrak{g}^*\oplus\mathbf{R}$. Nous noterons cette identification en colonne:

$$\omega = \begin{pmatrix}\omega_G \\ c\end{pmatrix} \tag{22}$$

L'action coadjointe par un élément (a,z_o) est égale à:

$$R^*_{(a,z_o)}\omega = R^*_{(a,z_o)}\pi_1{}^*[\,\omega_G + c\beta] + c\ R^*_{(a,z_o)}\pi_2{}^*\omega_T$$

sa deuxième composante est donc fournie par:

$$i_2{}^*R^*_{(a,z_o)}\omega = (\pi_1R_{(a,z_o)}i_2)^*[\,\omega_G + c\beta] + c\ (\pi_2R_{(a,z_o)}i_2)^*\omega_T$$

mais $\pi_1R_{(a,z_o)}i_2 = [z\longmapsto e\ ] = constante$ et $\pi_2R_{(a,z_o)}i_2 = R_{z_o}$ donc le premier terme de cette somme est nul et l'invariance de ω_T implique que $i_2{}^* R^*_{(a,z_o)}\omega = c\ \omega_T$. La charge centrale n'est donc pas modifiée par l'action coadjointe. La première composante de $R^*_{(a,z_o)}\omega$ est donnée par:

$$i_1{}^* R^*_{(a,z_o)}\omega - c\beta = (\pi_1 R_{(a,z_o)} i_1)^*[\ \omega_G + c\beta] + c\ (\pi_2 R_{(a,z_o)} i_1)^* \omega_T \ - c\beta$$

mais $\pi_1 R_{(a,z_o)} i_1 = R_a$ et $\pi_2 R_{(a,z_o)} i_1 = [z \longmapsto a] = constante$ d'où:

$$i_1{}^* R^*_{(a,z_o)}\omega - c\beta = R_a{}^*\omega_G + c(R_a{}^*\beta - \beta)$$

finalement

$$R^*_{(a,z_o)}\omega = \begin{pmatrix} R_a{}^*\omega_G + c(R_a{}^*\beta - \beta) \\ c \end{pmatrix} \qquad (23)$$

cette égalité indique que l'orbite coadjointe de ω s'identifie avec l'orbite affine de ω_G pour l'action de G définie par

$$R_a{}^*\omega_G + c(R_a{}^*\beta - \beta)\ . \qquad (24)$$

Sachant que $d\omega_T = 0$, la dérivée extérieure de $\omega = \pi_1{}^*[\ \omega_G + c\beta] + c\ \pi_2{}^*\omega_T$ vaut

$$d\omega = \pi_1{}^*[\ d\omega_G + cd\beta]$$

Notons S le stabilisateur de ω pour l'action coadjointe de Γ. La projection $\pi_1(S)$ est donc égale au stabilisateur de ω_G pour l'action affine (24). $\pi_1{}^*$ est un morphisme injectif de l'espace des moments de Γ sur celui de G [1]; ainsi la condition $d\omega_S = 0$ est équivalente à $[d\omega_G + cd\beta]_{\pi_1(S)} = 0$. La condition d'intégralité (12) des formes quantiques s'écrira dans ce cas:

$$\int_\lambda \{\omega_G + c\ \beta\} \in 2\pi\mathbf{Z} \qquad (24)$$

et ce, pour tout lacet λ dans $\pi_1(S)$ passant par l'origine.

Dans ce contexte, les énoncés 4.2, 4.3 et 4.4 doivent être aménagés. Si M est compacte, $Vect(M)\times\mathbf{R}$ est l'algèbre de Lie de $Diff(M)\underline{\times}T$; le crochet de Lie étant défini par: $[(X,x),(Y,y)] = ([X,Y]\ ,\ \mathcal{B}(X,Y))$ où $\mathcal{B}(X,Y) = D^2B(X,Y) - D^2B(Y,X)$ est le cocycle d'extension d'algèbre associé au cocycle de groupe B (cf [6] ou [7]).

L'application définie en (9) est modifiée en:

$$\Phi \begin{pmatrix} \omega \\ c \end{pmatrix}(X,x) = \omega(t \longmapsto exptX)(0) + cx$$

Soient $(\mu,\varepsilon) \in Vect(M)^*\times\mathbf{R}$, et (ξ,θ) une paramétrisation différentiable de $Diff(M)\underline{\times}T$, avec les notations de (11) on pose:

$$\Psi(\mu,\varepsilon)(\xi,\theta)(r) = \sum_k \mu\{ V_{k,\xi(r)}\} \, dr_k + \varepsilon\beta(\xi)(r) + \varepsilon\, \omega_T(\theta)(r)$$

grâce aux propositions 4.3 et 6.1 , cette expression définit une 1-forme invariante de $Diff(M)\underline{\times}T$; on peut alors vérifier l'équivariance de Ψ et de Φ pour les actions coadjointes et généraliser les énoncés 4.3, 4.4 et 4.5.

7 - Exemple d'une orbite coadjointe du groupe de Virasoro

On appelle *groupe de Virasoro* une extension centrale par **R** de $G = Diff(S^1)_0$, composante neutre des difféomorphismes du cercle; extension définie par le *cocycle de Bott* :

$$B(f,g) = \int_0^{2\pi} \mathrm{Log}\,(f\circ g)'\, d[\,\mathrm{Log}(g')]$$

dans cette écriture les difféomorphismes de S^1 sont représentés par des difféomorphimes de **R** tels que $f(x+2\pi) = f(x)+2\pi$; autrement dit, la loi de produit semi-direct sur $G\times \mathbf{R}$ s'écrit $(\varphi,x)(\psi,y) = (\varphi\circ\psi, x+y+B(f,g))$, où $\varphi(e^{ix}) = e^{if(x)}$ et $\psi(e^{ix}) = e^{ig(x)}$. En un certain sens, cette extension ainsi définie est universelle (c'est un objet initial dans la catégorie des extensions centrales de G). Ce groupe intervient en Physique, notamment dans la théorie des cordes.

Les orbites coadjointes de Virasoro pour les moments $(p\,,\,c)$ où $p\in Vect(S^1)^*_R$ (moments réguliers) sont toutes de codimension finie (un ou deux); entre autres stabilisateurs on trouve le tore $SO(2)$ et les revêtements de $PSL(2,\mathbf{R})$ ([4] et [12]); s'agissant là de groupes connexes, la condition de préquantification des orbites se réduit donc à celle de l'intégralité de la 1-forme, en l'occurence à la condition (24). Pour $SO(2)$ le calcul de la restriction de β est facile et donne zéro: la charge centrale n'intervient pas dans la condition de préquantification. Il n'en sera pas de même pour $PSL(2,\mathbf{R})$.

Les matrices $A = \begin{pmatrix} x & y \\ z & t \end{pmatrix} \in SL(2,\mathbf{R})$ $(xt-yz = 1)$ définissent des difféomorphismes du tore de la forme:

$$e^{i\theta} \longmapsto e^{if(\theta)} \quad où \quad f(\theta) = 2\ \mathrm{Arctg}\Big(\frac{z\cos(\theta/2) + t\sin(\theta/2)}{x\cos(\theta/2) + y\sin(\theta/2)} \Big)$$

Le même f correspond à A et $-A$, c'est donc bien $PSL(2,\mathbf{R})$ qui se réalise comme sous-groupe de $Diff(S^1)$. Le cocycle de Bott $B(f,g)$ calculé pour f et g correspondant respectivement à $\begin{pmatrix} x & y \\ z & t \end{pmatrix}$ et $\begin{pmatrix} x' & y' \\ z' & t' \end{pmatrix}$ vaut:

$$B\left\{\begin{pmatrix} x & y \\ z & t \end{pmatrix}, \begin{pmatrix} x' & y' \\ z' & t' \end{pmatrix}\right\} = \frac{1}{2}\int_0^{2\pi} \mathrm{Log}\{(X\cos\theta/2 + Y\sin\theta/2)^2 + (Z\cos\theta/2 + T\sin\theta/2)^2\} \times \frac{(y'^2 - x'^2 - z'^2 + t'^2)\sin\theta + (x'y' + z't')\cos\theta}{(x'\cos\theta/2 + y'\sin\theta/2)^2 + (z'\cos\theta/2 + t'\sin\theta/2)^2}\, d\theta$$

expression dans laquelle X,Y,Z,T sont les coefficients de la matrice produit. Le calcul de la restriction à $PSL(2,\mathbf{R})$ de la 1-forme β définie en 6.1♠ aboutit à:

$$\beta\left(\begin{pmatrix} x & y \\ z & t \end{pmatrix}\right) = \left\{\int_{-\infty}^{+\infty}(t-uz)k(x,y,z,t,u)du\right\}dx + \left\{\int_{-\infty}^{+\infty}u(t-uz)k(x,y,z,t,u)du\right\}dy +$$

$$-\left\{\int_{-\infty}^{+\infty}(y+uz)k(x,y,z,t,u)du\right\}dz + \left\{\int_{-\infty}^{+\infty}u(x-yu)k(x,y,z,t,u)du\right\}dt$$

avec

$$k(x,y,z,t,u) = \frac{(y^2 - x^2 - z^2 + t^2)u + (xy + zt)(1-u^2)}{(1+u^2)^2[(x+yu)^2 + (z+tu)^2]}$$

Le lecteur pourra vérifier (le temps de calcul reste dans des limites raisonnables) que, restreinte à $PSL(2,\mathbf{R})$, $d\beta \neq 0$; donc que β n'est pas exacte sur $PSL(2,\mathbf{R})$; ainsi dans la condition (24) la contribution de la charge centrale n'est pas à priori nulle.

Nous disposons là d'un algorithme qui devrait permettre de déterminer quelles sont les orbites préquantifiables du groupe de Virasoro, et ce, en prélude à leur quantification

Bibliographie

[1] Donato P. & Iglesias P.- *Cohomologie des formes dans les espaces difféologiques* - prepublication du Centre de Physique Théorique de Marseille, (1987)

[2] Donato P. & Iglesias P.- *Exemple de groupes difféologiques: Flots irrationnels sur le tore* - C.R. Acad.Sc. Paris, t. 301, Série I, n°4, 1985

[3] Chen Kuo Tsai -*Iterated Path Integrals* - Bull. of Am. Math. Soc. Vol 83 num 5 p 831-899 (1977)

[4] Kirillov A. - *Infinite dimensional Lie groups: their orbits invariants and representations. The geometry of moments* - In Twistor Geometry and non linear systems. Lect. Notes in Math. 970 p 101-123. Springer

[5] Milnor J.W. - *Remarks on infinite dimensional Lie groups* - in Relativity, Groups and Topology II, Les Houches Session XL, 1983, edités par B.S. de Witt & R. Stora. North-Holland, Amsterdam, (1984) .

[6] Pressley A. & Segal G. - *Loop Groups* - Oxford Math. Monographs. Clarendon Press. Oxford (1986).

[7] Segal G. -*Unitary Representations of some Infinite Dimensional Groups* - Commun. Math. Phys. 80, 301-342 (1981)

[8] Souriau J.-M. - *Structures des systèmes dynamiques* - Dunod, Paris (1970) .

[9] Souriau J.-M. - *Groupes différentiels* - Lect. Notes in Math. 836 p.81,Springer (1981)

[10] Souriau J.-M.- *Un algorithme générateur de structures quantiques* - Actes du colloque Henri Cartan Lyon, (1984)

[11] Tuynmann G.& Wiegerinck - *Central extensions in Physics* - J. Geom. and Physics 4 pp 207-258 (1987)

[12] Witten E. -*Coadjoint Orbits of the Virasoro Group* - Commun. Math. Phys. 114,1-153 (1988).

INTEGRALES DE PERIODES

en GEOMETRIES SYMPLECTIQUE et ISOCHORE

Jean-Pierre FRANCOISE
Université Paris XI
Mathématiques, Bâtiment 425
F - 91405 ORSAY cedex

Nous considérons un système hamiltonien complètement intégrable comme la donnée $F = (F_1,\dots,F_m)$ de m fonctions définies sur une variété symplectique (V^{2m},ω), de dimension $2m$, qui sont génériquement indépendantes et en involution pour le crochet de Poisson associé à la forme symplectique ω. Nous supposons que les fibres lisses de l'application

$$F = (F_1,\dots,F_m) : V^{2m} \longrightarrow \mathbb{R}^m$$

sont compactes.

On sait qu'il existe au voisinage de chaque fibre lisse de F un système de coordonnées action-angles.

Dans l'étude des systèmes hamiltoniens complètement intégrables, on considère le cas où il existe différentes structures symplectiques pour lesquelles la collection des fonctions F est en involution. Prenons avec la forme ω une autre structure symplectique qui a cette propriété. Le système intégrable F possède alors un autre système d'action-angles relatif à ω'.

La première question que l'on aborde ici est celle de savoir si la donnée des actions permet de reconstituer la forme symplectique à isotopie près. Dans cette direction, on démontre le théorème suivant.

Soit c_0 *une valeur non critique de* F *. Soient* ω *et* ω' *deux formes symplectiques égales sur* $F^{-1}(c_0)$ *telles que les fibres de* F *sont des lagrangiennes de* ω *et* ω' *. Les actions, centrées en* c_0 *de* F *relativement à* ω *et* ω' *respectivement sont les mêmes si et seulement si il existe une isotopie qui conserve* F *et conjugue* ω *à* ω'*.*

Nous voyons ce résultat comme une version symplectique des énoncés obtenus pour les couples formes volumes et fonctions dans une série de travaux précédents initiés par le lemme de Morse isochore de J. Vey (**[6]**,**[12]**,**[13]**,**[31]**,**[34]**).

V. Guillemin a indépendamment considéré la classification des formes volumes différentiables sous l'action du groupe des difféomorphismes qui conservent une fonction et a montré l'intérêt de ces questions pour la théorie spectrale (cf.**[19]**).

Il existe deux versions du problème de la réduction simultanée de m fonctions en involution et d'une forme symplectique.

L'une locale au voisinage d'une fibre lisse est nouvelle et donnée par notre théorème. Une autre version, locale au voisinage d'une fibre singulière générique, est donnée par le théorème des action-angles à singularités montré par J. Vey en 1976 (**[33]**). Par souci d'exhaustivité, nous donnons une démonstration du théorème de Vey qui suit de près celle du théorème des action-angles. Signalons que H.Eliasson a donné dans sa thèse (**[10]**) une version différentiable du théorème des action-angles à singularités.

On aborde ensuite la question de l'étude globale des intégrales de périodes en géométrie symplectique.

Dans le cas symplectique, et c'est l'avantage par rapport au cas isochore, on dispose de nombreux exemples empruntés à la mécanique classique, aux équations de l'hydrodynamique (K.d.V. et K.P.), dans lesquels on obtient des informations globales sur les intégrales de périodes.

En particulier, pour les systèmes algébriquement complètement intégrables introduits par M. Adler et P. van Moerbeke, on peut utiliser la géométrie des surfaces de Riemann pour calculer plus explicitement les intégrales de périodes.

On propose une *étude systématique des actions des systèmes algébriquement complètement intégrables* en donnant une méthode *générale de calcul des actions* .

Trois situations distinctes apparaissent suivant que le genre de la courbe associée est supérieur, égal ou inférieur au nombre de degrés de libertés.

Nous avons trouvé la terminologie "intégrales de périodes" commode pour présenter de façon unifiée nos résultats en géométries isochore et symplectique. Cette terminologie rejoint celle d'application des périodes utilisée par les géomètres algébristes (**[16]**, **[17]**, **[18]**).

La notion abstraite sous-jacente est celle de variation de structure de Hodge d'un système intégrable.

A ce point, nous en arrivons à dégager la notion de donnée symplectique algébriquement intégrable comme la donnée abstraite d'un morphisme de variétés algébriques $f : X \longrightarrow S$, propre, lisse et connexe, qui est la complexification d'un morphisme réel (propre, lisse et connexe) $F_{\mathbb{R}} : X_{\mathbb{R}} \longrightarrow S_{\mathbb{R}}$ tel que la variété $X_{\mathbb{R}}$ est symplectique et tel que les fibres $F_{\mathbb{R}}{}^{-1}(s)$, $s \in S_{\mathbb{R}}$, sont des lagrangiennes de $X_{\mathbb{R}}$.

On suppose de plus qu'il existe un plongement projectif $X \longrightarrow P_N$ tel que les flots des champs hamiltoniens associés à F se prolongent holomorphiquement au diviseur à l'infini.

Un lemme facile nous permet de retrouver la notion de système algébriquement intégrable de M. Adler et P. van Moerbeke.

Nous abordons alors la question de savoir si *la donnée des actions détermine la courbe associée dans les systèmes algébriquement complètement intégrables.*

Nous donnons enfin un théorème qui *caractérise les variations de structures de Hodge qui proviennent d'une donnée symplectique algébriquement intégrable parmi les variations de structures de Hodge géométriques.*

PLAN

Les données sont toujours supposées de classe C^∞ au moins. Dans certaines situations mentionnées explicitement, nous devons les choisir analytiques réelles ou complexes.

Ce texte a pris forme à partir d'un cours au séminaire sud-Rhodanien. L'auteur remercie les organisateurs du séminaire pour les discussions fructueuses qui l'ont aidé à rédiger et l'ambiance stimulante qu'ils ont su créer.

1.1. Le théorème des action-angles.

Soit (V^{2m},ω) une variété symplectique de dimension $2m$ et de forme symplectique ω. On note $\{\ ,\ \}$ le crochet de Poisson associé.

Définition 1.1. *Un système hamiltonien complètement intégrable sur* (V^{2m},ω) *est une application* $F=(F_1,\dots,F_m) : V^{2m}\to\mathbb{R}^m$ *telle que :*

i) $dF_1\wedge\dots\wedge dF_m\neq 0$

ii) $\{F_i,F_j\}=0$.

Soit Δ *le discriminant de* F *on suppose de plus que*

iii) *les fibres lisses* $F^{-1}(c)$, $c\in\mathbb{R}^m\setminus\Delta$, *sont compactes*.

On sait qu'alors les composantes connexes des fibres lisses $F^{-1}(c)$, $c\in\mathbb{R}^m\setminus\Delta$, sont des tores réels isomorphes à $\mathbb{R}^m/\mathbb{Z}^m$.

La démonstration du théorème des action-angles apparaît d'abord chez Arnol'd (**[4]**), avec une condition superflue. Jost montre ensuite (**[23]**) le théorème général. Une démonstration simple est donnée par Hörmander dans son cours à Lund (**[22]**). On se reportera à l'article de H. Duistermaat (**[9]**) pour la description d'obstructions à l'existence de coordonnées action-angles globales et aux livres de Guillemin-Sternberg (**[20]**) et Libermann-Marle (**[24]**) pour des analyses complètes.

Nous donnons un aperçu rapide de la preuve qui nous permet d'introduire la formule d'Arnol'd et ce que nous appelons les préangles. Par ailleurs, nous souhaitons développer ultérieurement l'analogie entre les démonstrations du théorème des action-angles et du lemme de Morse symplectique.

Théorème 1.1 (des action-angles) (Arnol'd-Jost).

Soit $F=(F_1,\dots,F_m)$ *un système intégrable défini sur* (V^{2m},ω) . *Pour toute fibre lisse* $F^{-1}(c)$, $c\in\mathbb{R}^m\setminus\Delta$, *il existe un voisinage* $F^{-1}(U)$ *de* $F^{-1}(c)$ *tel que, ayant choisi un système* $\gamma_j(c)$, $j=1,\dots,m$, $c\in U$, *de générateurs de* $H_1(F^{-1}(c),\mathbb{Z})$, *il existe un système de coordonnées* (p,q) *appelées les action-angles pour lequel*

i) $\omega = \Sigma^{m}_{j=1} dp_j \wedge dq_j$

ii) $\int_{\gamma_i(c)} dq_j = \delta_{ij}$

iii) *les fonctions* $F_1, \ldots, F_m$ *exprimées dans les coordonnées* (p,q) *ne dépendent que des* p.

Schéma de démonstration.

Il existe un voisinage tubulaire $F^{-1}(U)$ qui se rétracte par déformation sur $F^{-1}(c)$, d'après un théorème de C. Ehresmann. Il s'ensuit que sur $F^{-1}(U)$, ω est exacte. On écrit donc $\omega = d\eta$ pour une certaine 1-forme η . On définit alors avec Arnol'd les actions p_j par la formule

$$p_j = F^* \int_{\gamma_j(c)} \eta \ .$$

Si on écrit $\omega|_{F^{-1}(U)} = \Sigma^{m}_{i=1} \eta_i dF_i$, on introduit la matrice ψ d'élément général $\psi_{ij} = \int_{\gamma_j(c)} \eta_i$ et on vérifie que ψ est inversible sur un voisinage de la valeur non-critique c.

Avec la rétraction, on choisit sur $F^{-1}(U)$ un système de fonctions w qui complète la collection des F en un système de coordonnées sur $F^{-1}(U)$. La 1-forme η devient :

$$\eta = \Sigma^{m}_{j=1} a_j df_j + b_j dw_j \ .$$

Il existe une fonction $\hat{S}$ définie sur le revêtement universel de $F^{-1}(U)$ telle que $b_j = \partial \hat{S}/\partial w_j$. Suivant le procédé de Hamilton-Jacobi, on introduit des *préangles* q_j tels que

$$\eta' = \eta - d\hat{S} = \Sigma^{m}_{j=1} \hat{q}_j dF_j$$

par

$$\hat{q}_j = a_j - \partial \hat{S}/\partial F_j \ .$$

Les angles qui sont annoncés dans le théorème ne sont autres alors que les fonctions $q = \psi^{-1} \hat{q}$. □

1.2. Le lemme de Morse symplectique.

Nous considérons dans cette partie un problème d'analyse locale au voisinage d'une singularité. Supposons donnée une collection $F = (F_1, \ldots, F_m)$ de germes de fonctions analytiques en $0 \in \mathbb{C}^{2m}$ qui sont toutes critiques, de type de Morse, qui s'annulent à l'origine, sont en involution pour un germe de forme symplectique ω analytique en 0 et dont les parties quadratiques engendrent une sous-algèbre de Cartan de $Sp(2m, \mathbb{C})$.

Théorème 1.2.1 (J. Vey, 1976, ([33])). *Il existe un germe de système de coordonnées analytiques* (x',y') *à l'origine tel que les fonctions* F_j ($j = 1, \ldots, m$) *s'expriment comme dépendantes des seuls produits* $x'_i y'_i$ ($i = 1, \ldots, m$) *et tel que la forme symplectique est* $\omega = \sum^m_{i=1} dx'_i \wedge dy'_i$.

Nous ne changerons rien à la première partie de la preuve qui s'appuie sur le fameux théorème de M .Artin sur les solutions des équations analytiques. A l'issue de cette première étape, on peut supposer que $F_i = x_i y_i$. Nous allons compléter maintenant la preuve en suivant une démarche très proche de la démonstration du théorème des action-angles.

Etant données les coordonnées locales analytiques (x,y), on introduit :

$$h_i = x_i y_i \text{ et } w_i = \tfrac{1}{2} \log(y_i / x_i)$$

tels que

$$x_i = h_i^{\frac{1}{2}} e^{-w_i} \text{ et } y_i = h_i^{\frac{1}{2}} e^{w_i}$$

Ecrivons la forme symplectique $\omega = d\eta$ avec

$$\eta = \sum^m_{i=1} a_i dx_i + b_i dy_i = \sum^m_{i=1} A_i dh_i + B_i dw_i \quad .$$

Il vient :

$$A_i = (x_i a_i + y_i b_i)/2h_i \text{ et } B_i = y_i a_i - x_i b_i$$

On utilise alors la base des cycles $\gamma_k(c)$, $k = 1, \ldots, m$, définis par les chemins :

$$x_i = x_i^{(0)}\ ,\quad y_i = y_i^{(0)}\ ,\quad x_i^{(0)} y_i^{(0)} = c_i \quad \text{si } i \neq k$$

$$x_k = x_k^{(0)} e^{-\theta}\ ,\quad y_k = y_k^{(0)} e^{\theta}\ ,\quad x_k^{(0)} y_k^{(0)} = c_k\ ,\quad \theta/2\pi i \in [0,1[\ .$$

A ce point, nous définissons les actions par la formule d'Arnol'd :

$$p_k = F^*\left(\int_{\gamma_k(c)} \eta\right)$$

(1.2.1)

Le théorème 1.2.1 est une conséquence facile des deux lemmes qui suivent.

Lemme 1.2.2. *Les actions définies par la formule* (1.2.1) *sont des fonctions holomorphes de* h .

Preuve. Comme $\{h_i,h_j\} = 0$, on a :

$$\partial b_i/\partial w_k = \partial b_k/\partial w_i$$

(1.2.2)

Si on écrit :

$$b_i = b_i^{(0)}(h, w_i) = \Sigma\ \underline{b}_i^{\alpha\beta} x^{\alpha} y^{\beta}$$

où $\underline{b}_i^{\alpha\beta}$ paramétrise les termes du développement de b_i tels qu'au moins un $-\alpha_k + \beta_k$ diffère de zéro.

De (1.2.2), il vient : $(-\alpha_k + \beta_k) b_i^{\alpha\beta} = (-\alpha_i + \beta_i) b_i^{\alpha\beta}$.

On introduit : $\sigma^{\alpha\beta} = \underline{b}_k^{\alpha\beta}/(-\alpha_k + \beta_k)$ et la fonction holomorphe σ définie par : $\sigma = \Sigma\ \sigma_{\alpha\beta} x^{\alpha} y^{\beta}$. Nous avons

$$b_i = b_i^{(0)}(h, w_i) + \partial\sigma/\partial w_i \quad \text{et} \quad p_k = F^* \int_{\gamma_k(c)} b_k^{(0)}(h, w_k) dw_k.$$

Avec la notation $h_{\hat{k}}^{\alpha} = h_1^{\alpha_1} \ldots h_k^{\alpha_k} \ldots h_m^{\alpha_m}$ qui signifie que le k-ème terme n'apparaît pas, on écrit :

$$b_k^0 = \Sigma\,(b_k^{\alpha\beta}\, h_k^{(1+\alpha_k+\beta_k)/2}\, \exp^{(1-\alpha_k+\beta_k)w_k}\, \underline{h}_k^{\alpha}$$

$$- a_k^{\alpha\beta}\, h^{(1+\alpha_k+\beta_k)/2}\, e^{(-1-\alpha_k+\beta_k)w_k}\, \underline{h}_k^{\alpha})$$

et on trouve explicitement que :

$$p_k = \Sigma_{\alpha_k=\beta_{k+1}}\, h_k^{\alpha_k}\, b_k^{\alpha\beta}\, \underline{h}_k^{\alpha} - \Sigma_{\beta_k=\alpha_{k+1}}\, h_k^{\beta_k}\, a_k^{\alpha\beta}\, \underline{h}_k^{\alpha}$$

est holomorphe en h. □

Soit B_i une fonction telle que $\partial B_i/\partial w = b_i^{(0)}(h,w)$; nous définissons la fonction σ_0 comme $\sigma_0 = \Sigma^m_{i=1} B_i(w_i)$.

Posons $S = \sigma_0 + \sigma$; nous obtenons :

$$\eta' = \eta - dS = \Sigma^m_{i=1}[A_i - (\partial S/\partial h_i)]\, dh_i$$

Définissons alors les "préangles", $\bar{q}_i = A_i - (\partial S/\partial h_i)$, comme dans la preuve du théorème des action-angles donnée en 1.1.

Lemme 1.2.3. *Les fonctions* $q_j - \Sigma^m_{i=1} (\partial p_i/\partial h_j) w_i$ *s'étendent en des fonctions analytiques à l'origine.*

Preuve. La fonction S est la somme d'une fonction linéaire en les variables w , $\sigma'_0 = \Sigma\, p_i w_i$ et de fonctions périodiques en les w et holomorphes en (x,y) .

Prendre les dérivées par rapport à h :

$$\partial/\partial h_i = [x_i(\partial/\partial x_i) - y_i(\partial/\partial y_i)]\,/\,2h_i$$

introduit un pôle d'ordre un.

Un calcul élémentaire montre que le résidu de A_i le long de $h_i = 0$ est égal au résidu de $\partial S/\partial h_i$. □

Dans le cas analytique réel, en présence d'une singularité elliptique, la même preuve fonctionne et donne, après complexification et restriction au réel, un système de coordonnées tel que les fonctions F_j

dépendent des seules quantités $x_i^2 + y_i^2$, $i = 1,\dots,m$.

Les hamiltoniens F_j sont alors dans la forme normale de Birkhoff.

La forme normale de Birkhoff d'un hamiltonien F_1 est en général divergente. Le théorème de J. Vey montre qu'elle converge lorsque H est intégrable sous l'hypothèse que les Hessiennes engendrent une sous- algèbre de Cartan de l'algèbre symplectique.

Un autre cas où cette forme normale est convergente est celui où F_1 est associée à l'action hamiltonienne d'un groupe de Lie compact ([20], section 32). Dans ce cas, les fonctions F_j sont conjuguées par un difféomorphisme symplectique au voisinage d'un point singulier à leurs parties quadratiques.

2. Classification relative des formes symplectiques au voisinage d'une fibre lisse de l'application F.

Soit (V^{2m},ω) une variété symplectique de dimension $2m$ et de forme symplectique ω .

Soit $F = (F_1,\dots,F_m): V^{2m} \to \mathbb{R}^m$ une submersion générique à fibres lisses compactes et de discriminant Δ .

Définition 2.1. *Nous dirons que la forme symplectique ω est lagrangienne pour F si la restriction de ω aux fibres lisses de F est nulle.*

Si l'on désigne par $\{\ ,\ \}$ le crochet de Poisson associé à la forme symplectique, la condition ω est lagrangienne pour F , équivaut à la nullité des crochets de Poisson $\{F_i,F_j\}$ sur l'ouvert dense $V \setminus F^{-1}(\Delta)$.

L'application F étant fixée, il peut y avoir des familles de formes symplectiques distinctes qui sont lagrangiennes pour F . Soit Δ le lieu discriminant de F, ensemble des valeurs c de $\mathbb{R}^m$ pour lesquelles $dF_1 \wedge \dots \wedge dF_m(c) = 0$. Soit c_0 un point de $\mathbb{R}^m \setminus \Delta$. Il existe un voisinage U de c_0, contenu dans $\mathbb{R}^m \setminus \Delta$ tel que :

i) $\omega|_{F^{-1}(U)} = d\eta$, pour une certaine 1-forme η ;

ii) Etant donnée une famille $\gamma_j(c)$, $c \in U$, $j=1,\dots,m$, de générateurs de $H_1(F^{-1}(c),\mathbb{Z})$, on définit les actions par la formule d'Arnol'd :

$$p_j = F^* \left(\int_{\gamma_j(c)} \eta\right) .$$

La 1-forme η définit un cocyle relatif pour la fibration F au-dessus de l'ouvert $F^{-1}(U)$ (voir la définition rappelée en 3.2).

Lemme 2.2. *Etant donnés deux cocycles relatifs* η *et* η' *définis sur l'ouvert* $F^{-1}(U)$ *tels que* $\omega = d\eta = d\eta'$, *il existe des constantes* k_j *telles que :*

$$\int_{\gamma_j(c)} \eta = \int_{\gamma_j(c)} \eta' + k_j .$$

Preuve. Si $\omega = d\eta = d\eta' = \Sigma^m_{j=1} dF_j \wedge \eta_j$, la formule de Stokes donne :

$$d/dc_k \int_{\gamma_j(c)} \eta = \int_{\gamma_j(c)} \eta_k = d/dc_k \int_{\gamma_j(c)} \eta' . \ \square$$

Lemme 2.3. *Etant donné un cocycle relatif* η *défini sur* $F^{-1}(U)$ *et un choix de constantes* k_j, *il existe un autre cocycle relatif* η' *tel que :*

$$\omega = d\eta = d\eta' \quad \text{et} \quad \int_{\gamma_j(c)} \eta = \int_{\gamma_j(c)} \eta' + k_j .$$

Preuve. Sur $F^{-1}(U)$, nous disposons des angles q_i. Donc avec les constantes k_i, nous formons :

$$\eta' = \eta + \Sigma^m_{i=1} k_i dq_i \quad . \ \square$$

En particulier, étant donné un couple (F,ω) et une valeur c_0 de F , non critique, on obtient qu'il existe, sur un voisinage tubulaire $F^{-1}(U)$ de $F^{-1}(c_0)$, une 1-forme η telle que :

$$\omega = d\eta \quad \text{et} \quad \int_{\gamma_j(c_0)} \eta = 0 .$$

Nous appelerons dans ce cas $p_j = F^*(\int_{\gamma_j(c)} \eta)$ les actions centrées en c_0.

Si nous choisissons un autre représentant dans la classe d'homologie des γ_j, $\gamma'_j = \gamma_j + \partial b_j$, la formule de Stokes conduit à :

$$\int_{\gamma'_j(c)} \eta = \int_{\gamma_j(c)} \eta + \int_{b_j} d\eta \quad .$$

Comme $d\eta = \omega$ s'annule le long des fibres de F, nous obtenons que les p_j dépendent uniquement de la classe d'homologie des γ_j.

Nous procéderons dans la suite dans un voisinage fixé d'une fibre lisse $F^{-1}(c_0)$ du type considéré ci-dessus et avec les "actions centrées" en c_0.

Proposition 2.4. *Soit* ω' *une autre forme symplectique lagrangienne pour* F. *Le système* (F,ω') *a les mêmes actions que* (F,ω) *si et seulement si il existe des* ξ_i *tels que :*

$$\omega' - \omega = \Sigma_{i=1}^m dF_i \wedge d\xi_i \quad .$$

En effet, deux cocycles η et η' sont cobordants si et seulement si $\int_{\gamma_j(c)} \eta = \int_{\gamma_j(c)} \eta'$ pour $j = 1, \ldots, m$ et pour $c \in U$ par le théorème de de Rham à paramètres (**[30]**). □

Théorème 2.5. *Etant données deux formes* ω *et* ω', *lagrangiennes pour* F, *telles que :*

i) $\omega - \omega' = \Sigma^m{}_{i=1} dF_i \wedge d\xi_i$,

ii) $\omega'|_{F^{-1}(c_0)} = \omega|_{F^{-1}(c_0)}$,

il existe un changement de coordonnées défini dans un voisinage $F^{-1}(U')$ *de* $F^{-1}(c_0)$ *qui préserve* F, *conjugue* ω *à* ω' *et est l'identité sur la fibre* $F^{-1}(c_0)$.

Preuve. On utilise la méthode des chemins de J. Moser (**[28]**). Soit $\omega_t = \omega' + t(\omega - \omega')$, $t \in [0,1]$ le chemin linéaire qui joint ω à ω'. On cherche une isotopie Ψ_t telle que :

$$\Psi_t^* \omega_t = \omega , \quad \Psi_0 = \mathrm{Id}$$

qui provienne de l'intégration d'une isotopie *infinitésimale* X_t telle que $L_{X_t} \omega_t = -\omega_t$.

Soit $w = (w_1, \ldots, w_m)$ la collection des variables transverses qui complètent $F = (F_1, \ldots, F_m)$ en un système de coordonnées sur $F^{-1}(U)$. Ecrivons :

$$d\xi_i = \Sigma^m{}_{j=1} a_{ij} dF_j + b_{ij} dw_j ,$$

puis remarquons que la condition $\omega'|_{F^{-1}(c_0)} = \omega|_{F^{-1}(c_0)}$ implique $b_{ij}|_{F^{-1}(c_0)} = 0$.

Considérons maintenant les champs de vecteurs X_j hamiltoniens pour la *forme* ω et d'hamiltoniens F_j : $\iota_{X_j} \omega = -dF_j$.

Calculons $\iota_{X_j} \omega'$, il vient :

$$\iota_{X_j} \omega' = \iota_{X_j} \omega + \Sigma^m{}_{i=1} X_j \cdot \xi_i dF_i .$$

Donc nous trouvons que :

$$\iota_{X_j} \omega_t = -dF_j + t\, \Sigma^m{}_{i=1} (X_j \cdot \xi_i) dF_i .$$

Introduisons la matrice A_t d'élément général : $A_{t,ij} = \partial_{ij} - tX_j \cdot \xi_i$. Du *fait* que $b_{ij}|_{F^{-1}(c_0)} = 0$, il suit que la matrice A_t est inversible sur un voisinage $F^{-1}(U')$ de $F^{-1}(c_0)$ pour $t \in [0,1]$.

Soit Y_j les champs de vecteurs *définis* par : $Y_j = A_t^{-1} X_j$; nous avons donc : $\iota_{Y_j} \omega_t = -dF_j$. Nous *définissons* *finalement* l'isotopie *infinitésimale* X_t par :

$$X_t = -\Sigma^m{}_{j=1} (\xi_j - \xi_j|_{F^{-1}(c_0)}) Y_j .$$

Ces champs s'annulent le long de la fibre $F^{-1}(c_0)$. Comme ils sont donnés par une combinaison linéaire des champs Y_j, il préservent les fonctions F_i. Par intégration de l'isotopie infinitésimale X_t, on obtient l'isotopie Ψ_t qui convient. □

Le théorème 2.5 admet une réciproque plus facile.

Proposition 2.6. *Si deux formes symplectiques* ω *et* ω' *sont conjuguées au voisinage d'une fibre lisse* $F^{-1}(c_0)$ *de* F *par un difféomorphisme qui est le flot d'un champ de vecteurs* X *qui préserve* F, *il existe des fonctions* ξ_j *définies au voisinage de* $F^{-1}(c_0)$ *telles que :*

$$\omega' - \omega = \Sigma^m{}_{j=1} dF_j \wedge d\xi_j \quad .$$

Preuve. Sur un voisinage de $F^{-1}(c_0)$, on peut supposer que ω est écrite dans le système des pré-angles :

$$\omega = d\eta \quad \text{et} \quad \eta = \Sigma^m{}_{j=1} F_j d\tilde{q}_j .$$

On trouve alors que : $\omega' = \Psi^* \omega = d\Psi^* \eta$.

Posons : $\eta' = \Psi^* \eta = \int_0^1 d/dt\, \Psi_t^* \eta\, dt$, avec $\Psi_t = \exp(tX)$.

Il vient :

$$\eta' = \int_0^1 \Psi_t^* (L_X \eta)\, dt \quad \text{et} \quad L_X \eta = \Sigma^m{}_{j=1} F_j dL_X \tilde{q}_j ,$$

et donc $$\eta' = \Sigma^m{}_{j=1} F_j d\left(\int_0^1 \Psi_t^* L_X \tilde{q}_j\right) \quad .$$

On définit les fonctions ξ_j par : $\xi_j = \int_0^1 \Psi_t{}^* L_X \tilde{q}_j dt$. Les fonctions $\tilde{q}_j$ ont des intégrales de périodes qui sont, avec les notations du C1, $\Psi_{ij}(F)$, et $X \cdot \tilde{q}_j$ a des intégrales de périodes nulles, donc les fonctions $X \cdot \tilde{q}_j$ sont définies sur $F^{-1}(U)$. □

En général, il est impossible de décider si la méthode des chemins de J. Moser s'applique dans une situation globale à des formes symplectiques à cause de la nécessité de la non-dégénerescence pour toutes les valeurs $t \in [0,1]$ du paramètre.

Il est intéressant de noter que cette difficulté n'apparaît pas dans la version relative que nous avons donnée en 2.5, où seule importe l'inversibilité de la matrice A_t .

3.1. Classification simultanée des formes volumes et d'une fonction F.

Nous nous bornerons dans ce paragraphe à présenter une variante de résultats déjà annoncés qui illustre le parallélisme avec la situation symplectique. Nous qualifions de géométrie isochore la géométrie des formes volumes.

La méthode des chemins de J. Moser (**[28]**) conduit au résultat suivant (analogue du théorème 2.5) dans lequel F est une fonction à valeurs réelles ou complexes, à fibres compactes et où c_0 appartient à $\mathbb{R}$ ou $\mathbb{C}$.

Théorème 3.1. *Etant données deux formes volumes* ω *et* ω', *telle que*

i) $\omega - \omega' = dF \wedge d\xi$ *pour une certaine* (n-2)-*forme* ξ ;

ii) $\omega = \omega'$ *en tout point de* $F^{-1}(c_0)$.

iii) $\xi | F^{-1}(c_0) \equiv 0$.

Il existe un changement de coordonnées défini dans un voisinage $F^{-1}(U)$ *de* $F^{-1}(c_0)$ *qui préserve* F , *conjugue* ω' *à* ω *et est l'identité sur la fibre* $F^{-1}(c_0)$.

Démonstration. Soit X_t l'isotopie infinitésimale définie au voisinage de $F^{-1}(c_0)$ par :

$$\iota_{X_t} \omega_t = - dF \wedge \xi , \quad \text{où} \quad \omega_t = \omega + t(\omega' - \omega) .$$

Soit Ψ_t l'isotopie correspondant à X_t. Il vient :

$$(d/dt)\,(\Psi_t^* \omega_t) = \Psi_t^*\big(L_{X_t} \omega_t + \dot\omega_t\big) = \Psi_t^*\big(d\iota_{X_t} \omega_t - dF \wedge d\xi\big) = 0 \;;$$

et puisque $\Psi_0 = \mathrm{Id}$, $\Psi_t^* \omega_t = \omega$.

On observe alors que $0 = dF \wedge \iota_{X_t} \omega_t = (X_t \cdot F) \omega_t$, d'où il résulte que les isotopies X_t et Ψ_t préservent la fonction F .

Le difféomorphisme Ψ_1 fournit dès lors le changement de coordonnées voulu. □

Soit Ω^k le faisceau des germes de k formes différentielles sur une variété ; d'après le résultat qui précède, il importe de décrire l'espace $H^0(\Omega^n / dF \wedge d\Omega^{n-2}, F^{-1}(U))$ pour un ouvert U de k ($k = \mathbb{R}$ ou $\mathbb{C}$).

Nous allons dans la suite considérer la situation où $F : V \longrightarrow k$ ($k = \mathbb{R}$ ou $\mathbb{C}$) a un ensemble de valeurs critiques Δ formé de points isolés et où $F : V \setminus F^{-1}(\Delta) \rightarrow k \setminus \Delta$ est une fibration différentiable à fibres compactes.

Commençons avec le cas où U ne contient pas de valeurs critiques de F . L'application F est alors une fibration sur U et il n'y a pas de cohomologie relative. Le théorème de J. Moser s'étend immédiatement et donne une conjugaison de deux formes de volume quelconques par un difféomorphisme qui conserve la fibration.

Considérons maintenant le cas où U contient une valeur critique isolée. Nous ne présentons que les résultats obtenus dans la version analytique complexe (voir **[6]**, **[13]**, **[31]**, pour des versions différentiables) pour des singularités isolées.

L'étude de E. Brieskorn et de M. Sebastiani de la fibration de Milnor (**[5]**) (**[32]**) donne le résultat essentiel à notre approche avec le théorème qui suit.

Précisons les notations utilisées :

– $\mathcal{O}$ désigne l'anneau local des germes de fonctions analytiques en $0 \in \mathbb{C}^n$, et $\mathfrak{m}$ son idéal maximal ;

– G est le $\mathbb{C}\{t\}$-module $\Omega^n / dF \wedge \Omega^{n-2}$, où l'action de t est la multiplication par F ;

– μ est le nombre de Milnor de F et J(F) son idéal jacobien.

Théorème 3.2. (E. Brieskorn, M. Sebastiani). *Le* $\mathbb{C}\{t\}$*-module* G *est libre de rang* μ .

Soit x^α une famille de monômes dont les classes modulo l'idéal jacobien J(F) engendrent $\mathcal{O}/J(F)$. On obtient avec le lemme de Nakayama que les classes des $x^\alpha dx^1 \wedge \ldots \wedge dx^n$ forment une base de G en tant que $\mathbb{C}\{t\}$-module. Le théorème de Brieskorn-Sebastiani s'exprime donc par l'existence d'une décomposition unique d'une n-forme du type :

$$\omega = df \wedge d\eta + \sum \Psi_\alpha(F) x^\alpha dx^1 \wedge \ldots \wedge dx^n .$$

La méthode des chemins conduit alors au

Théorème 3.3. ([12]). *Il existe une isotopie qui conserve la fonction* F *et conjugue la forme volume* ω *à* $\sum \Psi_\alpha(F) x^\alpha dx^1 \wedge \ldots \wedge dx^n$.

Et réciproquement,

Théorème 3.4. ([12]). *Soient* ω *et* ω' *deux formes volumes qui sont conjuguées par un germe de difféomorphisme qui est tangent à l'identité et conserve* F . *Il existe une* (n-2)*-forme* η *telle que* $\omega - \omega' = dF \wedge d\eta$

Preuve. Soit Ψ le difféomorphisme en question. Puisque Ψ est tangent à l'identité, il existe un champ formel $\hat{X}$ tel que $\Psi = \exp \hat{X}$. Puisque $\Psi^* F = F$, nous avons $(\Psi^n)^* F = F$ pour tous les itérés Ψ^n de Ψ . Fixons un nombre entier k arbitraire et observons que si $\Psi_t = \exp tX$, le jet d'ordre k de $\Psi_t^* F - F$ est un polynôme en t .

Ce polynôme s'annule pour toutes les valeurs entières de t et donc est identiquement nul. Il suit que $\Psi_t^* F = F$, et par dérivation, $\hat{X} \cdot F = 0$.

Soit $\hat{\xi}$ la n-1 forme formelle définie par $\iota_{\hat{X}} \omega = \hat{\xi}$. De la relation : $0 = (\hat{X} \cdot F)\omega = dF \wedge \iota_{\hat{X}} \omega = dF \wedge \hat{\xi}$, et du lemme de division de de Rham ([30]), nous déduisons l'existence d'une n-2 forme formelle $\hat{\eta}$ telle que : $\hat{\xi} = \iota_{\hat{X}} \omega = dF \wedge \hat{\eta}$.

La formule de Lie conduit alors à

$$\omega - \omega' = \int_0^1 d/dt(\Psi_t^*\omega)dt = \int_0^1 \Psi_t^*(d\iota_{\hat{\chi}}\omega)dt = dF \wedge d\int_0^1 \Psi_t^* \hat{\eta}\, dt \ .$$

Nous avons ainsi montré que $\omega' - \omega$ appartient à $dF \wedge d\hat{\Omega}_X^{n-2}$ où $\hat{\Omega}_X^k$ $(k = 0, \dots, n)$ désigne le complété formel de Ω_X^k . D'après un théorème de B. Malgrange (**[25]**), la régularité de la connexion de Gauss-Manin peut s'exprimer par le fait que $dF \wedge d\hat{\Omega}_X^{n-2} = dF \wedge d\Omega_X^{n-2}$ et le théorème annoncé en découle. □

Remarques. Dans la proposition 2.6 qui est la version symplectique de 3.5., j'ai dû supposer a priori que le difféomorphisme de conjugaison est le flot d'un champ de vecteurs convergent en l'absence d'un lien avec un théorème de régularité.

Il serait certainement intéressant d'étendre les théorèmes 3.4 et 3.5 à des singularités non isolées. Le cas d'un croisement normal est fait dans (**[13]**), on dispose aussi de l'étude de H. Hamm (**[21]**) qui étend le travail de Brieskorn aux singularités non isolées.

L'espace des orbites des n-formes de volume sous l'action du groupe des germes de difféomorphismes tangents à l'identité est donc en bijection avec la donnée de μ séries entières $\Psi_\alpha(F)$ que nous désignons par séries caractéristiques.

Dans le cas où F est quasi-homogène, ces séries caractéristiques sont facilement reliées à des intégrales de périodes comme nous allons le voir.

Supposons F quasi-homogène et notons $P = \sum_{i=1}^n \lambda_i x_i(\partial/\partial x_i)$ $(\lambda_i \in]0, \frac{1}{2}[\cap \mathbb{Q})$ le champ des poids de F : $P \cdot F = F$.

Réécrivons la décomposition d'une n-forme comme il suit :

$$\omega = dF \wedge d\eta + \sum [\Phi_\alpha(F) - \Phi_\alpha(0)]\, x^\alpha d^n x + \sum \Phi_\alpha(0)\, x^\alpha d^n x$$

$$\omega = d[-dF \wedge \eta + \sum \Psi_\alpha(F)\, x^\alpha \iota_P d^n x] + \sum \Phi_\alpha(0)\, x^\alpha d^n x \ .$$

Les séries $\Psi_\alpha(F)$ sont reliées aux séries caractéristiques par l'équation différentielle :

$$t\Psi'_\alpha(t) + (\langle\alpha,\lambda\rangle + \Lambda)\Psi_\alpha(t) = \Phi_\alpha(t) - \Phi_\alpha(0) \qquad (\Lambda = \lambda_1 + \dots + \lambda_n).$$

Introduisons la n-1 forme $\bar{\eta}$:

$$\bar{\eta} = -dF \wedge \eta + \Sigma\, \Psi_\alpha(F) x^\alpha \iota_P d^n x \ .$$

On vérifie qu'elle définit un n-1 cocycle relatif dans :

$$H^{n-1}_{X/T}(\Omega_{X/T}) = \{\eta / d\eta \in dF \wedge \Omega_X^{n-1}\} / (dF \wedge \Omega_X^{n-2} + d\Omega_X^{n-2}) \, .$$

On peut associer à un tel cocyle relatif ses intégrales de périodes. Soit $\gamma_\beta(t)$ une base de $H_{n-1}(F^{-1}(t),\mathbb{C})$ duale de la base des n-1 formes $\eta_\alpha = x^\alpha \iota_P d^n x$: $\int_{\gamma_\beta(t)} x^\alpha \iota_P d^n x = \delta_{\alpha\beta}$.

Les intégrales de $\bar{\eta}$ en question sont : $\int_{\gamma_\beta(t)} \bar{\eta} = \Psi_\beta(t)$.

3.2. Intégrales de période pour une fibration générique.

Soit $F : V \to W$ une application définie sur une variété V à valeurs dans une variété W . Soit $\Delta \S W$ l'ensemble des valeurs critiques de F . Nous supposons que F définit une fibration différentiable de $V \setminus F^{-1}(\Delta)$ sur $W \setminus \Delta$ à fibres compactes.

Soit $\gamma_j(c)$, $j = 1,\dots,n_\ell$, une famille de générateurs de $H_\ell(F^{-1}(c),\mathbb{Z})$ où c appartient à $W\setminus\Delta$ et soit η une ℓ-forme définie sur V telle que $d\eta$ s'annule en restriction aux fibres de F .

Définition 3.5. *Une intégrale de période de* η *relativement à* F *est une fonction de la forme* $p_j = F^*\left(\int_{\gamma_j(c)} \eta\right)$.

La formule de Stokes montre de suite qu'elle ne dépend que de la classe de $\gamma_j(c)$ dans $H_\ell(F^{-1}(c),\mathbb{Z})$.

Etant donné un morphisme analytique $F : V \longrightarrow W$ de deux variétés analytiques, A. Grothendieck a introduit les faisceaux de cohomologie relative de F. Désignons par Ω^k le faisceau de $\mathcal{O}_V$-modules des germes de k-formes différentielles sur V et soit $dF \wedge \Omega^{k-1}$ l'idéal différentiel des formes qui s'annulent le long des fibres de F.

Définition 3.6. *Les faisceaux de cohomologie relative de* F *notés* $H^k_{V/W}$ *sont les groupes de cohomologie du complexe*

$$\ldots \xrightarrow{d} \Omega^k / dF \wedge \Omega^{k-1} \xrightarrow{d} \ldots \; .$$

Ce sont bien sûr des $\mathcal{O}_V$-modules, mais on préfère les voir comme des $F^*\mathcal{O}_W$-modules.

Dans le cas où $F : (\mathbb{C}^n, 0) \longrightarrow (\mathbb{C}, 0)$ est un germe de singularité isolée, la cohomologie relative est concentrée en degré 0 et $n-1$. Le groupe $H^{n-1}_{V/W}$ n'est autre que :

$$\{\xi \in \Omega^{n-1} / d\xi = dF \wedge \Omega^{n-1}\} / dF \wedge \Omega^{n-2} + d\Omega^{n-2}$$

vu comme $\mathbb{C}\{F\}$ $(\simeq F^*\mathcal{O}_W)$-module.

E. Brieskorn montre que ce faisceau est cohérent et que sa fibre en $\{0\}$ est l'extension à travers la singularité du faisceau des germes de sections holomorphes du fibré vectoriel :

$$c \mapsto H_{n-1}(F^{-1}(c), \mathbb{C}) \; , \quad c \in \mathbb{C} \setminus \{0\} \; .$$

Après un choix d'une base $\gamma_1(c), \ldots, \gamma_\mu(c)$ de $H_{n-1}(F^{-1}(c), \mathbb{C})$, un élément $\bar{\xi}$ de $H^{n-1}_{V/W}$ est en bijection avec l'ensemble de ses intégrales de périodes.

On se reportera au travail de H. Hamm (**[21]**) pour l'étude du cas non-isolé.

4. Intégrales de périodes en géométrie symplectique.

Considérons un système hamiltonien complètement intégrable défini sur une variété symplectique (V^{2m},ω) au sens de la définition 1.1. Dans la plupart des exemples qui proviennent de la mécanique classique ou de l'hydrodynamique (équations K.d.V. et K.P.), les systèmes hamiltoniens ont une structure beaucoup plus riche que celle donnée en 1.1 qui a été dégagée récemment par M. Adler et P. van Moerbeke (**[1] [2] [3]**) sous le nom d'***intégrabilité algébrique complète*** .

Définition 4.1. *Un système hamiltonien complètement intégrable au sens de 1.1 est dit algébriquement complètement intégrable si* :

(i) *la variété* V^{2m} *et l'application* $F=(F_1,\dots,F_m):V^{2m}\to\mathbb{R}^m$ sont algébriques

(ii) *Notons* $V^{2m}_{\mathbb{C}}$ *et* $F=(F_1,\dots,F_m):V^{2m}_{\mathbb{C}}\to\mathbb{C}^m$ *les complexifiées de* V^{2m} *et de l'application des intégrales premières,*

soit $\Delta\subset\mathbb{C}^m$ *le discriminant de* F , *il existe une compactification* $\overline{F}^{-1}(c)$ *des fibres lisses,* $c\in\mathbb{C}^m\setminus\Delta$ *qui est contenue dans une variété abélienne.*

(iii) *Les flots des champs hamiltoniens associés aux fonctions* F_i *se linéarisent de manière compatible à la loi d'addition des tores complexes* $\overline{F}^{-1}(c)$.

Remarques. a) La compactification évoquée en (ii) n'est pas la complétion projective des fibres. M. Adler et P. van Moerbeke (**[3]**) ont récemment relié cette compactification à la propriété dite "de Painlevé" d'existence de développement de Laurent en t pour les solutions des flots hamiltoniens.

b) La condition (i) fixe un cadre d'expression commode. Stricto sensu, il ne comprend pas l'hamiltonien du réseau de Toda qui ne devient algébrique qu'après la transformation de Flaschka. Il faut donc garder à l'esprit la possibilité d'assouplir la condition (i).

c) La condition (iii) peut s'énoncer plus pratiquement en disant que le flot s'intègre avec les fonctions thêta des fonctions abéliennes.

d) Il n'existe pas d'exemples pour lesquels la compactification des fibres lisses ne serait pas contenue dans une jacobienne de courbe. La linéarisation étant compatible avec la loi d'addition algébrique, l'adhérence de l'union des orbites des flots est aussi une variété abélienne. Il serait certainement intéressant d'interpréter le théorème d'irréductibilité de Poincaré en termes de systèmes dynamiques dans ces situations de systèmes intégrables.

e) On a souvent en présence une stucture de Poisson au lieu d'une forme symplectique. Il faut alors se restreindre aux fibres des Casimirs. C'est dans ce cadre général que M. Adler et P. van Moerbeke définissent les systèmes A.C.I.

Nous allons procéder dans la suite avec des systèmes A.C.I. plus particuliers (mais qui couvrent l'ensemble des exemples connus).

Nous supposerons qu'il existe une famille de courbes $\mathcal{C}_c$ lisses sur un ouvert dense $\mathbb{C}^m - D$ telle que la famille de variétés abéliennes $\overline{F^{-1}(c)}$ soit contenue dans un revêtement algébrique de $\mathrm{Jac}(\mathcal{C}_c)$ sur le complémentaire de $D \cup \Delta$.

4.1. Cas où le genre de $\mathcal{C}_c$ est égal au nombre de degrés de liberté.

Il n'est pas essentiel de supposer la famille de courbes hyperelliptiques, mais c'est néanmoins ce que nous ferons dans la suite afin de simplifier les notations.

Ecrivons donc qu'il existe une famille de polynômes $\Phi_c(w)$ telle que $\mathcal{C}_c$ est la complétée projective de $\{z^2 = \Phi_c(w)\}$. La jacobienne de $\mathcal{C}_c$ peut être vue comme la variété abélienne $H^0(\mathcal{C}_c, \Omega^1_{\mathcal{C}_c})^* / H_1(\mathcal{C}_c, \mathbb{Z})$, où l'inclusion de $H_1(\mathcal{C}_c, \mathbb{Z})$ dans $H^0(\mathcal{C}_c, \Omega^1_{\mathcal{C}_c})^*$ est donnée par l'intégration le long des cycles.

Comme F est une fibration en dehors du discriminant Δ, les fibres et leurs complétées $\overline{F}^{-1}(c)$ ont une dimension génériquement constante et donc le genre g de la courbe $\mathcal{C}_c$ doit être génériquement constant égal à m.

On sait que les formes abéliennes de première espèce $w^i dw/\sqrt{\Phi_c(w)}$, $i=0,\ldots,g-1$, engendrent $H^0(\mathcal{C}_c,\Omega^1_{\mathcal{C}_c})$.

L'hypothèse que les flots des champs de vecteurs se linéarisent dans la jacobienne de $\mathcal{C}_c$ peut s'écrire ainsi qu'il suit :

Soit $M_i=(z_i,w_i)$, $i=1,\ldots,m$, m points de la courbe $\mathcal{C}_c$ $(z_i^2=\Phi_c(w_i),\ i=1,\ldots,m)$ et M_0 un point marqué de $\mathcal{C}_c$. On détermine un diviseur $gM_0-M_1-M_2-\ldots-M_g$, élément de $\mathrm{Pic}(\mathcal{C}_c)$. Le fait que les vitesses des flots des champs hamiltoniens correspondant aux fonctions F_i soient constantes dans la jacobienne s'exprime par :

$$\Sigma^m{}_{l=1}\{F_i,w_\ell\}\,w_\ell^{k-1}/\sqrt{\Phi_c(w_\ell)} = V_{ik} = \text{constante}. \qquad (4.1)$$

A priori la matrice V (de terme général V_{ik}) peut dépendre de c. Dans tous les exemples, elle est en fait constante. Noter que cette matrice serait nécessairement génériquement inversible si elle dépendait de c puisque les flots des champs de vecteurs correspondant aux différentes fonctions $F_1,\ldots,F_m$ sont génériquement indépendants. Il s'ensuit que si cette matrice V est constante, elle est nécessairement inversible. On obtient alors facilement la

Proposition 4.1. *Si la matrice V est constante, le discriminant Δ de F est contenu dans le discriminant D de la famille de courbes $\mathcal{C}_c$.*

En effet, pour un point c de $\mathbb{C}^m\setminus\Delta$, on peut définir la base des formes abéliennes de première espèce et on voit que dans cette base les flots des champs de vecteurs hamiltoniens sont indépendants. L'inclusion inverse $\Delta\supset D$ n'est pas établie comme un fait général.

Théorème 4.1. ([14] [15]). *Pour un système A.C.I. du type considéré ci-dessus, la matrice* $\Psi(c)$ *définie en 1.1 est une combinaison linéaire d'intégrales abéliennes de première espèce sur les courbes* $\mathcal{C}_c$.

Démonstration. Les fonctions w_j qui repèrent un point sur la jacobienne peuvent être utilisées comme coordonnées transverses à la collection des intégrales premières dans le calcul des actions (*cf.* 1.1).

Si nous écrivons la forme symplectique :

$$\omega = \Sigma^m{}_{i=1} dF_i \wedge \eta_i \quad \text{et} \quad \eta_i = \Sigma_j a_{ij} dF_j + b_{ij} dw_j ,$$

on a, d'une part : $\Sigma^m{}_{j=1} b_{ij} \{F_k, w_j\} = \delta_{ik}$,

et d'autre part, la relation (4.1) qui donnent :

$$b_{ik} = \Sigma^m{}_{l=1} V^{-1}_{\ell i} w_k^{\ell-1} / \sqrt{\Phi_c(w_k)} .$$

Par ailleurs, les éléments de la matrice $\Psi_{ij}(c)$ sont définies comme les intégrales :

$$\Psi_{ij}(c) = \int_{\gamma_j(c)} \eta_i = \sum_{k=1}^{m} \int_{\gamma_j(c)} b_{ik} dw_k$$

$$\Psi_{ij}(c) = \sum_{l=1} \sum_{k=1} V^{-1}_{\ell i} \int_{\gamma_j(c)} (w_k^{\ell-1} / \sqrt{\Phi_c(w_k)}) dw_k$$

pour un certain choix de générateur $\gamma_1(c),\ldots,\gamma_m(c)$ de l'homologie $H_1(F^{-1}(c),\mathbb{Z})$.

L'inclusion de $F^{-1}(c)$ dans un revêtement fini de $\mathrm{Jac}(\mathcal{C}_c)$, jointe au fait que l'application d'Abel-Jacobi est un quasi-isomorphisme, permet de lire les générateurs $\gamma_1(c),\ldots,\gamma_m(c)$ dans $H_1(\mathcal{C}_c,\mathbb{Q})$.

Avec un tel choix de générateurs, on peut se dispenser de l'indice k dans l'expression qui détermine la matrice Ψ et écrire finalement

$$\Psi_{ij}(c) = \sum_{l=1} V^{-1}_{\ell i} \int_{\gamma_j(c)} (w^{\ell-1}/\sqrt{\Phi_c(w)})\,dw \ . \ \square$$

La méthode utilisée ci-dessus généralise celle employée par H. Flaschka et D. W. Mc Laughlin pour le réseau de Toda périodique ([11]). Le calcul des actions à un multiple entier près comme fonctions des intégrales premières se ramène ensuite à l'intégration des éléments Ψ_{ij} de la matrice puisque la formule de Stokes nous avait donné :

$$\partial p_j/\partial F_i = F^* \Psi_{ij} \ .$$

4.2. Cas où le genre de $\mathcal{C}_c$ est supérieur au nombre de degrés de liberté.

Etant donné un système A.C.I., il y a éventuellement plusieurs courbes distinctes qui peuvent lui être associées. Par exemple pour la toupie de Kowalevskaya ou la toupie de Lagrange ([2] [29]). Dans ces exemples, la courbe utilisée par Kowalevskaya ou Lagrange est de genre égal au nombre de degrés de liberté, après réduction, mais les courbes que l'on trouve naturellement par la théorie de M. Adler et P. Van Moerbeke, basée sur l'étude des orbites coadjointes des algèbres de Kac-Moody ou sur la méthode des "développements de Laurent", sont de genre supérieur au nombre de degrés de liberté.

Théorème 4.2. *Si la matrice* V *est constante, et si* $g \geq m$, *la matrice des périodes* $\Psi(c)$ *est une combinaison linéaire d'intégrales abéliennes de première espèce.*

Preuve schématique. On montre que l'on peut considérer les temps t_j des flots des champs de vecteurs X_j (hamiltoniens des F_j) pour coordonnées transverses w_j. La matrice b_{ij} est alors égale à l'identité puisque $\{F_j, t_i\} = \delta_{ij}$ et nous trouvons :

$$\Psi_{ij}(c) = \int_{\gamma_j(c)} dt_i \ .$$

Les conditions imposées impliquent que les dt_i sont des combinaisons linéaires de formes abéliennes de première espèce sur $\mathcal{C}_c$. □

4.3. Cas où le genre de $\mathcal{C}_c$ est inférieur au nombre de degrés de liberté.

Cette situation est singulière, la situation générique étant couverte par les deux paragraphes précédents. Il ne semble pas qu'on puisse établir un énoncé général pour ce cas. Nous allons donc considérer un exemple pour lequel, par contraste avec la situation précédente, la matrice Ψ n'est plus donnée par des formes abéliennes de première espèce.

Exemple du pendule sphérique.

Cette situation a été étudiée par Cushman et Duistermaat. L'exemple du pendule sphérique suggéré par R. Cushman a permis à H. Duistermaat de donner un exemple où l'obstruction topologique qu'il décrit à l'existence de coordonnées action-angles globales n'est pas nulle (**[7]** **[9]**).

La toupie de Lagrange conduirait à des calculs analogues à ceux qui suivent (**[8]**).

Dans $\mathbb{R}^6 = \{(x,y,z;\dot{x},\dot{y},\dot{z})\}$, on considère la forme symplectique standard $\omega = d\eta$, $\eta = \dot{x}dx + \dot{y}dy + \dot{z}dz$, et l'hamiltonien $H = \frac{1}{2}(\dot{x}^2 + \dot{y}^2 + \dot{y}^2) + z$.

On restreint ω et H au fibré tangent de la sphère $TS^2 = \{(\theta,\varphi;\dot{\theta},\dot{\varphi})\}$ où θ et φ sont les angles sphériques.

Nous obtenons :

$$\eta = -\theta\, d\theta - \sin^2\theta\, \varphi\, d\varphi$$
$$H = \tfrac{1}{2}\theta^2 + \tfrac{1}{2}\sin^2\theta\, \varphi^2 + \cos\theta \ .$$

L'invariance par rotation autour de l'axe des z implique que $\{L,H\} = 0$ où $L = -\sin^2\theta\, \varphi$.

L'application $(L,H) : (TS^2,\omega) \longrightarrow \mathbb{R}^2$ définit donc un système complètement intégrable.

L'élimination de φ entre L et H conduit à :

$$\theta^2 + L^2/\sin^2\theta = 2(H - \cos\theta) \ .$$

Posons $w = \cos\theta$; il vient : $z^2 = 2(1-w^2)(H-w) - L^2$. La fibre de (L,H) est paramétrée par (w,z) tels que $z^2 = 2(1-w^2)(H-w) - L^2$ qui est l'équation d'une courbe elliptique.

Nous noterons $\Phi_c(w)$ le polynôme $\Phi_c(w) = 2(H-w)(1-w^2) - L^2$ et $\mathcal{C}_c$ la famille de courbes elliptiques d'équation $z^2 = \Phi_c(w)$.

Soient w_+ et w_- les deux racines de Φ_c qui sont entre -1 et 1 . On trouve que la matrice Ψ a pour expression :

$$\Psi_{11} = 1 \ , \quad \Psi_{12} = \int_{w_-}^{w_+} dw / \sqrt{\Phi_c(w)}$$

$$\Psi_{12} = 0 \ , \quad \Psi_{22} = \int_{w_-}^{w_+} L\, dw / (1-w^2)\sqrt{\Phi_c(w)} \ .$$

Par contraste avec les situations qui ont précédé, Ψ_{22} est une somme de formes abéliennes des trois espèces sur la courbe elliptique.

Notons pour finir avec cet exemple que l'on obtient de suite les actions par intégration des Ψ_{ij} ; il vient :

$$p_1 = L$$

$$p_2 = -2H\int_{w_-}^{w_+} dw/\sqrt{\Phi_c(w)} - 2\int_{w_-}^{w_+} w\,dw/\sqrt{\Phi_c(w)} - L^2\int_{w_-}^{w_+} dw/(1-w^2)\sqrt{\Phi}$$

5. La variation de structure de Hodge d'un système intégrable et sa détermination par les actions.

Avec le théorème 2.5, nous avons montré que la collection des actions d'un système intégrable caractérise la forme symplectique à isotopie près. Nous allons maintenant montrer que la donnée d'une seule action détermine dans certains cas la variation de structure de Hodge associée au système intégrable et que cette propriété est caractéristique des variations de structures de Hodge qui proviennent d'un système intégrable. La reconstitution de la courbe elle-même à partir des actions se réduit au problème de Torelli.

Nous commençons avec une autre présentation de la notion de système intégrable à laquelle les définitions 1.1 et 4.1 nous ont progressivement amenée et qui est mieux adaptée à notre propos.

Définition 5.1. *Une donnée symplectique algébriquement intégrable est un morphisme algébrique entre deux variétés algébriques* X *(de dimension* $2m$ *sur* $\mathbb{C}$*) et* S *(ouvert de Zariski de* $\mathbb{C}^m$*) propre lisse et connexe, qui provient de la complexification d'un morphisme algébrique réel propre lisse et connexe entre deux variétés algébriques réelles* $X_{\mathbb{R}}$ (de dimension $2m$ sur $\mathbb{R}$) *et un plongement projectif* $X \hookrightarrow P_N$ *tels que :*

i) *La partie réelle de la partie affine de* X, $X_{\mathbb{R}}^{aff}$, *est une variété symplectique et les fibres* $F_{\mathbb{R}}^{-1}$ *sont lagrangiennes pour la forme symplectique* ω *de* $X_{\mathbb{R}}^{aff}$;

ii) *Le plongement* $X \hookrightarrow P_N$ *est compatible avec les flots des champs hamiltoniens associés à* F *dans le sens que ces flots s'étendent holomorphiquement au diviseur à l'infini .*

Si nous désignons par $(F_1,\ldots,F_m)$ les composantes de F, les champs hamiltoniens associés à F sont les m champs X_j $(j=1,\ldots,m)$ définis par les équations de Hamilton : $\iota_{X_j}\omega = dF_j$. Le fait que les fibres $F_{\mathbb{R}}^{-1}(s)$ soient lagrangiennes équivaut bien sûr à ce que les flots des X_j commutent.

Commençons par montrer qu'une donnée symplectique algébriquement intégrable détermine un système algébriquement complètement intégrable au sens de M. Adler et P. van Moerbeke.

Lemme 5.1.1 (Théorème d'Arnol'd-Liouville en version analytique complexe). *Les fibres* $F^{-1}(s)$ *sont des variétés abéliennes sur lesquelles les flots hamiltoniens associés à* F *sont linéaires.*

Preuve. Les flots des champs X_j définissent une loi d'addition holomorphe sur la variété $F^{-1}(s)$. Le théorème de Chow donne que cette loi d'addition est algébrique et que la fibre $F^{-1}(s)$ est une variété abélienne. Soit $\omega_1,\ldots,\omega_m$ une base de formes holomorphes sur $F^{-1}(s)$; les fonctions $g_{ij} = \iota_{X_j}\omega_i$ sont holomorphes et donc constantes ; ce qui montre que les flots sont linéaires sur les fibres.

Le fait que F soit lisse entraîne l'indépendance des flots des X_j et que la matrice (g_{ij}) est inversible. Il existe par conséquent une base de formes holomorphes $\varpi_1,\ldots,\varpi_m$ telle que $\iota_{X_j}\varpi_i = \delta_{ij}$.

On considère maintenant l'action du groupe fondamental $\pi^1(S)$ sur l'homologie des fibres $H_1(F^{-1}(s),\mathbb{Q})$. Une variante des théorèmes 4.1 et 4.2 donne l'énoncé suivant :

Théorème 5.1· *Supposons que la forme symplectique* ω *est globalement exacte sur* X. *Si l'orbite d'un cycle réel* $\gamma_{io}(s)$ *sous l'action de* $\pi_1(S)$ *contient une famille génératrice sur* $\mathbb{Q}$ *de* $H_1(F^{-1}(s),\mathbb{Q})$, *une fonction action détermine avec la monodromie la variation de structure de Hodge de* F.

Preuve. A partir d'une fonction $\int_{\gamma_{io}(s)}\eta$, on obtient toutes les autres $\int_{\gamma_i(s)}\eta$ par la monodromie.

Le fait que $F^{-1}(s)$ est une lagrangienne s'écrit localement au voisinage de la fibre $F^{-1}(s)$ par l'existence de 1-formes η_j telles que :

$$d\eta = \Sigma^m{}_{j=1} dF_j \wedge \eta_j .$$

La définition des flots hamiltoniens associés à F nous donne

$$\iota_{X_i} d\eta = - \Sigma^m{}_{j=1} (\iota_{X_i} \eta_j) dF_j = - dF_i ,$$

et donc : $\iota_{X_i} \eta_j = \delta_{ij}$.

Considérons à nouveau la base $\varpi_1, \dots, \varpi_m$ des formes holomorphes sur $F^{-1}(s)$ qui est telle que : $\iota_{X_i} \varpi_j = \delta_{ij}$. Le fait que les champs hamiltoniens engendrent les espaces tangents aux fibres $F^{-1}(s)$ implique que les différences $\eta_j - \varpi_j$ appartiennent à l'idéal différentiel engendré par les dF_i .

On en déduit que : $\int_{\gamma_i(s)} \eta_j = \int_{\gamma_i(s)} \varpi_j$.

Nous utilisons maintenant la formule de Stokes qui donne :

$$(d/ds_j) \int_{\gamma_i(s)} \eta = \int_{\gamma_i(s)} \eta_j = \int_{\gamma_i(s)} \varpi_j ,$$

et on obtient la matrice des périodes de la famille de variétés abéliennes $F^{-1}(s)$. □

Dans le cas où la famille de variétés abéliennes $F^{-1}(s)$ est associée à une famille de surfaces de Riemann $\mathcal{C}_S$, on obtient comme corollaire du théorème 5.1 que la donnée d'une action et de la monodromie, dans le cas où l'action du groupe fondamental $\pi_1(S)$ est monogène, ramène la détermination de $\mathcal{C}_S$ au problème de Torelli.

Pour terminer, nous abordons la caractérisation des variations de structures de Hodge qui proviennent d'une donnée symplectique algébriquement intégrable parmi toutes les variations de structures de Hodge géométriques.

Dans la démonstration du théorème 5.1., on voit apparaître qu'une particularité de la situation considérée est que les éléments de la matrice des périodes $\Omega_{ij} = \int_{\gamma_j(c)} \varpi_i$ sont tels que $\Omega_{ij} = \int_{\gamma_j(c)} \eta_i$ et donc qu'ils satisfont :

$$(d/dc_k) \int_{\gamma_j(c)} \varpi_i = (d/dc_i) \int_{\gamma_j(c)} \varpi_k \ .$$

Proposition 5.2. *Soit* $F : X \longrightarrow S$ *un morphisme algébrique de* X $(\dim_{\mathbb{C}} X = 2m)$ *vers* S $(\dim_{\mathbb{C}} S = m)$ *lisse propre et connexe qui est la complexification d'un morphisme réel (lisse, propre et connexe) de* $X_{\mathbb{R}}$ *vers* $S_{\mathbb{R}}$.

S'il existe une base des formes holomorphes $\varpi_1, \ldots, \varpi_m$ *des fibres* $F^{-1}(s)$ *et une base* $\gamma_1(s), \ldots, \gamma_m(s)$ *de* $H_1(F_{\mathbb{R}}^{-1}(s), \mathbb{Q})$ *telles que les formes* $\Omega_j = \Sigma^m_{i=1} \Omega_{ij} dc_i$ *sont fermées sur* S. *Alors, tout point* s_0 *de* S *possède un voisinage* T *contenu dans* S *tel que* $U = F_{\mathbb{R}}^{-1}(T_{\mathbb{R}})$ *est une variété equipée d'une forme symplectique pour laquelle les fibres* $F_{\mathbb{R}}^{-1}(s)$ *sont des lagrangiennes.*

Preuve. Prenons un voisinage contractile T de s_0 tel que $F^{-1}(T)$ se rétracte par déformation sur $F^{-1}(s_0)$ (l'existence d'un tel voisinage est montré par un théorème de C. Ehresmann). Soit $(w_1, \ldots, w_m)$ des fonctions sur $F^{-1}(T)$ qui complètent la collection des composantes de F en un système de coordonnées sur $F^{-1}(T)$.

Sur T, les formes Ω_j ont des primitives π_j, $\Omega_j = d\pi_j$.

Définissons la 1-forme η comme suit : $\eta = \Sigma^m_{k=1} F^* \pi_k dw_k$.

Il vient que la forme $\omega = d\eta = \Sigma^m_{k=1} dF^* \pi_k \wedge dw_k$ est symplectique sur U et telle que :

$$\omega = \Sigma^m_{k=1} \Sigma^m_{i=1} F^* \Omega_{ik} dF_i \wedge dw_k \ ,$$

$$\omega = \Sigma^m_{i=1} dF_i \wedge \eta_i \ ,$$

avec $\eta_i = \Sigma^{m}_{k=1} F^* \Omega_{ik} dw_k$.

Cette écriture implique que les fibres $F_{\mathbb{R}}{}^{-1}(s)$ sont des lagrangiennes de ω . □

REFERENCES

[1] M. ADLER, P. Van MOERBEKE, Completely integrable systems, Kac-Moody Lie algebras and curves, Adv. in Math. 38 (3) (1980), 267-317.

[2] M. ADLER, P. Van MOERBEKE, Linearization of Hamiltonian systems, Jacobi varieties and representation theory, Adv. in Math. 38 (3) (1980), 318-379.

[3] M. ADLER, P. Van MOERBEKE, Kowalevski's asymptotic method, Kac-Moody Lie algebras and regularization, Commun. Math. Phys. 83 (1982), 83-106.

[4] V.I. ARNOL'D, A theorem of Liouville concerning integrable problems of dynamics, Sibirsky Math. Zh. 4 (1963), 471-474.

[5] E. BRIESKORN, Die Monodromie der isolierten Singularitäten von Hyperflächen, Manuscripta Math. 2 (1970), 103-161.

[6] Y. COLIN de VERDIERE, J. VEY, Le lemme de Morse isochore, Topology 18 (1979), 283-293.

[7] R. CUSHMAN, Geometry of the Energy-momentum mapping of the spherical pendulum, Centrum voor Wiskunde en Informatica, Newsletter 1 (1983), 4-18.

[8] R. CUSHMAN, H. KNORRER, The Energy-momentum mapping of the Lagrange top, Preprint n°326, University of Utrecht (1984).

[9] H. DUISTERMAAT, On global action-angles coordinates, Commun. on Pure and Appl. Math. 32 (1980), 687-706.

[10] H. ELIASSON, Hamiltonian systems with Poisson commuting integrals, Thèse à Stockholm (1984).

[11] H. FLASCHKA, D.W. Mc LAUGHLIN, Canonically conjugate variables for the Korteweg-de Vries equation and the Toda lattice with periodic boundary conditions, Prog. Theor. Phys. 55 (1976), 438-456.

[12] J.-P. FRANCOISE, Modèles locaux simultanés de fonctions et de formes de volume, Astérisque 59-60 (1979), 119-130.

[13] J.-P. FRANCOISE, Réduction simultanée d'un croisement normal et d'un volume, Bol. Soc. Bras. Mat., 13 (1) (1982), 79-83.

[14] J.-P. FRANCOISE, Calculs explicites d'action-angles, Séminaire de Mathématiques supérieures de l'Université de Montréal, Ed. G. Sabidussi, colligés par P. Winternitz, 102 (1986), 101-120.

[15] J.-P. FRANCOISE, The Arnol'd formula for A.C.I. systems, Bull. of the A.M.S.vol.17, (1987),301-303.

[16] P.A. GRIFFITHS, Periods of integrals on algebraic manifolds, I and II, Amer. Journ. Math. 90 (1968), 568-626 et 805-865.

[17] P.A. GRIFFITHS, Periods of integrals on algebraic manifolds, Bull. AMS 75 (1970), 228-296.

[18] P.A. GRIFFITHS, Periods of integrals on algebraic manifolds, III (some global differential geometric properties of the period mapping), Publ. Math. de l'IHES 38 (1970), 125-180.

[19] V. GUILLEMIN, Band asymptotics in two dimensions, Advances in Math. 42 (1981), 248-282.

[20] V. GUILLEMIN, S. STERNBERG, Symplectic techniques in Physics, Cambridge University Press (1984).

[21] H. HAMM, Die Topologie isolierter Singularitäten von Vollständigen Durchschnitten komplexer Hyperflächen, Dissertation, Bonn, 1969.

[22] L. HORMANDER, Cours à l'Université de Lund (1974).

[23] R. JOST, Winkel und Wirkungsvariable fur allgemeine mecanische systeme, Hel. Phys. Acta, 41 (1968), 965-968.

[24] P. LIBERMANN, C.M. MARLE, Symplectic geometry and analytical mechanics, Collection Mathematics and its applications, Ed. Reidel (1987).

[25] B. MALGRANGE, Intégrales asymptotiques et monodromie, Annales sci. Ec. Norm. Sup. 7 (3) (1974), 405-430.

[26] J. MOSER, Geometry of quadrics and spectral theory, Berkeley 1979, Springer-Verlag (1980), 147-188.

[27] J. MOSER, Three integrable Hamiltonian systems connected with isospectral deformations, Advances in Math. 16 (1975), 197-200.

[28] J. MOSER, On the volume elements on a manifold, Trans. of the AMS, 120-121 (1965), 286-294.

[29] T. RATIU, P. Van MOERBEKE, The Lagrange rigid body problem, Ann. de l'Inst. Fourier 23 (9) (1982), 211-234.

[30] G. de RHAM, Sur la division des formes et des courants par une forme linéaire, Comment. Mat. Helv. 28 (1954), 346-352.

[31] C. ROCHE, Cohomologie relative dans le domaine réel, Thèse à l'Université de Grenoble (1982).

[32] M. SEBASTIANI, Preuve d'une conjecture de E. Brieskorn, Manuscripta Math. 2 (1970), 301-308.

[33] J. VEY, Sur certains systèmes dynamiques séparables, Amer. J. Math. 100 (1978), 591-614.

[34] J. VEY, Sur le lemme de Morse, Inv. Math. 40 (1977), 1-9.

FORMES GENERATRICES D'IMMERSIONS LAGRANGIENNES DANS UN ESPACE COTANGENT.

par

Emmanuel GIROUX

L'argument de ce texte est :

Théorème : *Une immersion lagrangienne d'une variété compacte dans un espace cotangent se laisse décrire par une forme génératrice si et seulement si, à stabilisation près, son application de Gauss est homotope au champ lagrangien vertical.*

Corollaire : *La propriété d'admettre une forme génératrice est invariante par homotopie régulière d'immersions lagrangiennes.*

Ces énoncés figurent dans [1] sans l'hypothèse de compacité ; or l'absence de cette restriction et l'argument d'unicité qu'utilise J.A. LEES pour prouver le théorème sont finalement réfutés par un travail récent de F. LATOUR ([2]). Dans [3], F. LAUDENBACH démontre le corollaire en reprenant certaines idées développées par J.C. SIKORAV dans [4] pour trouver des fonctions génératrices quadratiques à l'infini et des intersections lagrangiennes. La démonstration qui suit exploite encore ces idées, mais au niveau de l'algèbre linéaire ; elle repose sur l'étude de la réduction symplectique linéaire et est une version simplifiée de [5].

Je remercie M. AUDIN et F. LAUDENBACH pour l'attention qu'ils ont accordée à ce travail ainsi que pour les remarques et suggestions dont ils m'ont fait part.

I. Définitions et lemmes préliminaires.

I.1. Application de Gauss d'une immersion lagrangienne : Soit $\chi : T^*M \to M$ la fibration cotangente d'une variété M de dimension m. L'espace T^*M est muni de sa structure symplectique naturelle. On note $\Lambda(m) \to \Lambda(M) \to T^*M$ le fibré des plans tangents lagrangiens, où $\Lambda(m)$ désigne la grassmannienne des lagrangiens de l'espace symplectique linéaire standard $\mathbb{C}^m$.

Soit $\varphi : L \to T^*M$ une immersion lagrangienne d'une variété L de dimension m. Le fibré $\varphi^*\Lambda(M)$ possède deux sections naturelles :

- Le champ lagrangien vertical $V\varphi$, $x \in L \mapsto \operatorname{Ker} T_{\varphi(x)}\chi$;
- L'application de Gauss $G\varphi$, $x \in L \mapsto T_x\varphi\,(T_xL)$.

I.2. Stabilisation : Soient $k \geq 0$ un entier et π la projection $M \times \mathbb{R}^k \to M$. L'espace $T^*(M \times \mathbb{R}^k)$ est symplectiquement isomorphe à $T^*M \times \mathbb{C}^k$. L'application $\Lambda(m) \to \Lambda(m+k)$, $\Pi \mapsto \Pi \oplus (1+i)\mathbb{R}^k$, donne une injection $\Lambda(M) \to \Lambda(M \times \mathbb{R}^k)$ au-dessus de l'inclusion $T^*M \times \{0\} \subset T^*M \times \mathbb{C}^k$. Il en résulte un fibré induit sur L, noté abusivement $\varphi^*\Lambda(M \times \mathbb{R}^k)$, et des sections $V_k\varphi$ et $G_k\varphi$ de ce fibré qui sont les k-ièmes stabilisations de $V\varphi$ et $G\varphi$.

I.3. Formes génératrices et réduction symplectique : On désigne par H l'espace $T^*M \times \mathbb{R}^k \subset T^*M \times \mathbb{C}^k$, conormal aux fibres de π. La sous-variété H est coïsotrope et son feuilletage caractéristique a pour feuilles les $\{pt\} \times \mathbb{R}^k$. Si S est une sous-variété lagrangienne de $T^*M \times \mathbb{C}^k$ qui coupe transversalement H, la restriction à $S \cap H$ de la projection $H \rightarrow T^*M$ est une immersion lagrangienne (cf.[6]). L'opération qui consiste à intersecter transversalement avec H une lagrangienne S puis à projeter sur T*M s'appelle la réduction symplectique de S.

Soit σ une 1-forme différentielle fermée définie sur une sous-variété $N \subset M \times \mathbb{R}^k$ de codimension 0 (éventuellement à bord) ; le graphe S de σ est une sous-variété lagrangienne de $T^*M \times \mathbb{C}^k$.

Définition : On dit que σ est une *forme génératrice* (à k variables externes) si S coupe transversalement H. Une telle forme «engendre» une immersion lagrangienne par réduction symplectique de son graphe.

Etant donné l'immersion lagrangienne $\varphi : L \rightarrow T^*M$, une forme génératrice qui décrit φ est un couple (ψ, σ) formé :

- d'un plongement $\psi : L \rightarrow M \times \mathbb{R}^k$ au-dessus de la projection lagrangienne $\chi \circ \varphi$, i.e. tel que $\pi \circ \psi = \chi \circ \varphi$. (La terminologie "projection lagrangienne est celle de V.I. ARNOLD [7]).
- d'une forme génératrice σ définie au voisinage de $\psi(L)$ et qui engendre φ, c'est-à-dire que son graphe S coupe transversalement H exactement au-dessus de $\psi(L)$ et que φ est l'application composée

$$L \approx \psi(L) \xrightarrow{\sigma} S \cap H \xrightarrow{\text{proj}} T^*M.$$

I.4. Plongement dans un espace numérique : Grâce à l'astuce suivante, due à Y.TCHEKANOV, il suffit de démontrer le théorème dans le cas où M est un espace numérique. On regarde M comme sous-variété plongée dans $\mathbb{R}^n$; le plongement tangent $TM \rightarrow T\mathbb{R}^n$ donne, par dualité euclidienne, un plongement symplectique $T^*M \rightarrow T^*\mathbb{R}^n$ et l'application composée $L \xrightarrow{\varphi} T^*M \rightarrow T^*\mathbb{R}^n$ est une immersion isotrope.

Lemme : *Il existe une variété* L' *de dimension* n *contenant* L, *compacte (à bord) si* L *est compacte, et une immersion lagrangienne* φ' *de* L' *dans* $T^*\mathbb{R}^n$ *qui prolonge* φ *et vérifie :*

(i) $G\varphi$ *et* $V\varphi$ *sont homotopes à stabilisation près, si et seulement si* $G\varphi'$ *et* $V\varphi'$ *le sont.*

(ii) φ *se laisse décrire par une forme génératrice à* k *variables externes si et seulement si c'est le cas pour* φ'.

Démonstration : On identifie l'espace $T^*\mathbb{R}^n = \{(q,p)\}$ à $\mathbb{C}^n = \{q+ip\}$. On note ν le fibré normal de M dans $\mathbb{R}^n$ et $\chi^*\nu$ le rappel de ν par la projection $\chi : T^*M \rightarrow M$; on réalise ν dans $T\mathbb{R}^n$ comme orthogonal euclidien de TM et $\chi^*\nu$ dans $T\mathbb{C}^n|_{T^*M}$ par transport parallèle le long des fibres de T*M. Dans $T\mathbb{C}^n|_{T^*M}$, l'orthogonal euclidien ξ (qui est aussi l'orthogonal symplectique) du fibré tangent à T*M est le complexifié du fibré $\chi^*\nu \subset T\mathbb{C}^n|_{T^*M}$. Ainsi, $\xi = (\chi^*\nu) \oplus i\,(\chi^*\nu)$ est un fibré symplectique qui contient de nombreux sous-fibrés lagrangiens. Si η est un sous-fibré lagrangien de ξ, alors $T\varphi\,(TL) \oplus \eta|_{\varphi(L)}$ est un sous-fibré lagrangien de $T\mathbb{C}^n|_{\varphi(L)}$ tangent à l'immersion isotrope $\varphi : L \rightarrow \mathbb{C}^n$. Or :

I.5. Lemme (cf.[6]) : *Soient* $\theta : L \to \mathbb{C}^n$ *une immersion isotrope et* $\Theta \subset \theta^* T\mathbb{C}^n$ *un sous-fibré lagrangien tangent à* θ : *pour tout* $x \in L$, Θ_x *contient* $T_x\theta\,(T_xL)$. *Alors* θ *se prolonge en une immersion lagrangienne* $\theta' : L' \to \mathbb{C}^n$, *tangente à* Θ *le long de* L, *où* L' *est un tube autour de la section nulle* L *de* Θ/TL.

I.6. Fin de l'argument de I.4. : Dans $\xi = (\chi^*\nu) \oplus i\,(\chi^*\nu)$, on considère le sous-fibré lagrangien $\eta = (1+i)\,\chi^*\nu$ et on note $\varphi' : L' \to \mathbb{C}^n$ l'immersion lagrangienne donnée par le lemme I.5. Alors :

a) φ' vérifie (i) de I.4. Il est clair que si $G_k\varphi$ est homotope à $V_k\varphi$, alors $G_k\varphi'$ est homotope à $V_k\varphi'$. En revanche, une homotopie entre $G_k\varphi'$ et $V_k\varphi'$ ne donne en général pas une homotopie entre $G_k\varphi$ et $V_k\varphi$. Cependant, $G_k\varphi'|_L$ est une stabilisation (non triviale car ν n'est pas un fibré trivial : comparer avec I.3.) de $G\varphi$. Après une nouvelle stabilisation non triviale utilisant un fibré ν' sur M tel que $\nu \oplus \nu'$ soit trivial, on obtient une homotopie entre $G_{k+h}\varphi$ et $V_{k+h}\varphi$ (pour un entier h convenable).

b) φ' vérifie (ii). On suppose d'abord que (ψ,σ) est une forme génératrice de φ à k variables externes. On note ψ' le plongement $L' \to \mathbb{R}^{n+k}$ obtenu en plongeant les fibres du tube L' (voisinage de la section nulle dans $\varphi^*(\chi^*\nu)$) par l'exponentielle euclidienne. On obtient une forme génératrice de φ' définie près de $\psi'(L')$ en appliquant le lemme I.5. à la somme de η et du fibré tangent au graphe de σ. Inversement, soit (ψ',σ') une forme génératrice de φ' ; $\psi' : L' \to \mathbb{R}^{n+k}$ est un plongement au-dessus de la projection lagrangienne de φ' (en particulier, $\psi'(L)$ est contenu dans $M \times \mathbb{R}^k$) et σ' est une forme définie près de $\psi'(L')$ sur une sous-variété $N' \subset \mathbb{R}^{n+k}$ de codimension 0. Alors on vérifie que $\psi = \psi'|_L : L \to M \times \mathbb{R}^k$ et $\sigma = \sigma'|_N$ où $N = N' \cap (M \times \mathbb{R}^k)$ constitue une forme génératrice de φ.

II. Sections génératrices d'immersions lagrangiennes dans $\mathbb{C}^n$.

II.1. Notations : Désormais, L est une variété de dimension n et $\varphi : L \to \mathbb{C}^n$ est une immersion lagrangienne. Les fibrés grassmanniens sur $\mathbb{C}^n$ étant naturellement trivialisés, l'application de Gauss $G\varphi$ et ses stabilisations $G_k\varphi$ sont maintenant à valeurs dans $\Lambda(n)$ et $\Lambda(n+k)$ respectivement. On veut montrer que :

Théorème : *Si* L *est compacte* , φ *possède une forme génératrice si et seulement si, pour* k *assez grand,* $G_k\varphi$ *est homotope à une constante.*

II.2. Transversalités : Si σ est une forme génératrice à k variables externes, les plans tangents à son graphe S sont transverses à la fois à $H = \mathbb{C}^n \oplus \mathbb{R}^k$ (car σ est une forme génératrice) et à $i\mathbb{R}^{n+k}$ (car S est un graphe). Ces conditions de transversalité déterminent des sous-ensembles de $\Lambda(n+k)$:

- $\Lambda_o(n+k)$: ensemble (contractile) des lagrangiens transverses à $i\mathbb{R}^{n+k}$;
- $\Lambda(n,k)$: ensemble des lagrangiens transverses à H ;
- $\Lambda_o(n,k) = \Lambda_o(n+k) \cap \Lambda(n,k)$.

II.3. Réduction symplectique linéaire : La réduction symplectique définit une application $\rho_{n,k}$: $\Lambda(n,k) \to \Lambda(n)$ qui, à un lagrangien Π, associe la projection sur $\mathbb{C}^n$ de $\Pi \cap (\mathbb{C}^n \oplus \mathbb{R}^k)$.

Lemme : $\rho_{n,k} : \Lambda(n,k) \to \Lambda(n)$ *est une fibration localement triviale à fibres contractiles.*

Démonstration : L'action transitive du groupe unitaire $U(n)$ sur $\Lambda(n)$, $F.\Pi = F^{-1}(\Pi)$, admet des sections locales et se relève en une action sur $\Lambda(n,k)$; donc $\rho_{n,k}$ est une fibration localement triviale. Par ailleurs la fibre au dessus de $\mathbb{R}^n$ est isomorphe à $\Lambda_o(k)$.

II.4. Sections génératrices d'une immersion lagrangienne : Si σ est une forme génératrice qui engendre φ, les plans tangents à son graphe déterminent une application $\phi : L \to \Lambda_o(n,k)$ qui relève l'application de Gauss $G\varphi$ au sens où $\rho_{n,k} \circ \phi = G\varphi$. On appelle *section génératrice* de φ toute application $\phi : L \to \Lambda_o(n,k)$ vérifiant cette condition.

Proposition : *Si* L *est compacte,* φ *possède une section génératrice si et seulement si, pour* h *assez grand,* $G_h\varphi$ *est homotope à une constante.*

La démonstration occupe la fin de la section II.

II.5. On suppose que φ possède une section génératrice $\phi : L \to \Lambda_o(n,k)$. Comme applications vers $\Lambda(n,k)$, $G_k\varphi$ et ϕ sont deux relèvements de $G\varphi$ par $\rho_{n,k}$ et sont donc homotopes ; par ailleurs ϕ est à valeurs dans $\Lambda_o(n,k) \subset \Lambda_o(n+k)$ donc, cet espace étant contractile, ϕ et par suite $G_k\varphi$ sont homotopes à une constante.

II.6. On suppose désormais que la k-ième stabilisation $G_k\varphi : L \to \Lambda(n,k)$ est homotope à une constante dans $\Lambda(n+k)$. Pour montrer la proposition, il suffit de montrer qu'il existe un entier h et une application $\phi : L \to \Lambda_o(n+k, h)$ telle que $\rho_{n+k,h} \circ \phi = G_k\varphi$. En effet, si Π appartient à $\Lambda_o(n+k, h)$ et si $\rho_{n+k,h}(\Pi) \in \Lambda(n, k)$, alors $\Pi \in \Lambda_o(n, k+h)$ et $\rho_{n,k+h}(\Pi) = \rho_{n,k} \circ \rho_{n+k,h}(\Pi)$.

Dans la suite $m=n+k$, et $(G_t)_{t\in[0,1]}$ est une homotopie d'applications $L \to \Lambda(m)$ telle que $G_1 = G_k\varphi$ et pour tout $x \in L$, $G_o(x) = \mathbb{R}^m$. L'application $U(m) \to \Lambda(m)$, $F \mapsto F^{-1}(\mathbb{R}^m)$ étant une fibration, l'homotopie (G_t) se relève en une homotopie $(F_t)_{t\in[0,1]}$ d'applications $L \to U(m)$ avec, pour tout $x \in L$, $F_o(x) = id$. On va maintenant utiliser cette homotopie pour trouver une section génératrice globale.

II.7. Soit $U_o(m) \subset U(m)$ l'ouvert des transformations F telles que $F(i\mathbb{R}^m)$ soit transverse à $\mathbb{R}^m$.

Lemme : *Il existe une application continue* $\tau_h : U_o(m) \times \Lambda_o(m,h) \to \Lambda_o(m, 2m+h)$ *telle que, pour tout* $(F,\Pi) \in U_o(m) \times \Lambda_o(m,h)$, *on ait :* $\rho_{m,2m+h} \circ \tau_h(F,\Pi) = F^{-1}(\rho_{m,h}(\Pi))$.

Démonstration : On note $F : \mathbb{C}^m \to \mathbb{C}^m$, $q+ip \mapsto v+iu$ et $\mathbb{C}^{m+h} = \{ (q'+ip', u'+iv') \}$. Le graphe Γ de F est lagrangien dans $(\mathbb{C}^m \times \mathbb{C}^m, dq\wedge dp - dv\wedge du)$, qui n'est autre que l'espace $(\mathbb{C}^{2m} = \{ (q+ip,u+iv) \}, dq\wedge dp + du\wedge dv)$, et il est dans cet espace transverse à $i\mathbb{R}^{2m}$, car $F \in U_o(m)$. De plus, on lit $F^{-1}(\rho_{m,h}(\Pi))$ comme l'ensemble des points $q+ip \in \mathbb{C}^m$ au-dessus desquels existe un point (q+ip, u+iv, q'+ip', u'+iv') $\in \Gamma \times \Pi$ avec v-q'= 0, p'-u = 0, et v' = 0. Le produit $\Gamma \times \Pi$ contenu dans ($\mathbb{C}^{2m} \times \mathbb{C}^{m+h}$, $dq\wedge dp + du\wedge dv + dq'\wedge dp' + du'\wedge dv'$) est lagrangien. Par ailleurs, $\Gamma \times \Pi$ est transverse au sous-espace coïsotrope d'équations v-q' = 0, p'-u = 0, v'= 0. En effet, comme F est inversible, l'application (q+ip, u+iv) $\in \Gamma \mapsto$ (v,u) est surjective et, comme dans $\mathbb{C}^{m+h}$, le lagrangien Π est transverse au sous-espace v'=0, l'application (q'+ip', u'+iv') $\in \Pi \mapsto$ v' est surjective ; par conséquent, la restriction à $\Gamma \times \Pi$ de l'application (q+ip, u+iv, q'+ip', u'+iv') $\mapsto$ (v - q', p'- u, v') est surjective, d'où la transversalité. Ainsi le changement de coordonnées symplectiques (fibré au dessus de $\mathbb{R}^{2m+m+h}$) : (q, p, u, v, q', p', u', v') $\mapsto$ (q, p, u, v-q', q', p'-u, u', v') transforme $\Gamma \times \Pi$ en l'élément de $\Lambda_o(m,2m+h)$ cherché.

II.8. fin de la preuve : Si pour tout $t \in [0,1]$ et pour tout $x \in L$, $F_t(x) \in U_o(m)$, alors l'application $G_k\varphi$ est à valeurs dans $\Lambda_o(n,k)$ et est une section génératrice. Sinon, pour en trouver une, on prend une subdivision $0 = t_o < t_1 < \ldots < t_r = 1$ de [0,1] assez fine pour que $F_{t_j}(x) \circ (F_{t_{j-1}}(x))^{-1} \in U_o(m)$ pour $1 \leq j \leq r$ et tout $x \in L$ (on utilise ici la compacité de L). Si pour $t \leq t_j$, $\phi_t^j : L \to \Lambda_o(m,h)$ vérifie $\rho_{m,h} \circ \phi_t^j = G_t$, on pose, pour $t_j \leq t \leq t_{j+1}$: $\phi_t^{j+1}(x) = \tau_h\left(F_t(x) \circ (F_{t_j}(x))^{-1}, \phi_{t_j}^j(x)\right)$ pour tout $x \in L$. Alors ϕ_1^r est une section génératrice.

III. Intégrabilité.

III.1. Problèmes d'intégrabilité : Trouver une forme génératrice à partir d'une section génératrice est possible mais assez difficile si on s'interdit d'ajouter de nouvelles variables externes (cf. [5]). C'est en revanche facile sans cette contrainte ; en fait, on va montrer qu'étant donné un plongement quelconque $\psi' : L \to \mathbb{R}^{k'}$, on peut décrire φ par une forme génératrice σ définie près de l'image du plongement $\psi = (\mathrm{Re}\varphi) \times \psi' : L \to \mathbb{R}^{n+k'}$ ($\mathrm{Re}\varphi : L \to \mathbb{R}^n$ est la projection lagrangienne de φ) en sorte qu'à stabilisation près, la section génératrice induite par σ soit homotope à une section génératrice donnée arbitrairement.

III.2. Deux remarques.

a) Soit $\psi = (\mathrm{Re}\varphi) \times \psi' : L \to \mathbb{R}^{n+k}$ une application lisse. Toute section génératrice de φ, $\phi : L \to \Lambda_o(n,k)$, induit au dessus de ψ un morphisme injectif $\Psi : TL \to T\mathbb{R}^{n+k}$ vérifiant $T\pi \circ \Psi = T(\mathrm{Re}\varphi)$ comme suit : $\forall x \in L$, $\phi(x) \cap (\mathbb{C}^n \oplus \mathbb{R}^k)$ se projette régulièrement dans $\mathbb{C}^n$ sur $G\varphi(x)$; comme $G\varphi(x)$ est paramétré par $T_x\varphi$, alors $\phi(x) \cap (\mathbb{C}^n \oplus \mathbb{R}^k)$ et, par suite, sa projection sur $\mathbb{R}^{n+k}$ sont naturellement paramétrés. Le morphisme ainsi obtenu est injectif car $\phi(x) \in \Lambda_o(\ldots)$ pour tout x.

b) Le groupe GL(n+k, π) des transformations linéaires α de $\mathbb{R}^{n+k}$ qui respectent la projection π sur $\mathbb{R}^n$ ($\pi \circ \alpha = \pi$) opère symplectiquement sur $\mathbb{C}^{n+k}$ par : $\alpha.(q+ip,u+iv) = \alpha(q,u) + i\, {}^t\alpha^{-1}(p,v)$; il opère donc sur $\Lambda(n+k)$ et on vérifie immédiatement que $\Lambda_o(n,k)$ est invariant et que l'action respecte la réduction symplectique linéaire : $\rho_{n,k}(\alpha.\Pi) = \rho_{n,k}(\Pi)$.

III.3. Stabilisation et connexité : On se donne une section génératrice de φ, $\phi : L \to \Lambda_o(n,k)$, un plongement $\psi' : L \to \mathbb{R}^{k'}$ et on note ψ le plongement $(\mathrm{Re}\varphi) \times \psi'$ de L dans $\mathbb{R}^{n+k'}$.
Pour $h \geq 0$ entier, l'application de L dans $\Lambda_o(n,k+h)$, $x \mapsto \phi(x) \oplus (1+i)\mathbb{R}^h$ est encore une section génératrice de φ. Pour $h' \geq 0$ entier, on note encore ψ le plongement $L \to \mathbb{R}^{n+k'+h'}$, $x \mapsto \psi(x) \oplus 0$.
Quitte à stabiliser ϕ et ψ comme ci-dessus, on peut donc supposer que $k = k'$. De plus, pour k assez grand, l'espace des morphismes injectifs $\Psi : TL \to T\mathbb{R}^{n+k}$ au dessus de ψ qui vérifient $T\pi \circ \Psi = T(\mathrm{Re}\varphi)$ est connexe. Soit alors $(\Psi_t)_{t \in [0,1]}$ un chemin continu dans cet espace entre le morphisme Ψ_o induit par ϕ et $\Psi_1 = T\psi$. Dans le lemme qui suit, pour $t \in [0,1]$ et $x \in L$, on regarde $\Psi_t(x)$ comme un plongement linéaire $T_xL \to \mathbb{R}^{n+k}$.

III.4. Lemme : *Il existe une homotopie* $\Gamma_t : L \to GL(n+k, \pi)$, $t \in [0,1]$, *vérifiant :*
(i) $\Gamma_o(x) = \mathrm{id}$ *pour tout* x ;
(ii) $\Gamma_t(x) \circ \Psi_o(x) = \Psi_t(x)$ *pour tout couple* (t,x).

Démonstration : Pour tout x dans L, $(\Psi_t(x))_{t \in [0,1]}$ est une isotopie de plongements linéaires ; on peut la prolonger en une isotopie ambiante $(\Gamma_t(x))$ de transformations linéaires qui respectent π car $\pi \circ \Psi_t = \pi \circ \Psi_o$ pour tout t. Enfin, on rend aisement cette construction continue en x.

III.5. Conclusion : L'application $\Theta : L \to \Lambda_o(n,k)$, $x \mapsto \Gamma_1(x).\phi(x)$ est une section génératrice de φ puisque l'action de GL $(n+k,\pi)$ sur $\Lambda_o(n,k)$ respecte la réduction symplectique linéaire. De plus, pour cette même raison et par construction de Γ_1, Θ est tangente au plongement isotrope $\theta : L \to \mathbb{C}^{n+k}$, $x \mapsto \varphi(x) \oplus \psi'(x)$ élément de $\mathbb{C}^n \oplus \mathbb{R}^k \subset \mathbb{C}^{n+k}$. Ceci signifie que $\Theta(x)$ contient $T_x\theta\,(T_xL)$ pour tout $x \in L$. D'après le Lemme I.5, il est alors possible de prolonger θ en un germe de plongement lagrangien tangent à Θ ; mais comme Θ est une section génératrice, un tel germe de plongement est le graphe d'une forme génératrice σ qui décrit φ.

Références :

[1] : J. A. LEES : Defining lagrangian immersions by phase functions, T.A.M.S., 250, 1979, p.213-222.

[2] : F. LATOUR : Transversales lagrangiennes et formes génératrices, Prépublication, Dep. Math. Orsay.

[3] : F. LAUDENBACH : Immersions lagrangiennes et fonctions génératrices, Séminaire sud-rhodanien de géométrie VI, Ed. P. DAZORD et al., Lyon 1986, Travaux en cours, Hermann (Paris) 1987.

[4] : J.C. SIKORAV : Problèmes d'intersections et de points fixes en géométrie hamiltonienne, Comment. Math. Helv. 62 (1987), pp. 62-73.

[5] : E. GIROUX : Formes génératrices d'immersions lagrangiennes, Comptes Rendus de l'Ac. des Sc. de Paris, t 306, série I, p761-764, 1988.

[6] : A. WEINSTEIN : Lectures on symplectic manifolds, CBMS Reg. Conf. in maths, 29, A.M.S., 1977.

[7] : V.I. ARNOLD : Normal forms for functions near degenerate critical points, ..., Funct. Anal. & its Appl. 6, 254-272.

Emmanuel GIROUX,
Département de mathématiques et informatique,
ENS Lyon,
46, allée d'Italie,
69364, LYON Cedex 07.

DYNAMICAL SYMMETRIES OF MONOPOLE SCATTERING

P. A. HORVÁTHY
Département de Mathématiques et d'Informatique
(Unité N°399 associé au CNRS)
Université de METZ F-57045 METZ Cedex

1. Scattering of Bogomolny Prasad-Sommerfield Monopoles

An SU(2) monopole (in the Prasad-Sommerfield (1975) limit) is a static, purely magnetic ($A_o = 0$) Yang-Mills-Higgs configuration (Φ, A_j) which is a finite-energy stationary point of the energy functional

$$E = \int d^3x \; \mathrm{Tr} \{(1/4)(F_{ij}F^{ij}) + (1/2)(D_j\Phi \, D^j \Phi)\}, \tag{1.1}$$

where $D_i = \partial_i + e\,[A_i, \,.\,]$ is the gauge-covariant derivative and $F_{ij} = \partial_i A_j - \partial_j A_i - [A_i, A_j]$ is the field strength tensor. The Higgs field Φ is required furthermore to satisfy $|\Phi| \to 1$ as $r \to \infty$. (For reviews on monopoles see, e. g., Goddard and Olive 1978; Coleman 1983).

The asymptotic values of the Higgs field provide us with a mapping of the sphere at infinity $\mathbb{S}$ into the homogenous space SU(2)/U(1), which is again a two-sphere. To such a map is associated an integer 'quantum' number m which counts the number of times Φ covers the target two-sphere $\mathbb{S}^2$. m labels the homotopy class Φ defines in $\pi_2(\mathbb{S}^2) \approx \mathbb{Z}$. This number is invariant under smooth deformations of the fields. Those configurations with different 'quantum' numbers are separated by infinite energy barriers. The theory splits therefore into topological sectors, labelled by the integer m. In other words, the connected components of $\mathcal{C}$, the set of finite-energy YMH configurations, are labelled by the integers m: $\pi_o(\mathcal{C}) \approx \pi_2(\mathbb{S}^2) \approx \mathbb{Z}$.

For large distances the SU(2) symmetry is spontaneously broken to U(1): the only surviving component of the Yang-Mills field is the one parallel to Φ, and the field strength behaves as that of a Dirac monopole,

$$F_{ij}{}^a \approx \mathcal{F}_{ij}\,\Phi^a = m\,(\epsilon_{ijk}\, r^k / er^3)\,\Phi^a\ , \tag{1.2}$$

whose magnetic charge is $g = (1/4\pi)\int dS^i \epsilon_{ijk}\mathcal{F}_{jk}/2 = (m/4\pi e)\int dS^i \,\mathrm{Tr}\, \epsilon_{ijk}F^{jk}\Phi/2 = m/e$. This justifies the terminology. A particularly important role is played by the solutions of the Bogomolny (1976) equations

$$D_i\Phi = (\epsilon_{ijk}/2)\, F^{jk}\,, \tag{1.3}$$

The Bogomolny solutions form the *absolute minima* in each topological sector : the energy functional (1.1) is transformed, by adding and subtracting $\pm(\epsilon_{kij}/2)\mathrm{Tr}(F^{ij}D^k\Phi)$, applying a partial integration and converting into a surface integral on the two-sphere at infinity, into

$$E = (1/8)\int d^3x\ \mathrm{Tr}\{F_{ij} - \epsilon_{ijk}D^k\Phi\}^2 \pm \int_{\mathbb{S}} dS^k\ (\epsilon_{kij}/2)\ \mathrm{Tr}(F^{ij}\Phi). \qquad (1.4)$$

The second term here is just $4\pi g$, and is therefore a *topological invariant.* Since the first term is non-negative, we see that, in each topological sector, $E \geq E_{min} = 4\pi g$, and equality is only achieved for solutions of the Bogomolny equation (1.3). The spherically symmetric Bogomolny equation is easily solved (Bogomolny 1976; Goddard and Olive 1978) to yield the Prasad - Sommerfield (1975) solution

$$\Phi^a = \frac{x^a}{r}\left(\coth r - \frac{1}{r}\right), \qquad A_i^a(r) = \epsilon_{iab}\frac{x^a}{r^2}\left(\frac{r}{\mathrm{sh}\ r} - 1\right) \qquad (1.5)$$

The Prasad-Sommerfield (1975) solution has topological charge 1. The Higgs field has one zero, which we can identify with the monopole's 'location'. The BPS solution has four collective coordinates, namely the three coordinates of its centre of mass and a phase angle: $\mathcal{M}_1$, the space of charge-1 solutions, (called the *moduli space*) is $\mathcal{M}_1 \approx \mathbb{R}^3 \times \mathbb{S}^1$. When the collective coordinates are time-dependent, the monopole acquires momentum and electric charge - it becomes a moving dyon.

The possibility of having higher-charged static configurations is understood as due to the cancellation of the repulsive magnetic force by an attractive force mediated by the massless scalar field (Manton 1977). Of particular interest are the *2-monopole* solutions (Forgács et al. 1981; 1982; Ward 1981a-b). The general the 2-monopole solution has eight collective coordinates. The moduli space $\mathcal{M} = \mathcal{M}_2$ has the topology (Donaldson 1984; Hurtubise 1983) of

$$\mathcal{M} = \mathbb{R}^3 \times \frac{\mathbb{S}^1 \times M}{\mathbb{Z}_2}. \qquad (1.6)$$

The Higgs field Φ has two zeros. One type (Fig. 1a) represents two, widely separated 1-monopoles. Another extreme case is when the two zeros coincide (Fig. 1b), which is the only axially-symmetric possibility (Houston and O'Raifeartaigh 1980).

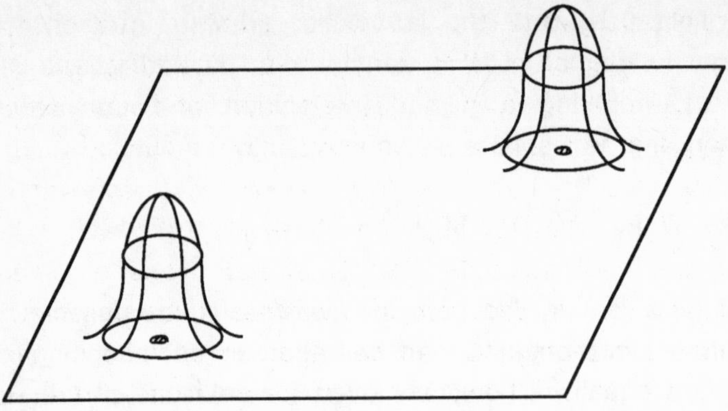

FIG. 1a. The charge-2 Bogomolny equation admits particular solutions representing two, widely-separated BPS1 monopoles. The energy-density has two maxima, concentrated in the neighbourhoods of the two zeros of the Higgs field, which are identified with the 'location' of the two monopoles.

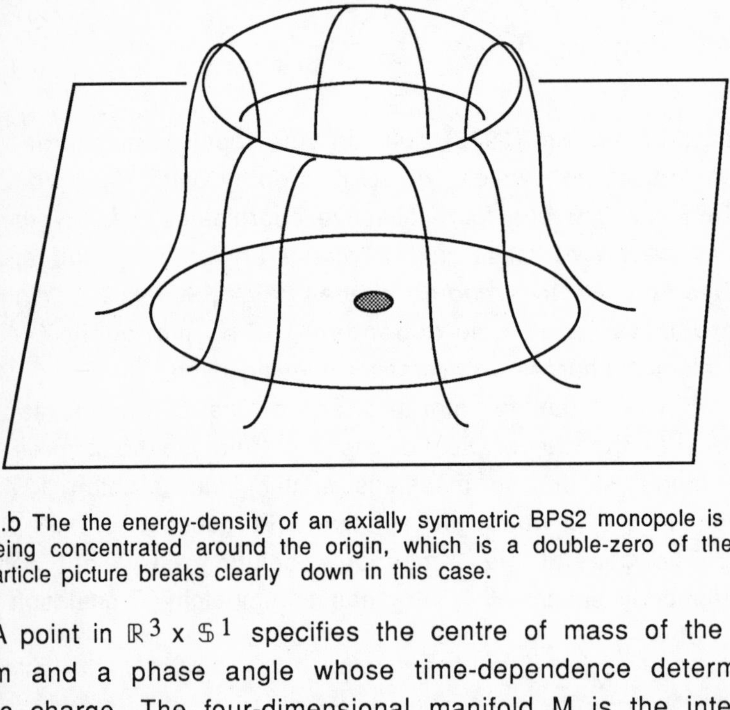

FIG. 1.b The the energy-density of an axially symmetric BPS2 monopole is ring-shaped rather then being concentrated around the origin, which is a double-zero of the Higgs field. The point-particle picture breaks clearly down in this case.

A point in $\mathbb{R}^3 \times \mathbb{S}^1$ specifies the centre of mass of the two monopole system and a phase angle whose time-dependence determines the total electric charge. The four-dimensional manifold M is the interesting part of $\mathcal{M}$. Its points specify the separation of the monopoles and the relative phase angle. The quotient by $\mathbb{Z}_2$ occurs because two monopoles cannot be distinguished. In detail, M consists of pairs $(\pm\mathbf{x}, \pm\mathbf{y})$ of unoriented 3-vectors such that $\mathbf{x}.\mathbf{y} = 0$, $\mathbf{y}^2 = 1$. When $r = |\mathbf{x}| \to \infty$, $\pm\mathbf{x}$ becomes the true separation of the two monopoles, with $\mathbf{y}$ the relative phase. $\mathcal{M}$ is asymptotically a direct product $\mathcal{M}_1 \times \mathcal{M}_1$. The other extreme case is when $\mathbf{x} = 0$, and $\mathbf{y}$ is thus arbitrary. These are the axially symmetric *collision states*; they form a submanifold whose topology is $\mathbb{R}P^2$.

Let $\mathcal{C}$ denote the set of all finite-energy field configurations in the two monopole sector at a fixed time, with gauge-equivalent fields identified. The fields $\mathcal{M} \subset \mathcal{C}$ all have the same energy, which by Bogomolny's argument is the lowest possible. Because of energy conservation, time-varying fields will follow a path in $\mathcal{C}$ close to $\mathcal{M}$ if we specify as initial data a slow motion tangent to $\mathcal{M}$. For example monopoles, or dyons of small electric charge, approaching at slow speed from far away would be described by such initial data. The field evolution in $\mathcal{C}$ can be regarded as the motion of a ball in an infinite dimensional 'bowl' whose bottom is flat in certain directions (FIG.2).

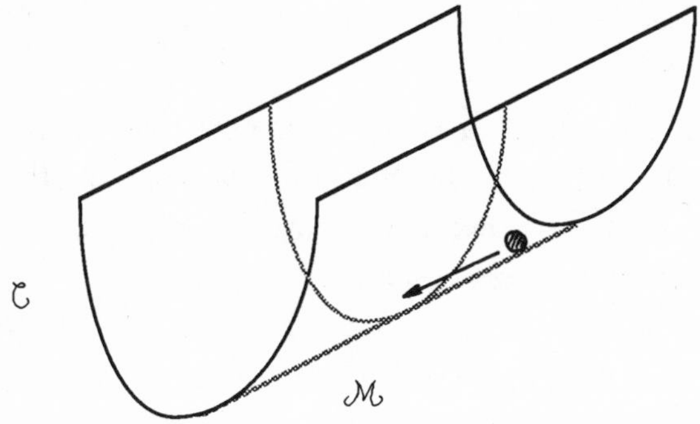

FIG. 2. The field evolution in $\mathcal{C}$ can be regarded as the motion of a point in an infinite dimensional bowl whose bottom, $\mathcal{M}$, is flat in certain directions. The kinetic term of the underlying field theory defines a metric on $\mathcal{C}$ and thus on $\mathcal{M}$; for initial data sufficiently close to $\mathcal{M}$ the path followed by a field configuration is approximately a geodesic in $\mathcal{M}$.

The path which best approximates the true field evolution is found as follows: the kinetic term of the underlying field theory

$$\int d^3x \left\{ \frac{1}{2} \| E_i E_i \| + \frac{1}{2} \| D_0\Phi D_0\Phi \| \right\} \tag{1.7}$$

defines a metric on $\mathcal{C}$ and this naturally induces a metric on $\mathcal{M}$. Since the potential energy is constant on $\mathcal{M}$, the relevant path is a geodesic (Manton 1982). To study monopole scattering we need to know the metric on $\mathcal{M}$ and find its geodesics.

It has not yet been possible to calculate directly the metric on $\mathcal{M}$ from the field theory. Nevertheless, Atiyah and Hitchin (1985a-b; 1988) have found this metric. The metric on $\mathbb{R}^3 \times \mathbb{S}^1$ is the standard one and decouples from the metric on M. This latter has been shown to be hyperkähler. But M is four dimensional, and is thus self-dual. It is therefore a *gravitational instanton*. Since it is spherically symmetric, its line element has the form

$$d^2s = f^2\,dr^2 + a^2\,\sigma_1{}^2 + b^2\,\sigma_2{}^2 + c^2\,\sigma_3{}^2 \tag{1. 8}$$

where f, a, b, and c are functions of r and the σ_i (i = 1, 2, 3) are the standard left-invariant (Maurer-Cartan) 1-forms on SU(2) $\approx \mathbb{S}^3$:

$$\sigma_1 = -\sin\psi\,d\theta + \cos\psi\sin\theta\,d\phi, \quad \sigma_2 = \cos\psi\,d\theta + \sin\psi\sin\theta\,d\phi$$
$$\sigma_3 = d\psi + \cos\theta\,d\phi. \tag{1.9}$$

so that $\sigma_1{}^2 + \sigma_1{}^2 = d\theta^2 + \sin^2\theta\,d\phi^2$. Self-duality requires (Gibbons and Pope 1979)

$$2\,\frac{bc}{f}\,\frac{da}{dr} = (b-c)^2 - a^2 \qquad \text{(cyclic)} \tag{1.10}$$

One solution is the well-know Taub-NUT solution. The other, found by Atiyah and Hitchin (1985a-b, 1988) involves the elliptic integral function, and gives a previously unknown type of gravitational instanton. Chosing f = -b(r)/r, the other coefficients have the expansion

$$a = r\left(1 - \frac{2}{r}\right)^{1/2} - 4r^2\left(1 - \frac{1}{2r^2}\right)e^{-r} + \ldots$$

$$b = r\left(1 - \frac{2}{r}\right)^{1/2} + 4r^2\left(1 - \frac{2}{r} - \frac{1}{2r^2}\right)e^{-r} + \ldots$$

$$c = -2\left(1 - \frac{2}{r}\right)^{-1/2} + \ldots \tag{1.11}$$

where terms of order e^{-2r}-times an algebraic function of r, and in a and b terms of order e^{-r}/r were neglected. For large separations the exponentially decaying terms can be ignored, and the metric tends to the euclidean *Taub-NUT* gravitational instanton with negative mass parameter m = -1/2,

$$ds^2 = \left(1 + \frac{4m}{r}\right)(dr^2 + r^2(d\theta^2 + \sin^2\theta\,d\,\phi^2) + \frac{(4m)^2}{1 + \frac{4m}{r}}(d\psi + \cos\theta\,d\phi)^2 \tag{1.12}$$

also known as the Kaluza-Klein monopole of Gross-Perry (1983) and Sorkin (1983).

Because of the product structure of $\mathcal{M}$ and its metric, the centre of mass momentum and the total electric charge of the two-monopole system is conserved and have no effect on the relative motion on M, that is, on the relative motion of monopoles. For describing the geodesics of M, it is convenient to introduce

$$\Omega_1 = \frac{d\sigma_1}{dt} = \phi^\circ \sin\theta \cos\psi - \theta^\circ \sin\psi \qquad \text{and} \qquad M_1 = a^2 \Omega_1$$

$$\Omega_2 = \frac{d\sigma_2}{dt} = \phi^\circ \sin\theta \sin\psi + \theta^\circ \cos\psi \qquad \text{and} \qquad M_2 = b^2 \Omega_2$$

$$\Omega_3 = \frac{d\sigma_3}{dt} = \phi^\circ \cos\theta + \psi^\circ \qquad \text{and} \qquad M_3 = c^2 \Omega_3 \tag{1.13}$$

The Hamiltonian is then

$$H = \frac{1}{2}\left(f^2 v^2 + \frac{M_1^2}{a^2} + \frac{M_2^2}{b^2} + \frac{M_3^2}{c^2} \right) \tag{1.14}$$

with v = r°. This leads to the equations of motion

$$\frac{dM_1}{dt} = \left(\frac{1}{b^2} - \frac{1}{c^2} \right) M_2 M_3$$

$$\frac{dM_2}{dt} = \left(\frac{1}{c^2} - \frac{1}{a^2} \right) M_3 M_1$$

$$\frac{dM_3}{dt} = \left(\frac{1}{a^2} - \frac{1}{b^2} \right) M_1 M_2$$

$$\frac{d^2 r}{dt^2} = - \frac{1}{f}\frac{df}{dr} \left(\frac{dr^2}{dt^2} \right) + \frac{1}{f^2} \left(\frac{1}{a^3}\frac{da}{dr} M_1^2 + \frac{1}{b^3}\frac{db}{dr} M_2^2 + \frac{1}{c^3}\frac{dc}{dr} M_3^2 \right) \tag{1.15}$$

Not all geodesics are known yet. Atiyah and Hitchin (1985a-b; see also Temple-Raston 1988a) have found some which correspond to pure monopole scattering through a range of angles. Others correspond to scattering processes, where monopoles turn into dyons. There are bound motions (Woitkowski 1987; Manton 1987), some of which are closed (Bates and Montgomery 1988; Temple-Raston 1988b).

In the asymptotic limit a ≈ b, and, by the third equation in (1.15), M_3 is also conserved. Manton's (1985) analysis identifies M_3 with the relative electric charge of the monopoles, which is thus asymptotically conserved.

M_3 is clearly associated with $\partial/\partial\psi$ being an asymptotic symmetry. The asymptotic system *is* integrable.

2. Geodesics in Taub-NUT

The geodesic motion of a particle in the metric (1.12), is described by the Lagrangian $\pounds = (1/2)g_{\mu\nu}\dot{x}^{\mu}\dot{x}^{\nu}$. To the two cyclic variables ψ and t are associated the conserved quantities

$$q = (4m)^2(1+4m/r)^{-1}(\psi^\circ + \cos\theta\,\phi^\circ) \quad \text{and} \quad E = (1/2)(1+4m/r)[v^2 + q^2] \tag{2.1}$$

($\mathbf{v} = \mathbf{r}^\circ$) interpreted as relative electric charge and energy, respectively. The projection into 3-space of the motion is governed therefore by the equation,

$$\frac{d}{dt}p_i = -4mq\,\epsilon_{ijk}\frac{v_j r_k}{r^3} + 2mq^2\frac{r_i}{r^3} - 2mv^2\frac{r_i}{r^3}. \tag{2.2}$$

where we have introduced the *mechanical 3-momentum* $\mathbf{p} = (1+4m/r)\mathbf{r}^\circ$. This complicated equation contains, in addition to the monopole and Coulomb terms, also a velocity-square dependent term, typical for the motion in curved space. Due to manifest spherical symmetry, the monopole angular momentum,

$$\mathbf{J} = \mathbf{r} \times \mathbf{p} + (4mq)\,\mathbf{r}/r, \tag{2.3}$$

is conserved. The classical motions are surprisingly simple, though. The clue is (Gibbons and Manton 1986) that, in addition to angular momentum, **J**, there is also a conserved 'Runge-Lenz' vector, namely

$$\mathbf{K} = \mathbf{p} \times \mathbf{J} - 4m\,(E-q^2)\,\mathbf{r}/r\,. \tag{2.4}$$

(2.3) allows to prove that

$$\mathbf{J}.\mathbf{r}/r = -4mq \qquad \text{and} \qquad [\mathbf{K} + \mathbf{J}(E-q^2)/q].\mathbf{r} = \mathbf{J}^2 - (4mq)^2\,. \tag{2.5}$$

The first of these equations implies that the particle trajectories lie on a *cone* with axis **J** and opening angle $\cos\alpha = 4mq/J$. The second implies that the motions lie in the *plane* perpendicular to the conserved vector $\mathbf{N} = q\mathbf{K} + \mathbf{J}\,(E-q^2)$. They are therefore *conic sections*, see Fig. 3.

The form of the trajectory depends on β, the plane's inclination, being smaller or larger then the complement of the cone's opening angle, $\{\pi/2 - \alpha\}$. Now, $\cos\beta = \mathbf{N}.\mathbf{J}/NJ$. Using the relations

$$\mathbf{K}.\mathbf{J} = -(4m)^2 q\,(E-q^2), \qquad \mathbf{K}^2 = (2E-q^2)(\mathbf{J}^2-(4mq)^2)+4m^2\,(E-q^2)^2, \qquad (2.7)$$

a simple calculation gives that for

- $E < q^2/2$ — the trajectories are ellipses;
- $E > q^2/2$ — the trajectories are hyperbolae;
- $E = q^2/2$ — the trajectories are parabolae.

(Notice that $E < q^2/2$ is only possible for $m < 0$).

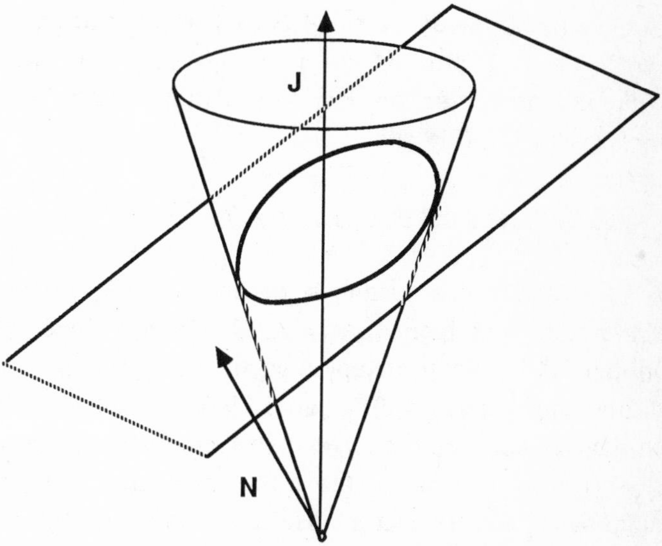

FIG. 3. The particle moves (as usual for monopoles) on a cone whose axis is **J**, conserved angular momentum. On the other hand, it is perpendicular to the vector $\mathbf{N} = q\mathbf{K}+\mathbf{J}(E-q^2)$, and is therefore a *conic section* .

Further progress is made by switching over to the Hamiltonian formalism. Those momenta canonically conjugate to the coordinates are $\pi_i = (1+4m/r)\dot{x}_i - qA_i$, $i = 1, 2, 3$, and $\pi_4 = q$, where $A_r = A_\theta = 0$, $A_\phi = -4m\cos\theta$. The Poisson brackets are $\{x^i, \pi_j\} = \delta^i{}_j$, $\{\psi, \pi_4\} = 1$. The mechanical momentum $\mathbf{p} = \pi + q\,\mathbf{A} = (1+4m/r)\mathbf{r}^\circ$ satisfies therefore the Poisson bracket relations

$$\{p_i, p_j\} = -(4qm)\,\varepsilon_{ijk}\,x^k/r^3, \qquad \{x^i, p_j\} = \delta^i{}_j, \qquad \{\psi, p_j\} = A_j. \qquad (2.8)$$

The Hamiltonian is

$$h = \frac{1}{2}\left(\frac{p_i\,p^i}{1+\frac{4m}{r}} + (1+\frac{4m}{r})\,q^2\right) \qquad (2.9)$$

The Poisson brackets of angular momentum and the Runge-Lenz vector are

$$\{j_i, j_k\} = \varepsilon_{ikn} J^n, \qquad \{j_i, K_k\} = \varepsilon_{ikn} K^n, \qquad \{K_i, K_k\} = (q^2 - 2H)\, \varepsilon_{ikn}\, j^n. \tag{2.10}$$

For each fixed value E of the set (Fehér and Horváthy 1987)

$$\mathbf{M} = \begin{cases} (q^2 - 2E)^{-1/2}\, \mathbf{K} \\ \mathbf{K} \\ (2E - q^2)^{-1/2}\, \mathbf{K} \end{cases} \quad \text{for} \quad \begin{cases} E < q^2/2 \\ E = q^2/2 \\ E > q^2/2 \end{cases}. \tag{2.11}$$

For energies lower then $q^2/2$ the angular momentum **J** and the rescaled Runge-Lenz vector **M** form an o(4) algebra. For $E > q^2/2$ the dynamical symmetry generated by **J** and **M** is rather o(3,1). In the parabolic case $E = q^2/2$ the algebra is $o(3) \otimes_s \mathbb{R}^3$.

3. Geometry and Extension to o(4,2)

The classical example of an o(4)/o(3,1)-generating Runge-Lenz vector is the Kepler problem (Bacry 1967; Györgyi 1968; Moser 1970; Souriau 1974; Cordani 1986). In the Kepler case, the o(4)/o(3,1) symmetry can be extended to the conformal o(4,2) algebra. Recent results (Gibbons and Ruback 1987; Cordani et al. 1988) show that this happens also in our case.

In order to derive the o(4,2) symmetry, we geometrize the problem. We suggest to describe a classical mechanical system by Souriau's *evolution space* formalism. Let (M, Ω) denote in fact a symplectic manifold, and let h be a Hamiltonian. The *evolution space*, endowed with its pre-symplectic form, is

$$\mathcal{E} = M \times R, \qquad \sigma = \Omega + dh \wedge dt. \tag{3.1}$$

The classical motions are the characteristic curves of σ. For the Taub-NUT system the Poisson brackets (2.8) correspond to working with the symplectic form

$$\Omega = d\mathbf{p} \wedge d\mathbf{r} + (-4qm)\, \epsilon_{ijk} r^i dr^j \wedge dr^k / 2r^3. \tag{3.2}$$

on the phase space. The Hamiltonian is (2.9).

Our strategy for understanding the dynamical symmetry is to start with an 'unphysical' system, which carries a *manifest* SU(2,2) action. We consider namely those zero-mass, helicity s coadjoint orbits studied in twistor theory (Penrose and MacCallum 1972; Woodhouse 1976; Fehér 1988). They carry a natural action of SU(2,2). Next, chosing one suitable generator for Hamiltonian and adding a 'fake time' T, we get a (still 'unphysical') evolution space. Then we extend the o(4,2) generators to the 'unphysical' evolution space. Applying a smart canonical transformation, we convert then the 'unphysical' system into Taub-NUT.

A twistor can be represented by a pair of spinors, $Z^\alpha = (\omega^A, \pi_{A'})$ in $\mathbb{T} = (\mathbb{C}^2 \times \mathbb{C}^2)\backslash\{0\}$. The conjugate of Z^α ($\alpha = 0, 1, 2, 3$) is $Z^*_\alpha = (\pi^*_A, (\omega *)^{A'}) = ((\pi_{A'})^*, (\omega^A)^*)$ [here the star means complex conjugate]. The space of twistors is endowed with a hermitian quadratic form of signature (2, 2), given by

$$Z^\alpha Z^*_\alpha = \omega^A \pi^*_A + \pi_{A'} (\omega^*)^{A'}, \qquad A = 0, 1; \;\; A' = 0', 1'. \qquad (3.3)$$

To each real number s we associate a (real) 7-dimensional manifold $\mathbb{T}_s$, namely the level surface

$$Q(Z^\alpha, Z^*_\alpha) = (1/2)\, Z^\alpha Z^*_\alpha = s. \qquad (3.4)$$

$\mathbb{T}$ carries the (by construction) U(2,2) invariant 1-form $\theta = (-i/2)(Z^\alpha dZ^*_\alpha - Z^*_\alpha dZ^\alpha)$, whose exterior derivative, $-d\theta = idZ^\alpha \wedge dZ^*_\alpha$, is a symplectic form on $\mathbb{T}$. The non-vanishing Poisson brackets are thus $\{Z^\alpha, Z^*_\beta\} = -i\delta^\alpha{}_\beta$. The restriction ϖ_s of $-d\theta$ to the level surface $\mathbb{T}_s$ defines a 1-dimensional integrable foliation, and ϖ_s descends to M_s, the quotient of $\mathbb{T}_s$ by the characteristic foliation of ϖ_s. M_s becomes in this way a 6 dimensional symplectic manifold. Explicitly, the characteristic curves of ϖ_s (the Hamiltonian flow of Q) are circles,

$$Z^\alpha \to e^{-i\rho/2} Z^\alpha, \qquad Z^*_\alpha \to {}^{-i\rho/2} Z^*_\alpha, \qquad 0 \le \rho \le 4\pi, \qquad (3.5)$$

which identifies M_s as $\mathbb{T}_s/U(1)$.

The unitary group U(2,2) leaves (by definition) invariant the quadratic form (3.3) and thus also the level surfaces $\mathbb{T}_s$. Clearly, the action of U(2,2) on $\mathbb{T}_s$ is transitive and the 1-form θ is manifestly U(2,2) invariant. The action of the diagonal U(1) subgroup of U(2,2) on $\mathbb{T}_s$ coincides with the flow (3.5). It is therefore only the semisimple subgroup SU(2,2) which acts on the quotient. We get in this way a transitive, symplectic action of SU(2,2) on (M_s, ϖ_s). Souriau's moment map (Souriau 1969) identifies therefore (M_s, ϖ_s) with a coadjoint orbit of SU(2,2), endowed with its canonical symplectic structure.

For $s \neq 0$ the <u>Poincaré subgroup</u> of SU(2,2) acts transitively, so M_s is actually symplectomorphic to the Poincaré orbit $(O_{o,s,+})$, the space of motions of a relativistic zero-mass helicity-s elementary particle.

For s = 0 the situation changes. The action of the Poincaré subgroup on M_o is no more transitive, and M_o is rather the space of motion of a helicity-0, mass-0 particle in *compactified* Minkowski space $\mathbb{S}^1 x \mathbb{S}^3$. In other words, M_o is obtained from the 0-mass Poincaré orbit $(O_{o,o,+})$ by addding those motions along the generators of the light cone at infinity. In fact, $\mathbb{T}_o = \mathbb{T}_o{}^o \cup \mathbb{T}_o{}^\infty$, where $\mathbb{T}_o{}^o = \{(\omega^A, \pi_{A'}) \in \mathbb{T}_o \mid \pi_{A'} \neq 0\}$ and $\mathbb{T}_o{}^\infty = \{(\omega^A, \pi_{A'}) \mid \omega^A \neq 0\}$. The complex projective lines in $\mathbb{PT}$ meeting $\mathbb{PT}_o{}^\infty$ correspond to points at infinity in (compactified and complexified) Minkowski space.

As it will be clear from the parametrization here below, all zero-mass Poincaré orbits are diffeomorphic to $\mathbb{R}^3 x(\mathbb{R}^3 \backslash \{0\})$. This is thus the topology of M_s for $s \neq 0$. The topology of M_o is, in turn, $\mathbb{S}^3 \times (\mathbb{R}^3 \backslash \{0\})$. Indeed, the equation

$$R^\mu = \sigma_\mu{}^{AA'} \pi^*{}_A \pi_{A'} \qquad (3.6)$$

where the σ_μ are the Pauli matrices) determines, for any $\pi_{A'} \in \mathbb{C}^2 \backslash \{0\}$, a unique future-pointing light-like vector $(R^\mu) = (R, \mathbf{R})$ $(R = |\mathbf{R}|)$ in Minkowski space. Conversely, those π's which solve eqn. (3.6) for a given $\mathbf{R}$ belong to a circle. This is clear from the exression

$$\pi_{A'} = \sqrt{R} \begin{pmatrix} \cos \theta/2 \; e^{-i(\psi+\phi)/2} \\ \sin \theta/2 \; e^{i(-\psi+\phi)/2} \end{pmatrix} \qquad (3.7)$$

The vector $\mathbf{R}$ has polar coordinates R, θ, ϕ; the map $\pi_{A'} \to \mathbf{R}$ is thus essentially the projection of the Hopf fibering $\mathbb{S}^3 \to \mathbb{S}^2$. Its (multivalued) inverse is the Kustaanheimo-Stiefel (1965) transformation. Chosing a $\pi_{A'}$, to a pair $(\mathbf{P}, \mathbf{R})$ in $\mathbb{R}^3 x(\mathbb{R}^3 \backslash \{0\})$ we can associate a twistor $Z^\alpha = (\omega^A, \pi_{A'})$ by setting

$$\omega^A = i(P^k \sigma_k{}^{AA'} - i(s/R)\, \sigma_o{}^{AA'})\, \pi_{A'} \,. \qquad (3.8)$$

One sees that for any choice of $\pi_{A'}$ (i.e. of the phase ψ) Z^α belongs to $\mathbb{T}_s$, so the pairs $(\mathbf{P}, \mathbf{R})$ parametrize those circles in eqn. (3.5) and thus the quotient manifold M_s. For s = 0, (the Kepler case), M_o is symplectomorphic to $T^+\mathbb{S}^3$, the cotangent bundle of the 3-sphere with its zero section deleted.

The action of su(2,2) $\simeq$ o(2,4) on $\mathbb{T}$ is generated by the matrices

$$\gamma_{ok} = -\frac{i}{2} \begin{pmatrix} \sigma_k & 0 \\ 0 & -\sigma_k \end{pmatrix}, \qquad \gamma_{jk} = \frac{1}{2} \epsilon_{jkn} \begin{pmatrix} \sigma_n & 0 \\ 0 & \sigma_n \end{pmatrix}$$

$$\gamma_{o6} = \frac{1}{2} \begin{pmatrix} 0 & \sigma_o \\ \sigma_o & 0 \end{pmatrix}, \qquad \gamma_{k6} = \frac{1}{2} \begin{pmatrix} 0 & \sigma_k \\ -\sigma_k & 0 \end{pmatrix}$$

$$\gamma_{o5} = \frac{1}{2}\begin{pmatrix} 0 & \sigma_o \\ -\sigma_o & 0 \end{pmatrix}, \qquad \gamma_{k5} = \frac{1}{2}\begin{pmatrix} 0 & \sigma_k \\ \sigma_k & 0 \end{pmatrix}$$

$$\gamma_{56} = \frac{i}{2}\begin{pmatrix} \sigma_o & 0 \\ 0 & -\sigma_o \end{pmatrix}, \qquad (\gamma_{KL} = -\gamma_{LK}, \quad K, L = 0,\ldots 3, 5, 6) \tag{3.9}$$

Our convention for the metric on $\mathbb{R}^{2,4}$ is $g_{KL} = \mathrm{diag}\,(g_{\mu\mu}, g_{55}, g_{66}) = (+1,-1,-1,-1; -1, +1)$. These matrices leave invariant the quadratic form (2.1) and the symplectic form (2.4). The components of the moment map are $J_{KL} = Z^*_\alpha (\gamma_{KL})^\alpha{}_\beta Z^\beta$. In dynamical group notations on each orbit we have the 15 generators

$$J_{o6} \quad \to \quad \Gamma_o = R(\mathbf{P}^2 + 1)/2 + s^2/2R \tag{3.10a}$$

$$\epsilon_{ijk}J_{jk}/2 \quad \to \quad \mathbf{J} = \mathbf{R} \times \mathbf{P} + s\,\mathbf{R}/R \tag{3.10b}$$

$$J_{5i} \quad \to \quad \mathbf{K} = \mathbf{R}\,(\mathbf{P}^2 - 1)/2 - \mathbf{P}(\mathbf{R}.\mathbf{P}) - s\,\mathbf{J}/R + s^2\,\mathbf{R}/2R^2$$

$$= \mathbf{P} \times \mathbf{J} - (\mathbf{R}/R)\,\Gamma_o \tag{3.10c}$$

$$J_{i6} \quad \to \quad \mathbf{U} = \mathbf{R}\,(\mathbf{P}^2 + 1)/2 - \mathbf{P}(\mathbf{R}.\mathbf{P}) - s\,\mathbf{J}/R + s^2\,\mathbf{R}/2R^2$$

$$= \mathbf{P} \times \mathbf{J} - (\mathbf{R}/R)\,\Gamma_4 \tag{3.10d}$$

$$J_{56} \quad \to \quad D = \mathbf{R}.\mathbf{P} \tag{3.10e}$$

$$J_{io} \quad \to \quad \mathbf{V} = -R.\mathbf{P} \tag{3.10f}$$

$$J_{5o} \quad \to \quad \Gamma_4 = R(\mathbf{P}^2 - 1)/2 + s^2/2R\,. \tag{3.10g}$$

In particular, Γ_o, Γ_4 and D generate an o(2,1) subalgebra; those generators which commute with Γ_o are **J** and **K** which form an o(4) subalgebra - the invariance algebra of the Hamiltonian Γ_o. The remaining o(4,2) generators are called sometimes 'non-invariance' generators. From (3.10) we see that

$$\mathbf{R} = \mathbf{U} - \mathbf{K} \quad \text{and} \quad \mathbf{P} = -\mathbf{V}/R, \tag{3.11}$$

so from the o(2,4) relations $\{J_{KL}, J_{MN}\} = g_{KN}\,J_{LM} + g_{LM}\,J_{KN} - g_{KM}\,J_{KL} - g_{LN}\,J_{KM}$ we derive the symplectic form ϖ_s of $\mathcal{O}_{o,s,+}$

$$\varpi_s = dR_i \wedge dP_i + (s/2R^3)\,\varepsilon_{ijk}\,R^i\,dR^j \wedge dR^k\,. \tag{3.12}$$

Now we construct a classical dynamical system which has a *manifest* su(2,2) ≈ o(4,2) symmetry. Consider in fact the evolution space

$$\mathcal{M} = M_s \times \mathbb{R} = \{\mathbf{R}, \mathbf{P}, T\}, \qquad \Sigma_s = \varpi_s + dH \wedge dT\,, \tag{3.13}$$

where ϖ_s is the symplectic form of the orbit M_s, and we *choose* the Hamiltonian H to be Γ_o,

$$H(\mathbf{R},\mathbf{P}) = \Gamma_o(\mathbf{R},\mathbf{P}) . \qquad (3.14)$$

Let us extend those 15 generators of o(4,2) in (3.10) to $\mathcal{M}$ in a way that they remain conserved along the motions,

$$H^\sim = H = \Gamma_o \qquad (3.15a)$$

$$\mathbf{J}^\sim = \mathbf{J} \qquad (3.15b)$$

$$\mathbf{K}^\sim = \mathbf{K} \qquad (3.15c)$$

$$U^\sim_\alpha = U_\alpha \cos T + V_\alpha \sin T, \quad \alpha = 1, 2, 3, 5 \qquad (3.15d)$$

$$V^\sim_\alpha = - U_\alpha \sin T + V_\alpha \cos T, \quad \alpha = 1, 2, 3, 5 \qquad (3.15e)$$

where we have introduced the 4-vectors $U_\alpha = (\mathbf{U}, D)$, $V_\alpha = (\mathbf{V}, \Gamma_4)$. The conservation of the extended generators is obvious for those which commute with the chosen Hamiltonian. The non trivial extensions satisfy in turn $\partial(f^\sim)/\partial T + \{f^\sim, H^\sim\} = 0$ and are therefore also conserved. For example, using the o(2,1) relations $\{\Gamma_o, \Gamma_4\} = D$, $\{\Gamma_4, D\} = \Gamma_4$, $\{\Gamma_o, D\} = - \Gamma_4$, one verifies that $\{H,D^\sim\} = - \Gamma_4 \cos T + D \sin T = - \partial(D^\sim)/\partial T$.

Combining (3.10) with (3.15) yields an explicit integration of the equations of motion,

$$\mathbf{R}(T) = \mathbf{U} \cos T - \mathbf{V} \sin T - \mathbf{K}. \qquad (3.16)$$

This shows that the orbits are ellipses. The Runge-Lenz vector $- \mathbf{K}$ points from the origin into the center of the ellipse. The orbit is the intersection of the cone $\mathbf{R}.\mathbf{J} = s$ with the plane normal to the vector

$$\mathbf{U} \times \mathbf{V} = - s\mathbf{K} + \Gamma_o \mathbf{J}. \qquad (3.17)$$

Since every motion is infinite and depends regularly on the initial conditions, the space of motions is *globally symplectomorphic* to the T = 0 phase space which is just the SU(2,2) orbit M_s.

The centre of SU(2,2) acts on the coadjoint orbit M_s trivially. The Lie algebra action integrates therefore to a *global symplectic action* of the adjoint group of SU(2,2), which is the *conformal group* $C^\uparrow_+(1,3)$.

Now we relate our abstract dynamical systems to Taub-NUT. On the bound motion part $0 < h < q^2/2$ of the constant-charge evolution space $\mathcal{E}$ let us apply the transformation f: $(\mathbf{r}, \mathbf{p}, t) \to (\mathbf{R}, \mathbf{P}, T)$,

$$\mathbf{R} = \mathbf{r}\,(q^2\text{-}2h)^{1/2}, \qquad \mathbf{P} = \mathbf{p}/(q^2\text{-}2h)^{1/2}, \qquad (3.18a)$$

$$T = (4mh)^{-1} [- (q^2-2h)^{1/2} \mathbf{p.r} - (q^2-2h)^{3/2} t] \qquad (3.18b)$$

A simple calculation shows that the image of the Taub-NUT presymplectic form $\sigma = \Omega + dh\wedge dt$ is, under this transformation, just

$$\Sigma = \varpi_s + dH\wedge dT \qquad \text{where} \qquad H = 4m (h - q^2)/ (q^2-2h)^{1/2}. \qquad (3.19)$$

On the other hand, it is straightforward to show that

$$4m(h - q^2)/(q^2-2h)^{1/2} = R(\mathbf{P}^2 +1)/2 + (4mq)^2/2R = \Gamma_o \qquad (3.20)$$

by setting $s = -4mq$. In the Taub-NUT case $q \neq 0$ by assumption, and the transformation (3.18) is a *global symplectomorphism* between the Taub-NUT and the 'unphysical' system constructed by chosing Γ_o as Hamiltonian. This proves the conformal symmetry of the Taub-NUT system.

Acknowledgement

This talk is based on results obtained in collaboration with B. Cordani and L. Fehér to whom I express my indebtedness.

References

Atiyah M F and Hitchin N J 1985a Phys. Lett. **107A** , 21;

Atiyah M F and Hitchin N J 1985b Phil. Trans. R. Soc. Lon. **A315** , 459;

Atiyah M F and Hitchin N J 1988 *The Geometry and Dynamics of Magnetic Monopoles*, Princeton University Press

Bacry H 1967 Il Nuovo Cimento **41**, 222

Bogomolny E B 1976 Yad. Fiz. **24**, 861

Bates L and Montgomery R 1987 Calgary Preprint

Coleman S 1983 in *The Unity of fundamental interactions* , ('81 Erice Lecture) ed. Zichichi, Plenum: N. Y.

Cordani B 1986 Comm. Math. Phys. **103**, 403;

Cordani B, Fehér L Gy and Horváthy P A 1988 Phys. Lett. **201B**, 481;

Donaldson S K 1984 Comm. Math. Phys. **96**, 387

Fehér L Gy and Horváthy P A 1987 Phys. Lett. **183B**, 182

Fehér L Gy 1988 in Proc. *2nd Hungarian Relativity Workshop* , Budapest' 87, ed. Perjés, World Scientific (to be published)

Forgács P, Horváth Z and Palla L 1981 Phys. Lett. **99B**, 232

Forgács P, Horváth Z and Palla L 1982 in *Monopoles in Quantum Field Theory* , eds. Craigie, Goddard, Nahm, World Scientific p. 21

Gibbons G W and Manton N S 1986 Nucl. Phys. **B274**,183

Gibbons G W and Pope C 1979 Comm. Math. Phys. **66**, 267

Gibbons G W and Ruback P 1987 Phys. Lett. **188B**, 226; 1988 Comm. Math. Phys. **115**, 267

Goddard P and Olive D 1978 Rep. Prog. Phys. **41**, 1357

Gross D J and Perry M J 1983 Nucl. Phys. **B226**, 29;

Györgyi G 1968 Il Nuovo Cimento **53A**, 717

Houston P and O'Raifeartaigh L 1980 Phys. Lett. **93B**, 151

Hurtubise J 1983 Comm. Math. Phys. **92**, 195

Kustaanheimo P and Stiefel E 1965 J. Reine Angew. Math. **218**, 204-219

Manton N S 1977 Nucl. Phys. **B126**, 525

Manton N S 1982 Phys. Lett. **110B**, 54

Manton N S 1985 Phys. Lett. **154B**, 397; (E) **157B** 475

Manton N S 1987 Phys. Lett. **198B**, 226

Moser J 1974 Comm. Pure Appl. Math. **23**, 609-636

Penrose R and MacCallum M A H 1972 Phys. Rep. **C6**, 241

Prasad M K and Sommerfield C M 1975 Phys. Rev. Lett. **35**, 760

Sorkin R 1983 Phys. Rev. Lett. **51**, 87

Souriau J-M 1974 Symp. Math. **14**, 343

Souriau J-M 1969 *Structure des systèmes dynamiques*, Dunod: Paris

Temple-Raston M 1988a Cambridge Preprint DAMTP/88-7

Temple-Raston M 1988b Cambridge Preprint DAMTP/88-15

Ward R 1981a Commun. Math. Phys. **80**, 137;

Ward R 1981b Phys. Lett. **102B**, 136;

Woitkowski M P 1987 Arizona Preprint

Woodhouse N 1977 in *Group Theor. Meths. in Phys.*, Springer LNP **50**

GROUPES DE LIE-POISSON QUASITRIANGULAIRES

Yvette Kosmann-Schwarzbach
U. A. au C. N. R. S. 040751, U. F. R. de Mathématiques Pures et Appliquées
Université des Sciences et Techniques de Lille Flandres Artois
F-59655 Villeneuve d'Ascq

La théorie des *groupes quantiques*, due principalement à Drinfel'd, prend une part de plus en plus grande de l'attention des mathématiciens et des physiciens. La *limite classique* d'un groupe quantique est un *groupe de Lie-Poisson*, c'est-à-dire un groupe de Lie G muni d'une structure de variété de Poisson, compatible avec la multiplication au sens suivant : la multiplication est un morphisme de Poisson de la variété de Poisson produit G × G dans G ou, ce qui est équivalent, le translaté à droite du bivecteur de Poisson de G est un 1-cocycle de G à valeur dans $\mathfrak{g} \otimes \mathfrak{g}$ pour l'action adjointe, où $\mathfrak{g}$ désigne l'algèbre de Lie de G . L'algèbre de Lie d'un groupe de Lie-Poisson est une *bigèbre de Lie*, c'est-à-dire une algèbre de Lie $\mathfrak{g}$ dont l'espace vectoriel dual $\mathfrak{g}^*$ est muni d'une structure d'algèbre de Lie définie par le transposé d'un 1-cocycle de $\mathfrak{g}$ dans $\mathfrak{g} \otimes \mathfrak{g}$ pour l'action adjointe. Un groupe de Lie-Poisson est dit *exact* s'il est défini par la donnée d'une 0-cochaîne de G dans $\mathfrak{g} \otimes \mathfrak{g}$, non nécessairement antisymétrique; la partie symétrique de la 0-cochaîne définit alors une forme bilinéaire symétrique Ad-invariante sur G et le cobord de la partie antisymétrique définit le bivecteur de Poisson de G. De même, une bigèbre de Lie est dite *exacte* si elle est définie par une 0-cochaîne de $\mathfrak{g}$ à valeurs dans $\mathfrak{g} \otimes \mathfrak{g}$. Toute *solution de l'équation de Yang-Baxter généralisée* sur $\mathfrak{g}$, en particulier toute *solution de l'équation de Yang-Baxter classique* (une telle solution est encore applelée un *potentiel triangulaire*) définit une structure de bigèbre de Lie exacte sur $\mathfrak{g}$. Parmi les groupes de Lie-Poisson exacts et les bigèbres de Lie exactes, on peut caractériser les *groupes de Lie-Poisson* dits *quasitriangulaires*, et les *bigèbres de Lie* dites *quasitriangulaires*, définies par des *potentiels quasitriangulaires*, qui correspondent à des *solutions de l'équation de Yang-Baxter modifiée* au sens de Semenov-Tian-Shansky, encore appelées R-*matrices classiques*. Ce sont les bigèbres de Lie quasitriangulaires qui, par l'intermédiaire d'une version du théorème de Kostant-Symes, et à cause de l'existence de structures bihamiltoniennes associées, ont des applications à la résolution des systèmes complètement intégrables classiques, applications qui ne seront pas abordées ici, mais où apparaît clairement le rôle fondamental joué par les potentiels quasitriangulaires.

En fait, les notions de groupe de Lie-Poisson et de bigèbre de Lie sont elles-mêmes des cas particuliers respectivement des notions de *groupe de Lie bicroisé* et de *bigèbre de Lie bicroisée*. Nous nous proposons, dans cette conférence, de définir ces diverses notions et d'exposer leurs propriétés principales, en procédant du général au particulier.

Cette synthèse, en particulier les paragraphes 1 et 2, constitue un travail original par rapport aux divers exposés existant dans la littérature. Le résultat de F. Magri, annoncé au paragraphe 8.5, concernant les structures de Poisson quadratiques sur le dual d'une algèbre de Lie, est inédit. La note bibliographique placée à la fin de l'article indique les références des démonstrations des résultats cités ici. On trouvera la plupart d'entre elles dans l'article [12] écrit par F. Magri et moi-même, qui a précédé quelque peu les travaux de Lu et Weinstein [9] et de Majid [14], auxquels nous avons également emprunté.

1. Algèbres de Lie bicroisées.

Soient $\mathfrak{g}$ et $\mathfrak{h}$ des algèbres de Lie réelles ou complexes. On note $\mathfrak{g} \times \mathfrak{h}$ le produit direct des espaces vectoriels $\mathfrak{g}$ et $\mathfrak{h}$, et l'on cherche à définir sur $\mathfrak{k} = \mathfrak{g} \times \mathfrak{h}$ une structure d'algèbre de Lie $[\ ,\ ]_{\mathfrak{k}}$ telle que $\mathfrak{g}$ et $\mathfrak{h}$ soient des sous-algèbres de Lie de $\mathfrak{k}$. Il existe alors des applications

$$A : \mathfrak{g} \times \mathfrak{h} \longrightarrow \mathfrak{h} ,$$

$$B : \mathfrak{h} \times \mathfrak{g} \longrightarrow \mathfrak{g} ,$$

telles que, pour tous x, x' dans $\mathfrak{g}$ et pour tous ξ, ξ' dans $\mathfrak{h}$,

$$[(x,\xi),(x',\xi')]_{\mathfrak{k}} = ([x,x'] + B_{\xi}x' - B_{\xi'}x,\ [\xi,\xi'] + A_x\xi' - A_{x'}\xi) ,$$

où l'on a posé

$$A(x,\xi) = A_x\xi ,$$

et

$$B(\xi,x) = B_{\xi}x .$$

Pour que la formule ci-dessus définisse un crochet de Lie sur $\mathfrak{k} = \mathfrak{g} \times \mathfrak{h}$, il faut et il suffit que l'identité de Jacobi soit satisfaite pour tous les triplets de la forme $(x,0),(x',0),(0,\xi'')$ et $(x,0),(0,\xi'),(0,\xi'')$. Posons encore $A(x,\xi) = A_{\xi}x$ et $B(\xi,x) = B_x\xi$, et écrivons les composantes sur $\mathfrak{g}$ et sur $\mathfrak{h}$ de ces identités. On obtient les conditions nécessaires et suffisantes :

$$\begin{cases} A \text{ est une représentation de } \mathfrak{g} \text{ dans } \mathfrak{h} , \\ B \text{ est une représentation de } \mathfrak{h} \text{ dans } \mathfrak{g} , \end{cases}$$

$$\begin{cases} A_x[\xi,\xi'] = [A_x\xi,\xi'] + [\xi,A_x\xi'] - A_{B_{\xi}(x)}(\xi') + A_{B_{\xi'}(x)}(\xi) , \\ \\ B_{\xi}[x,x'] = [B_{\xi}x,x'] + [x,B_{\xi}x'] - B_{A_x(\xi)}(x') + B_{A_{x'}(\xi)}(x) , \end{cases}$$

pour tous x, x' dans $\mathfrak{g}$, et pour tous ξ, ξ' dans $\mathfrak{h}$.

Les deux dernières conditions s'écrivent encore, avec les notations précedentes,

$$A_{[\xi,\xi']} = (ad_{\xi} \circ A_{\xi'} - A_{\xi'} \circ B_{\xi}) - (ad_{\xi'} \circ A_{\xi} - A_{\xi} \circ B_{\xi'}) ,$$

$$B_{[x,x']} = (ad_{x} \circ B_{x'} - B_{x'} \circ A_{x}) - (ad_{x'} \circ B_{x} - B_{x} \circ A_{x'}) .$$

La première de ces deux relations exprime que A est un 1-cocycle sur $\mathfrak{h}$ à valeurs dans le $\mathfrak{h}$-module $\mathrm{Hom}(\mathfrak{g},\mathfrak{h})$, l'espace vectoriel $\mathfrak{g}$ étant muni de la structure de $\mathfrak{h}$-module définie par la représentation B .

De même, la deuxième relation exprime que B est un 1-cocycle sur $\mathfrak{g}$ à valeurs dans le $\mathfrak{g}$-module $\mathrm{Hom}(\mathfrak{h},\mathfrak{g})$, l'espace vectoriel $\mathfrak{h}$ étant muni de la structure de $\mathfrak{g}$-module définie par la représentation A .

Lorsque A et B vérifient les conditions qui assurent que $[\ ,\ ]_{\mathfrak{k}}$ est un crochet de Lie, on dit que $\mathfrak{k} = \mathfrak{g} \times \mathfrak{h}$ est une *algèbre de Lie bicroisée.*

Cas particulier. Si $A = 0$ ou $B = 0$, la structure d'algèbre de Lie bicroisée obtenue sur $\mathfrak{k} = \mathfrak{g} \times \mathfrak{h}$ est une structure de *produit semi-direct.*

Actions infinitésimales sur les groupes facteurs.

Supposons que G soit un groupe de Lie d'algèbre de Lie $\mathfrak{g}$. On désigne par ρ_g (resp., λ_g) la translation à droite (resp., à gauche) par un élément g du groupe G, par $T_g\mu$ l'application linéaire tangente en g à un morphisme de variétés μ défini sur G , et par e l'identité du groupe G. On note $\mathfrak{X}(G)$ l'algèbre de Lie des champs de vecteurs sur G. On note x^{ρ} le champ de vecteurs invariant à droite défini par $x \in \mathfrak{g}$.

On suppose que l'action A de $\mathfrak{g}$ sur $\mathfrak{h}$ provient d'une action de groupe de G sur $\mathfrak{h}$, notée encore $g \longrightarrow A_g$, et que B est le 1-cocycle d'algèbre de Lie associé à un 1-cocycle de groupe de Lie $g \longrightarrow b_g$ sur G à valeurs dans $\mathrm{Hom}(\mathfrak{h},\mathfrak{g})$.

A tout $\xi \in \mathfrak{h}$, on associe le champ de vecteurs φ_{ξ} sur G , défini par

$$\varphi_{\xi}(g) = (T_e\rho_g)(b_g(\xi)) .$$

Théorème. Les champs φ_{ξ} vérifient les relations de commutation

$$[\varphi_{\xi},\varphi_{\eta}] = - \varphi_{[\xi,\eta]} .$$

De plus

$$[x^{\rho},\varphi_{\xi}] = (B_x(\xi))^{\rho} - \varphi_{A_x(\xi)} .$$

Corollaire. L'application

$$(x,\xi) \in \mathfrak{g} \times \mathfrak{h} \longrightarrow \Phi_{(x,\xi)} = -(x^{\rho} + \varphi_{\xi}) \in \mathfrak{X}(G)$$

est une action infinitésimale de $(\mathfrak{k}, [\ ,\ ]_{\mathfrak{k}})$ sur G .

En échangeant les rôles de G et H, groupe de Lie d'algèbre de Lie $\mathfrak{h}$, on définit de même une action infinitésimale $x \longrightarrow \psi_x$ de $\mathfrak{g}$ sur H, et une action infinitésimale de $\mathfrak{k}$ sur H.

"Propriété de Drinfel'd" des champs φ_ξ.

On montre que les champs φ_ξ vérifient l'identité suivante, que l'on pourra apppeler la propriété de Drinfel'd, par analogie avec la propriété du bivecteur de Poisson d'un groupe de Lie-Poisson,

$$\varphi_\xi(g.g') = (T_{g'}\lambda_g)\left(\varphi_{A_{g^{-1}}\xi}(g')\right) + (T_g\rho_{g'})\left(\varphi_\xi(g)\right).$$

Les champs ψ_x vérifient une identité analogue.

2. Groupes de Lie bicroisés.

Soit K un groupe de Lie dont on notera $\underset{K}{.}$ la multiplication, et G , H des sous-groupes fermés de K tels que $(g,h) \longrightarrow g \underset{K}{.} h$ soit un difféomorphisme de G × H sur K. On écrira

$$K = G \times H .$$

Si l'on note $\underset{G}{.}$ et $\underset{H}{.}$ des multiplications données sur des groupes de Lie G et H, une structure de groupe de Lie bicroisé sur K = G × H est définie par

$$(g,h) \underset{K}{.} (g',h') = (\beta_{h'}g \underset{G}{.} g', h \underset{H}{.} \alpha_g h')$$

où α (resp., β) est une action à gauche (resp., à droite) de G (resp., H) sur H (resp., G) satisfaisant les conditions supplémentaires

$$\alpha_g(h \underset{H}{.} h') = (\alpha_g h) \underset{H}{.} (\alpha_{\beta_h g} h'),$$

$$\beta_h(g \underset{G}{.} g') = (\beta_{\alpha_{g'} h} g) \underset{G}{.} (\beta_h g').$$

En dérivant ces relations, on voit que l'algèbre de Lie d'un groupe de Lie bicroisé défini par les actions à gauche α et à droite β est une algèbre de Lie bicroisée définie, avec les notations précédentes, par les représentations A et B telles que

$$A_x\xi = \frac{d}{dt}\frac{d}{ds}\,\alpha_{\exp(tx)}\exp(s\xi)\Big|_{\substack{s=0\\t=0}},$$

$$B_\xi x = -\frac{d}{dt}\frac{d}{ds}\,\beta_{\exp(t\xi)}\exp(sx)\Big|_{\substack{s=0\\t=0}}.$$

Les champs de vecteurs φ_ξ et ψ_x ci-dessus sont les générateurs infinitésimaux de l'action à droite β de H sur G et de l'action à gauche α de G sur H , respectivement,

$$\varphi_\xi(g) = \frac{d}{dt}\,\beta_{\exp(t\xi)}g\Big|_{t=0},$$

$$\psi_x(h) = \frac{d}{dt}\,\alpha_{\exp(tx)}h\Big|_{t=0}.$$

3. Algèbres de Lie bicroisées duales.

On suppose maintenant que

$$\mathfrak{k} = \mathfrak{g} \times \mathfrak{h} ,$$

avec

$$\mathfrak{h} = \mathfrak{g}^*,$$

et que

$$A_x = ad^*_x , \quad B_\xi = ad^*_\xi .$$

($\mathfrak{g}^*$ désigne l'espace vectoriel dual de $\mathfrak{g}$, on identifie $\mathfrak{g}^{**}$ et $\mathfrak{g}$, et ad^* désigne l'action coadjointe.) Pour que les représentations A et B définissent sur $\mathfrak{g} \times \mathfrak{h}$ une structure d'algèbre de Lie bicroisée, il reste la condition unique

$$\langle[\xi,\xi'],[x,x']\rangle = \langle ad^*_x\xi',ad^*_\xi x'\rangle + \langle ad^*_{x'}\xi,ad^*_{\xi'}x\rangle - \langle ad^*_x\xi,ad^*_{\xi'}x'\rangle - \langle ad^*_{x'}\xi',ad^*_\xi x\rangle ,$$

dite "condition de Drinfel'd".

De plus, le crochet $[\ ,\ ]_\mathfrak{k}$ laisse invariant le produit scalaire naturel $(\ |\ )$ sur $\mathfrak{k} = \mathfrak{g} \times \mathfrak{g}^*$,

$$((x,\xi)|(\xi',x')) = \langle\xi,x'\rangle + \langle\xi',x\rangle .$$

Notons μ le crochet d'algèbre de Lie sur $\mathfrak{g}$, considéré comme une application linéaire de $\mathfrak{g} \otimes \mathfrak{g}$ dans $\mathfrak{g}$ et notons $\varepsilon : \mathfrak{g} \longrightarrow \mathfrak{g} \otimes \mathfrak{g}$ la transposée du crochet d'algèbre de Lie sur $\mathfrak{g}^*$, considéré comme application linéaire de $\mathfrak{g}^* \otimes \mathfrak{g}^*$ dans $\mathfrak{g}^*$. On obtient le tableau d'équivalences:

Condition de Drinfel'd

$\Updownarrow$

ε est un 1-cocycle de $\mathfrak{g}$ à valeurs dans $\mathfrak{g} \otimes \mathfrak{g}$
(pour l'action adjointe définie par μ)

$\Updownarrow$

${}^t\mu$ est un 1-cocycle de $\mathfrak{g}^*$ à valeurs dans $\mathfrak{g}^* \otimes \mathfrak{g}^*$
(pour l'action adjointe définie par ${}^t\varepsilon$)

4. Bigèbres de Lie.

Une bigèbre de Lie $(\mathfrak{g},[\ ,\ ],\varepsilon)$ est définie par la donnée sur une algèbre de Lie $(\mathfrak{g},[\ ,\ ])$ d'une application linéaire $\varepsilon : \mathfrak{g} \longrightarrow \mathfrak{g} \otimes \mathfrak{g}$ telle que

(i) l'application linéaire ${}^t\varepsilon : \mathfrak{g}^* \otimes \mathfrak{g}^* \longrightarrow \mathfrak{g}^*$ est antisymétrique et vérifie l'identité de Jacobi,

(ii) l'application linéaire ε est un 1-cocycle de $\mathfrak{g}$ dans $\mathfrak{g} \otimes \mathfrak{g}$ pour l'action adjointe. On dira, si ces conditions sont remplies, que "ε est un 1-*cocycle jacobien*" sur $\mathfrak{g}$. On pose

$$[\xi,\eta] = {}^t\varepsilon(\xi \otimes \eta) .$$

Autodualité de la notion de bigèbre de Lie

Avec les notations et les résultats du paragraphe 3, on voit que $(\mathfrak{g}, \mu, \varepsilon)$ est une bigèbre de Lie si et seulement si $(\mathfrak{g}^*, {}^t\varepsilon, {}^t\mu)$ est une bigèbre de Lie. Celle-ci est dite *bigèbre de Lie duale* de la bigèbre de Lie $(\mathfrak{g}, \mu, \varepsilon)$.

Double d'une bigèbre de Lie.

Toute structure de bigèbre de Lie sur $\mathfrak{g}$ définit sur $\mathfrak{k} = \mathfrak{g} \times \mathfrak{g}^*$ une structure d'algèbre de Lie bicroisée duale, de crochet de Lie noté $[\ ,\ ]_{\mathfrak{k}}$. L'algèbre de Lie $(\mathfrak{k}, [\ ,\ ]_{\mathfrak{k}})$ est appelée le *double* de la bigèbre de Lie donnée.

Exemples en petites dimensions.

(i) $\dim \mathfrak{g} = 2$.

Les formules

$$[e_1, e_2] = e_2\ , \qquad [e_1^*, e_2^*] = e_2^*\ ,$$

définissent sur l'algèbre de Lie non abélienne de dimension 2 une structure de bigèbre de Lie *non exacte*, c'est-à-dire telle que le cocycle jacobien qui la définit soit non exact.

(ii) $\mathfrak{g} = \mathfrak{sl}(2,\mathbb{C})$,

avec la base $H = \begin{bmatrix} 1 & 0 \\ 0 & -1 \end{bmatrix}$, $\quad X^+ = \begin{bmatrix} 0 & 1 \\ 0 & 0 \end{bmatrix}$, $\quad X^- = \begin{bmatrix} 0 & 0 \\ 1 & 0 \end{bmatrix}$.

Les formules

$$[H^*, X^{+*}] = 2X^{+*}$$
$$[H^*, X^{-*}] = 2X^{-*}$$
$$[X^{+*}, X^{-*}] = 0$$

définissent sur $\mathfrak{sl}(2,\mathbb{C})$ une structure de bigèbre de Lie.

(iii) $\mathfrak{g} = \mathfrak{gl}(2,\mathbb{C})$, avec la base

$e_1 = \begin{bmatrix} 1 & 0 \\ 0 & 0 \end{bmatrix}$, $\quad e_2 = \begin{bmatrix} 0 & 1 \\ 0 & 0 \end{bmatrix}$, $\quad e_3 = \begin{bmatrix} 0 & 0 \\ 1 & 0 \end{bmatrix}$, $\quad e_4 = \begin{bmatrix} 0 & 0 \\ 0 & 1 \end{bmatrix}$.

Les formules

$$[e_1^*, e_2^*] = e_2^*\ , \qquad [e_1^*, e_3^*] = e_3^*\ , \qquad [e_1^*, e_4^*] = 0\ ,$$

$$[e_2^*, e_3^*] = 0\ , \qquad [e_2^*, e_4^*] = e_2^*\ , \qquad [e_3^*, e_4^*] = e_3^*$$

définissent sur $\mathfrak{gl}(2,\mathbb{C})$ une structure de bigèbre de Lie.

On verra que les structures de bigèbre de Lie sur $\mathfrak{sl}(2,\mathbb{C})$ et sur $\mathfrak{gl}(2,\mathbb{C})$ définies ci-dessus sont des structures de bigèbres de Lie exactes *quasitriangulaires* au sens qui sera défini au paragraphe 6.

5. Groupes de Lie-Poisson.

Soit G un groupe de Lie et Λ un bivecteur de Poisson sur la variété G auquel on impose la "condition de Drinfel'd": la multiplication est un morphisme de Poisson de $G \times G$ dans G. On dit alors que (G,Λ) est un *groupe de Lie-Poisson.*

La condition de Drinfel'd s'exprime par l'identité

$$\{f_1,f_2\}(g.g') = \{f_1 \circ \lambda_g , f_2 \circ \lambda_g\}(g') + \{f_1 \circ \rho_{g'} , f_2 \circ \rho_{g'}\}(g) ,$$

pour toutes fonctions f_1, f_2 sur G et pour tous points g, g' de G, ou encore par l'identité

$$\Lambda_{g.g'} = (T_{g'}\lambda_g)(\Lambda_{g'}) + (T_g\rho_{g'})(\Lambda_g) .$$

On en déduit en particulier que

$$\Lambda_e = 0 .$$

On définit l'application $\ell : G \longrightarrow \mathfrak{g} \otimes \mathfrak{g}$ par

$$\ell(g) = (T_g\rho_{g^{-1}})(\Lambda_g) .$$

La condition de Drinfel'd est équivalente à l'identité

$$\ell(g.g') = \ell(g) + Ad_g(\ell(g')) ,$$

qui exprime que ℓ est un 1-cocycle sur G à valeurs dans $\mathfrak{g} \otimes \mathfrak{g}$ pour l'action adjointe.

Exemple. Soit $\mathfrak{a}$ une algèbre de lie, et $G = \mathfrak{a}^*$. Alors G est un groupe abélien. Soit Λ la *structure de Lie-Poisson* (ou *structure de Berezin-Kirillov-Kostant-Souriau*) du dual de l'algèbre de Lie $\mathfrak{a}$. Alors, pour tous g, g' dans G,

$$\Lambda_{g+g'} = \Lambda_g + \Lambda_{g'} ,$$

ce qui montre que (G, Λ) est un groupe de Lie-Poisson au sens où nous l'avons défini. En particulier, on voit qu'il n'y a pas de conflit entre les deux terminologies, la structure de Lie-Poisson sur le dual d'une algèbre de Lie étant le cas particulier abélien d'une structure de Lie-Poisson sur un groupe.

Théorème. Soit (G,Λ) un groupe de Lie-Poisson. Soit

$$\varepsilon : \mathfrak{g} \longrightarrow \mathfrak{g} \otimes \mathfrak{g}$$

la linéarisée en $e \in G$ de la structure de Poisson Λ (nulle en e). Alors $(\mathfrak{g}, [\ ,\ ], \varepsilon)$ est une *bigèbre de Lie.*

Cette proposition admet la réciproque suivante (théorème d'intégration des bigèbres de Lie):

Théorème. A toute bigèbre de Lie correspond un groupe de Lie-Poisson connexe et simplement connexe.

Idée de la démonstration. Par hypothèse, ε est un 1-cocycle jacobien sur l'algèbre de Lie $\mathfrak{g}$ et l'on considère le 1-cocycle de groupe associé l, puis l'on pose

$$\Lambda(g) = (T_e\rho_g)(l(g)) .$$

Il est clair que Λ a la propriété de Drinfel'd . Il faut montrer que le crochet de Schouten $[\Lambda,\Lambda]$ s'annule. On démontre alors les assertions suivantes:

(i) Un multivecteur P a la propriété de Drinfel'd si et seulement si

$$\begin{cases} P(e) = 0, \\ \mathcal{L}_X P \text{ est invariant à gauche pour tout champ de vecteurs invariant à gauche } X. \end{cases}$$

(ii) Si Λ a la propriété de Drinfel'd, alors $[\Lambda,\Lambda]$ a la propriété de Drinfel'd.

(iii) Si ε est jacobien, alors le linéarisé de $[\Lambda,\Lambda]$ en e est nul.

(iv) Si un multivecteur P a la propriété de Drinfel'd et si le linéarisé de P en e est nul, alors $P = 0$.

Compte tenu de (ii) et (iii), on peut appliquer (iv) à $P = [\Lambda,\Lambda]$. D'où la conclusion.

Groupe dual G^* de G .

On appelle *groupe dual* de G, et l'on note G^*, le groupe de Lie connexe et simplement connexe d'algèbre de Lie $\mathfrak{g}^*$. Le groupe de Lie G^* est un groupe de Lie-Poisson (puisque $\mathfrak{g}^*$ est une bigèbre de Lie).

Etude des champs φ_ξ et ψ_x quand $\mathfrak{g}$ est la bigèbre de Lie d'un groupe de Lie-Poisson.

On considère une algèbre de Lie bicroisée duale

$$\mathfrak{k} = \mathfrak{g} \times \mathfrak{g}^* ,$$

avec $A_x = ad^*_x$, $B_\xi = ad^*_\xi$.

On suppose que $(\mathfrak{g}, [\ ,\ ], \varepsilon)$ est la bigèbre de Lie d'un groupe de Lie-Poisson (G,Λ). Alors ε est le linéarisé de Λ en e , et le 1-cocycle de groupe b associé au 1-cocycle d'algèbre B n'est autre que l défini comme ci-dessus par

$$l(g) = (T_g\rho_{g^{-1}})(\Lambda_g) .$$

Soit alors $g \in G$. Si l'on identifie comme à l'habitude le bivecteur $\Lambda_g \in T_gG \wedge T_gG$ avec l'application linéaire antisymétrique Λ_g de T^*_gG dans T_gG, définie par

$$\langle \xi_g, \Lambda_g(\eta_g) \rangle = \Lambda_g(\xi_g,\eta_g)$$

pour ξ_g et η_g dans T^*_gG , alors

$$\varphi_\xi(g) = \Lambda_g(\xi^\rho(g)) ,$$

où ξ^ρ désigne la forme invariante à droite définie par $\xi \in \mathfrak{g}^*$. Les actions $\xi \longrightarrow \varphi_\xi$ de l'opposée de $\mathfrak{g}^*$ sur G et $x \longrightarrow \psi_x$ de $\mathfrak{g}$ sur G^* sont les *actions infinitésimales d'habillage.*

Lorsque les champs φ_ξ et ψ_x sont complets, on obtient une action à droite

$G^* \times G \longrightarrow G$ et une action à gauche $G \times G^* \longrightarrow G^*$. Ces applications sont des morphismes de variétés de Poisson. On dit que ce sont des *actions de Poisson-Drinfel'd.* Ce sont les *actions d'habillage.*

Sous certaines conditions topologiques, ces actions définissent sur $G \times G^*$ une structure de groupe de Lie bicroisé, dont l'algèbre de Lie est l'algèbre de Lie bicroisée duale $\mathfrak{g} \times \mathfrak{g}^*$.

Feuilles du feuilletage symplectique du groupe de Lie-Poisson G .

Il est clair que le *sous-espace caractéristique* en chaque point g de la variété de Poisson G est

$$\{\varphi_\xi(g) \mid \xi \in \mathfrak{g}^*\} .$$

On en déduit que, si les champs φ_ξ sont complets, les feuilles symplectiques de la variété de Poisson (G, Λ) sont les *orbites de* G^* agissant sur G . On a une propriété analogue pour le feuilletage symplectique de G^*.

6. Bigèbres de Lie exactes.

Par définition, un élément r de $\mathfrak{g} \otimes \mathfrak{g}$ est un *potentiel jacobien* si le cobord δr de r est un *1-cocycle jacobien* (qui est évidemment exact). On peut considérer les ensembles suivants attachés à une algèbre de Lie $\mathfrak{g}$:

$$\mathcal{P}_{jac} = \{\text{potentiels jacobiens}\},$$

$$\hat{\mathcal{P}}_{jac} = \{\text{potentiels jacobiens antisymétriques}\}.$$

Il est clair que

$$\hat{\mathcal{P}}_{jac} \subset \mathcal{P}_{jac} \subset \mathfrak{g} \otimes \mathfrak{g} ,$$

et que, avec la notation habituelle pour cocycles et cobords,

$$\delta(\hat{\mathcal{P}}_{jac}) = \delta(\mathcal{P}_{jac}) = B^1_{jac} \subset Z^1_{jac} \subset Z^1(\mathfrak{g}, \wedge^2\mathfrak{g}) \subset \mathrm{Hom}(\mathfrak{g}, \wedge^2\mathfrak{g}) .$$

Exemple. Considérons une algèbre de Lie $\mathfrak{g}$ de dimension 2. Alors

$$B^1_{jac} \subset Z^1_{jac} = Z^1(\mathfrak{g}, \wedge^2\mathfrak{g}) = \mathrm{Hom}(\mathfrak{g}, \wedge^2\mathfrak{g}) .$$

Si $\mathfrak{g}$ est abélienne,

$$\wedge^2\mathfrak{g} = \hat{\mathcal{P}}_{jac} \subset \mathcal{P}_{jac} = \mathfrak{g} \otimes \mathfrak{g} , \text{ et } B^1_{jac} = 0 .$$

Si $\mathfrak{g}$ est non abélienne,

$$\wedge^2\mathfrak{g} = \hat{\mathcal{P}}_{jac} = \mathcal{P}_{jac} \subset \mathfrak{g} \otimes \mathfrak{g} , \text{ et } B^1_{jac}$$ est le sous-espace vectoriel des cocycles jacobiens dégénérés, c'est-à-dire tels que $\mu \circ \varepsilon = 0$.

Crochet de Schouten.

On associe à tout $r \in \wedge^2\mathfrak{g}$, l'élément $[r,r] \in \wedge^3\mathfrak{g}$ défini par

$$[r,r](\xi_1,\xi_2,\xi_3) = - \oint \langle \xi_3,[r\xi_1,r\xi_2]\rangle ,$$

où ξ_1, ξ_2, ξ_3 sont des éléments de $\mathfrak{g}^*$, et où $\oint$ désigne la somme sur les permutations circulaires de 1, 2, 3. On a identifié r à l'application linéaire de $\mathfrak{g}^*$ dans $\mathfrak{g}$, définie par $\langle \xi , r(\eta) \rangle = r(\xi,\eta)$. L'élément $[r,r]$ est appelé *crochet de Schouten* de $r \in \wedge^2\mathfrak{g}$. On voit que, si $r \in \wedge^2\mathfrak{g}$, δr est antisymétrique, et un calcul montre que ${}^t(\delta r)$ vérifie l'identité de Jacobi si et seulement si $[r,r]$ est ad-invariant. Si $r = s + a$, où s (resp., a) désigne la partie symétrique (resp., antisymétrique) de r , on voit que δr est antisymétrique si et seulement si s est ad-invariant. Dans ce cas, $\delta r = \delta a$ et l'on applique le résultat précédent. D'où

Théorème. L'ensemble des potentiels jacobiens antisymétriques et l'ensemble de tous les potentiels jacobiens sur $\mathfrak{g}$ sont respectivement

$$\hat{\mathcal{P}}_{jac} = \{r \in \wedge^2\mathfrak{g} \text{ , } [r,r] \text{ ad-invariant}\},$$

$$\mathcal{P}_{jac} = \{r = s + a \in \mathfrak{g} \otimes \mathfrak{g} \text{ , } s \text{ et } [a,a] \text{ ad-invariants}\},$$

où s (resp., a) désigne la partie symétrique (resp., antisymétrique) de r .

Expression du crochet de Lie sur $\mathfrak{g}^*$ dans le cas d'une bigèbre de Lie exacte.

Soit r un potentiel jacobien sur $\mathfrak{g}$. Alors $\delta r = \delta a$, et le cocycle jacobien exact $\varepsilon = \delta a$ définit sur $\mathfrak{g}^*$ le crochet de Lie

$$[\xi,\eta] = ad^*_{a\eta}\xi - ad^*_{a\xi}\eta .$$

Exemples de potentiels jacobiens antisymétriques.

Sur $\mathfrak{sl}(2,\mathbb{C})$, $$a = \begin{bmatrix} 0 & 0 & 0 \\ 0 & 0 & -2 \\ 0 & 2 & 0 \end{bmatrix} .$$

Sur $\mathfrak{gl}(2,\mathbb{C})$, $$a = \begin{bmatrix} 0 & 0 & 0 & 0 \\ 0 & 0 & -1 & 0 \\ 0 & 1 & 0 & 0 \\ 0 & 0 & 0 & 0 \end{bmatrix} .$$

Potentiels quasitriangulaires.

Soit $r \in \mathfrak{g} \otimes \mathfrak{g}$, que l'on identifie ici encore à une application linéaire r de $\mathfrak{g}^*$ dans $\mathfrak{g}$. On pose comme ci-dessus $r = s + a$. On introduit la *courbure de Schouten* de r,

$$K^r : \mathfrak{g}^* \times \mathfrak{g}^* \longrightarrow \mathfrak{g},$$

définie par

$$K^r(\xi,\eta) = r\left(ad^*_{r\xi}\eta - ad^*_{r\eta}\xi\right) - [r\xi,r\eta] + r(ad^*_{s\eta}\xi - ad^*_{s\xi}\eta) ,$$

pour ξ, η dans g^*.

Théorème. s et $[a,a]$ sont ad-invariants si et seulement si s et K^r sont ad-invariants.

On dit qu'un potentiel jacobien r est *quasitriangulaire* si s est inversible et ad-invariant et si $K^r = 0$.

Exemples de potentiels quasitriangulaires.

$$g = sl(2,\mathbb{C}),\quad r = \begin{bmatrix} 1 & 0 & 0 \\ 0 & 0 & 0 \\ 0 & 4 & 0 \end{bmatrix} \quad ; \quad g = gl(2,\mathbb{C}),\quad r = \begin{bmatrix} 1 & 0 & 0 & 0 \\ 0 & 0 & 0 & 0 \\ 0 & 2 & 0 & 0 \\ 0 & 0 & 0 & 1 \end{bmatrix}.$$

Les parties antisymétriques de ces potentiels quasitriangulaires sont les potentiels jacobiens antisymétriques donnés ci-dessus. Les structures d'algèbres de Lie sur $(sl(2,\mathbb{C}))^*$ et $(gl(2,\mathbb{C}))^*$ ainsi définies sont celles qui ont été considérées au paragraphe 4, exemples (ii) et (iii).

Les équations de Yang-Baxter.

Nous allons voir que les divers types de potentiels définis ci-dessus correspondent aux solutions des diverses équations de Yang-Baxter. Examinons les diverses formes de l'équation de Yang-Baxter.

1. Soit $r \in \wedge^2 g$.

L'équation de Yang-Baxter classique ou équation du triangle est (YBC) $[r,r] = 0$. Les potentiels antisymétriques solutions de (YBC) sont dits *triangulaires* et les bigèbres de Lie qu'ils définissent sont appelées *bigèbres de Lie-Sklyanin.*

L'équation de Yang-Baxter généralisée est (YBG) $[r,r]$ ad-invariant.

2. Soit $R: g \longrightarrow g$. L'équation de Yang-Baxter modifiée est

(YBM) $\quad R\big([Rx,y] + [x,Ry]\big) - [Rx,Ry] = [x,y]$.

Si $r \in g \otimes g$, et si t_α est une base de g, on pose

$$r = r^{\alpha\beta}\, t_\alpha \otimes t_\beta\,,$$

puis on introduit les éléments homogènes de degré 3 de l'algèbre enveloppante universelle $U(g)$,

$$r^{12} = r^{\alpha\beta}\, t_\alpha \otimes t_\beta \otimes 1\,,$$

$$r^{13} = r^{\alpha\beta}\, t_\alpha \otimes 1 \otimes t_\beta\,,$$

$$r^{23} = r^{\alpha\beta}\, 1 \otimes t_\alpha \otimes t_\beta\,.$$

Avec les notations de Drinfel'd, $[r^{12},r^{13}]$, $[r^{12},r^{23}]$, $[r^{13},r^{23}]$, on a les identités:

$$\big([r^{12},r^{13}] + [r^{12},r^{23}] + [r^{13},r^{23}]\big)(\xi,\eta,\zeta) = \langle\xi,[{}^t r\eta,{}^t r\zeta]\rangle + \langle\eta,[r\xi,{}^t r\zeta]\rangle + \langle\zeta,[r\xi,r\eta]\rangle$$
$$= \langle\zeta,K^r(\eta,\xi)\rangle \ .$$

Ces identités montrent que les formes de l'équation de Yang-Baxter classique et de l'équation de Yang-Baxter généralisée données ici coïncident avec celles de la littérature et que, de plus,

Théorème. Soit $r \in \mathfrak{g} \otimes \mathfrak{g}$ tel que s soit inversible et ad-invariant. Alors

$$r \text{ quasitriangulaire}$$
$$\Updownarrow$$
$$K^r = 0$$
$$\Updownarrow$$
$R : \mathfrak{g} \longrightarrow \mathfrak{g}$ définie par $R = a \circ s^{-1}$ vérifie l'équation de Yang-Baxter modifiée.

On obtient donc le tableau récapitulatif suivant:

<table>
<tr><td colspan="2">Bigèbres de Lie exactes
potentiels jacobiens
s et K^r ad-invariants</td></tr>
<tr><td>Bigèbres de Lie-Sklyanin
potentiels jacobiens antisymétriques
$\begin{cases} s = 0 \\ [a,a] \text{ ad-invariant} \quad \text{(YBG)} \end{cases}$</td><td rowspan="2">Bigèbres de Lie quasitriangulaires
potentiels quasitriangulaires
$\begin{cases} s \text{ ad-invariant} \\ K^r = 0 \quad \text{(YBM)} \end{cases}$</td></tr>
<tr><td>Bigèbres de Lie triangulaires
potentiels triangulaires
$\begin{cases} s = 0 \\ [a,a] = 0 \quad \text{(YBC)} \end{cases}$</td></tr>
</table>

7. Groupes de Lie-Poisson exacts.

Par définition, un *groupe de Lie-Poisson exact* (G,Λ,σ) est un groupe de Lie G muni d'une structure de Poisson Λ et d'un champ de formes bilinéaires symétriques σ tels que

(i) le bivecteur de Poisson Λ possède la propriété de Drinfel'd,

(ii) le 1-cocycle associé l sur G à valeurs dans $\wedge^2(\mathfrak{g})$ est *exact*,

(iii) le champ de formes bilinéaires symétriques σ est biinvariant.

Si (G,Λ,σ) est un groupe de Lie-Poisson exact, il existe une 0-cochaîne antisymétrique $a \in \wedge^2\mathfrak{g}$ telle que

$$l(g) = \mathrm{Ad}_g\, a - a$$

et vérifiant

$$[a,a] \text{ est Ad-invariant},$$

et un élément symétrique s Ad-invariant de $\mathfrak{g} \otimes \mathfrak{g}$ tel que

$$\sigma(g) = (T_e\rho_g)(s).$$

L'algèbre de Lie $\mathfrak{g}$ est donc munie d'un potentiel jacobien $r = s + a$, et la bigèbre de Lie du groupe de Lie-Poisson exact (G,Λ,σ) est une bigèbre de Lie exacte de 1-cocycle jacobien exact $\varepsilon = \delta r = \delta a = T_e l$.

Inversement, soit G un groupe de Lie d'algèbre de Lie $\mathfrak{g}$, et soit r un potentiel jacobien sur $\mathfrak{g}$ tel que s et $[a,a]$ soient Ad-invariants. Les formules précédentes définissent sur G une structure de groupe de Lie-Poisson exact. Le bivecteur de Poisson d'un groupe de Lie-Poisson exact est donc donné par

$$\Lambda(g) = (T_e\lambda_g)(a) - (T_e\rho_g)(a),$$

où a est une solution de l'équation de Yang-Baxter généralisée. On pourra écrire en bref,

$$\Lambda = a^\lambda - a^\rho,$$

où a^λ (resp., a^ρ) désigne le bivecteur invariant à gauche (resp., droite) défini par $a \in \wedge^2\mathfrak{g}$.

Structures de Poisson invariantes sur un groupe de Lie.

Soit $a \in \wedge^2\mathfrak{g}$. Alors

(i) $[a^\lambda,a^\lambda]$ est *invariant à gauche* et vaut $[a,a]$ en e,

(ii) $[a^\rho,a^\rho]$ est *invariant à droite* et vaut $-[a,a]$ en e.

Donc,

a^λ est une *structure de Poisson invariante à gauche*

$\Updownarrow$

a^ρ est une *structure de Poisson invariante à droite*

$\Updownarrow$

(YBC) $[a,a] = 0$.

De plus, pour a et a' dans $\wedge^2\mathfrak{g}$,

$$[a^\lambda, a'^\rho] = 0 .$$

Donc si a et a' sont deux solutions quelconques de l'équation de Yang-Baxter classique, a^λ et a'^ρ sont des structures de Poisson *compatibles*.

Groupes de Lie-Poisson quasitriangulaires.

Un *groupe de Lie-Poisson quasitriangulaire* est un groupe de Lie-Poisson exact défini par un potentiel jacobien r *quasitriangulaire*. Dans ce cas, la partie symétrique s de r est inversible et Ad-invariante et $K^r = 0$, ce qui implique bien que $[a,a]$ soit Ad-invariant. En particulier un groupe de Lie-Poisson quasitriangulaire est donc muni d'un produit scalaire biinvariant et son bivecteur de Poisson est de la forme

$$\Lambda = a^\lambda - a^\rho .$$

8. Propriétés des bigèbres de Lie quasitriangulaires et des groupes de Lie-Poisson quasitriangulaires.

1. Si r , r' sont des potentiels quasitriangulaires ayant la même partie symétrique, alors $r^\lambda - r'^\rho = a^\lambda - a'^\rho$ est un *bivecteur de Poisson*. En particulier,

$$a^\lambda + a^\rho$$

est de Poisson, *de rang maximum* au voisinage de e .

2. Soit $r = s + a$ un potentiel quasitriangulaire sur $\mathfrak{g}$. L'algèbre de Lie bicroisée duale $\mathfrak{g} \times \mathfrak{g}^*$ est *isomorphe au produit semi-direct* $\mathfrak{g} \times_s \mathfrak{g}^*$, de $\mathfrak{g}$ par $\mathfrak{g}^*$ relativement à l'action coadjointe, lorsqu'on munit $\mathfrak{g}^*$ du crochet de Lie, $[\xi,\eta]_s = -2\, s^{-1}[s\xi,s\eta]$. En effet, l'application linéaire

$$(x,\xi) \in \mathfrak{g} \times \mathfrak{g}^* \longrightarrow (x - r\xi,\ \xi) \in \mathfrak{g} \times_s \mathfrak{g}^* .$$

est un isomorphisme d'algèbres de Lie.

3. Le *double* d'une bigèbre de Lie quelconque est une bigèbre de Lie quasitriangulaire. Soit en effet $(\mathfrak{g}, [\ ,\ ], \varepsilon)$ une bigèbre de Lie, et soit $(\mathfrak{k} = \mathfrak{g} \times \mathfrak{g}^*, [\ ,\ ]_{\mathfrak{k}})$ son double. On vérifie que l'application linéaire

$$m : \mathfrak{g}^* \times \mathfrak{g} \longrightarrow \mathfrak{g} \times \mathfrak{g}^*$$
$$(\xi,x) \longrightarrow (x,0)$$

est un potentiel quasitriangulaire sur l'algèbre de Lie $(\mathfrak{k}, [\ ,\ ]_{\mathfrak{k}})$. Le double d'une bigèbre de Lie est donc de manière naturelle une bigèbre de Lie quasitriangulaire.

4. Soit r un potentiel quasitriangulaire sur $\mathfrak{g}$. Alors l'image de r est une *sous-algèbre de Lie* de $\mathfrak{g}$. Par exemple, dans $\mathfrak{sl}(2,\mathbb{C})$ muni du potentiel quasitriangulaire défini plus haut, on voit que l'image de r est engendrée par H et X .

5. *Structure de Poisson quadratique sur* $\mathfrak{g}^*$. On suppose qu'il existe sur $\mathfrak{g}$ une multiplication associative telle que

$$[x,y] = x.y - y.x.$$

Soit $r = s + a$ un potentiel quasitriangulaire sur $\mathfrak{g}$. Alors il existe sur $\mathfrak{g}^*$ une *structure de Poisson quadratique* $\tilde{\Lambda}$ *compatible avec la structure de Lie-Poisson* sur $\mathfrak{g}^*$. Si $\xi \in \mathfrak{g}^*$, la forme bilinéaire $\tilde{\Lambda}_\xi$ sur $T^*_\xi g^* \approx g$ est définie par

$$\tilde{\Lambda}_\xi(x,y) = \langle s^{-1}(s\xi . s\xi) \, , [x,y] \rangle - \langle \xi \, , [a(ad^*_x \xi),y] \rangle,$$

pour x, y dans g.

De plus, il existe une famille de structures bihamiltoniennes sur les variétés caractéristiques du tenseur de Nijenhuis associé.

Je remercie F. Magri et R. Gergondey pour leur collaboration indispensable et P. Dazord, P. Molino et A. Medina pour d'utiles discussions.

Note bibliographique.

La théorie des groupes de Lie-Poisson et des bigèbres de Lie est due à Drinfeld [4] [5] et à Semenov-Tian-Shansky [16] [17] [18]. On en trouvera des exposés dans ma conférence [7] et dans l'exposé de Verdier au séminaire Bourbaki [21], ainsi que dans l'article de Dazord et Sondaz du Séminaire Sud-Rhodanien [3] et dans celui de Lu et Weinstein [9], et une étude détaillée dans la thèse d'Aminou [1].

La démonstration du théorème d'intégration des bigèbres de Lie esquissée ici est celle de Lu et Weinstein [9]. On retrouve les mêmes éléments de démonstration dans celles données indépendamment par Verdier [21] et par Dazord et Sondaz [3].

L'*équation de Yang-Baxter classique* ou *équation du triangle* a été introduite par Sklyanin [19]. Gel'fand et Dorfman [6] ont montré que cette équation exprime la nullité d'un crochet de Schouten. Drinfel'd a introduit dans sa note aux *Doklady* [4] la condition plus générale d'ad-invariance de ce crochet de Schouten. Cette dernière condition est appelée dans [7], [8] et ici *équation de Yang-Baxter généralisée*. L'*équation de Yang-Baxter modifiée* apparaît dans les travaux de Semenov-Tian-Shansky [16] [17] [18].

La notion de bigèbre de Lie quasitriangulaire est due à Drinfel'd [5], mais on notera que, à la différence de la définition présentée ici et dans [8], la définition de Drinfel'd n'inclut pas la condition que la partie symétrique de r soit inversible. La caractérisation des potentiels quasitriangulaires en termes de courbure de Schouten est due à Kosmann-Schwarzbach et Magri [8]. Les structures induites sur une algèbre de Lie ou sur un groupe de Lie par la partie symétrique d'un potentiel quasitriangulaire sont des structures orthogonales au sens de Medina (voir par exemple [15]).

Dans [13], Magri et Morosi avaient introduit indépendamment la notion de *cocycle de Poisson* (c'est-à-dire les solutions de l'équation de Yang-Baxter classique) et étudié les structures de Poisson invariantes sur les groupes de Lie, puis, dans [11], Magri définissait les *pseudococycles* (ou solutions de l'équation de Yang-Baxter modifiée) et les utilisait dans l'étude des systèmes intégrables.

La notion de double d'une bigèbre de Lie figure dans Drinfel'd [5] (où Drinfel'd étudie également le "double quantique"). La structure de bigèbre de Lie quasitriangulaire du double d'une bigèbre de Lie elle-même quasitriangulaire a été plus particulièrement étudiée dans [2].

Les *algèbres de Lie bicroisées* ont été introduites par Magri et moi-même dans [8], où elles sont appelées "twilled extensions" et indépendamment par Majid dans sa thèse [14], où elles sont appelées "matched pairs of Lie algebras". Quant aux groupes (de Lie) bicroisés, ils ont été considérés par Mackey [10] dans le contexte des représentations projectives, par Takeuchi [20] dans le contexte des produits biécrasés ("bismash products") d'algèbres de Hopf, puis plus systématiquement dans le contexte des équations de Yang-Baxter, par Lu et Weinstein [9] et par Majid [14]. Sans doute la notion correspondante pour les algèbres de Lie a également été considérée avant 1987 mais nous n'avons pas trouvé de référence antérieure à [8] [9] [14]. La notion d'algèbres de Lie bicroisées duales figure dans [8] et implicitement dans [14]. Elle est équivalente à la notion de triplet de Manin due à Drinfel'd [5].

L'étude de l'action infinitésimale d'une algèbre de Lie bicroisée sur les groupes de Lie facteurs provient de l'article [8]. On la trouvera également dans [9] et [14].

La structure de Poisson quadratique sur $\mathfrak{g}^*$ associée à un potentiel quasitriangulaire sur $\mathfrak{g}$ (paragraphe 8.5) a été découverte par Magri ([11] et conférence à l'E.N.S., Paris, mai 1988). Les démonstrations concernant les structures de Poisson-Nijenhuis linéaires et les structures de Poisson quadratiques sur le dual d'une algèbre de Lie se trouvent dans [12].

Bibliographie

[1] Aminou (R.), Groupes de Lie-Poisson et bigèbres de Lie, Thèse, Université des Sciences et Techniques de Lille Flandres Artois, Juin 1988.

[2] Aminou (R.) et Kosmann-Schwarzbach (Y.), Bigèbres de Lie, doubles et carrés, *Ann. Inst. Henri Poincaré* 1988, 49, No. 4, 461-478.

[3] Dazord (P.) et Sondaz (D.), Variétés de Poisson-Algébroïdes de Lie, Séminaire Sud-Rhodanien, 1ère partie, *Publ. Département Math.*, Université Claude Bernard-Lyon I, 1988, 1/B.

[4] Drinfel'd (V. G.), Hamiltonian structures on Lie groups, Lie bialgebras and the geometric meaning of the classical Yang-Baxter equations, *Soviet Math. Dokl.* 1983, 27, No. 1, 68-71.

[5] Drinfel'd (V. G.), Quantum Groups, *Proceedings Int. Congress Math.* (Berkeley, 1986), Amer. Math. Soc. 1988.

[6] Gel'fand (I. M.) et Dorfman (I. Ya.), Hamiltonian operators and the classical Yang-Baxter equation, *Funct. Anal. Appl.* 1982, 16, No. 4, 241-248.

[7] Kosmann-Schwarzbach (Y.), Poisson-Drinfeld groups, in *Topics in Soliton theory and exactly solvable non linear equations*, Ablowitz (M.), Fuchssteiner (B.) et Kruskal (M.), éds., World Scientific, Singapour 1987.

[8] Kosmann-Schwarzbach (Y.) et Magri (F.), Poisson-Lie groups and complete integrability, I. Drinfeld bigebras, dual extensions and their canonical representations, *Ann. Inst. Henri Poincaré* 1988, **49**, No. 4, 433-460.

[9] Lu (Jiang-Hua) et Weinstein (A.), Poisson-Lie groups, dressing transformations and Bruhat decompositions, *J. Diff. Geometry*, to appear.

[10] Mackey (G. W.), Products of subgroups and projective multipliers, *Colloquia Mathematica Societatis Janos Bolyai*, 5, *Hilbert Space operators*, Tihany (Hongrie) 1970.

[11] Magri (F.), Pseudocociclo di Poisson e struttura PN gruppale, applicazione al reticolo di Toda, manuscrit inédit, Milan 1983.

[12] Magri (F.) et Kosmann-Schwarzbach (Y.), Poisson-Lie groups and complete integrability, II. Quadratic Poisson structures, en préparation.

[13] Magri (F.) et Morosi (C.), A geometrical characterization of integrable Hamiltonian systems through the theory of Poisson-Nijenhuis manifolds, *Quaderno* **S** 19 / 1984, Université de Milan.

[14] Majid (Sh. H.), Non-commutative-geometric groups by a bicrossproduct construction: Hopf algebras at the Planck scale, Thèse, Harvard University, Août 1988. A paraître dans *J. Algebra, Pacific J. Math.* et *J. Classical and Quantum Gravity.*

[15] Medina (A.), Structures de Lie-Poisson pseudo-riemanniennes et structures orthogonales, *Comptes rendus Acad. Sc. Paris* 1985, **301**, série I, No. 10, 507-510.

[16] Semenov-Tian-Shansky (M. A.), What is a classical r-matrix?, *Funct. Anal. Appl.* 1983, **17**, No. 4, 259-272.

[17] Semenov-Tian-Shansky (M. A.), Dressing transformations and Poisson group actions, *Publ. RIMS* (Kyoto Univertsity) 1985, **21**, 1237-1260.

[18] Semenov-Tian-Shansky (M. A.), Classical r-matrices, Lax equations, Poisson-Lie groups and dressing transformations, in *Field Theory, quantum gravity and strings, II*, de Vega (H. J.) et Sanchez (N.), éds., Lecture Notes in Physics **280**, Springer-Verlag, Berlin 1987, 174-214.

[19] Sklyanin (E. K.), Quantum version of the method of inverse scattering problem, *J. Soviet Math.* 1982, **19**, No. 5, 1546-1596.

[20] Takeuchi (M.), Matched pairs of Lie groups and bismash products of Hopf algebras, *Comm. Alg.* 1981, **9**, No. 8, 841-882.

[21] Verdier (J. L.), Groupes quantiques, *Séminaire Bourbaki* (Juin 1987), Astérisque 152-153, Soc. Math. France 1987.

ESCAPE-EQUILIBRIUM SOLUTIONS IN THE REPULSIVE COULOMBIAN ISOSCELES 3-BODY PROBLEM

Ernesto A. Lacomba *

Felipe Peredo
Departamento de Matématicas
Universidad Autonoma Metropolitana,
Iztapalapa. Apdo. Postal 55-534
09340 Mexico, D.F.

Resumée. On considère ici une description qualitative du problème isoscèle coulombien repulsif des 3 corps dans le plan, par éclatement de l'infini. On fait attention especiale àquelques solutions remarquables où les particules symetriques s'echapent, pendant que la troisième tends vers une position d'equilibre, proche au centre de masses des autres. Pourtant, cettes solutions sont très sensitives à changements dans les conditions initielles. Par prolongation analytique, on étends notre description à celle du problème correspondant de mécanique célèste, obtenu par un changement de signe au potentiel.

Abstract. We consider a qualitative description of the repulsive coulombian plane isosceles 3-body problem, by blowing up the infinity. An especial attention is paid to some remarkable solutions where the symmetrical particles escape, while the third one tends to an equilibrium position close to the center of mass of the others. However, these solutions are very sensitive to changes in the initial conditions. Analytical prolongation permits to extend our description to the corresponding celestial mechanics problem, obtained by changing sign to the potential.

1. Introduction.

Repulsive coulombian n-body problems are Hamiltonian systems obtained just by changing the sign of the gravitational potential in n-body problems of celestial mechanics. This changes all the attraction forces into repulsive forces, so providing idealized models for the motion of electrical charges of the same sign. The total energy is now always positive, implying necessarily an escape of most of the particles. Nevertheless, one conjectures the existence of motions where one of the particles

* Member of CIFMA (Mexico). Sabbatical Fellowship from the CAICYT (Spain) at the University of Barcelona during the year 1987-88.

stays close to the center of mass of the system, while all the others escape.

In this article we show that in a particular case of the repulsive coulombian 3-body problem, this behavior actually occurs. In addition, the non escaping particle tends asymptotically to an equilibrium position, which is not at the center of mass of the system.

A two-dimensional infinity manifold with normally hyperbolic equilibrium curves, can be at once constructed following a standard procedure |5|. However, it does not distinguish between escape along an axis or along a line parallel to that axis. Any attempt to construct a refined infinity manifold making this behavior precise, seems to give degenerate equilibrium points. However, by analytical techniques one can accomplish a similar transformation to show the actual existence of these motions.

In fact, we show that the same kind of motions exist in the corresponding positive energy celestial mechanics problem. Perhaps attention was not paid to them because of the richness of motions (recursive, periodical, etc.) in the negative energy case.

We conjecture that in general, there is a similar behavior near escape at any positive energy homothetical solution in both sorts of problems.

2. Repulsive coulombian problems.

Recall that a classical mechanical system is a Hamiltonian system with Hamiltonian function of the form H = K - V, where K is the kinetic energy depending only on the momenta, and V is the potentialenergy depending only on the positions. In celestial mechanics V takes the form

$$V = \sum_{i<j} \frac{Gm_i m_j}{r_{ij}}, \qquad (1)$$

where G is a constant and r_{ij} is the distance between the particles i and j, whose masses are m_i and m_j respectively.

Assume now that each particle has also a charge $q_i \in \mathbb{R}$. Then the terms $Gm_i m_j$ in the potential have to be replaced by $Gm_i m_j - g\, q_i q_j$ to account for the electrical forces, where g is another constant. The model is idealized, because we are not considering the magnetic field produced by the motion of charged particles.

If all the charges are positive (or negative), and a common charge to mass ratio is chosen,

$$q_i = \beta m_i \qquad \text{for } i = 1,2,\ldots,n$$

where $\beta^2 > G/g$. Then the potential takes the form

$$V = -\sum_{i<j} \frac{\gamma m_i m_j}{r_{ij}}, \tag{2}$$

where $\gamma = G - g\beta^2 > 0$. Except by the positive constants which can be normalized, this is equivalent to changing the sign in the gravitational potential (1). Since this produces a Hamiltonian with only positive terms, the total energy has to be always positive.

In contrast to celestial mechanics, the potential is bounded preventing collisions, as we would expect from a repulsive force. The kinetic energy and hence the momenta, are also bounded. It is due to arbitrarily close approaches that velocities blow up in celestial mechanics.

Let R be the maximal distance and let r be the minimal distance among the particles of the system. By standard arguments as in celestial mechanics (see |7|) one shows that always $R \to \infty$ as $t \to \pm\infty$. Also, we have that $U \to 0$ is equivalent to $r \to \infty$ (as $t \to \pm\infty$) as in celestial mechanics.

However, we conjecture that actually $U \to 0$. This is easy to prove for collinear problems, but is not trivial otherwise.

3. Isosceles repulsive problems.

Using Jacobi-like coordinates with center of mass at the origin (see Figure 1), the repulsive coulombian plane isosceles 3-body problem has the following differential equations

$$\begin{aligned} \ddot{x} &= \gamma\mu/(4x^2) + \gamma m x/(x^2+y^2)^{3/2} \\ \ddot{y} &= \gamma(m+2\mu)y/(x^2+y^2)^{3/2} \end{aligned} \tag{3}$$

with the Hamiltonian

$$H(x,y,p_1,p_2) = 1/2\,\left(p_1^2/(2\mu) + (m+2\mu)p_2^2/(m2\mu)\right) + \gamma\mu^2/(2x) + \\ + \gamma(2\mu)m/(x^2+y^2)^{1/2},$$

where $p_1 = 2\mu x$, $p_2 = m(2\mu)y/(m+2\mu)$.

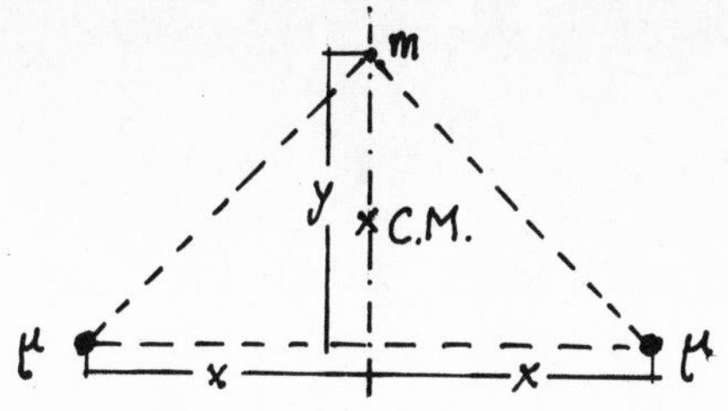

Figure 1

The simplest solutions to describe are the so-called homothetical solutions |5|, which are those obtained by homothety of certain configurations. These configurations are the same as in celestial mechanics. For a three body problem with the given symmetries, there are exactly 3 such configurations:

$$y \equiv 0, \text{ Euler}$$
$$y = \sqrt{3}\, x, \text{ Lagrange}$$
$$y = -\sqrt{3}\, x, \text{ Lagrange.}$$

The first one is collinear, while the others are equilateral configurations of the particles. The time dependence is obtained by solving $x(t)$ from the equation for $\ddot{x}$ in (3), after making each of the above substitutions. We get one dimensional repulsive coulombian problems which we discuss below.

We want to study here solutions whose behavior is like the Euler solution: the body of mass m does not escape to infinity. In order to simplify this problem, we restrict ourselves to a particular case of the same when we make $m = 0$. This is the <u>restricted repulsive isosceles 3-body problem</u>. It still does have the above 3 homothetical solutions.

One obtains the following system. The first equation is uncoupled from the second one. It is a repulsive coulombian problem in dimension 1, exactly the same which describes the Euler homothetical solution $y \equiv 0$.

$$\text{(4)} \qquad \begin{aligned} \ddot{x} &= K/(4x^2) \\ \ddot{y} &= 2Ky/(x^2+y^2)^{3/2} \end{aligned}$$

where $K = \gamma\mu$. This is no longer a Hamiltonian system, but we still do have energy conservation in the repulsive coulombian problem portion. Its energy relation is

(5) $$\dot{x}^2 + K/(2x) = 2h.$$

We may normalize without loss of generality to $h = 1/2$. The introduction of a uniformizing variable τ such that $dt/d\tau = x$ permits to integrate the first equation as

(6) $$x(\tau) = K(1 + \cosh 2\tau)$$
$$y(\tau) = K/2\ (2\tau + \sinh 2\tau),$$

which defines implicitly $x(t)$. The second equation

(7) $$\ddot{y} = 2Ky/(x(t)^2 + y^2)^{3/2},$$

can be seen as a non autonomous system on $(y,\dot{y})$ or like an autonomous system on $(y,\dot{y},t)$. This is a mechanical system with one and a half degrees of freedom. As an autonomous system it has the symmetries

$$(y,\dot{y},t) \to (-y,\dot{y},-t)$$
$$\text{and } (y,\dot{y},t) \to (y,-\dot{y},-t)$$

If the non zero mass particles were frozen at a fixed position $x = \alpha$, we would get

(8) $$\ddot{y} = 2Ky/(\alpha^2 + y^2)^{3/2},$$

equation which can be integrated. Since it has an energy relation

$$\dot{y}^2 + 4K/\sqrt{\alpha^2 + y^2} = 2\tilde{h},$$

it is enough to study its level curves, which are depicted in Figure 2.

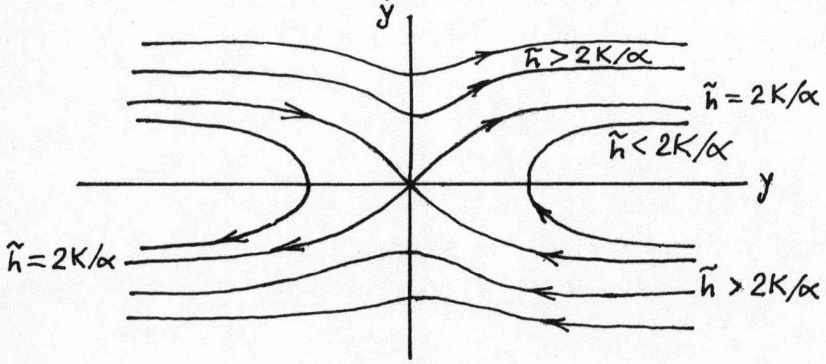

Figure 2

The origin is a hyperbolic saddle point of the system. We claim that the solutions of the non autonomous equation (7) projected to the $(y,\dot{y})$ plane look roughly as in the following figure.

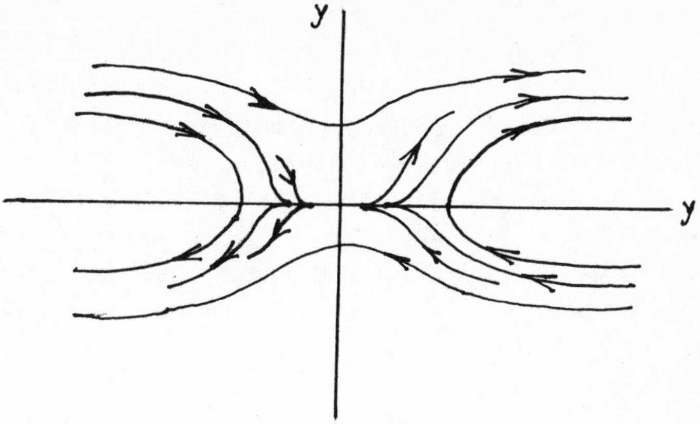

Figure 3

We will analyze the solutions in the region $y > 0$, $\dot{y} < 0$. Given initial conditions $y_0 > 0$ fixed, $\dot{y}_0 < 0$ at $t = t_0$, we have three possibilities. Peredo |7| has shown by standard techniques from analysis that provided $y_0 < x(t_0)/\sqrt{2}$, there exists a velocity $u < 0$ such that

i) if $\dot{y}_0 > u$, then $y(t) \to +\infty$ as $t \to +\infty$

ii) if $\dot{y}_0 < u$, then $y(t) \to -\infty$ as $t \to +\infty$

iii) if $\dot{y}_0 = u$, then $y(t) \to L$ as $t \to +\infty$, where $L \geq 0$.

This is illustrated in Figure 4. The technical condition on y_0 is needed because the force $G_\alpha = 2Ky/(\alpha^2 + y^2)^{3/2}$ for the frozen problem (8) has a unique absolute maximum at $y = \alpha/\sqrt{2}$.

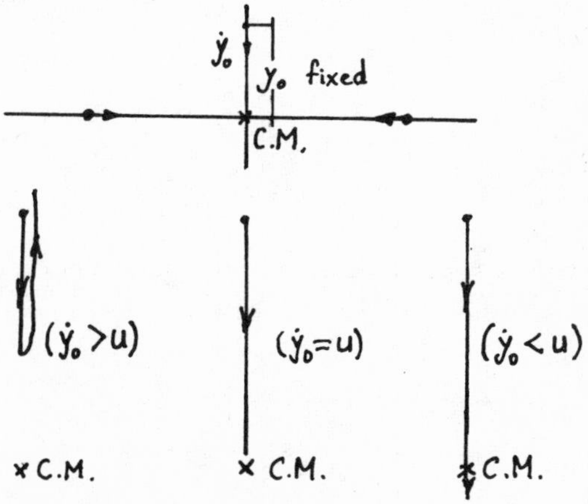

Figure 4

We claim as a corollary from the main result of this paper that actually $L > 0$. This requires a refined understanding of the behavior of the system at escape, which we study in Section 5.

One may think at first that necessarily the limit L is zero. A naive explanation on why said limit can be positive is that $x(t) \sim 2t$ as $t \to \infty$ (Equations(6)), making the repulsive force on the zero mass particle go rapidly to zero. Its vertical component goes even faster to zero. More precisely, if y is bounded, (7) shows that $\ddot{y} \sim 2Ct^{-3}$ where $C > 0$, and by integration $y \sim L + Ct^{-1} + Bt$ where L, B are constants. We need $B = 0$ so that $\dot{y} \to 0$. Also $L \geq 0$ since $L < 0$ would imply that y becomes eventually negative and then $y \to -\infty$. Hence, $L > 0$ remains as a valid possibility.

4. Blow up at infinity.

We follow the standard blow up procedure |5|, |6| at infinity for positive energy homogeneous potentials of degree −1. Let $r = \sqrt{x^2 + y^2}$, $\rho = r^{-1}$ with normalized positions $Q = \rho\,(x,y) = (\cos\theta, \sin\theta)$ with a change of time scale $dt/ds = \rho^{-1}$. In coordinates (ρ,θ,p_1,p_2) where $P = (p_1,p_2)$ is the momentum, we have the following system

$$(9)\qquad \begin{aligned} \rho' &= -\rho(p_1\cos\theta + p_2\sin\theta) \\ \theta' &= p_2\cos\theta - p_1\sin\theta \\ p_1' &= K\rho\sec^2\theta/2 \\ p_2' &= 2K\rho\sin\theta \end{aligned}$$

where $-\pi/2 < \theta < \pi/2$. The energy relation in these coordinates becomes

$$(10)\qquad 2p_1^2 + K\rho\sec\theta = 2$$

Solving for ρ we get

$$\rho = 2(1 - p_1^2)\cos\theta/K,$$

so that elimination of this variable gives a representation of the energy level 1/2 in $\mathbb{R}^3$ (see the Figure 5, below):

$$\begin{aligned} \bar{E}_{1/2} &= \{(\theta,p_1,p_2) : -\pi/2 < \theta < \pi/2,\ p_1^2 \leq 1\} = \\ &= (-\pi/2,\pi/2) \times [-1,1] \times \mathbb{R} \end{aligned}$$

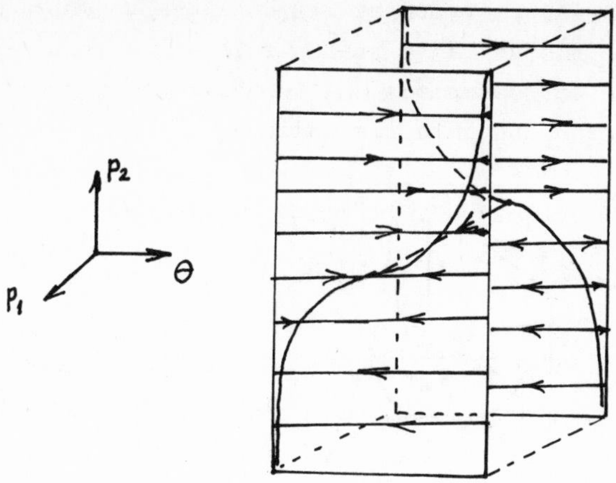

Figure 5

The boundary $p_1 = \pm 1$ with two connected components, corresponds to the infinity manifold $\rho = 0$. The system of differential equations on $\overline{E}_{1/2}$ becomes

$$\theta' = p_2 \cos\theta - p_1 \sin\theta,$$
$$p_1' = (1 - p_1^2)\sec\theta,$$
$$p_2' = 2(1 - p_1^2)\sin 2\theta.$$

Its equilibrium points are given by $p_1 = \varepsilon$, $p_2 = \varepsilon\tan\theta$, where $\varepsilon = \pm 1$, and they can be parametrized by θ. A straightforward computation shows that the eigenvalues of the first order approximation of the vector field at those points are 0, $-p_1 \sec\theta$, $-p_1 \sec\theta$. This can be summarized as follows, since $\sec\theta > 0$ in the required domain. The proof goes exactly as in |4|.

Proposition 1.- The two curves of equilibrium points at the infinity manifold are normally hyperbolic. The one in the component $p_1 = +1$ is an attractor, while the other one is a repeller.

There are exactly two equilibrium points for each direction θ. Each of them has a two dimensional stable manifold if $p_1 = +1$ (or unstable manifold if $p_1 = -1$).

We illustrate in Figure 6 how the two dimensional submanifolds for each equilibrium point are located inside $\overline{E}_{1/2}$ as described in Figure 5. Figure 6a) shows the invariant submanifolds containing the Euler homothetical solution, which is generated by its 2 limiting equilibrium points. Figure 6b) shows the unstable submanifold for a repeller point in $p_1 = -1$, while Figure 6c) describes the behavior of the solutions A, B and C, singled out in the unstable submanifold.

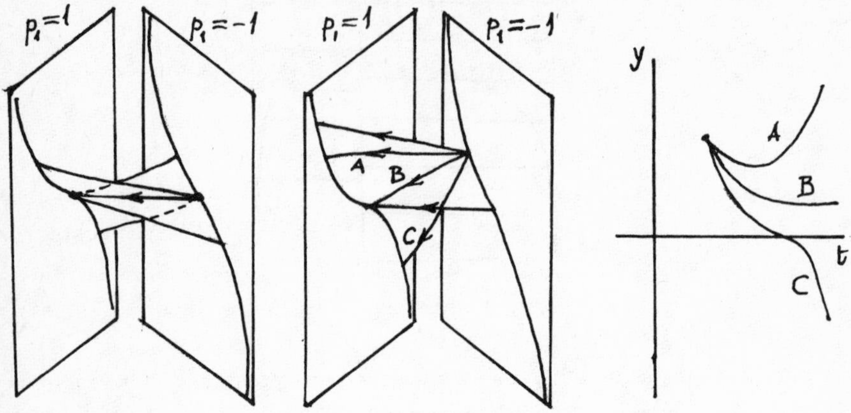

Figure 6

5. <u>Refining of the blow up</u>.

Since this blow up is "spherical", it does not distinguish between solutions whose asymptotic behavior is parallel to the x-axis (or to the t-axis). We need a refined blow up in order to magnify conveniently said region. Since $x(t) \sim 2|t|$ as $t \to \pm\infty$, a description in coordinates $(y,\dot{y},x)$ for $x \to \pm\infty$ is equivalent to one in coordinates $(y,\dot{y},t)$ for $t \to \pm\infty$. It is to the autonomous system of differential equations in the last coordinates that we will apply a "cylindrical" blow up at $t \to \infty$ (or at $t \to -\infty$).

The choices $x = \rho^{-2}$ or $x = \rho^{-1}$ are not good because they produce very degenerate equilibrium points. Even the change $t = z^{-1}$ is not good because of a transcendental singularity. The Equations (6) suggest that we can freely use τ as time variable instead of t. A new convenient change of time is

$$(10) \qquad s = \tanh 2\tau,$$

which sends $(-\infty,\infty) = \mathbb{R}$ into the bounded interval $(-1,1)$. There is now a square root ramification point at $s = \pm 1$, as one verifies when (7) is written in terms of the new time s. In order to extend the transformation to those points, we introduce

$$T = \operatorname{sech} 2\tau \in (0,1) \tag{11}$$

as uniformizing variable for s, extending to $T = 0$ or $s = \pm 1$. Since cosh is two to one, we need to consider also the sign of $s = \pm\sqrt{1 - T^2}$. In Figure 7 below we illustrate the relationship between T, s and the Physical time t.

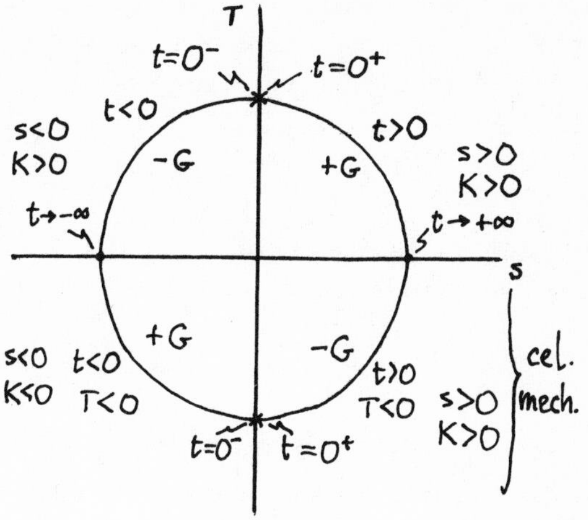

Figure 7

The portion $T < 0$ describes the corresponding celestial mechanics problem, where

$$\begin{aligned} x(\tau) &= K(\cosh 2\tau - 1) \\ y(\tau) &= K/2\ (\sinh 2\tau - 2\tau). \end{aligned} \tag{12}$$

This part of the figure will be explained later on.

The Equation (7) written in terms of the new time T, becomes

$$y'' + 2y'/T = y'/(1 - T^2) + G(y,T), \tag{13}$$

where the function

$$G(y,T) = \frac{K^3 T^5 y\sqrt{1 - T^2}}{2(1 + T)\left(K^2(1 + T)^2 + T^2 y^2\right)^{3/2}} \tag{13'}$$

is analytic for $|T| < 1$ and $y/x(T) = TyK^{-1}(1+T)^{-1} < 1$. Its radius of convergence in T goes to zero as y increases, but nevertheless is always positive.

Proposition 2.- For any value of $y_0 = y(0)$, the Equation (13) has a unique analytic solution such that $y'(0) = 0$ in the neighborhood of $T = 0$.

Proof: We proceed by majorants |1|. Assume without loss of generality that $y_0 \geqq 0$ since the symmetry $y \to -y$ of Equation (12) takes solutions into solutions. Further, we may assume that $y_0 = 0$ by replacement of y by $y + y_0$. Let $\sum_{k\geqq 2} \bar{a}_k T^k$ be an analytic solution of

$$y'' = y'/(1 - T^2) + F(y,T),$$

where $F(y,T) = \sum |\alpha_{ij}| y^i T^j$ is the majorant of $G(y,T) = \sum \alpha_{ij} y^i T^j$. Then we claim that a formal solution $\sum_{k\geqq 2} a_k T^k$ of

$$y'' + 2y'/T = y'/(1 - T^2) + F(y,T) \tag{14}$$

must satisfy $0 \leqq a_k \leqq \bar{a}_k$ for $k \geqq 2$. Hence it turns out to be convergent, and the corresponding nonmajorated equation (13) has also an analytic solution converging in a neighborhood of $T = 0$.

To prove the claim, we substitute the series solution into Equation (14), equating the coefficients of terms of the same degree in T. We get

$$\begin{aligned}
&\text{degree } 0: 2a_2(1 + 2\cdot 1) = 0\\
&\text{degree } 1: 3a_3(2 + 2\cdot 1) = 2a_2\\
&\text{degree } 2: 4a_4(3 + 2\cdot 1) = 3a_3\\
&\text{degree } 3: 5a_5(4 + 2\cdot 1) = 2a_2 + 4a_4\\
&\text{degree } 4: 6a_6(5 + 2\cdot 1) = 3a_3 + 5a_5\\
&\text{degree } 5: 7a_7(6 + 2\cdot 1) = 2a_2 + 4a_4 + 6a_6 + y_0/2\\
&\text{degree } k-2: ka_k(k-1 + 2\cdot 1) = \phi_k(a_2,\ldots,a_{k-1})
\end{aligned}$$

where in general ϕ_k is a polynomial with non negative coefficients in k-2 unknowns. The nonlinear terms will come from the dependence of $F(y,T)$ on y. The corresponding formulas for the coefficients $\bar{a}_k$ are obtained by suppresing the term $2\cdot 1$ in the above parentheses. Proceeding by induction with the recursive formulas, we conclude that $0 \leqq a_k \leqq \bar{a}_k$ as asserted.

It is clear from the recurrence that

$$y(T) = y_0 + (1/2)y_0T^7 + (1/48)y_0T^8 + a_9T^9 + \ldots$$

Q.E.D.

We remark that Proposition 2 also follows from a result in the classical book |2,Ch.14|. However, we believe that the proof given here is more clarifying. The existence part of the proof also follows from asymptotic integration estimates in terms of the original time t, but changing the integration variable to τ (see Hartman |3,Cor.9.1,p.446|. However, this proof is not constructive.

We give a justification on why these solutions when projected in the plane $(y,\dot{y})$ in Figure 3 approach the limit points tangentially with respect to the y-axis. We compute

$$y'(T) = 7/2\, y_0 T^6 + 1/6\, y_0 T^7 + \dots,$$

and by using the chain rule $\dot{y} \sim -7(y_0/K)T^8$. Since $y \sim y_0 + y_0 T^7/2$, we easily check that the tangent vector to the curve $(y,\dot{y})$ tends to a horizontal position as $T \to 0$.

As a corollary from Proposition 2, we get the following result.

Theorem.- There is an analytic two-dimensional invariant submanifold $W_{\pm}^{c}$ in $(y,\dot{y},t)$, consisting of solutions such that $y \to y_0 \varepsilon \mathbb{R}$ and $\dot{y} \to 0$ as $t \to \pm\infty$.

These submanifolds are parametrized by $T \geq 0$ and $y_0 \in \mathbb{R}$. The analyticity follows because the coefficients of the polynomials ϕ_k in the proof of the above proposition are analytic in y_0. By induction, the coefficients a_k will also be analytic in y_0.

The $W_{\pm}^{c}$ are essentially the invariant submanifolds of Figure 6a), but in a different coordinate system.

In fact, as with any blow up at infinity in celestial mechanics, we find that the submanifolds $W_{\pm}^{c}$ can be extended to $T < 0$ by going to the corresponding celestial mechanics restricted isosceles problem. Indeed, one checks from (6) and (12) that changing the sign to K and taking $T < 0$, corresponds to changing the repulsive central force problem in the variable x into a standard Kepler problem with a change in the sign of T. More precisely, the equations

$$x = K(1/T + 1),\quad t = K/2\left(\ln(T^{-1} + T^{-1}\sqrt{1-T^2}) + T^{-1}\sqrt{1-T^2}\right) \tag{15}$$

with $T = \text{sech } 2\tau > 0$ change to

(16) $$x = K(-T^{-1}-1),\ t = K/2\left(-\ln(-T^{-1}-T^{-1}\sqrt{1-T^2})-T^{-1}\sqrt{1-T^2}\right)$$

with $T = -\text{sech } 2\tau < 0$. Notice that in both cases the sign of the physical time t is the same as that of $s = \sqrt{1 - T^2}$.

On the other hand, the same change in the equation (13) keeping the sign of $\sqrt{1 - T^2}$ in $G(y,T)$, transforms it into

(17) $$y'' + 2y'/T = y'/(1 - T^2) - G(y,T)$$

for $T < 0$. Looking at the expression (13') for $G(y,T)$, we see that it appears with aplus or minus sign, according to the sign of the product Ks. This means that if Equations (15) are considered for $s > 0$, i.e. $t > 0$, then Equations (16) have to be given for $s < 0$, i.e. $t < 0$, in order to produce again Equation (13).

In other words, refering to Figure 7, we see that at $T = 0$ one has to glue the equations of the first and the third quadrants on one hand, and those of the second and the fourth on the other hand.

We may now schematically depict the submanifolds $W_{\pm}^{c}$ in Figure 8, below. Strictly speaking we have to consider them in 3 dimensions, with addition of the coordinate $\dot{y} = y'\, dT/dt$. In this 3-dimensional representation, both of them pass through the axis $\dot{y} = 0$, $T = 0$ and intersect each other on the axis $y = 0$, $\dot{y} = 0$. By construction, they are generated by the only solutions crossing the finite part of the $T = 0$ coordinate plane. Along any other solutions, both y and $\dot{y}$ go to infinity as $T \to 0$.

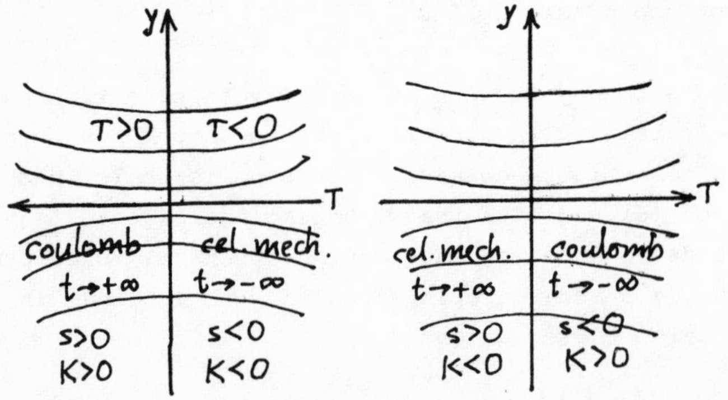

a) $Ks > 0$, Equation (13) b) $Ks < 0$, Equation (17)

Figure 8

Acknowledgement.

One of the authors (EAL) greatly acknowledges very useful coments by Carles Simó, and also his warm hospitality at the University of Barcelona where this work was carried out.

References.

1. H. Cartan, Théorie Elémentaire des Fonctions Analytiques d'une ou plusieurs Variables Complexes, Hermann, Paris, 1960.
2. A.R. Forsyth, Theory of Differential Equations, Vol. III, Cambridge University Press, 1900.
3. P. Hartman, Ordinary Differential Equations, Wiley, New York, 1964.
4. E.A. Lacomba, Infinity manifolds for positive energy in celestial mechanics, Proc. Lefschetz International Conference 1985 (A. Verjovsky ed.), Contemporary Mathematics 58 III (1987) 193-201.
5. E.A. Lacomba and L.A. Ibort, Origin and infinity manifolds for mechanical systems with homogeneous potentials, (in press) Acta Applicandae Mathematicae, 1988.
6. E.A. Lacomba and C. Simó, Boundary manifolds for energy surfaces in celestial mechanics, Celestial Mechanics 28(1982) 37-48.
7. F. Peredo, El Problema Isosceles Restringido con Fuerzas Repulsivas, Ph. D. dissertation at the CINVESTAV, Mexico City, 1984.

GROUPES DE LIE À STRUCTURES SYMPLECTIQUES OU KÄHLERIENNES INVARIANTES.

André Lichnerowicz
Collège de France
11 Place Marcelin Berthelot
75231 Paris Cedex 05, France

Des considérations aussi bien mathématiques que physiques ont conduit à analyser les espaces homogènes symplectiques ou kählériens. Il est important et naturel d'étudier dans ce contexte les groupes de Lie connexes admettant des structures symplectiques ou kählériennes invariantes à gauche. Les problèmes correspondants ont été posés depuis longtemps et ils ont conduit à deux articles d'un intérêt particulier ([1] et [2]). L'apparition de la notion de structure de Poisson a conduit à certains problèmes nouveaux reliés à ceux concernant les structures symplectiques. Dans cet exposé correspondant à des recherches menées en collaboration avec Alberto Medina, je donnerai une synthèse, avec des démonstrations quelque peu différentes, des résultats principaux des deux articles [1], [2] ainsi que des résultats nouveaux relatifs aux structures de Poisson et au cas kählérien (Théorèmes 2 et 3 et Théorèmes 6, 7 et 8).

I - Préliminaires.

Soit G un groupe de Lie connexe de dimension m, $\mathcal{G}$ son algèbre de Lie, C le tenseur de structure. Si $X \in \mathcal{G}$, nous notons X_+ (resp. X_-) le champ de vecteurs de G invariant à gauche (resp. à droite) correspondant à X.

1 - Groupes et algèbres de Lie unimodulaires.

Nous rappelons ici les faits élémentaires concernant les groupes et algèbres de Lie unimodulaires. Soit η un élément de volume invariant à gauche de G; $\eta \neq 0$ est une m-forme et si $\mathcal{L}(.)$ est l'opérateur de dérivation de Lie, on a $\mathcal{L}(X_-)\eta = 0$ pour tout $X \in \mathcal{G}$.

Un groupe de Lie G est *unimodulaire* s'il admet un élément de volume η *biinvariant*. Si η invariant à gauche n'est pas biinvariant, il existe $Z \in \mathcal{G}$ tel que

$$\mathcal{L}(Z_+)\ \eta = d\ i(Z_+)\ \eta \neq 0 \qquad (1\text{-}1)$$

où i(.) est le produit intérieur. Le premier membre de (1-1) est invariant à gauche, donc de la forme $k\ \eta$ (k = const. $\neq 0$). Il en résulte que η est invariantement exacte. Inversement si η invariante à gauche est invariantement exacte, $\eta = d\ \varphi$ où φ est invariante à gauche et il existe un champ Z_+ invariant à gauche tel que $i(Z_+)\ \eta = \varphi$, donc tel que $\mathcal{L}(Z_+)\ \eta = \Upsilon \neq 0$; G n'est pas unimodulaire.

On sait que pour que G soit unimodulaire, il faut et il suffit que $\mathrm{Tr}(a\ d\ X) = 0$, pour tout $X \in \mathcal{G}$. Si $\tau(\mathcal{G})$ est la 1-forme donnée par la trace du tenseur de structure, il est équivalent de dire que $\tau(\mathcal{G}) = 0$. Cette condition ne dépend que de $\mathcal{G}$. On a :

Proposition - Soit G un groupe de Lie connexe d'algèbre de Lie $\mathcal{G}$ et dimension m.
1°) ou bien toute m-forme $\eta \neq 0$ invariante à gauche est invariantement exacte et dim. $H^m(\mathcal{G}) = 0$; ou bien η n'est pas invariantement exacte et est biinvariante; dim $H^m(\mathcal{G}) = 1$ et G ou $\mathcal{G}$ sont unimodulaires.
2°) $\mathcal{G}$ est unimodulaire si et seulement si la trace $\tau(\mathcal{G})$ du tenseur de structure est nulle.

Pour qu'une algèbre de Lie soit unimodulaire, il faut et il suffit que son radical soit unimodulaire.

2 - Groupes de Lie à structures invariantes à gauche.

a) Soit $\mathcal{G}^*$ l'espace dual de $\mathcal{G}$, $\langle\ ,\ \rangle$ la forme bilinéaire de dualité; $\mathcal{G}^*$ étant l'espace qui nous intéresse dans la section II, nous notons $\{e^A\}$ (A, B, .. = 1,..,m) une base de $\mathcal{G}$ et $\{\lambda_A\}$ la base duale de $\mathcal{G}^*$. Le tenseur de structure C de $\mathcal{G}$ admet les composantes $\{C^A{}_C{}^B\}$.

$\mathcal{G}$ étant arbitraire, sa structure définit sur $\mathcal{G}^*$ une structure de Poisson canonique $\Lambda_{(C)}$, invariante par la représentation coadjointe de G et donnée par :

$$i(\Lambda_{(C)}(\xi))(X \wedge Y) = \langle \xi, [X,Y] \rangle \qquad (X, Y \in \mathcal{G}; \xi \in \mathcal{G}^*) \qquad (2\text{-}1)$$

$\Lambda_c(\xi)$ admet les composantes $\{C^A{}_C{}^B \xi^C\}$. Les feuilles de la variété de Poisson $(\mathcal{G}^*, \Lambda_{(C)})$ sont les orbites de la représentation coadjointe de G; on note $\mu : \xi \in \mathcal{G}^* \to \mu(\xi)$ l'isomorphisme canonique entre $\mathcal{G}^*$ et l'espace des 1-formes de G invariantes à gauche. Si $\xi \neq 0$ est tel que $\Lambda_{(C)}(\xi) = 0$, il résulte des équations de Maurer-Cartan que $\mu(\xi)$ est une 1-forme fermée invariante à gauche.

Pour $\tau(\mathcal{G}) = \tau$ (de composantes $\tau^A = C^A{}_B{}^B$) on déduit de l'identité de Jacobi que $\Lambda_{(C)}(\tau) = 0$ et si $\tau \neq 0$, $\mu(\tau) \neq 0$ est une 1-forme fermée invariante à gauche.

Soit σ une 2-forme de G invariante à gauche. Il lui correspond par l'extension naturelle de μ, un 2-tenseur Σ contravariant antisymétrique de $\mathcal{G}^*$, constant sur $\mathcal{G}'^*$ et de même rang que σ et inversement. D'après les équations de Maurer-Cartan, pour que σ soit fermée, il faut et il suffit que Σ satisfasse en termes de crochets de Schouten

$$[\Lambda_{(C)}, \Sigma] \qquad \text{ou} \qquad S\, \Sigma^{RA}\, C^B{}_R{}^C = 0 \qquad (2\text{-}2)$$

où S est la sommation sur les permutations circulaires de A, B, C.

b) Un groupe de Lie connexe G, de dimension paire m = 2n admet une structure symplectique invariante σ s'il existe sur G une 2-forme σ fermée, invariante à gauche, de rang 2n. En particulier G admet une structure symplectique invariante exacte σ s'il existe sur G une 1-forme $\mu(\xi)$ invariante à gauche telle que $\sigma = d\mu(\xi)$ soit de rang 2n.

Pour que G admette *une structure symplectique invariante*, il faut et il suffit ainsi qu'il existe sur $\mathcal{G}^*$ un 2-tenseur Σ de rang 2n vérifiant (2-2). Si $\mu(\xi)$ est une 1-forme invariante à gauche, à $d\mu(\xi)$ est associé le 2-tenseur $\Lambda_{(C)}(\xi)$. Par suite pour que G admette *une structure symplectique invariante exacte*, il faut et il suffit que ($\mathcal{G}^*$, $\Lambda_{(C)}$) admette une feuille de dimension 2n. Ces deux propriétés ne dépendent que de l'algèbre de Lie $\mathcal{G}$. Pour abréger, nous dirons (abusivement) que G ou $\mathcal{G}$ est *symplectique* dans le premier cas, *symplectique exacte*, dans le second. La somme directe de deux algèbres de Lie symplectiques (resp. symplectiques exactes) est symplectique (resp. symplectique exacte).

Si $\mathcal{G}$ est symplectique, soit Φ la 2-forme de $\mathcal{G}^*$ inverse de Σ. Par produit de (2-2) par Φ, on a

$$2\,\tau^A + \Sigma^{RA}\, C^B{}_R{}^C\, \Phi_{BC} = 0 \tag{2-3}$$

Exemple. Soit $\mathcal{R}_2$ l'algèbre de Lie résoluble de dimension 2 définie par X, Y avec [X,Y] = Y. Il est clair que $\mathcal{R}_2$, qui n'est pas unimodulaire, est symplectique exacte.

II - Théorèmes sur les groupes de Lie à structures symplectiques invariantes à gauche.

3 - Un théorème sur les algèbres de Lie symplectiques unimodulaires.

Soit $\mathcal{G}$ une algèbre de Lie symplectique non résoluble; $\mathcal{G}$ admet une décomposition de Levi-Malcev $\mathcal{G} = \mathcal{S} + \mathcal{R}$, où $\mathcal{R}$ est le radical de $\mathcal{G}$ et $\mathcal{S} \neq \{0\}$ une algèbre semi-simple. Par μ identifions $\mathcal{G}^*$ avec l'espace des 1-formes invariantes à gauche sur un groupe de Lie correspondant G. La dérivation de Lie $\mathcal{L}$ des 1-formes invariantes à gauche par les champs de G invariants à gauche définit en particulier une représentation de $\mathcal{S}$ dans $\mathcal{G}^*$. On note $H^p(\mathcal{S};\mathcal{L};\mathcal{G}^*)$ le $p^{\underline{e}}$ espace de cohomologie pour la cohomologie de Chevalley de $\mathcal{S}$ à valeurs dans $\mathcal{G}^*$, associée à la représentation $\mathcal{L}$. L'algèbre de Lie $\mathcal{S}$ étant semi-simple $H^1(\mathcal{S};\mathcal{L};\mathcal{G}^*) = \{0\}$.

Si σ est la 2-forme symplectique de G invariante à gauche, $\omega = X \in \mathcal{S} \rightarrow \omega(X) = i(X_+)\,\sigma \in \mathcal{G}^*$ est une 1-cochaîne. Il est aisé de vérifier que c'est un 1-cocycle :

$$\mathcal{L}(X_+)\,\omega(Y) - \mathcal{L}(Y_+)\,\omega(X) - \omega([X,Y]) = 0$$

ω est donc un cobord et il existe sur G une 1-forme θ invariante à gauche telle que $i(X_+)\,\sigma = \mathcal{L}(X_+)\,\theta = i(X_+)\,d\theta$. Pour tout $X \in \mathcal{S}$, on a $i(X_+)(\sigma - d\theta) = 0$ et donc

$i(X_+)(\sigma - d\theta)^n = 0$. Si la 2n-forme $(\sigma - d\theta)^n$ était $\neq 0$, on aurait $X = 0$ pour tout $X \in \mathcal{S}$ et $\mathcal{S} = \{0\}$. Ainsi $(\sigma - d\theta)^n = 0$ et σ^n est invariantement exacte; $\mathcal{G}$ ne peut être unimodulaire. On a (voir [1])

Théorème 1 - Une algèbre de Lie symplectique unimodulaire est nécessairement résoluble. En particulier

1°) Une algèbre de Lie semi-simple ne peut être symplectique

2°) Une somme semi-directe d'une algèbre de Lie nilpotente et d'une algèbre de Lie semi-simple ne peut être symplectique. Il en est ainsi en particulier pour une algèbre de Lie compacte non abélienne.

Une algèbre de Lie symplectique de dimension 4 est nécessairement résoluble.

4 - Structure de Poisson invariante à gauche sur un groupe de Lie.

Un groupe de Lie connexe G admet *une structure de Poisson invariante à gauche* s'il existe sur G un 2-tenseur $\Lambda \neq 0$ contravariant, antisymétrique, invariant à gauche satisfaisant $[\Lambda,\Lambda] = 0$ au sens des crochets de Schouten. La variété de Poisson régulière (G,Λ) admet un feuilletage tel que Λ induise sur chaque feuille une structure symplectique.

Pour Λ de rang 2p, soit $\{x^A\} = \{x^i, x^a\}$ $(i,j,.. = 1,.., 2p)$; $(a,b,.. = 2p+1,..,m)$ une carte locale de G, de domaine U contenant e, adaptée au feuilletage. Si $Y \in \mathcal{G}$, il résulte de $\mathcal{L}(Y_-)\Lambda^{ai} = 0$ que sur U :

$$\partial_j Y^a_- = 0 \tag{4-1}$$

La feuille S(e) de (G,Λ) passant par e est tangente en e au sous-espace $\mathcal{H}$ de $\mathcal{G}$ défini par les éléments X tels que $X^a = 0$. Il résulte de (4-1) que $X^a_- = 0$ sur S(e). Si $X, X' \in \mathcal{H}$, on a $[X_-, X'_-]^a = 0$ sur S(e) et $[X,X'] \in \mathcal{H}$. Ainsi $\mathcal{H}$ est un sous-algèbre de Lie de $\mathcal{G}$. Les champs X_+ de G correspondant à $X \in \mathcal{H}$ engendrent le feuilletage de Poisson. On en déduit que le sous-groupe de Lie connexe H de G d'algèbre de Lie $\mathcal{H}$ coïncide avec S(e) et est un groupe symplectique.

Inversement si un groupe de Lie G admet un sous-groupe de Lie symplectique H de dimension 2p, pour lequel la structure symplectique est donnée par un 2-tenseur Λ_H, ce tenseur définit sur G un 2-tenseur Λ de rang 2p invariant à gauche vérifiant $[\Lambda,\Lambda] = 0$ sur G. On a

Théorème 2 - Pour qu'un groupe de Lie connexe G admette une structure de Poisson Λ invariante à gauche de rang $2p \neq 0$, il faut et il suffit que G admette un sous-groupe H connexe symplectique de dimension 2p.

5 - Structures de Poisson affines.

a) Pour un groupe G arbitraire, notons T l'espace de tous les tenseurs contravariants antisymétriques de $\mathcal{G}^*$; $\Lambda_{(C)}$ satisfaisant $[\Lambda_{(C)}, \Lambda_{(C)}] = 0$ détermine sur T une cohomologie pour laquelle le cobord d'un p-tenseur $A \in T$ est le (p+1)-tenseur $[\Lambda_{(C)}, A]$. Le $p^{\underline{e}}$ espace de cohomologie correspondant $H^p(T,\Lambda_{(C)})$ est isomorphe à $H^p(\mathcal{G})$.

Nous avons vu en particulier que d'après (2-2) à toute 2-forme σ de G fermée et invariante à gauche est associé un 2-cocycle Σ. Par suite le 2-tenseur $\Lambda = \Lambda_{(C)} + \Sigma$ détermine sur $\mathcal{G}^*$ une structure de Poisson ($[\Lambda,\Lambda] = 0$) dépendant de $\xi \in \mathcal{G}^*$ de manière affine ou, brièvement *une structure de Poisson affine* [3].

Inversement, considérons sur un espace vectoriel V un *tenseur de Poisson affine* Λ. Nous posons $\Lambda = \Lambda_L + \Sigma$, où Λ_L dépend linéairement de $\xi \in V$ et où ξ est constant. On a

$$[\Lambda_L, \Lambda_L] + 2\,[\Lambda_L, \Sigma] = 0$$

qui se décompose en :

$$\text{(a)} \quad [\Lambda_L, \Lambda_L] = 0 \qquad \text{(b)} \quad [\Lambda_L, \Sigma] = 0 \tag{5-1}$$

D'après (5-1)(a), Λ_L détermine sur $V^* = \mathcal{G}$ une structure d'algèbre de Lie telle que $\Lambda_L = \Lambda_{(C)}$; (5-1)(b) exprime que pour $\mathcal{G}^* = V$, Σ est un 2-cocycle. *Une structure de Poisson affine définit ainsi une structure d'algèbre de Lie sur l'espace dual $\mathcal{G}$ et un 2-cocycle Σ de ($\mathcal{G}$, $\Lambda_{(C)}$).*

Soit maintenant $\mathcal{G}$ une algèbre de Lie et $\Lambda = \Lambda_{(C)} + \Sigma$ une structure de Poisson affine correspondante sur $\mathcal{G}^*$. Un élément X de $\mathcal{G}$ détermine sur $(\mathcal{G}^*, \Lambda)$ un champ hamiltonien $\tilde{X} = [\Lambda, u]$, où $u(\xi) = \langle \xi, X \rangle$; $\tilde{X}$ dépend de ξ de manière affine. Nous définissons ainsi un homomorphisme $\rho : X \in \mathcal{G} \to \tilde{X}$ d'algèbres de Lie. Soit G le groupe de Lie connexe et simplement connexe d'algèbre de Lie $\mathcal{G}$; G opère sur $\mathcal{G}^*$ par les transformations affines :

$$\psi_S(g) : \xi \in \mathcal{G}^* \to Ad^*(g^{-1})\, \xi + B(g) \qquad (g \in G \; ; \; \xi \in \mathcal{G}^*) \qquad (5\text{-}2)$$

où B à valeurs dans $\mathcal{G}^*$ vérifie :

$$B(g\, g') = Ad^*(g^{-1})\, B(g') + B(g) \qquad (g, g' \in G) \qquad (5\text{-}3)$$

Les feuilles de $(\mathcal{G}^*, \Lambda)$ sont les orbites de G opérant sur $\mathcal{G}^*$ par ψ_Σ. Soit M la feuille passant par $\xi_o \in \mathcal{G}^*$. On a une application de G sur M donnée par $\pi_{\xi_o} : g \in G \to \psi_\Sigma(g)\, \xi_o \in M$ et

$$\pi_{\xi_o} \circ L_g = \psi_\Sigma(g) \circ \pi_{\xi_o} \qquad (5\text{-}4)$$

où L_g est la translation à gauche.

b) Soit $\mathcal{G}$ une algèbre *symplectique* de dimension 2n, Λ_o le 2-tenseur de $\mathcal{G}^*$ de rang 2n correspondant à la structure symplectique. Un point ξ_o de $\mathcal{G}^*$ étant choisi, nous posons $\Sigma = \Lambda_o - \Lambda_C(\xi_o)$. La structure de Poisson affine de $\mathcal{G}^*$ donnée par $\Lambda = \Lambda_{(C)} + \Sigma$ est telle que la feuille M passant par ξ_o est de dimension 2n; G étant simplement connexe, π_{ξ_o} définit G comme revêtement universel de M.

Supposons $\mathcal{G}$ *symplectique unimodulaire*; G admet une 2-forme σ symplectique invariante à gauche et σ^n n'est pas invariantement exacte. Considérons les 2-formes $\sigma_\xi = \sigma + d\mu(\xi)$; pour tout ξ, σ_ξ^n est nécessairement $\neq 0$, donc symplectique. Soit Σ le 2-tenseur de $\mathcal{G}^*$ correspondant à σ; le tenseur de Poisson $\Lambda = \Lambda_{(C)} + \Sigma$ est partout de rang 2n sur $\mathcal{G}^*$ qui est la feuille unique de $(\mathcal{G}^*, \Lambda)$.

Inversement soit $\Lambda = \Lambda_{(C)} + \Sigma$ un tenseur de Poisson affine de $\mathcal{G}^*$ partout de rang 2n. Si $\lambda \neq 0 \in \mathbb{R}$, il en est de même pour le tenseur $\lambda\, \Sigma + \Lambda_{(C)}$. Si ξ est fixé, le polynôme en λ donné par $(\lambda \Sigma + \Lambda_{(C)}(\xi))^n$ n'admet pas de zéros réels, sauf $\lambda = 0$. Par suite la somme de tous les zéros de ce polynôme est nulle et $\Sigma^{n-1} \wedge \Lambda_C(\xi) = 0$. Soit Φ la 2-forme de $\mathcal{G}^*$ inverse de Σ; on a $\Lambda^{B\ C}_{(C)}(\xi)\ \Phi_{BC} = 0$ pour tout ξ, c'est-à-dire $C^B{}_R{}^C\ \Phi_{BC} = 0$. On déduit de (2-3) que $\tau(\mathcal{G}) = 0$ et $\mathcal{G}$ est unimodulaire. On a (voir [3] pour une démonstration différente).

Théorème 3 - Pour qu'une algèbre de Lie $\mathcal{G}$ soit telle qu'il existe sur $\mathcal{G}^*$ une structure de Poisson affine Λ compatible avec elle et admettant $\mathcal{G}^*$ comme feuille unique de $(\mathcal{G}^*, \Lambda)$, il faut et il suffit que $\mathcal{G}$ soit symplectique unimodulaire.

S'il en est ainsi, $\pi_o = B$ définit un isomorphisme de G sur $\mathcal{G}^*$ muni d'une loi de composition admettant 0 comme élément unité. D'après (5-3) cette loi de composition est donnée pour $\xi, \xi' \in \mathcal{G}^*$ par

$$\xi\ .\ \xi' = Ad^*(B^{-1}(\xi))^{-1}\ .\ \xi' + \xi$$

La variété d'un groupe symplectique unimodulaire simplement connexe admet une structure d'espace vectoriel et, *pour cette structure, la loi de composition du groupe est affine à droite* : $\xi\ .\ \xi'$ dépend de ξ' de manière affine [6].

III - Eléments de géométrie riemannienne sur un groupe de Lie.

6 - Harmonicité et groupes unimodulaires

a) Soit G un groupe de Lie connexe de dimension m et g une métrique riemannienne sur G *invariante à gauche*. Introduisons pour l'algèbre de Lie $\mathcal{G}$ une base g-orthonormée $\{e_A\}$ (A, B, .. = 1,..,m); les composantes du tenseur de structure C de $\mathcal{G}$ sont notées $(C_B{}^A{}_C)$. soit $\{\theta^A\}$ une base correspondante de l'espace des 1-formes invariantes à gauche de G. On peut écrire

$$g = g_{AB}\ \theta^A \otimes \theta^B \qquad (g_{AB} = \delta_{AB})$$

On notera $(\omega^A_B) = (\gamma_B{}^A{}_C\ \theta^C)$ la 1-forme de connexion riemannienne de (G,g) rapportée au corepère $\{\theta^A\}$; $(R^A{}_{B,CD})$ est le tenseur de courbure correspondant et (R_{AB}) le tenseur de Ricci. Si $Ri(V,V) = R_{AB}\, V^A\, V^B$, où V est un vecteur, la courbure de Ricci de (G,g) est $\geqslant 0$ si $Ri(V,V)$ est $\geqslant 0$ pour tout V. Il résulte des équations de Maurer-Cartan et de la nullité de la torsion, que les coefficients constants $\gamma_B{}^A{}_C$ de la connexion vérifient :

$$\gamma_B{}^A{}_C - \gamma_C{}^A{}_B = - C_B{}^A{}_C \tag{6-1}$$

avec $\gamma_B{}^A{}_C + \gamma_A{}^B{}_C = 0$.

b) Soit δ l'opérateur de codifférentiation sur les formes de (G,g), $\Delta = d\delta + \delta d$ le laplacien de G. de Rham pour les formes. Si ξ est une 1-forme de G, on a :

$$(\Delta\, \xi)_B = - \nabla^A\, \nabla_A\, \xi_B + R_{AB}\, \xi^A$$

où ∇ est l'opérateur de dérivation covariante. Si (,) est le produit intérieur :

$$(\Delta\, \xi,\ \xi) = - \nabla^A(\xi^B\, \nabla_A\, \xi_B) + \nabla^A\, \xi^B\, \nabla_A\, \xi_B + Ri(\xi,\xi)$$

Supposons que ξ soit une 1-forme harmonique ($\Delta\, \xi = 0$) invariante à gauche pour (G,g); on a $\xi^B\, \nabla_A\, \xi_B = 0$ et il vient :

$$(\nabla\, \xi,\ \nabla\, \xi) + Ri(\xi,\xi) = 0$$

Si la courbure de Ricci de (G,g) est $\geqslant 0$, on a $\nabla\, \xi = 0$.

Proposition - Si (G,g) a une courbure de Ricci $\geqslant 0$, toute 1-forme harmonique invariante à gauche de (G,g) est parallèle

$\tau(\mathcal{G})$ définit sur G une 1-forme $\mu(\tau)$ fermée invariante à gauche. Comme $\delta\mu(\tau)$ = const, $\mu(\tau)$ est une 1-forme *harmonique*. On déduit de plus de (6-1) que $\tau_A = C_A{}^B{}_B = - \gamma_A{}^B{}_B$. Par suite

$$\delta\ \mu(\tau) = (\mu(\tau),\ \mu(\tau)) \tag{6-2}$$

Si $\delta\,\mu(\tau) = 0$, on a $\tau(\mathcal{G}) = 0$ et $\mathcal{G}$ est unimodulaire. Il en est ainsi si la courbure de Ricci de (G,g) est $\geqslant 0$.

Corollaire - Si (G,g) admet une courbure de Ricci $\geqslant 0$, G est unimodulaire.

c) Soit α (resp. β) une p-forme (resp. (p+1)-forme) de (G,g) invariante à gauche. On a :

$$(d\,\alpha,\,\beta) - (\alpha,\,\delta\,\beta) = \delta\,\lambda$$

où $\lambda_B = -\,(1/p!)\,\alpha^{A_1\ldots A_p}\,\beta_{B\,A_1\ldots A_p}$.

Supposons G unimodulaire. Toute (m-1)-forme invariante à gauche est fermée et, par adjonction, toute 1-forme invariante à gauche est cofermée. Par suite

$$(d\,\alpha,\,\beta) - (\alpha,\,\delta\,\beta) = 0 \tag{6-3}$$

Soit E l'espace des formes invariantes à gauche de G. D'après (6-3), dE et δE sont orthogonaux et une p-forme α harmonique invariante à gauche satisfait $d\alpha = 0$, $\delta\alpha = 0$ et est orthogonale à dE et δE. On obtient ainsi dans le cas d'un groupe unimodulaire G, une théorie harmonique pour les formes de G invariantes à gauche. En particulier [2] :

Lemme - Si G est unimodulaire et g invariante à gauche, toute forme harmonique invariante à gauche de (G,g) qui est invariantement exacte se réduit nécessairement à zéro.

7 - Décomposition riemannienne d'un groupe de Lie et application.

a) Soit (G,g) un groupe de Lie simplement connexe muni d'une métrique g invariante à gauche. Considérons sa décomposition de G. de Rham en tant que variété riemannienne; (G,g) étant complète, on a

$$(G,g) = (G_o,\,g_o) \times (G_1,\,g_1) \times \ldots \times (G_r,\,g_r) \tag{7-1}$$

où les (G_k, g_k) $(k = 0,1,..,r)$ sont des variétés riemanniennes telles que (G_o, g_o) admet un groupe d'holonomie réduit à $\{e\}$ et les (G_k, g_k) $(k = 1,...,r)$ ont des groupes d'holonomie irréductibles. Il résulte d'un théorème de Nomizu [4] que $(G_o, g_o),...,(G_r, g_r)$ sont des groupes de Lie munies de métriques invariantes à gauche; G_o est *unimodulaire* d'après le corollaire précédent, puisque g_o est plate.

b) *Supposons que (G,g) soit résoluble et à courbure de Ricci* $\geqslant 0$. Dans la décomposition précédente chaque facteur est *résoluble*, à courbure de Ricci $\geqslant 0$ est donc *unimodulaire*. Etudions par exemple (G_1, g_1) résoluble et unimodulaire. Puisque G_1 est résoluble, on a $\dim H^1(G_1) = \dim \mathcal{G}_1 - \dim \mathcal{G}_1' \neq 0$ et puisque G_1 est unimodulaire $H^1(G_1)$ est donné par ses 1-formes fermées invariantes à gauche. Si $\varphi \neq 0$ est une telle 1-forme, elle est harmonique et donc parallèle, ce qui contredit l'irréductibilité de (G_1, g_1). Sous nos hypothèses, les facteurs irréductibles n'existent pas et l'on a

Proposition - Soit (G,g) un groupe résoluble muni d'une métrique g invariante à gauche à courbure de Ricci $\geqslant 0$. *La métrique g est nécessairement plate.*

Supposons que (G,g) soit symplectique et à courbure de Ricci $\geqslant 0$. Sous ces hypothèses, G est symplectique unimodulaire, donc résoluble. On a donc

Corollaire - Soit (G,g) un groupe symplectique muni d'une métrique g invariante à gauche à courbure de Ricci $\geqslant 0$. *La métrique g est nécessairement plate.*

8 - Groupes admettant une métrique plate invariante à gauche.

a) Soit (G,g) un groupe de Lie *simplement connexe* de dimension m, admettant une métrique plate g invariante à gauche; (G,g) étant complète peut être identifiée comme variété riemannienne à $\mathbb{R}^m$. Par translations à gauche, un sous-groupe compact de G donne un groupe compact d'isométries de $\mathbb{R}^m$; un tel groupe admet nécessairement un point fixe, ce qui est impossible s'il n'est pas réduit à $\{e\}$. Aussi *G n'admet aucun sous-groupe compact non réduit à* $\{e\}$.

b) Si $X, Y \in \mathcal{G}$, nous posons $D_X Y = \left(\nabla_{X_+} Y_+\right)(e)$. Puisque g est sans courbure on a :

$$D_X D_Y - D_Y D_X = D_{[X,Y]} \tag{8-1}$$

et D définit une représentation de l'algèbre de Lie $\mathcal{G}$ dans elle-même. De plus g étant invariante à gauche, on a :

$$(D_X Y, Z) + (Y, D_X Z) = 0 \qquad (X, Y, Z \in \mathcal{G}) \tag{8-2}$$

(8-2) peut se traduire en disant que D_X est une application antiadjointe pour g de $\mathcal{G}$ dans elle-même.

Soit $\mathcal{G} = \mathcal{S} + \mathfrak{R}$ une décomposition de Levi-Makev de $\mathcal{G}$, où $\mathfrak{R}$ est le radical de $\mathcal{G}$ et $\mathcal{S}$ soit une algèbre de Lie semi-simple soit réduite à $\{0\}$. La restriction de D à $\mathcal{S}$ définit une représentation de $\mathcal{S}$ dans $\mathcal{G}$. Si $\mathcal{S}$ est semi-simple, il existe un élément Z de $\mathcal{G}$ tel que tout $X \in \mathcal{S}$ puisse s'écrire (raisonnement analogue à celui du § 3)

$$X = D_X Z \qquad (X \in \mathcal{S}) \tag{8-3}$$

L'algèbre de Lie de SO(m) peut être réalisée à partir des applications antiadjointes de $\mathcal{G}$ dans elle-même. La correspondance $X \to D_X$, où $X \in \mathcal{S}$ définit une application linéaire de $\mathcal{S}$ dans cette algèbre; d'après (8-1) et (8-3), on a ainsi un isomorphisme de $\mathcal{S}$ sur une sous-algèbre de Lie de SO(m). Par suite le sous-groupe connexe S de G d'algèbre de Lie $\mathcal{S}$ admettant une métrique riemannienne biinvariante, doit être isomorphe au produit d'un groupe compact et d'un groupe vectoriel additif (voir par exemple [5] p.324); S étant semi-simple doit être compact non trivial, ce qui est impossible d'après le a; $\mathcal{S}$ est donc résduit à $\{0\}$ et $\mathcal{G}$ est nécessairement *résoluble*.

c) *$\mathcal{G}$ étant supposé résoluble*, on déduit d'un théorème de Lie [7] que la restriction d'une représentation de $\mathcal{G}$ à l'algèbre dérivée $\mathcal{G}'$ est nilpotente. Par suite pour $X \in \mathcal{G}'$, D_X est nilpotente; soit q le plus petit entier tel que $D_X^q = 0$. Supposons $q \geqslant 2$; il résulte de (8-2)

$$\left(D_X^q Y, Z\right) + \left(D_X^{q-1} Y, D_X Z\right) = 0$$

Pour $X \in \mathcal{G}'$, $Y \in \mathcal{G}$ et $Z = D^{q-2}_X Y$, on a $D^{q-1}_X Y = 0$, ce qui implique contradiction. Ainsi la restriction de D à $\mathcal{G}'$ est nulle : $D_X Y = 0$ pour tout $X \in \mathcal{G}'$, $Y \in \mathcal{G}$. Si $X, Y \in \mathcal{G}'$, on a $[X,Y] = D_X Y - D_Y X = 0$ et $\mathcal{G}'$ est abélienne.

Soit $\mathcal{H}$ l'orthocomplément de $\mathcal{G}'$ dans $\mathcal{G}$. Pour $X \in \mathcal{G}'$, $Y \in \mathcal{H}$, $D_Y X = [Y,X]$ appartient à $\mathcal{G}'$ et est antiadjoint. Si $X \in \mathcal{G}'$, $Y, Z \in \mathcal{H}$, il vient d'après (8-2) :

$$(D_Y Z, X) + (Z, D_Y X) = 0$$

où le second terme du premier membre est nul. Ainsi $D_Y Z \in \mathcal{H}$ et $[Y,Z] \in \mathcal{H} \wedge \mathcal{G}'$. On a donc $[Y,Z] = 0$ et $\mathcal{H}$ est abélienne.

Ainsi $\mathcal{G}$ est une somme directe orthogonale $\mathcal{G}' \oplus \mathcal{H}$, où *$\mathcal{G}'$ est un idéal abélien de $\mathcal{G}$, $\mathcal{H}$ une sous algèbre abélienne et où ad(Y) est antiadjoint pour tout $Y \in \mathcal{H}$.* Inversement si ces conditions sont satisfaites, on voit aisément que $D_X = 0$ pour $X \in \mathcal{G}'$ et $D_Y = ad(Y)$ pour $Y \in \mathcal{H}$, ce qui entraine que la courbure est nulle [5]. On a en particulier :

Théorème 4 - Tout groupe de Lie G admettant une métrique plate invariante à gauche admet une algèbre de Lie $\mathcal{G}$ produit semi-direct d'un idéal abélien $\mathcal{G}'$ et d'une algèbre de Lie abélienne $\mathcal{H}$.

IV - Groupes de Lie kählériens

9 - Notion de groupe de Lie kählérien.

a) Soit (G,σ) un groupe symplectique de dimension $m = 2n$ et 2-forme σ. Considérons en e une métrique $g(e)$ telle que $\sigma(e)$ et $g(e)$ définissent un opérateur $\mathcal{J}(e)$ pour lequel $\mathcal{J}^2(e) = -\text{Id}$. On obtient sur G une métrique g et une structure presque complexe $\mathcal{J}$ invariante à gauche; $(G,g,\sigma,\mathcal{J})$ est appelé un *groupe presque kählérien*. Soit $\mathcal{G}^C$ l'espace l'espace complexifié de $\mathcal{G}$; introduisons pour $\mathcal{G}^C$ une base $\{e_A\} = \{e_\rho, e_{\bar\sigma}\}$ (A, B,.. = 1,...,2n; ρ, σ,.. = 1,...,n; $\bar\rho = \rho + n$) pour laquelle $\mathcal{J}(e)$ admet les composantes $\mathcal{J}^\rho_\sigma = i\,\delta^\rho_\sigma$, $\mathcal{J}^\rho_{\bar\sigma} = 0$. On a sur G des 1-formes $\{\theta^A\} = \{\theta^\rho, \theta^{\bar\sigma}\}$ à valeurs complexes, invariantes à gauche, telles que pour le corepère correspondant $\mathcal{J}$ admet les mêmes composantes que $\mathfrak{J}(e)$; g et σ peuvent s'écrire :

$$g = 2\, g_{\rho\bar{\sigma}}\, \theta^{\rho} \otimes \theta^{\bar{\sigma}} \qquad \sigma = i\, g_{\rho\bar{\sigma}}\, \theta^{\rho} \wedge \theta^{\bar{\sigma}} \tag{9-1}$$

où nous pouvons supposer $g_{\rho\bar{\sigma}} = 0$ pour $\sigma \neq \rho$ et $g_{\rho\bar{\rho}} = 1$. Les équations de Maurer-Cartan s'écrivent :

$$d\theta^{C} + \frac{1}{2} C_{A}{}^{C}{}_{B}\, \theta^{A} \wedge \theta^{B} \tag{9-2}$$

Pour que le système $\{\theta^{\rho} = 0\}$ soit intégrable, il faut et il suffit que $C_{\bar{\sigma}}{}^{\rho}{}_{\bar{\tau}} = 0$. S'il en est ainsi, (G,g,σ) est une variété hermitienne à 2-forme fermée et ainsi est kählérienne. *Un groupe G est dit kählérien s'il admet une structure kählérienne invariante à gauche.*

Dans le cas d'un groupe presque kählérien, soit L^{C}, $\bar{L}^{C}$ les espaces propres de $\mathfrak{J}(e)$ dans $\mathcal{G}^{C}$. On a en termes d'espaces vectoriels $\mathcal{G}^{C} = L^{C} \oplus \bar{L}^{C}$. La condition $\{C_{\bar{\sigma}}{}^{\rho}{}_{\bar{\tau}} = 0\}$ exprime que L^{C} admet une structure naturelle d'algèbre de Lie complexe.

Proposition - Le groupe presque kählérien $(G,g,\sigma,\mathcal{J})$ est kählérien si et seulement si $\mathcal{G}$ induit sur L^{C} une structure d'algèbre de Lie complexe.

S'il en est ainsi, on dit que $\mathcal{G}$ est une algèbre de Lie kählérienne.

Exemple - $\mathfrak{R}_2$ admet une structure d'algèbre de Lie kählérienne.

b) *Soit (G,g) un groupe kählérien.* Considérons la 1-forme de connexion kählérienne $\{\omega^{A}_{B}\}$ rapportée aux corepères $\{\theta^{A}\} = \{\theta^{\rho}, \theta^{\bar{\sigma}}\}$; (G,g) étant kählérienne $\{\omega^{A}_{B}\} = \{\omega^{\rho}_{\sigma}, \omega^{\bar{\rho}}_{\bar{\sigma}}\}$; nous posons $\omega^{A}_{B} = \gamma_{B}{}^{A}{}_{C}\, \theta^{C}$. Les coefficients constants de la connexion vérifient :

$$\gamma_{\sigma}{}^{\rho}{}_{\tau} - \gamma_{\tau}{}^{\rho}{}_{\sigma} = - C_{\sigma}{}^{\rho}{}_{\tau} \qquad \gamma_{\sigma}{}^{\rho}{}_{\bar{\tau}} = - C_{\sigma}{}^{\rho}{}_{\bar{\tau}} \qquad \gamma_{\bar{\sigma}}{}^{\rho}{}_{\tau} = \gamma_{\bar{\sigma}}{}^{\rho}{}_{\bar{\tau}} = 0 \tag{9-3}$$

Soit α la 2-forme de Ricci de la variété kählérienne (G,g). Cette forme est fermée et elle est cofermée puisque R = const. Evaluons α : si $\{\Omega^{\rho}_{\sigma}\}$ est la 2-forme de courbure :

$$\alpha = i\,\Omega_\rho^\rho = d(i\,\omega_\rho^\rho)$$

Il résulte de (9-3) que $\omega_\rho^\rho = C_{\bar\rho\;\sigma}^{\;\rho}\,\theta^\sigma - C_{\;\rho\;\sigma}^{\rho\;\bar{}}\,\theta^{\bar\sigma}$. Pour la 1-forme réelle invariante à gauche ψ donnée par $\psi_\sigma = i\,C_{\bar\rho\;\sigma}^{\;\rho}$, on a $\alpha = d\psi$. On a

Proposition - La 2-forme de Ricci α d'un groupe kählérien est harmonique et invariantement exacte.

Supposons (G,g) kählérien et unimodulaire. D'après le lemme du § 6 [2], la courbure de Ricci est nulle; d'après le corollaire du § 7,b, (G,g) est sans courbure. Inversement si un groupe kählérien est à courbure de Ricci $\geqslant 0$ il est unimodulaire. On a :

Théorème 5 - Pour qu'un groupe kählérien (G,g) soit unimodulaire, il faut et il suffit qu'il soit sans courbure.

Sa structure est donnée par l'étude du § 8.

10 - Décomposition d'un groupe kählérien simplement connexe.

a) (G,g) étant un groupe kählérien simplement connexe, on déduit des résultats concernant les variétés kählériennes que la décomposition (7-1) de G. de Rham est une décomposition en *groupes kählériens*. Considérons (G_1, g_1) : si (G_1, g_1) est unimodualire ou a une courbure de Ricci nulle, il admet d'après § 7,b une métrique plate ce qui contredit l'irréductibilité. On a :

Théorème 6 - Soit (G,g) un groupe kählérien simplement connexe; (G,g) est comme groupe et comme variété riemannienne un produit (7-1) de groupes kählériens où (G_o, g_o) est unimodulaire à métrique plate et où les (G_k, g_k) $(k = 1,\ldots, r)$ sont riemanniennement irréductibles, non unimodulaires et à courbure de Ricci non nulle.

b) Soit (G,g) un groupe kählérien admettant une 2-forme de Ricci $\alpha \neq 0$. Si rang $\alpha = 2p < 2n$, on pose $2q = 2n - 2p$. Soit $\mathcal{H}$ le sous-espace de $\mathcal{G}$ correspondant aux éléments X tels que $i(X)\,\alpha(e) = 0$ et $\mathcal{K}$ l'orthocomplément de $\mathcal{H}$ dans $\mathcal{G}$. D'une base $\{e_a\}$ $(a, b,\ldots = 1,\ldots, 2p)$ de $\mathcal{K}$ et d'une base $\{e_i\}$ $(i, j,\ldots = 2p+1,\ldots 2n)$ de $\mathcal{H}$ on déduit une base $\{e_a, e_i\}$ de $\mathcal{G}$ et une base $\{\theta^a, \theta^i\}$ de l'espace des 1-formes de G invariantes à gauche. La 2p-forme α^p étant fermée, les équations de Maurer-Cartan impliquent $C_i{}^a{}_j = 0$ et on voit que $\mathcal{H}$ est une sous-algèbre de Lie de $\mathcal{G}$. Le système intégrable $\{\theta^a = 0\}$ définit sur G un feuilletage P invariant à gauche. La feuille de P passant par e coïncide avec le sous-espace connexe H de G admettant $\mathcal{H}$ comme algèbre de Lie. D'après sa définition, H est un sous-groupe fermé de G (voir aussi [1]).

α étant de type (1,1), $\mathcal{J}$ opère sur P et induit sur les feuilles une structure complexe intégrable et H est une variété kählérienne donc un sous-groupe kählérien. On peut prendre $\{\theta^a\} = \{\theta^\alpha, \theta^{\bar\beta}\}$ $(\alpha, \beta,\ldots = 1,\ldots,p)$, $\{\theta^i\} = \{\theta^\lambda, \theta^{\bar\mu}\}$ $(\lambda, \mu,\ldots = p+1, \ldots, n)$ où $\alpha = \alpha_{\alpha\bar\beta}\,\theta^\alpha \wedge \theta^{\bar\beta}$ et où les corepères sont unitaires. Le feuilletage P étant holomorphe, le système $\{\theta^\alpha = 0\}$ est intégrable et on a $C_\lambda{}^\alpha{}_{\bar\beta} = 0$. De $C_\lambda{}^\alpha{}_{\bar\beta} = 0$, on déduit :

$$\gamma_\lambda{}^\alpha{}_{\bar\mu} = 0 \qquad\qquad \gamma_\lambda{}^\alpha{}_{\bar\beta} = 0 \tag{10-1}$$

Il résulte de (10-1) et de $R_{\lambda\bar\mu} = 0$ que le groupe kählérien H admet une courbure de Ricci nulle. Il est donc à métrique plate.

G/H est un espace homogène complexe admettant une forme symplectique $\hat\alpha$ invariante à gauche dont l'image dans G est α. On obtient [8] :

Théorème 7 - Un groupe kählérien simplement connexe est produit direct d'un groupe kählérien à métrique plate par un groupe kählérien à courbure de Ricci non nulle qui

ou bien admet une fibration holomorphe en fibres kählériennes plates

ou bien admet une structure symplectique exacte donnée par sa 2-forme de Ricci.

c) Etudions *un groupe symplectique (G,σ,g) muni d'une métrique invariante à gauche plate.* G étant unimodulaire, on a une théorie harmonique par les formes invariantes à gauche de G (§ 6). Soit $H\,\sigma$ la 2-forme harmonique homologue à σ; σ^n n'étant pas invariantement exacte, on a $(H\,\sigma)^n \neq 0$ et la 2-forme symplectique $H\,\sigma$ peut être substituée à σ. Nous pouvons donc supposer σ harmonique pour g. La métrique étant plate, on a :

$$(\Delta\sigma, \sigma) \quad - \frac{1}{2} \nabla^C (\sigma^{AB} \nabla_C \sigma_{AB}) + \frac{1}{2} \nabla^C \sigma^{AB} \nabla_C \sigma_{AB}$$

Comme $\sigma^{AB} \nabla_C \sigma_{AB} = 0$, on voit que $\Delta\sigma = 0$ implique $\nabla\sigma = 0$.

Conservant σ, nous allons changer la métrique. A cet effet introduisons le tenseur h donné par

$$h_{AB} = g^{KL} \sigma_{AK} \sigma_{BL}$$

h est défini positif et est g-parallèle. Considérons les plans propres de h par rapport à g aux différents points de G et les valeurs propres correspondantes ρ_k^2 $(k = 1, .., r)$. On définit ainsi des feuilletages de G invariants à gauche. En utilisant ces feuilletages, on voit par le raisonnement de [9] qu'il existe sur G une métrique $\hat{g}$ invariante à gauche admettant la même connexion que g et donc sans courbure; $(G,\sigma,\hat{g})$ est un groupe presque kählérien tel que $\hat{\nabla}\sigma = 0$ et donc un groupe kählérien. On a :

Théorème 8 - Soit G un groupe symplectique admettant une métrique invariante à gauche à courbure de Ricci $\geqslant 0$. Le groupe G admet une structure kählérienne plate invariante à gauche.

References

[1] *Bon-Yao-Chu* Trans. Amer. Math. Soc. 197, 145-159 (1974)

[2] *J.I. Hano* Amer. J. Math. 79, 885-900 (1957)

[3] *A. Medina* Structures de Poisson affines. Conf. au Coll. Int. de l'Ecole Hassanian, Casablanca (1987) avec une démonstration différente (à paraître)

[4] *K. Nomizu* Nagoya Math. J. 9, 43-56 (1955)

[5] *J. Milnor* Adv. in Math. 21, 293-329 (1976)

[6] *A. Lichnerowicz et A. Medina* Groupes à structures symplectiques ou kählériennes invariantes. C.R. Acad. Sci. Paris 306 I, 133-138 (1988)

[7] *Séminaire Sophus Lie* Théorie des algèbres de Lie exposé 2, p.5 Paris (1954)

[8] Cet énoncé corrige un énoncé de [6]

[9] *A. Lichnerowicz* Théorie globale des connexions § 96 et 115. Crémonèse Rome (1955).

PRODUITS STAR SUR CERTAINS G/K KÄHLERIENS. EQUATION DE YANG-BAXTER ET PRODUITS STAR SUR G.

Carlos Moreno
C.N.R.S. Paris, France
Física Teórica, Univ. Complutense, Madrid

A la mémoire de F.A. Berezin
A la mémoire de E. Combet

RESUME.

Dans la première partie de cette conférence nous exponsons des résultats précédemment obtenus à propos des produits star invariants sur les espaces symétriques kähleriens et sur les espaces homogènes kähleriens quantifiables des groupes de Lie connexes semisimples compacts (sur les orbites entières de la représentation coadjointe). C'est le programme de quantification de Berezin sur certaines variétés kähleriennes qui est à la base de cet étude ainsi que la monographie de E. Combet, "Intégrales Exponentielles", Lectures Notes in Mathematics, vol. 937.

Dans la deuxième partie, en collaboration avec Luis Valero et en suivant V.G. Drinfeld, nous montrons comment la notion de star produit introduite par A. Lichnerowicz, M. Flato et D. Sternheimer, et l'équation de Yang-Baxter quantique constante sont intimement liées. On explicite la construction de V.G. Drinfeld d'un produit star invariant sur les groupes à structure de Poisson invariante, en montrant qu'elle correspond à une généralisation du procédé pour obtenir le produit de Moyal sur $(\mathbb{R}^{2n}; \alpha)$ à partir de la convolution gauche à multiplicateur exp $i\alpha(.;.)$.

Conference au "Vème Colloque International" "GEOMETRIE SYMPLECTIQUE ET MECANIQUE", La Grande Motte, 23 - 27 Mai 1988, France.

A. LES PRODUITS STAR

1) Définition 1.

a) Un star produit sur une variété symplectique $(W;\alpha)$ est une déformation formelle au sens de Gerstenhaber [4,5,6] de l'algèbre associative usuelle $C^\infty(W)$; i.e.,

$$u*v = u.v + \sum_{i=1}^{\infty} h^i C_i(u;v)$$

$$u,v,w \in C^\infty(W) \qquad (1)$$

$$(u*v)*w = u*(v*w)$$

qui satisfait:

1) C_i: $C^\infty(W) \times C^\infty(W) \to C^\infty(W)$ sont des opératerus bidifférentiels.

2) $C_i:(1;v) = C_i(v;1) = 0$; $\forall i \geq 1$; i.e. sont des opérateurs nuls sur les constantes.

3) $C_1(u;v) - C_1(v;u) = P(u;v)$ où P est le crochet de Poisson de $(W;\alpha)$.

b) Deux produits star $*$, $*'$ son équivalents s'il existe $T = I + \sum_{r=1}^{\infty} h^r T_r$ ou T_r est un opérateur différentiel tel que

$$T(u*'v) = Tu * Tv \qquad (2)$$

2) Les obstructions à l'existence de (1) se trouvent dans le troisième espace de cohomologie de Hochschild, différentiel et nul sur les constantes; les obstructions à l'équivalence (2) se trouvent dans le deuxième espace de cette cohomologie; la codifférentielle étant

$$\delta C(u_o,\dots,u_n) = u_o.C(u_1,\dots,u_n) + \sum_{i=1}^{\infty} (-1)^i C(u_o,\dots,u_{i-1}u_i,\dots,u_n) +$$

$$+ (-1)^n C(u_o,\dots,u_{n-1}).u_n \quad ; \qquad u_i \in C^\infty(W).$$

De (1) on obtient

$$P_h(u;v) \equiv \frac{1}{h}(u*v-v*u) = P(u;v) + \sum_{j=1}^{\infty} h^j.K_j(u;v)$$

ou $K_j(u;v) = C_{j+1}(u;v) - C_{j+1}(v;u)$, et K_j définit une 2-cochaine de la cohomologie de Chevalley différentielle, nulle sur les constantes. Puisque

$$P_h(P_h(u;v);W) + P_h(P_h(v;W);u) + P_h(P_h(W;u);v) = 0 \quad ,$$

$P_h(u;v)$ définit une déformation formelle de l'algèbre de Poisson $C^\infty(W;\alpha)$. Voir les références [1,4,5,6].

3) Définition 2.

Un produit star est invariant par l'action d'un groupe de Lie agissant symplectiquement sur $(W;\alpha)$ si

$$gu * gv = g(u*v); \quad g \in G \;, \quad u,v \in C^{\infty}(W) \;.$$

4) A partir des premiers travaux de Lichnerowicz, Flato, Sternheimer et Vey [1,2,4,5,6] l'étude des produits star à été largement poursuivi. (Voir les bibliographies de [9,10]). En particulier on sait que sur toute variété symplectique il existe un produit star. (P.Lecompte et M. de Wilde [16]).

5) M. Cahen et S. Gutt ont donné [17] un théorème d'existence de produits star invariants sur tout espace symétrique kählerien. En particulier ils ont prouvé que le troisième espace de cohomologie de Hochschild, differentiel nul sur les constantes et invariant est nul. Tous les produits star invariants sont équivalents à un changement de paramètre prés, car ces auteurs ont prouvé que le deuxième espace de cohomologie précédent a comme base le cocycle de Poisson. Ch. Fronsdal et F. Bayen ont obtenu dans [7,8], en particulier un produit star invariant sur la sphère. M. Cahen et S. Gutt ont construit en particulier déformations non-diférentielles sur cet espace [20].

6) Dans [9;10] nous nous sommes occupés de la construction de produits star invariants sur les espaces homogènes symplectiques (kähleriens) de groupes de Lie compacts semisimples et sur les espaces symétriques kähleriens non-exceptionnels. Ces produits sont la généralisation à ces espaces du produit star normal ou de Wick et du produit de Moyal. Nous les avons obtenu à partir d'une méthode de Quantification sur certaines variétés kähleriennes proposée par F.A. Berezin [11,12,13].

B. L'ANALOGUE DU PRODUIT STAR NORMAL (OU DE WICK) SUR LES DOMAINES BORNES SYMETRIQUES DE $\mathbb{C}^n$

1) Soit D un tel domaine de Cartan. C'est à dire un espace symétrique, kählerien, irréductible, non-exceptionnel de type non-compact. Soit (z_i; $i = 1,2,\dots,n$) un système de coordonnées canoniques, $K(z;\bar{z})$ le noyau de Bergman de D et $\dot{z} = \prod_{i=1}^{n} dz_i \wedge d\bar{z}_i$. La métrique de Bergman définie par

$$g_{i\bar{j}}(z;\bar{z}) = \frac{\partial^2}{\partial z_i \cdot \partial \bar{z}_j} \lg \left[v(D) K(z;\bar{z}) \right] \quad ,$$

est invariante par le groupe connexe des difféomorphismes holomorphes de D (par le groupe des isométries). v(D) est le volume euclidien de D.

2) Si ω est un nombre réel positif soit $H_\omega(D)$ l'espace des fonctions holomorphes sur D telles que

$$(f;g)_\omega = a(\omega) \int_D f(z).\overline{g(z)} \left[v(D)K(z;\bar{z})\right]^{-\omega} d\mu(z;\bar{z}) < \infty \tag{3}$$

où $d\mu(z;\bar{z}) = v(D)K(z;\bar{z}).\dot{z}$ est la mesure invariante de D et $a(\omega)$ une fonction de ω.

Il y a certains valeurs de ω ($\omega \to \infty$) pour lesquels $H_\omega(D)$ est différent de zéro. Un théoreme de Harish-Chandra montre que certaines représentations du groupe G sont réalisées unitairement sur $H_\omega(D)$. Du point de vue de la Quantification Géométrique le produit scalaire (3) est celui de deux sections holomorphes du fibré holomorphe hermitien en droites sur D, dont la courbure est un multiple de la forme fondamentale du domaine et $\left[v(D)K(z;\bar{z})\right]^{-\omega}$ est le carré du module d'une section holomorphe jamais nulle (fibré trivial) (relativement à la connéxion linéaire canonique du fibré).

3) Soit $\{\phi_\nu ; \nu = 0,1,2,\dots\}$ une base orthonormale de $H_\omega(D)$; et soit

$$L_\omega(z;\bar{v}) = \sum_{\nu=0}^{\infty} \phi_\nu(z).\overline{\phi_\nu(v)} ,$$

le noyau de Bergman de cet espace. Si on définit $\phi_{\bar{z}}(v) = L_\omega(v;\bar{z})$, alors $\phi_{\bar{z}} \in H_\omega(D)$ et si $f \in H_\omega(D)$ on a

$$(f;\phi_{\bar{z}})_\omega = f(z) \quad ; \quad (\phi_{\bar{z}};\phi_{\bar{v}})_\omega = \phi_{\bar{z}}(v).$$

On voit que

$$L_\omega(z;\bar{z}) = \left[v(D)K(z;\bar{z})\right]^\omega$$

4) Si $\hat{A}$ est un opérateur borné sur $H_\omega(D)$ son symbole covariant est défini par Berezin comme la fonction analytique en $(z;\bar{v}) \in D \times \bar{D}$

$$A(z;v) = \frac{(\hat{A}\phi_{\bar{v}};\phi_{\bar{z}})_\omega}{(\phi_{\bar{v}};\phi_{\bar{z}})_\omega}$$

($(\phi_{\bar{v}};\phi_{\bar{z}})_\omega$ ne s'annule jamais).

L'expression suivante réconstruit l'opérateur $\hat{A}$ à partir du symbole covariant [11,12,13]

$$(\hat{A}f)(z) = a(\omega) \int_D A(z;\bar{v})f(v) \left[\frac{K(z;\bar{v})}{K(v;\bar{v})}\right]^{\omega} d\mu(v;\bar{v}) \tag{3'}$$

Si $\hat{B}$ est un autre opérateur borné sur $H_\omega(D)$ et $B(z;\bar{v})$ son symbole covariant l'opérateur $\hat{A}.\hat{B}$ a comme symbole covariant

$$(A*B)(z;\bar{z}) = a(\omega) \int A(z;\bar{v})B(v;\bar{z}) \left[\frac{K(z;\bar{v})K(v;\bar{z})}{K(z;\bar{z})K(v;\bar{v})}\right]^{\omega} d\mu(v;\bar{v}) \tag{4}$$

La condition que définit $a(\omega)$ est celle obtenue par la correspondance $A = 1 \Leftrightarrow \hat{A} = I$. Donc

$$1 = a(\omega) \int_D \left[\frac{K(z;\bar{v})K(v;\bar{z})}{K(z;\bar{z})K(v;\bar{v})}\right]^{\omega} d\mu(v;\bar{v}) \tag{5}$$

(indépendant de $z,\bar{z}$).

Les quatres types de domaines D et les valeurs de $a(\omega)$ correspondants sont:

$$D^I(p;q) = \{z \in M_{pxq} \mid I - zz^* > 0 \ ; \ 0 < p \leq q\}$$

(1) $$a(\omega) = \frac{1}{(2\pi i)^{pq}} \prod_{k=1}^{q} \prod_{i_k=k}^{p+k-1} (\lambda + i_k) \ ; \qquad \text{où} \quad \lambda = (p+q)(\omega-1)$$

$$D^{II}(p) = \{x \in D^I(p;p) \mid x = {}^t x\}$$

(2) $$a(\omega) = \frac{1}{(2\pi i)^{\frac{p(p+1)}{2}}} \prod_{j=1}^{p} (\lambda+j) \prod_{\ell=1}^{p-1} \prod_{a=0}^{p-(\ell+1)} (2\lambda+2\ell+1+a) \qquad \lambda = (p+1)(\omega-1)$$

$$D^{III}(p) = \{y \in D^I(p;p) \mid y = -{}^t y\}$$

(3) $$a(\omega) = \frac{1}{(2\pi i)^{\frac{p(p-1)}{2}}} \prod_{\ell=0}^{p-2} \prod_{a=0}^{p-(\ell+2)} (2\lambda+2\ell+1+a) \qquad \lambda = (\omega-1)(p-1)$$

$$D^{IV}(p) = \left\{ z \in M_{px1} \;\middle|\; |{}^t zz| < 1;\ 1 - 2z^*z + |{}^t zz|^2 > 0 \right\}$$

(4) $$a(\omega) = \frac{2^{p-1}(2\lambda+p)}{(2\pi i)^p} \prod_{i=1}^{p-1} (\lambda+i) \qquad \lambda = p(\omega-1).$$

$a(\omega)$ est donc un polynôme en ω de degré égal à la dimension complexe de D. Si λ est un entier $a(\omega)$ est à un facteur prés la dimension formelle de la représen tation de G sur $H_\omega(D)$ précédemment citée.

5) Puisque $\lg[v(D)K(z;\bar{z})]$ est un potentiel global pour la métrique de D, la fonction

$$D[(z;\bar{z});(v;\bar{v})] = \lg[v(D)K(z;\bar{z})] + \lg[v(D)K(v;\bar{v})] - \lg[v(D)K(z;\bar{v})] - \\ - \lg[v(D)K(v;\bar{z})] ,$$

est la fonction de Bochner-Calabi de D [21]. Elle est invariante par G. Voir paragraphe D) 10), plus loin. On a alors

$$(A*B)(z;\bar{z}) = a(\omega) \int_D A(z;\bar{v})B(v;\bar{z})e^{-\omega D[(z;\bar{z});(v;\bar{v})]} d\mu(v;\bar{v}) \tag{6}$$

Proposition 1. En tant que fonction de $(v;\bar{v})$, le seul point critique de $D[(z;\bar{z});(v;\bar{v})]$ est le point $v=z$; $\bar{v}=\bar{z}$. Il est non-dégénéré et à valeur critique nul.

Preuve: Directement a partir des expressions

$$v(D)K_1(z;\bar{z}) = [\det (I-zz^*)]^{-(p+q)}$$

$$v(D)K_2(x;\bar{x}) = [\det (I-xx^*)]^{-(p+1)}$$

$$v(D)K_3(y;\bar{y}) = [\det (I-yy^*)]^{-(p-1)}$$

$$v(D)K_4(z;\bar{z}) = [1-2z^*z + (z^*\bar{z})({}^t zz)]^{-p} .$$

Cette proposition prouve l'existence d'un développement asymptotique de l'intégrale (6) dans l'échelle des fonction $\{\omega^k, k \in \mathbb{Z}\}$.

6) Soit $V \subseteq D$ un ouvert, $K \subset V$ un compact, $V_o \subset K \subset V$ un ouvert qui contient le point $z \in D$ et soit f une fonction C^∞ sur V (donc bornée sur V_o ainsi que toutes ses dérivées). On écrira $f(v;\bar{v})$ en tant que fonction des coordonées complexes d'un point de V.

La somme

$$I_{V_o}(f)(z;\bar{z}) = a(\omega) \int_{V_o} f(v;\bar{v})e^{-\omega D[(z;\bar{z});(v;\bar{v})]} d\mu(v;\bar{v}); \quad v,z \in V_o \tag{7}$$

converge. Soit $g_z \in G$ tel que $g_z.z = 0$, (quelconque). L'invariance par G de $d\mu(v;\bar{v})$ et de la fonction de Calabi permet d'écrire

$$I_{V_o}(f)(z;\bar{z}) = a(\omega) \int_{v \in g_z V_o} (\tau_{g_z} f)(v;\bar{v})e^{-\omega \lg [v(D)K(v;\bar{v})]} d\mu(v;\bar{v}) =$$

$$= I_{g_z V_o}(\tau_{g_z} f)(0;0) .$$

On a le développement [18]

$$I_{V_o}(f)(z;\bar z) = f(z;\bar z) + \sum_{R=1}^{R_o-1} M_R(f)(z;\bar z)\omega^{-R} + \omega^{-R_o} A_{R_o}(\omega;f)(z;\bar z),$$

où $A_{R_o}(\omega;f)$ est dans $C^\infty(V_o)$ et quelque soit $\omega \geq 1$ on a

$$|A_{R_o}(\omega;f)| \leq \tau_{R_o} \|f\|_{C^{\gamma(R_o)}(V_o)} , \qquad (8)$$

où τ_{R_o} est une constante qui ne dépend pas de ω . M_R est donc un opérateur différentiel d'ordre 2R égal à la puissance R du Laplacien du domaine à un facteur prés, plus un opérateur d'ordre plus pétit. Si $f(v;\bar v)$ est une fonction de la forme

$$(B(.;\bar z)A(z;.))(v;\bar v)$$

on écrira

$$(M_R B(.;\bar z)A(z;.))(z;\bar z) = C_R(A;B)(z;\bar z)$$

et les C_R sont donc des opérateurs bidifférentiels définis par cette expression à partir des opérateurs différentiels M_R.

Le calcul explicite des M_R se trouve dans les références [9,10]

Notation. Nous écrirons

$$I_{V_o}(f)(z;\bar z) \underset{\omega\to\infty}{\approx} f(z;\bar z) + \sum_{R=1}^{\infty} M_R(f)(z;\bar z)\omega^{-R} \qquad (9)$$

On sait que le second membre ne dépend pas de V_o, puisque v = z est le seul point critique de la fonction $D[(z;\bar z);(v;\bar v)]$ à valeur critique nul. On remarque que dans ce second membre f intervient uniquement par son développement de Taylor en chaque point z de D.

7) Soit $g \in G$ et V_o tel que z et $g^{-1}z$ soient dans V_o.

Proposition 2.

a) $(I_{V_o} f)(g^{-1}z;\overline{g^{-1}z}) = (I_{gV_o}(\tau_g f))(z;\bar z)$.

b) Les opérateurs différentiels M_R (et bidifférentiels C_R; $R=0,1,\ldots$) sont invariants par G.

Preuve

b) Les deux intégrales de a) ont donc le meme développment asymptotique (9).

Alors

$$(M_R f)(g^{-1}z;\overline{g^{-1}z}) = (M_R(\tau_g f))(z;\bar{z}) \qquad R=0,1,2,\ldots$$

Ce que prouve l'invariance de M_R et de C_R.

8) Soient $P(z;\bar{z})$, $Q(z;\bar{z})$, $R(z;\bar{z})$ trois fonctions dans $C^\infty(V)$ qui admettent prolongement analytique dans $V_o x\bar{V}_o$ (donc dans $Vx\bar{V}$), $P(v;\bar{w})$, $Q(w;\bar{w})$, $R(v;\bar{w})$, $v,\bar{w} \in V_o x\bar{V}_o$; par exemple tout monôme $\chi_1(z)\,\overline{\chi_2(z)} = z_1^{a_1} \ldots z_n^{a_n}.\ \bar{z}_1^{b_1}\ldots\bar{z}_n^{b_n}$; $n = \dim_C D$; $a_i, b_i \in N$. (Dans la suite il nous suffira de considérer ces monômes). La fonction de $(z;\bar{z})$ définie par l'intégrale

$$I_{V_o}(Q(.;\bar{z})P(z;.))(z;\bar{z}) = \sum_{i=0}^{R_o-1} C_i(P;Q)\,\omega^{-i} + \omega^{-R_o} A_{R_o}(\omega;\, Q(.;\bar{z})P(z;.)) \quad ,$$

où $\forall\omega \geq 1$

$$\|A_{R_o}(\omega;Q(.;\bar{z})P(z;.))\| \leq \tau_{R_o} \|Q(.;\bar{z})P(z;.)\|_{C^{\gamma(R_o)}(V_o)} \quad , \qquad (10),$$

est dans $C^\infty(V)$ et admet une extension analytique à $V_o x\bar{V}_o$ vue l'expression (4). De même chaque terme du second membre, vue la forme des opérateurs C_i.

<u>Définition 3</u>. Si $P(z;\bar{z})$, $Q(z;\bar{z})$ sont dans $C^\infty(V)$ (sans d'autres hypothèses) on écrit

$$(P*Q)(z;\bar{z}) = \sum_{j=0}^{\infty} C_j(P;Q)\,\omega^{-j} \qquad (11)$$

<u>Remarques</u>

1) On a introduit consciemment un abus de notation. Le second membre de (11) n'est preque jamais égal à l'intégrale (6). Quelque soit le sens de la convergence dans (11). Nous sommes intéressés aux produits star et non (dans ce papier) à l'analyse d'opérateurs "psedodifférentiels" définis par l'expression (3').

2) On est tentés de définir comme "bonne famille d'observables classiques" celle que pour deux quelconques de ses éléments P et Q, (11) et (6) coincident. Il en est ainsi pour les observables qu'intéressent.

Comme conséquence de la forme de la fonction de Calabi le théoreme de Fubini permet de prouver la propriété d'associativité suivante

<u>Proposition 4</u>. Soint $P(z;\bar{z})$, $Q(z;\bar{z})$, $R(z;\bar{z})$ trois fonctions dans $C^\infty(V)$ analytiques en z et en $\bar{z}$. Alors

$$I_{V_o}(R(.;\bar z)I_{V_o}(Q(.;.)P(z;.)))(z;\bar z) = I_{V_o}(I_{V_o}(R(.;\bar z).Q(.;.)).P(z;.))(z.\bar z)$$

Corollaire 5. Si P, Q, R sont trois fonctions comme précédemment. Alors

$$(P*Q)*R = P*(Q*R)$$

C'est a dire

$$s_o = 0,1,2,\ldots; \quad \sum_{i+j=s_o} C_i(C_j(P;Q);R) = \sum_{i+j=s_o} C_i(P;C_j(Q;R)) \;; \tag{12}$$

Preuve. En effect

$$I_{V_o}(R(.;\bar z)I_{V_o}(Q(.;.))P(z;.))(z;.)) = \sum_{r=0}^{i_o+k_o-2}\left[\sum_{\substack{i+k=r\\ 0\leq i,k\leq i_o-1;k_o-1}} C_i(C_k(P;Q);R)\right]\omega^{-r} +$$

$$+\omega^{-k_o}\sum_{i=0}^{i_o-1} C_i(A_{k_o}(\omega;Q(.;\bar z)P(z;.));R)\omega^{-i} + \omega^{-i_o}A_{io}(\omega;R(.;\bar z)I_{V_o}(Q(.;.)P(z;.))(z;.))$$

D'autre part

$$I_{V_o}(I_{V_o}(R(.;\bar z).Q(z;.))(.;\bar z).P(z;.)) = \sum_{r=0}^{i_o+k_o-2}\left[\sum_{\substack{i+k=r\\ 0\leq i,k\leq i_o-1\\ k_o-1}} C_i(P;C_k(Q;R))\right]\omega^{-r} +$$

$$+ \omega^{-k_o}\sum_{i=0}^{i_o-1} C_i(P;A_{k_o}(\omega;R(.;\bar z)Q(z;.)))\,\omega^{-i} +$$

$$+ \omega^{-i_o}A_{io}(\omega;I_{V_o}(R(.;\bar z).Q(z;.))(.;\bar z).P(z;.)) \quad .$$

Suposons $i_o \leq k_o$. On choisi $s_o < i_o \leq k_o$, alors la proposition 4 et la majoration (10) permettent d'écrire

$$\sum_{\substack{i+k=s_o\\ 0\leq i,k\leq i_o-1,k_o-1}} C_i(P;C_k(Q;R)) = \sum_{\substack{i+k=s_o\\ 0\leq i,k\leq i_o-1,k_o-1}} C_i(C_k(P;Q);R) \tag{13}$$

quelque soit s_o.

Proposition 6. Quelques soient les fonctions $P(z;\bar z)$, $Q(z;\bar z)$, $R(z;\bar z)$ dans $C^\infty(V)$ on a

$$(P*Q)*R = P*(Q*R) \tag{14}$$

Preuve. Il faut prouver les relations (13) pour ce type de fonctions. Ces relations font intervenir les développements limités à l'ordre s_o au point $(z;\bar z)$

quelque soit s_o fini. Mais puisqu'elles sont vérifiées par tous les polynômes en $(z_i, \bar{z}_i, i=1,\dots,n)$ elles le sont automatiquement $\forall\ P(z;\bar{z}), R(z;\bar{z}), Q(z;\bar{z})$ indéfiniment différentiables au voisinage de $(z;\bar{z})$.

<u>Proposition 7.</u> $\forall\ P(z;\bar{z}) \in C^\infty(V)$ on a

$$P*1 = 1*P = P$$

c'est à dire les opérateurs bidifférentiels invariants C_R satisfont

$$C_R(1;P) = C_R(P;1) = 0 \quad , \quad R \geq 1$$

<u>Preuve:</u> Soit $P(z;\bar{z}) = \chi_1(z).\overline{\chi_2(z)}$, $\chi_1(z) = z_1^{a_1}\dots z_n^{a_n}$; $\chi_2(\bar{z}) = \bar{z}_1^{b_1}\dots\bar{z}_n^{b_n}$.

D est borné, et $\chi_2\phi_{\bar{z}} \in H_\omega(D)$ donc:

$$I_D(P;1)(z;\bar{z}) = \frac{\chi_1(z)}{L_\omega(z;\bar{z})}\, a(\omega) \int \phi_{\bar{z}}(v).\overline{\chi_2(v)\chi_{\bar{z}}(v)}\,\left[v(D)k(v;\bar{v})\right]^{-\omega} d\mu(v;\bar{v}) =$$

$$= \frac{\chi_1(z)}{L_\omega(z;\bar{z})}\,\overline{(\chi_2\phi_{\bar{z}};\, \phi_{\bar{z}})_\omega} = \frac{\chi_1(z)}{L_\omega(z;\bar{z})}\,\overline{\chi_2(z)\phi_{\bar{z}}(z)} = P \quad .$$

Alors $P*1 = P$ et donc $C_R(P;1) = 0$, pour tout monôme $P = \chi_1 . \bar{\chi}_2$. Donc pour toute fonction de $C^\infty(V)$.

9) Sur les domaines de Cartan et à partir du schéma de Quantification de Berezin nous avons obtenu un produit star invariant au sens de la Définition 1. De ce schéma nous avons utilisé essentiellement l'intégrale (4), (6) où on a substitué D par un ouvert $V_o \subset D$ et où les fonctions $A(z;\bar{v})B(v;\bar{z})$ ont été substituées par des monômes $\chi_1(z)\ \overline{\chi_2(v)}$. L'associativité (14) est vérifiée par le produit star dont la définition est le développement asymptotique (11) en puissance de ω^{-1} de l'integrale (6). L'associativité à l'ordre s_o (13), fait intervenir uniquement les dérivées d'ordre $\leq s_o$ au point $(z;\bar{z})$ des polynômes P, Q ce que automatiquement implique l'associativité à l'ordre s_o pour toute fonction C^∞ dans un voisinage de $(z;\bar{z})$. Et ceci $\forall i_o$ (14). On satisfait la deuxième condition de la Définition de produit star $C_r(P;1) = 0$; $r \geq 1$; $P \in C^\infty(V)$ en remarquant que le produit $\chi_2.\phi_{\bar{z}}$ d'un monôme et de l'état coherent $\phi_{\bar{z}}$ au point z est dans $H_\omega(D)$ et donc que $I_D(1(.;\bar{z})\chi_1(z)\overline{\chi_2(.)}) = 1$, on obtient $C_r(\chi_1.\bar{\chi}_2;1) = 0$; $r \geq 1$, quelque soit le monôme $\chi_1.\bar{\chi}_2$, donc quelque soit la fonction de $C^\infty(V)$ puisque l'ordre de C_r est r (fini!) en chaque argument.

Comme dans tout schèma de Quantification, dans celui de Berezin il y a à la base un calcul d'opératerus "pseudodifférentiels"; défini par la formule (3') dans ce schèma. Dans l'approche à la Quantification par produits star on est d'élibérément désintéressés de l'analyse d'opérateurs sur l'espace de Hilbert.

Voir dans [2,3,7,27] la philosophie sou-jacent aux produits star. Les propriétés quantiques des observables classiques f (des fonctions) doivent être obtenues à partir de l'exponentielle star $\Sigma \frac{t^n}{n!} f * \overset{n}{\cdots} * f$. Pour tout "bon observable" ceci est possible. Voir dans [3,7,10] le calcul du spectre de certains observables classiques relativement à certains produits star invariants.

C. L'ANALOGUE DU PRODUIT NORMAL (OU DE WICK) SUR LES ESPACES DUAUX DES DOMAINES DE CARTAN

Soit D^* un tel espace. C'est à dire un espace symétrique, kählerien, irréductible, non-exceptionnel de type compact. Si P_1, P_2 sont deux points de D^* la fonction de Bochner-Calabi $D^*(P_1;P_2)$ est positive, $D^*(P_1;P_2) = 0 \Leftrightarrow P_1 = P_2$ et pour P_1 fixé elle est régulière sauf sur une sous-variété de dimension plus pétite que celle de D^* (de mesure nulle donc), la sous-variété polaire de P_1. Il existe une carte de coordonnées locales canoniques au sens de Bochner-Calabi, relativement à P_1, à domaine $U \subseteq \mathbb{R}^{2n}$ non borné qui recouvre D^* sauf la sous-variété polaire de P_1. En se plaçant sur cette carte la construction d'un produit star sur D^* est parallèle à celle suivie sur D. Voir dans [10] les détails de la construction sur S^2 et dans [9] ceux sur $P_N(\mathbb{C})$. Voir [11,12,13] pour les définitions sur D^*, analogues à (3), (3'), (4).

La propriété citée de la fonction $D^*(P_1;P_2)$ permet d'obtenir sur D^* un développement asymptotique analogue à (9). Pour un ensemble dense du groupe G^* des isométries (holomorphes) de D^* la preuve et la proposition 2 restent valables. Ceci suffit pour prouver l'invariance des opérateurs différentiels M^*_R et des opérateurs bidifférentiels C^*_R associés, qui définiront le produit star invariant sur D^*. La preuve de la proposition 4 et du corollaire 5 restent aussi valables sur $U \subseteq D^*$. Dans la preuve de la proposition 7 il faut substituer le monôme $\chi_1 \cdot \bar{\chi}_2$ par $\chi_1(z)\overline{\chi_2(z)}[K^*(z;\bar{z})]^{-N}$ avec, par exemple $N > \text{dég}\, \chi_2$, afin que l'intégrale $I^*_U(1(z;.)\chi_1(.)\chi_2(\bar{z}))(z;\bar{z})$ soit convergente (alors elle vaut 1 si $a^*(\omega)$ est choisie sur D^* avec la normalization analogue à (5)), avec ω assez grande, par exemple $\omega > N$. Dans ce cas $K^*(z;\bar{z})$ est un polynome. $(\omega \to \infty)$

En utilisant la formule de Harisch-Chandra que donne la dimension formelle d'une représentation de carré sommable d'un groupe de Lie, on prouve que $a^*(\omega) = a(\omega+1)$ pour des espaces en dualité. Berezin a prouvé cette égalité par un calcul direct de l'intégrale que définit chacun de ses membres.

La construction du produit star invariant sur D^* que nous venons d'écrire est un cas particulier de la construction d'un produit star invariant sur les orbites entières de la representation coadjointe d'un groupe de Lie connexe, semisimple, compact du paragraphe suivant.

D. L'ANALOGUE DU PRODUIT NORMAL (OU DE WICK) SUR LES ORBITES ENTIERES D'UN GROUPE DE LIE CONNEXE COMPACT SEMISIMPLES

1) Soit $\mathfrak{g}$ une algebre de Lie réelle compact semisimple et $\mathfrak{g}^{\mathbb{C}}$ sa complexifiée. Soit $\rho : \mathfrak{g} \to \mathfrak{su}(N+1)$ une représentation unitaire irréductible de et $\rho : \mathfrak{g}^{\mathbb{C}} \to \mathfrak{sl}\,(N+1;\mathbb{C})$ son extension irréductible naturelle. Soit Λ (imaginaire pur) son poid maximal relativement à une certaine sous-algèbre de Cartan. Soit $G^{\mathbb{C}}$ le groupe complexe semisimple connexe de centre réduit à l'élément neutre dont l'algebre de Lie est $\mathfrak{g}^{\mathbb{C}}$. Soit $\tilde{G}^{\mathbb{C}}$ le recouvrement universel de $G^{\mathbb{C}}$. ρ s'étend à une représentation irréductible $\tilde{\rho} : \tilde{G}^{\mathbb{C}} \to SL(N+1;\mathbb{C})$ qui par passage au quotient définit une représentation irréductible $\rho : G^{\mathbb{C}} \to SL(N+1;\mathbb{C})/\{\varepsilon I_{N+1};\varepsilon^{N+1}=1\}$. Si G est un sous-groupe maximal compact de $G^{\mathbb{C}}$ (dont l'algèbre de Lie est $\mathfrak{g}$) et si $\tilde{G}$ est le sous-groupe connexe (simplement connexe) de $\tilde{G}^{\mathbb{C}}$ d'ont l'algèbre de Lie est $\mathfrak{g}$ alors on a une représentation $\tilde{\rho} : \tilde{G} \to SU(N+1;\mathbb{C})$ irréductible qui par passage au quotient définit une représentation irréductible $\rho: G \to SU(N+1;\mathbb{C})/\{\varepsilon I_{N+1};\varepsilon^{N+1} = 1\}$. Voir l' (trés beaux!) article de M. Takeuchi [24].

2) Soit $\tilde{K}$ un sous-groupe de Lie fermé de $\tilde{G}$ tel que la variété homogène $M \doteq \tilde{G}/\tilde{K}$ admette une structure symplectique. Alors $\tilde{K}$ est le centralizateur d'un tore ([22]), donc connexe. M est alors simplement connexe et $M \approx G/K$ où K est le centralisateur d'un tore dans G. Il existe alors un sous-groupe U de $\tilde{G}^{\mathbb{C}}$ tel que dans la catégorie C^{∞}, $M \approx G/K \approx G^{\mathbb{C}}/U$ ou $K = G \cap U$. M possède donc des structures complexes et on va voir qu'elle possède aussi des structures kähleriennes qui induisent toutes les structures symplectiques de M (Borel-Weil-Hirzebruch).

3) Chaque représentation Λ détermine un espace $G/K \approx G^{\mathbb{C}}/U$ du type précédent. Sid(Λ) = N+1 est la dimension de la représentation, la variété G/K se plonge holomorphiquement dans $P_N(\mathbb{C})$ et ne se plonge pas dans un autre projectifl de plus petite dimension. Les structures kähleriennes sur $P_N(\mathbb{C})$ sont paramétrées par la courbure sectionnelle holomorphe correspondante c. Dans le plongement précédent G/K hérite la structure kählerienne induite par celle de $P_N(c)$. Voir la référence [24].

4) Réciproquement: Soit (M;g) une variété homogène kählerienne, et soit $f: M \to P_N(c)$ un plongement kählerien, N étant le plus petit possible. La composante connexe G^c du groupe des automorphismes de la structure complexe de M est alors un groupe de Lie complexe semisimple dont le centre se réduit à l'élément neutre; ce groupe possède un sous-groupe parabolique U tel que $M \approx G^c/U$; f détermine une représentation Λ telle que M est l'espace homogène associé à Λ

comme précédement.(Résultats de Borel-Weil, Borel-Hirzebruch, Serre). Voir [24].

5) Ce que suit dans ce paragraphe est la construction d'un produit star invariant sur les variétés $(G/K;\Lambda)$; c'est a dire sur les orbites entières de la représentation coadjointe du groupe G [10].

6) Soit $A \in SU(N+1)$ et $(z_1,\ldots,z_N)$ coordonnées (affines) canoniques sur $P_N(\mathbb{C}) \simeq SU(N+1)/S(U(N)\times U(1))$. Soit $\psi_o=(1,0,\ldots,0)^t$ un vecteur unitaire maximal de ρ. On a alors
$$|(A\psi_o;\psi_o)|^2 = (1+z_1^2 + \ldots + z_N^2)^{-2}$$
ou $(\; ; \;)$ est le produit scalaire canonique de $\mathbb{C}^N$.

La fonction $\lg|(A\psi_o;\psi_o)|^{-2}$ est un potentiel (local) pour la métrique Kählerienne sur $P_N(\mathbb{C})$ de courbure sectionnelle scalaire $c=4$. Sa restriction à G/K, dans le plogement précédent, est alors $\lg|(\rho(g)\psi_o;\psi_o)|^{-2}$ et c'est donc un potentiel dans un ouvert dense de G/K pour la métrique de cet espace. Soit k sa courbure scalaire.

7) Si ω est un entier positif, $\omega\Lambda$ est encore un poid dominant et la variété G/K est encore associée à ce poid et de courbure $\omega^{-N}k$. Nous aurons à faire $\omega \to \infty$, ce que s'interprète comme considérer sur G/K des représentations de dimension de plus en plus grandes ou bien de métriques de courbure de plus en plus petites.

8) Soit $(E_\Lambda;(\; ; \;))$ l'espace de Hilbert de dimension finie dans lequel se réalise la représentation ρ. On suit ici l'article de E. Onofri [14]. On a
$$\psi_1,\psi_2 \in E_\Lambda; \; (\psi_1;\psi_2) = d(\Lambda) \int_G \overline{(\psi_2;\rho(g)\psi_o)} \; (\psi_1;\rho(g)\psi_o)d\mu(g) \; ; \quad \int_G d\mu(g) = 1.$$
Soit U l'ouvert de G/K dans lequel $|(\rho(g)\psi_o;\psi_o)|\neq 0$. On vera qu'il est dense. Soit $G\times_\Lambda\mathbb{C}$ le fibré holomorphe associé à la représentation Λ. Les sections holomorphes de ce fibré engendrent un espace vectoriel de dimension $d(\Lambda)$. (Borel-Weil, Riemann-Roch,...). Si $\psi \in E_\Lambda$, $(\psi;\rho(g)\psi_o)$ est une section holomorphe de ce fibré et la fonction
$$\tilde{\psi}(gK) = \frac{(\psi;\rho(g)\psi_o)}{(\psi_o;\rho(g)\psi_o)}$$
est alors holomorphe sur U. On obtient
$$(\psi_1;\psi_2) = d(\Lambda) \int \tilde{\psi}_1(gK).\overline{\tilde{\psi}_2(gK)} \; [(\psi_o;\rho(g)\psi_o)]^2 \; d\mu(gK) \; .$$

On écrira $(\tilde{\psi}_1;\tilde{\psi}_2) \equiv (\psi_1;\psi_2)$. Le théorème de Borel-Weil assure que les espaces de Hilbert $(E_\Lambda;(\ ;\ ))$ et $(H_\Lambda;\ (\ ;\ ))$ son isomorphes $\psi \leftrightarrow \tilde{\psi}$.

9) <u>États cohérents</u>: (Perelomov-Onofri-Rawnsley) [14,15]

Le point $gK \in U$ détermine un vecteur de E_Λ :

$$\phi_{gK} = \frac{\rho(g)\psi_o}{(\rho(g)\psi_o;\psi_o)} ,$$

et donc le vecteur de H_Λ

$$\tilde{\phi}_{gK}(g'K) = \frac{(\rho(g)\psi_o;\ \rho(g')\psi_o)}{(\rho(g)\psi_o;\psi_o)(\psi_o;\rho(g')\psi_o)} .$$

Comme fonction de gK, $\tilde{\phi}$ est antiholomorphe. Si $\tilde{\psi} \in H_\Lambda$ on a

$$(\tilde{\psi};\tilde{\phi}_{gK}) = \tilde{\psi}(gK) \qquad \text{et} \qquad (\tilde{\phi}_{gK};\tilde{\phi}_{gK}) = [(\rho(g)\psi_o;\psi_o)]^{-2}$$

L'ensemble des fonction $\tilde{\phi}_{gK}$, $gK \in U$ est le système d'états cohérents de la représentation. C'est un système supercomplet au sens de Berezin [11,12,13].

10) <u>La fonction de Bochner-Calabi</u>: Soit M une variété kählerienne de métrique analytique réelle. Soit $U \subset M$ le domaine d'une carte locale de coordonnées complexes $(z;\bar{z})$ et soit $\Phi(z;\bar{z})$ un potentiel réel, analytique réel sur U, pour la métrique de M. La fonction $\Phi(v,\bar{w})$ est donc définie par prolongement analytique au voisinage de $(z;\bar{z})$. Soit la fonction définie par

$$D((z;\bar{z});(v;\bar{v})) = \Phi(z;\bar{z}) + \Phi(v;\bar{v}) - \Phi(z;\bar{v}) - \Phi(v;\bar{z}) .$$

D(P;Q), ne dépend pas de Φ ni des cartes locales. Elle est invariante par le groupe des isométries de U. C'est la fonction de Bochner-Calabi de la variété [21]. La restriction de D à une sous-variété kählerienne de M est la fonction de Bochner-Calabi de la sous-variété. Si M est une sous-variété kählerienne de $P_N(\mathbb{C})$ kählerien la fonction en $Q \in M$, D(P,Q) pour P fixé est analytique réelle sauf sur une sous-variété de dimension complexe un de moins que la dimension de M, dans laquelle elle prend valeurs infinis.

11) Sur $U \subset G/K$ soit la fonction holomorphe en g_1K et antiholomorphe en g_2K

$$\Phi(g_1K;g_2K) = \lg \frac{(\rho(g_2)\psi_o;\rho(g_1)\psi_o)}{(\rho(g_2)\psi_o;\psi_o)(\psi_o;\rho(g_1)\psi_o)} .$$

Alors

$$D(g_1K;g_2K) = \lg |(\rho(g_1)\psi_o;\rho(g_2)\psi_o)|^{-2}$$

d'où l'invariance de D par $g \in G$ tel que $gU \subseteq U$. Si g_1 envoit gK au point g_2K on a

$$D(K;gK) = \lg |(\rho(g)\psi_o;\psi_o)|^{-2}$$

D'où on obtient que U est dense dans G/K.

Si $\Phi'(gK;gK) = \lg|(\rho'(g)\psi_o';\psi_o')|^{-2}$ est un potentiel pour la métrique $\omega\Lambda$ sur G/K on voit que [10]

$$D'(g_1K,g_2K) = \omega D(g_1K;g_2K)$$

et donc

$$|(\rho(g')\psi_o';\psi_o')|^2 = |(\rho(g)\psi_o;\psi_o)|^{2\omega}$$

Les sous-variétés singulières (dans G/K) des fonctions D' et D coincident.

12) Si $\hat{A}$ est un opérateur borné dans H_Λ son symbole covariant est la fonction

$$A(g_1K;g_2K) = \frac{(\hat{A}\tilde{\phi}_{g_2K};\tilde{\phi}_{g_1K})}{(\tilde{\phi}_{g_2K};\tilde{\phi}_{g_1K})} .$$

C'est une fonction antiholomorphe en g_2K et holomorphe en g_1K sur UxU. L'opérateur $\hat{A}$ se construit à partir de son symbole covariant par la formule

$$(\hat{A}f)(g_1K) = d(\Lambda) \int_U A(g_1K;g_2K)f(g_2K) \frac{(\tilde{\phi}_{g_2K};\tilde{\phi}_{g_1K})}{(\tilde{\phi}_{g_2K};\tilde{\phi}_{g_2K})} d\mu(g_2K) .$$

Si $\hat{B}$ est un autre opérateur dont le symbole est B, l'opérateur $\hat{A}.\hat{B}$ a comme symbole covariant l'extension analytique de la fonction

$$(A*B)(g_1K;g_1K) = d(\Lambda) \int_U A(g_1K;g_1gK).B(g_1gK;g_1K) \,[(\psi_o;\rho(g)\psi_o]^2 \, d\mu(gK) . \qquad (13')$$

Soit $g_1^{-1} \in G$, f une fonction holomorphe en g_1K et antiholomorphe en g_2K $g_1K;\, g_2K \in U_o \subset K \subset U$. On définit l'opérateur $\tau_{g_1^{-1}}$ par

$$(\tau_{g_1^{-1}}f)\,(g_3K;g_4K) = f(g_1g_3K;\; g_1g_4K)$$

et l'intégrale

$$(I_{V_o}f)(g_1K;g_1K) = d(\omega\Lambda) \int_{V_o} (\tau_{g_1^{-1}}f)(gK;gK)\, e^{-\omega\lg|(\rho(g)\psi_o;\psi_o)|^{-2}} d\mu(gK) \qquad (13'')$$

Les intégrales (13'), (13") géneralisent les intégrales (6), (7). Nous sommes intéressés au développements asymptotiques. On a

Proposition 8. La fonction

$$\log\,[(\psi_o;\rho(g)\psi_o)]^{-2}$$

définie sur U est positive et nulle seulement à l'origine K. Celui-ci est son unique point critique à valeur critique nul. Il est nondégénéré.

Preuve: Soit gK ∈ U un point où la fonction s'annule. Alors $|(\psi_o;\rho(g)\psi_o)| = 1$, donc $\rho(g)\psi_o = a\psi_o$, $a \in \mathbb{C}$. C'est a dire gK = K. Puisque $|(\psi_o;\rho(g)\psi_o)|^{-2} \geq 1$ la fonction est non-négative. Elle a donc K comme point critique non dégéneré; cette fonction étant un potentiel pour la métrique sur U.

13) En coordonnées canoniques $(z;\bar{z})$ sur U on fait maintenant les mêmes raisonnements que dans B) et C); ce qui permet d'énoncer.

Proposition 9.

1) $I_{V_o}f$ admet un développement asymptotique (indépendant de V_o) en puissance de ω^{-1}. Si g.0 = z,

$$(I_{V_o}f)(z;\bar{z}) \simeq (2\pi)^n\omega^{-n}d(\omega\Lambda)\sum_{R=0}^{\infty} A_R(\tau_{g^{-1}}f)(0;0)\omega^{-R} \quad .$$

2) L'opérateur $A_R(\tau_{g^{-1}}f)(0;0)$ est une puissance à un facteur près, de l'opérateur de Laplace de l'espace, Δ^R, plus d'autres opérateurs différentiels invariants d'ordre plus petit. $d(\omega\Lambda)$ est un polynome de dégré $n = \dim_{\mathbb{C}} G/K$ en ω^{-1}. (Formule de H. Weyl)

3) Les expressions des opérateurs A_R son données dans les références [10].

Si $P(z;\bar{z})$, $Q(z;\bar{z})$, $R(z;\bar{z})$ sont fonctions qui admmettent un prolongement analytique en z et en $\bar{z}$ sur $U\times\bar{U}$, la preuve de l'associativité exprimée par les proposition 2,4 sont valables dans le cas présent ainsi que le corollaire 5 et la proposition 6. Les relations (14) sont prouvées dans le cas présent exactement de la même maniere que sur les domaines de Cartan et pour les mêmes raisons. Aussi la preuve de la Proposition 7 avec les modifications indiquées dans C) est valable dans le cas présent. En conclusion

Proposition 10. Sur l'orbite entière $(G/K;\Lambda)$ le développement asymptotique

$$P*Q = P.Q + \sum_{R=1}^{\infty} C_R(P;Q)\omega^{-R}$$

$P, Q \in C^{\infty}(G/K)$ est un produit star invariant sur G/K au sens de la Définition 1. Les opératerus bidifférentiels invariants C_R sont d'ordre R en chaque argument. Ils sont obtenus à partir des opératerus différentiels invariants A_R de la proposition 9. Pour plus de détails voir les références [10].

E) L'ANALOGUE SUR LES ESPACES SYMETRIQUES KAHLERIENS DU PRODUIT DE MOYAL

1) Sur l'espaces canoniques $(\mathbb{R}^{2n};\alpha)$ l'équivalence entre le produit star de Moyal, issu de la Quantification de Wick (ou de Bargman, ou de Segal, ou holomorphe,...) s'obtient par l'intermédiaire de certains opérateurs unitaires liés aux réflexions (géodésiques) aux points de $\mathbb{R}^{2n}$ et à la représentation unitaire irréductible du groupe de Heisenberg issue de l'orbite (coadjointe) $(\mathbb{R}^{2n};\ \omega\alpha;\ \omega \in \mathbb{R}^{+})$. L'article [19] est dédié à ce sujet. La description du procédé suivi pour obtenir un de ceux produits star à partir de l'autre se trouve dans l'Introduction de [10;c)]. Certains aspects de ce procédé sont répris dans la construction d'un produit star invariant sur un groupe de Lie à structure de Poisson invariante du paragraphe suivant. Ce même procédé se généralise aux espaces symétriques kähleriens. On dispose sur ces espaces des deux ingrédients suffisants: (les) représentations du groupe des isométries de l'espace obtenues, par exemple, par les méthodes de la Quantification Géométrique, et les réflexions géodésiques qui définissent ce type d'espaces. Dans [9,b)] se trouve les détails de la construction sur la sphere de l'analogue du produit de Moyal; dans [9,a] sur les $P_N(\mathbb{C})$; et dans [10] sur tout espace symétrique kahlerien de type non-compact. Sur le reste des espaces de type compact on suit le meme procédé que pour la sphère ou les projectifs.

2) A notre connaissance Berezin a dédié, parmi ses écrits, une page et démie a definir et a développer la Quantification de Weyl sur les espaces symétriques kähleriens et ceci dans le cas du disque de Poincaré [13]. Vue la structure de cette dernière référence, c'est tout naturellement, peut être, à la suite de son paragraphe 5 que le cas de la sphère aurait pu etre considéré.

En effect la Quantification de Weyl sur les espaces kähleriens symétriques de type compact n'est peut être pas satisfaisante. Par exemple, sur la sphère l'opérateur dont le symbole contravariant de Weyl est la fonction 1, a comme symbole covariant de Berezin la fonction 1 sur les spaces $H_{\omega}(S^2)$ avec ω pair et 0 sur les espaces avec ω impair.

Cependant la définition que Berezin a donné dans [13] de la Quantification de Weyl sur les espaces symétriques kähleriens, est suffisante pour fournir un produit star invariant sur ces espaces. L'intégrale exponentielle qui définit le symbole covariant d'un opérateur à partir de son symbole contravariant de Weyl (même si ces symboles ne définissent pas d'opérateurs), expressions (7') (8) de [10,c)], permet de construire par son développement asymptotique en puissance de ω^{-1} au voisinage d'un des points critiques de la phase (deux pour la sphère) une équivalence invariante, identité sur les constantes, entre produits star. Le produit star invariant équivalent dans cette équivalences au produit construit dans les paragraphes précédents (normal ou de Wick) est par définition le produit star de Moyal sur ces espaces, vu le procédé suivi pour l'obtenir. Voir la Référence [10,c)] pour plus des détails.

F) PRODUITS STAR INVARIANTS SUR UN GROUPE DE LIE A STRUCTURE DE POISSON INVARIANTE ET EQUATION DE YANG-BAXTER QUANTIQUE CONSTANTE. (D'aprés V.G. Drinfeld)

Ce paragraphe est rédigé avec la collaboration de Luis Valero.

1) Soit W un espace vectoriel et $R \in E_{nd}(W \otimes W)$. Dans l'espace $W \otimes W \otimes W$ on définit les opérateurs

$$R^{12} \in E_{nd}(W \otimes W \otimes W);\ R^{12} = R \otimes I$$

$$R^{23} \in E_{nd}(W \otimes W \otimes W);\ R^{23} = I \otimes R$$

$$R^{13} \in E_{nd}(W \otimes W \otimes W);\ R^{13} = P_{23}R^{12}P_{23}$$

L'équation de Yang-Baxter quantique constante sur R est définie par les relations

$$R^{12}R^{13}R^{23} = R^{23}R^{13}R^{12}; \quad R^{12}R^{21} = I \ ; \quad (R^{21} = P_{12}R^{12}P_{12}) \ . \tag{15}$$

2) On cherche solutions de (15) dans l'espace $E(E_{nd}(V \otimes V); h)$ des séries formelles dans le paramètre h à coéfficients dans $E_{nd}(V \otimes V)$ où V est un espace vectoriel de dimension finie n:

$$R = I + \sum_{i=1}^{\infty} r_i h^i \quad ; \quad r_i \in E_{nd}(V \otimes V) \tag{16}$$

Si on impose à (16) de satisfaire (15) on obtient à l'ordre deux:

$$r_1^{12}r_1^{13} + r_1^{12}r_1^{23} + r_1^{13}r_1^{23} = r_1^{23}r_1^{13} + r_1^{23}r_1^{12} + r_1^{13}r_1^{12} \ ; \quad r_1^{12} + r_1^{21} = 0 \ . \tag{16'}$$

(Les produits étant donc dans $E_{nd}(V \otimes V \otimes V)$) ou bien

$$[r_1^{12};r_1^{13}] + [r_1^{12};r_1^{23}] + [r_1^{13};r_1^{23}] = 0 \quad ; \quad r_1^{12} + r_1^{21} = 0 \tag{17}$$

Clairement cette expression à un sens sur toute algèbre de Lie $\mathfrak{g}$. Ainsi considérée on récupére l'expression (16'), dans le cas $\mathfrak{g} = \mathfrak{gl}(n;\mathbb{R})$ et la représentation idéntique $\tau_o: \mathfrak{gl}(n;\mathbb{R}) \to E_{nd}(\mathbb{R}^n)$.

3) Sur $\mathfrak{g}$, (17) est l'équation de Yang-Baxter classique; $r_1 \in \mathfrak{g} \otimes \mathfrak{g} = L(\mathfrak{g}^*; \mathfrak{g})$ définit une structure de Poisson, [23,25,26].

4) L'équation (16') a donc un sens dans $U(\mathfrak{g}) \otimes U(\mathfrak{g}) \otimes U(\mathfrak{g})$ et on la reécrira dans ce sens sous la forme

$$S_1^{12}S_1^{13}+S_1^{12}S_1^{23}+S_1^{13}S_1^{23} = S_1^{23}S_1^{13}+S_1^{23}S_1^{12}+S_1^{13}S_1^{12} \quad ; \quad S_1^{12}+S_1^{21} = 0 \tag{17'}$$

(Les produits étant maintenant dans $U(\mathfrak{g})^{\otimes 3}$).

De même considérée dans $E(U(\mathfrak{g}) \otimes U(\mathfrak{g});h)$ l'exprèssion (16) s'écrira

$$S = 1 + \sum_{i=1}^{\infty} S_i h^i \quad ; \quad S_i \in U(\mathfrak{g}) \otimes U(\mathfrak{g}) \quad ,$$

et l'équation de Yang-Baxter Quantique (15) suit.

5) Si S est solution de YB et π est une représentation de $\mathfrak{g}$, alors $R = (\pi \otimes \pi)S \in E_{nd}(V_\pi \otimes V_\pi)$ satisfait l'équation (15). Si π_1, π_2, π_3 son trois représentations de $\mathfrak{g}$, toute solution S de YB fournit une solution de (15) dans un sens plus général.

6) C'est la théorie des produits star invariants (déformations formelles différentielles de $C^\infty(G)$) sur un groupe de Lie G à structure de Poisson, dans le sens considéré dans cette conférence qui fournit, <u>d'aprés V.G. Drinfeld</u> solutions de l'équation de Yang-Baxter Quantique constante.

Un produit star invariant sur G (simplement connexe) sera de la forme

$$\begin{aligned} \phi_1 * \phi_2 &= \phi_1 \cdot \phi_2 + \sum_{i=1}^{\infty} F_i(\phi_1;\phi_2)h^i \; ; \\ (\phi_1 * \phi_2) * \phi_3 &= \phi_1 * (\phi_2 * \phi_3) \; ; \quad \phi_i \in C^\infty(G) \end{aligned} \tag{18}$$

Où $F_i \in U(\mathfrak{g}) \otimes U(\mathfrak{g})$ et $F_i(\phi;1) = F_i(1;\phi) = 0$; c'est a dire un opérateur bidifférentiel invariant sur G, s'annulant dès qu'un de ses arguments est constant. Alors

$$\sum_{i+j=k} F_i(F_j(\phi_1;\phi_2);\phi_3) = \sum_{i+j=k} F_i(\phi_1;F_j(\phi_2;\phi_3)) \quad ; \quad k = 0,1,2,\ldots$$

On écrit ces relations en termes de la structure (co-) algèbrique de $U(\mathfrak{g})$. Si $c: U(\mathfrak{g}) \to U(\mathfrak{g})^{\otimes 2}$ est le coproduit et $n: U(\mathfrak{g}) \to \mathbb{R}$ l'homomorphisme naturel,

$$\sum_{i+j=k} (c \otimes I)F_i.(F_j \otimes 1) = \sum_{i+j=k} (I \otimes c)F_i.(1 \otimes F_j).$$

Et si on introduit l'élément

$$F = 1 + \sum F_i h^i \in E(U(\mathfrak{g}) \otimes U(\mathfrak{g});h) ,$$

la loi associative (18) s'écrit

$$\begin{gathered}(c \otimes I)F.\ (F \otimes 1) = (I \otimes c)F.\ (1 \otimes F)\\ (I \otimes n)F = (n \otimes I)F = 1.\end{gathered} \tag{19}$$

Voir l'article de Patissier ou l'équation (19) est explicitement considérée sur le groups abelien $(\mathbb{R}^{2n};\ \alpha)$ [29].

Si F et F' définissent deux produits star équivalents, il existe

$$f = 1 + \sum_{i=1}^{\infty} f_i h^i \in E(U(\mathfrak{g});h); \quad n(f) = 1$$

tel que

$$F' = (cf).F.(f^{-1} \otimes f^{-1}) \quad . \tag{20}$$

Réciproquement, étant donnés F et f, F' définit un produit star invariant sur G. En termes algèbriques les obstructions à l'existence de (19) et à l'équivalence (20) se trouvent respectivement dans le troisième et deuxième espace de cohomologie de l'algèbre tensorielle $TU(\mathfrak{g})$ pour la codifférentielle

$$\partial(U_1 \otimes \ldots \otimes U_p) = 1 \otimes u_1 \otimes . \otimes u_p + \sum_{i=1}^{p} (-1)^i u_1 \otimes \ldots \otimes c(u_i) \otimes \ldots \otimes u_p + (-1)^{p+1} u_1 \otimes \ldots \otimes u_p \otimes 1. \quad u_i \in U(\mathfrak{g})/\mathbb{R}.$$

8) Soit

$$\begin{aligned} a: U(\mathfrak{g}) \otimes U(\mathfrak{g}) &\to U(\mathfrak{g}) \otimes U(\mathfrak{g})\\ u_1 \otimes u_2 &\to u_2 \otimes u_1 \end{aligned} \quad .$$

Le théoreme suivant est énnoncé par Drinfeld. La démostration est directe; voir les détails dans [28]. C'est aussi un résultat de la théorie générale des produits star [5,6].

Théorème (Drinfeld). Soit F une solution de (19), et soit $S_1 = F_1 - aF_1$. Alors:

1) $S_1 \in \mathfrak{g} \otimes \mathfrak{g}$

2) S_1 satisfait Yang-Baxter classique (17').

3) Tout produit star équivalent à celui défini par F a le meme S_1.

4) Il existe un produit star F' équivalent à F tel que $F'_1 = \frac{1}{2} S_1$

8) Réciproquement. Si G est un groupe de Lie (simplement connexe) à structure de Poisson $S_1 \in \mathfrak{g} \otimes \mathfrak{g}$ invariante, il existe un produit star sur G invariant, défini par

$$F = 1 + \frac{1}{2} S_1.h + \sum_{i=2}^{\infty} F_i.h^i \quad .$$

Ce théoreme est une conséquence des résultats précédemment obtenus par Lichnerowicz, Flató et Sternheimer. Dans le cas présent (sur G) V.G. Drinfeld fait une construction explicite de ce produit star. Elle suit les mêmes démarches (mais en les généralisant convenablement) que pour construire le produit star de Moyal sur $(\mathbb{R}^{2n};\alpha)$ comme transformée de Fourier usuelle de la convolution gauche sur le groupe (abelien) $\mathbb{R}^{2n}$, définie par le multiplicateur $e^{i\alpha(.;.)}: \mathbb{R}^{2n} x\mathbb{R}^{2n} \to S^1$. Le produit star de Moyal fait intervenir essentiellement la formule de Campbell-Hausdorff dans la construction qui suit. On peut toujours supposer S_1 non-dégénéré, car la feuille symplectique que contient l'élément neutre de G est un sous-groupe de Lie de G. Alors $\beta = S_1^{-1}$ définit une structure symplectique invariante sur G et β est un 2-cocycle de Chevalley sur $\mathfrak{g}$. Soit alors $\bar{\mathfrak{g}} = \mathfrak{g} \oplus \mathbb{R}$ muni de la structure d'algèbre de Lie

$$[(x;a);(y;b)] = ([x;y];\beta(a;b)); \quad x,y \in \mathfrak{g} \quad ; a,b \in \mathbb{R}$$

Soit $\bar{G}$ le groupe symplement connexe d'algebre de Lie $\bar{\mathfrak{g}}$. Soit $1_o \in \bar{\mathfrak{g}}^*$ défini par la relation $1_o(x,a) = a$. Soit l'hyperplan $H = \{1 \in \bar{\mathfrak{g}}^* \mid 1(0;1) = 1\}$ Donc $1_o \in H$. L'application

$$\Lambda : G \to H \subset \bar{\mathfrak{g}}^*$$
$$g \to Ad^*_{\bar{G}} g^{-1}.1_o$$

est bien définie et elle est un difféomorphisme local. En effect

$$(\Lambda(\exp tx))'_{t=0} .1_o.(y;0) = -ad^*_{\bar{G}} x.1_o.(y;0) =$$
$$= -1_o([x;y];\ \beta(x;y)) = -\beta(x;y) = -\tilde{\beta}(x).y \quad .$$

Et $\tilde{\beta}$ est invertible.

Soient $x,y \in \mathfrak{g}$; on écrit $x \equiv (x;0);y\equiv(y;0) \in \bar{\mathfrak{g}}$. En opérant dans $\bar{G}$ et $\bar{\mathfrak{g}}$ écrivons

$$\Phi(x;y) = h^{-1}\log(\exp hx.\exp hy) - x - y \quad ,$$

ou bien

$$\exp h(\Phi(x;y) + x + y) = \exp hx.\exp hy \quad .$$

Soit $\xi \in H \subset \bar{\mathfrak{g}}^*$. Définissons la fonction sur $\bar{\mathfrak{g}} \times \bar{\mathfrak{g}}$

$$\exp -2\pi i.\xi.\Phi(x;y)$$

et consiérons la double transformée de Fourier suivante, où ξ <u>reste fixé</u>

$$[(F_x \times F_y) \exp -2\pi i.\xi.\Phi(x;y)] (\eta_1;\eta_2) \quad ; \quad \eta_i \in H$$

(La dimension de H est la même que celle de $\mathfrak{g}$).

Si ϕ_1, ϕ_2 sont deux fonctions sur H on définit

$$(\phi_1*\phi_2)(\xi) = [(F_x \times F_y)\exp -2\pi i\xi.\Phi(x;y) \underset{c}{*} (\phi_1 \times \phi_2)] (\xi;\xi) \tag{21}$$

ou $\underset{c}{*}$ indique convolution usuelle, une fois sur ϕ_1 et une autre sur ϕ_2.

<u>Proposition 11</u>.

1) L'opération * définie par (21) est un produit star sur H invariant par $Ad^*_{\bar{G}}g^{-1}$.

2) Si $\psi_1 \in C^\infty(G)$ alors $\psi_1 \circ \Lambda \in C^\infty(H)$, et

$$\psi_1 *' \psi_2 = [(\psi_1 \circ \Lambda^{-1}) * (\psi_2 \circ \Lambda^{-1})] \circ \Lambda$$

est un produit star sur G invariant.

<u>Preuve</u>: Par un calcul direct on voit que

1) $$(\phi_1*(\phi_2*\phi_3))(\xi) = \int e^{-2\pi i}[\xi.h^{-1}\lg(e^{hx}.e^{hy}.e^{hz}) - (x;x')-(y;y')-(z;z')] \,.$$

$$.\ \phi_1(x').\phi_2(y').\phi_3(z').dx.dy.dz.dx'.dy'.dz' = ((\phi_1*\phi_2)*\phi_3)(\xi) \quad ;$$

où x', y', z' $\in$ H et (;) indique <u>dualité</u> entre $\mathfrak{g}$ et H.

2) Le diagramme suivant est commutatif

$$\begin{array}{cccc} & G & \xrightarrow{\Lambda} & H & \\ R_k & \downarrow & & \downarrow & Ad^*_{\bar{G}}\, k^{-1} \\ & G & \xrightarrow{\Lambda} & H & \end{array} \quad , \qquad k \in G$$

L'invariance de * par $Ad^*_{\bar{G}}\, k^{-1}$ implique l'invariance de *' par R_k.

9) Le théoreme suivant du à Drinfeld montre l'étroite connexion entre l'équation de Yang-Baxter Quantique constante et les produits star invariant sur un groupe de Lie G à structure de Poisson invariante.

Théoreme 12. Soit $F \in E(U(\mathfrak{g})^{\otimes 2};h)$ définissant un produit star invariant (19) sur le groupe de Poisson G. Soit a: $u_1 \otimes u_2 \to u_2 \otimes u_1$; $u_i \in U(\mathfrak{g})$. On définit $S = aF^{-1} \otimes F$. Alors $S \in E(U(\mathfrak{g})^{\otimes 2};h)$ satisfait l'équation de Yang-Baxter Quantique constante sur $U(\mathfrak{g})^{\otimes 3}$; i.e.

$$S^{12}.S^{13}.S^{23} = S^{23}.S^{13}.S^{12} \quad \text{et} \quad S^{12}.S^{21} = 1$$

(ou bien

$$(S \otimes 1)(I \otimes a)(S \otimes 1)(1 \otimes S) = (1 \otimes S)(I \otimes a)(S \otimes 1)(S \otimes 1) \quad \text{et } S.aS = 1) .$$

Preuve. Ecrivons l'expression (19) sous la forme:

$$(c \otimes I)F.(aF \otimes 1).(aF^{-1} \otimes 1)(F \otimes 1) = (I \otimes c)F.(1 \otimes aF)(1 \otimes aF^{-1}).(1 \otimes F)$$

On tient compte des relations

$$(a \otimes I)(c \otimes I) = (c \otimes I) \; ; \quad (I \otimes a)(I \otimes c) = (I \otimes c)$$

ce que permet d'écrire

$$(a \otimes I)((c \otimes I)F.(F \otimes 1)(S \otimes 1) = (I \otimes a)((I \otimes c)F.(1 \otimes F)).\ (1 \otimes S)$$

Et en tenant compte à nouveau de (19). On obtient

$$(a \otimes I)((I \otimes c)F.(1 \otimes F))(S \otimes 1) = (I \otimes a)((c \otimes I)F.(F \otimes 1))(1 \otimes S)$$

Et on répete deux fois ce pas.

Voir la référence [28] pour des développements ultérieurs.

REMERCIEMENTS

L'auteur exprime sa gratitude aux Professeurs A. Lichnerowicz, M. Flató et D. Sternheimer de multiples suggestions et encouragements qu'il a bénéficié. En particulier de lui avoir appris l'existence des travaux de Drinfeld et son rapport avec la théorie des produits star.

REFERENCES

1 Flato, M., Lichnerowicz, A., et Sternheimer, D., Compt. Math. 31, 47 (1975)

2 Flato, M., Lichnerowicz, A., et Sternheimer, D., J. Math. Phys. 111, 61 (1976)

3 Bayen, F., Flato, M., Fronsdal, C., Lichnerowicz, A., et Sternheimer, D., Ann. Phys. 111, 61 (1978) et 111, 111 (1978)

4 Vey, J., Comm. Math. Helv. 50, 421 (1975)

5 Lichnerowicz, A., Ann. Di Math., 123, 287 (1980)

6 Lichnerowicz, A., Ann. Inst. Fourier 32, 157 (1982)

7 Fronsdal, C., Rep. Math. Phys. 15, 11 (1978)

8 Bayen, F., Fronsdal, C., J. Math. Phys. 118, 50 (1978)

9 Moreno, C., et Ortega-Navarro, P., Ann. Inst. Henri Poincaré 38, 215 (1983), et Lett. Math. Phys. 7, 181 (1983)

10 Moreno, C., Lett. Math. Phys. 11, 61 (1986), Lett. Math. Phys. 12, 217 (1986), et Lett. Math. Phys. 13, 245 (1987)

11 Berezin, F.A., Math. USSR. Izvestija 9, 341 (1975)

12 Berezin, F.A., Math. USSR. Isvestija 3, 1109 (1974)

13 Berezin, F.A., Commun. Math. Phys. 40, 153 (1975)

14 Onofri, E., J. Math. Phys. 16, 1087 (1975)

15 Rawnsley, J.H., Quart. J. Math. Oxford (2), 28, 403 (1977)

16 M. de Wilde, et Lecompte, P., Lett. Math. Phys. 7, 487 (1983)

17 Cahen, M. et Gutt, S., (a) Lett. Math. Phys. 6, 395 (1982); (b) C.R. Acad. Sci. Paris 291A, 545 (1980); (c) Lett. Math. Phys. 5, 219 (1981)

18 Combet, E., Intégrales exponentielles, Lectures Notes in Math. N° 937, Springer-Verlag, Berlin (1982)

19 Grossmann, A., et Huguenin, P., "Group Theoretical Aspects of the Wigner-Weyl Isomorphism", Preprint, 1977

20 Cahen, M. et Gutt, S., "An algebraic construction of star products on the regular orbits of semisimple Lie Groups". In the book in honor of Ivor Robinson, 1987

21 Calabi, E., Ann. of Math. 58, 1 (1953)

22 Lichnerowicz, A., "Espaces homogenes kähleriens". Coll. Int. de Géom. Diffé. Strasbourg, 171 (1953)

23 Drinfeld, V.G., "Quantum Groups", Preprint

24 Takeuchi, M., Japan J. Math. 4, 171 (1978)

25 Kosmann-Schwarzbach, Y., "Poisson-Drinfeld Groups", Preprint 1986

26 Kosmann-Schwarzbach, Y., et Magri, F., "Poisson-Lie Groups and Complete Integrability", I et II, Preprints.

27 Sternheimer, D., Lecture at the 14th AMS-SIAM Summer Sem., Chicago, 1982

28 Valero, L., Thèse à paraitre

29 Patissier, G., Ann. Inst. Henri Poincaré, 28, 215 (1980)

UNE SPHERE LAGRANGIENNE PLONGEE DANS UNE STRUCTURE SYMPLECTIQUE COMPLETE SUR $\mathbb{R}^6$

Marie-Paule Muller

L'objectif de cet exposé est de présenter une construction d'une sphère lagrangienne plongée dans $\mathbb{R}^6$, pour une structure symplectique ayant un champ de Liouville complet.

Les travaux de R. Wells [14], S. Smale [12], M. Gromov [5], Kawashima [8] montrent qu'à part le cas trivial $n=1$, la sphère S^n ne peut pas être une lagrangienne plongée dans $\mathbb{R}^{2n}$ si $n\neq3$, ceci quelle que soit la structure symplectique. De plus, l'étude des courbes pseudo-holomorphes dans une variété symplectique qu'a faite M. Gromov [6] montre que la structure symplectique standard sur $\mathbb{R}^6$ ne contient pas non plus de sphère lagrangienne plongée (J.C. Sikorav présente ce résultat de manière détaillée dans [11]). Néanmoins, M. Gromov conjecturait l'existence d'une structure symplectique exotique sur $\mathbb{R}^6$, avec une sphère lagrangienne plongée, en suggérant d'explorer les structures obtenues par symplectisation (à partir d'une forme de contact sur $\mathbb{R}^5$). Une telle structure symplectique a un champ de Liouville complet, et, si elle est exotique, la forme de contact sur $\mathbb{R}^5$ dont elle est issue est exotique elle aussi. Le problème de l'existence de structures symplectiques exotiques complètes sur $\mathbb{R}^{2n}$ a été posé par A. Weinstein [13], et étudié par D. Mc Duff [9] sous des hypothèses menant à une réponse négative (cas Kählérien complet de courbure négative) ; d'autre part, l'existence de structures de contact exotiques sur $\mathbb{R}^3$ a été établie par D. Bennequin [2] et, indépendamment, par Y. Eliashberg [3] .

Daniel Bennequin m'a présenté la conjecture de M. Gromov. Ce travail doit beaucoup à son soutien et aux discussions que nous avons eues. Je remercie aussi François Laudenbach, ainsi que Michèle Audin et Emmanuel Giroux, pour leur lecture attentive et critique des versions de cette construction.

1. Réduction du problème par symplectisation.

Soient α une forme de contact sur $\mathbb{R}^5$ et $\varphi : S^3 \to (\mathbb{R}^5, \alpha)$ une application. Notons Ω la structure symplectique sur $\mathbb{R}^5 \times]0,+\infty[$ obtenue par symplectisation : si t est une variable décrivant $]0,+\infty[$, elle s'écrit $\Omega = d(t\,\alpha) = dt \wedge \alpha + t\,d\alpha$.

Si la structure de contact induit sur S^3 un feuilletage (avec singularités) possédant une intégrale première, c'est-à-dire s'il existe deux fonctions f et g (g sans zéros, supposons-la positive) sur S^3 telles que $g.\varphi^*\alpha = df$, alors l'application $\Phi = (\varphi, g)$ vérifie $\Phi^*\Omega = 0$.

Le problème est ainsi ramené à la construction de φ et de α, sur lesquels il faut interpréter la condition de plongement pour Φ.

Il est facile de voir que les points critiques de l'intégrale première f sont nécessairement des points singuliers de φ, et donc que φ ne peut pas être un plongement. Génériquement, une application $S^3 \to \mathbb{R}^5$ présente des singularités du type "parapluie de Whitney" et des lignes de points doubles [15]. L'application φ dont nous nous servirons aura exactement deux singularités et une ligne de points doubles (et f n'aura donc que deux points critiques). Nous discutons l'injectivité de Φ sur ce cas particulier pour simplifier l'exposé (pour une application φ plus générale, la discussion s'adapte aisément).

2. Courbe d'holonomie. Injectivité de Φ.

Avec les notations de 1., soient $\gamma_j :]0,1[\to S^3$ $(j = 1, 2)$ deux chemins tels que $\varphi \circ \gamma_1 = \varphi \circ \gamma_2$. La courbe $H = (f \circ \gamma_1 , f \circ \gamma_2)$ est appelée *courbe d'holonomie*.

Notons p la pente de la courbe d'holonomie. Comme $\varphi \circ \gamma_1 = \varphi \circ \gamma_2$, cette pente est égale à la fonction $\dfrac{g \circ \gamma_2}{g \circ \gamma_1}$.

La nature des singularités présentées par la courbe d'holonomie peut être précisée, du fait que α est une forme de contact :

PROPOSITION. Les points stationnaires de la courbe d'holonomie sont des points de première espèce (c'est-à-dire que la pente p est à dérivée non nulle aux valeurs correspondantes du paramètre).

Démonstration : Soit $C = \varphi \circ \gamma_1(s_0) = \varphi \circ \gamma_2(s_0)$ un point de contact de la ligne de points doubles avec le champ d'hyperplans $[\alpha = 0]$.

Choisissons, au point C, une base $(U, U^1, U^2 , \tau^1 , \tau^2)$ de l'espace tangent $T_C\mathbb{R}^5$ de la forme suivante :

- U est tangent à Δ (et donc $\alpha.U = 0$)
- $U^j \in [\alpha = 0] \cap \mathrm{Im}\, T\varphi(\gamma_j(s_0))$ $(j = 1, 2)$
- τ^j est transverse à $[\alpha = 0]$ dans $\mathrm{Im}\, T\varphi(\gamma_j(s_0))$ $(j = 1, 2)$

Soit $W = \alpha(\tau^1).\tau^2 - \alpha(\tau^2).\tau^1$. Alors (U, U^1, U^2 , W) est une base de l'hyperplan $[\alpha = 0]$. Comme la forme $\varphi^*\alpha$ est intégrable :

$$d\alpha(U, U^j) = 0 \qquad (j = 1, 2)$$

La 1-forme $i(U)d\alpha$ ne peut pas être identiquement nulle sur l'hyperplan $\alpha = 0$, donc $d\alpha(U, W) \neq 0$, c'est-à-dire

$$\alpha(\tau^1).d\alpha(U, \tau^2) \neq \alpha(\tau^2).d\alpha(U, \tau^1)$$

On peut choisir $U = (\varphi\circ\gamma_1)'(s_o) = (\varphi\circ\gamma_2)'(s_o)$.

Soit $\underline{\tau}^j$ le vecteur tangent à S^3 au point $\gamma_j(s_o)$, tel que $T\varphi(\underline{\tau}^j) = \tau^j$ $(j = 1, 2)$. Comme $\varphi^*\alpha = \frac{1}{g}df$:

$$\frac{df\,\underline{\tau}^1}{g\circ\gamma_1(s_0)} \cdot \frac{(g\circ\gamma_2)'(s_0)\,.\,df\,\underline{\tau}^2}{\left(g\circ\gamma_2(s_0)\right)^2} \neq \frac{df\,\underline{\tau}^2}{g\circ\gamma_2(s_0)} \cdot \frac{(g\circ\gamma_1)'(s_0)\,.\,df\,\underline{\tau}^1}{\left(g\circ\gamma_1(s_0)\right)^2}$$

Finalement :

$$\frac{(g\circ\gamma_2)'(s_0)}{g\circ\gamma_2(s_0)} \neq \frac{(g\circ\gamma_1)'(s_0)}{g\circ\gamma_1(s_0)}$$

ce qui équivaut à : $\qquad p'(s_o) \neq 0$

◊

De ce qui précède, nous déduisons la

PROPOSITION. L'application Φ est injective si et seulement si la pente p ne prend la valeur 1 en aucun point (points stationnaires compris).

COROLLAIRE. La ligne des points doubles $\Delta = \varphi\circ\gamma_j\,(]0,1[)$ ne peut pas être transverse au champ des hyperplans de contact $\alpha = 0$.

3. Rang de Φ.

Le rang de Φ au points singuliers de φ est égal à 3 si dg ne s'annule pas sur le noyau de l'application tangente $T\varphi$.

Soient $(u, x, z) = (u_1, u_2, x_1, x_2, z)$ les coordonnées sur $\mathbb{R}^5$. Pour la *forme de contact standard* $\alpha_0 = dz - x.du$, il est possible d'obtenir un germe d'application générique $W : (\mathbb{R}^3,0) \to (\mathbb{R}^5,0)$, singulier en 0, tel que la structure de contact $\alpha_0 = 0$ induise sur $\mathbb{R}^3$ un feuilletage (en sphères, singulier en 0) dont le contrôle des intégrales premières, et donc du facteur intégrant associé, soit possible en 0 :

Si $(u, w) = (u_1, u_2, w)$ sont les coordonnées sur $\mathbb{R}^3$, l'application

$$W(u, w) = (u, wu, \|u\|^2 + w^2 - w^3/3)$$

est telle que $W^*\alpha_0 = (2 - w)(u.du + w.dw)$.

La structure de contact induit donc le feuilletage par les *sphères concentriques*, pour lequel nous avons par exemple l'intégrale première $f(u, w) = \|u\|^2+w^2$, qui donne $g(u, w) = \frac{2}{2-w}$. Le noyau de TW(0) est engendré par $\frac{\partial}{\partial w}$, et $\frac{\partial g}{\partial w}(0) \neq 0$.

Décrivons la sphère $S^3 \subset \mathbb{R}^2{}_u \times \mathbb{R}_w \times \mathbb{R}_t$ par son équation $\|u\|^2+w^2+t^2 = 1$. L'application φ est choisie telle que W soit son expression locale au voisinage du point $S = (0, 0, -1)$, avec les coordonnées locales (u, w), à une translation verticale dans $\mathbb{R}^5$ près ; on peut imposer par exemple $\varphi(S) = (0, 0, -2)$.

Au voisinage du point $N = (0, 0, +1)$, l'application φ doit présenter un parapluie de Whitney d'orientation opposée [15]. Notons σ le "changement de signe de la dernière coordonnée", sur $S^3 \subset \mathbb{R}^4$, ou sur $\mathbb{R}^5$. L'application φ est définie au voisinage de N par la condition $\varphi = \sigma \circ \varphi \circ \sigma$. De ce fait, c'est la structure de contact associée à la forme $\overline{\alpha}_0 = dz + x.du$ qui induit au voisinage de N le feuilletage par les sphères $\|u\|^2+w^2 = \text{Constante}$.

L'application φ ainsi définie au voisinage de S et N peut se prolonger à tout S^3, avec une ligne de points doubles Δ, image des demi-cercles $\Gamma_1 = \{u=0, w < 0\}$ et $\Gamma_2 = \{u=0, w > 0\}$: avec une partition de l'unité convenable portant sur la dernière fonction coordonnée, on peut joindre φ à l'application $\varphi_1(u, w, t) = (u, wu, 2t)$, par exemple.

4. Prolongement de la forme de contact à un voisinage de Δ et du feuilletage à S^3.

Comme f n'aura que deux points critiques, on peut considérer qu'elle est minimale en S et maximale en N. La courbe d'holonomie doit donc avoir un nombre pair de points stationnaires, correspondant aux points de contact de la ligne des points doubles Δ avec le champ des hyperplans de contact.

Il est possible d'obtenir une famille de formes de contact α, définies au voisinage de Δ, avec $\alpha = \alpha_0$ (resp. $\overline{\alpha}_0$) au voisinage de $\varphi(S)$ (resp. $\varphi(N)$), induisant un feuilletage régulier au voisinage des deux demi-cercles Γ_1 et Γ_2 dans S^3, telles que le champ $\alpha=0$ ait des points de contact (d'ordre un) $C_1, \ldots, C_{2m}$ avec Δ. Ces formes de contact ne se distinguent pas seulement par le nombre 2m des points de contact avec Δ, mais aussi (et surtout) par un signe que l'on peut leur attribuer en chacun des points C_k et qui sera explicité par la suite.

Le feuilletage partiel qu'induit à la source l'équation $\alpha=0$ peut être prolongé à tout S^3, en un feuilletage dont les feuilles (en dehors de S et N) sont difféomorphes à des sphères S^2, et de manière à avoir une intégrale première f donnant une courbe d'holonomie de pente $\neq 1$ en tout point. Le prolongement du feuilletage permet de prolonger, au but, le champ d'hyperplans $[\alpha=0]$ en un champ F au-dessus de l'image $\Sigma = \varphi(S^3)$, de manière à ce que l'intersection de F avec $T\Sigma$ soit le feuilletage image.

5. Plan du prolongement de la forme de contact.

Au voisinage de Δ, le fibré F est défini par une forme de contact. Il est donc porteur de structures complexes J *adaptées* à la structure symplectique $d\alpha$, c'est-à-dire telles que $d\alpha(X, JX) > 0$ pour $X \neq 0$ [6]. Le feuilletage est un sous-fibré T de rang 2 du fibré φ^*F restreint à $S^3 - \{S, N\}$. Au but, il peut être vu comme un fibré au voisinage de Δ, non défini aux points S et N, et 'bivalué' au-dessus des points de Δ. Le théorème de Frobenius dit qu'il est lagrangien pour $d\alpha$, donc totalement réel pour une structure complexe adaptée. L'objectif que nous nous fixons maintenant est d'étudier la possibilité de : 1) *prolonger* une telle structure complexe à tout le fibré F, avec la condition de laisser le feuilletage totalement réel, 2) obtenir ainsi un fibré complexe *trivial* au-dessus de $\varphi(S^3)$. Par 1), il sera possible de prolonger la forme de contact à un voisinage de $\varphi(S^3)$, et le h-principe de M. Gromov [4] (voir aussi l'exposé de A. Haefliger [7]) permettra de prolonger enfin cette forme de contact à $\mathbb{R}^5$ à partir d'un prolongement du fibré complexe.

Nous analysons maintenant les conditions 1) et 2).

5. 'Indice de Maslov' sur la ligne des points doubles.

L'image par $T\varphi$ de la restriction du feuilletage à Γ_1 et Γ_2 donne au-dessus de Δ deux sous-fibrés T_1 et T_2 du fibré F.

Dans S^3, le feuilletage a des centres non dégénérés en S et N. Les feuilles forment donc avec les chemins Γ_j un angle qui reste supérieur à une constante > 0. Ceci a pour conséquence que T_1 et T_2 ont une limite commune aux points $\varphi(S)$ et $\varphi(N)$, mais avec des orientations opposées si T_1 et T_2 sont orientés par une orientation du feuilletage. Nous pouvons donc définir l'indice de T_2 par rapport à T_1, analogue à l'indice de Maslov habituel ([10], [1]) au-dessus d'un lacet, pour deux sous-fibrés lagrangiens d'un fibré symplectique : pour une structure complexe J adaptée à la structure symplectique $d\alpha$, nous avons une application (argument du déterminant)

$$\text{Dét}_J(T_2/T_1) : \Delta \to S^1$$

qui se prolonge par la valeur -1 aux points $\varphi(S)$ et $\varphi(N)$, et dont le degré est indépendant du choix de la structure complexe adaptée J. Nous le notons $\text{ind}(T_2/T_1)$.

A cause de la dimension, cet indice a une expression combinatoire en fonction du signe de la partie imaginaire de $\text{Dét}_J(T_2/T_1)$ aux points où T_1 et T_2 ne sont pas transverses et au voisinage des extrémités (cette partie imaginaire y est non nulle). Pour la famille de formes de contact α construites en 4., les signes de cette partie imaginaire aux points de contact $C_1, \ldots, C_{2m}$ sont définis par les signes mentionnés en 4., et les valeurs prises par $\mathrm{ind}(T_2/T_1)$ décrivent tout $\mathbb{Z}$.

6. Trivialité d'un fibré complexe prolongé (F, J).

En supposant la structure complexe J prolongée à tout F (avec le feuilletage totalement réel), une petite analyse de (F, J) au voisinage de $\varphi(S)$ et $\varphi(N)$ permet de dégager la condition suivante de trivialité du fibré complexe : $\mathrm{ind}(T_2/T_1) = -1$, condition qui ne peut être réalisée qu'avec au minimum quatre points de contact $C_1, \ldots, C_4$. Cette condition s'obtient de la manière suivante : soit D un disque dans S^3 bordé par le cercle $\Gamma = \Gamma_1 \cup \Gamma_2 \cup \{S, N\}$; le fibré T (2-plans tangents aux feuilles) est totalement réel et défini au-dessus de $D - \{S, N\}$. En se fixant la donnée T_1 au-dessus de $\varphi(\Gamma)$, on calcule l'indice de Maslov (habituel) de $\varphi^*(T_1)$ par rapport à T sur le bord d'un disque un peu plus petit D' ; sa nullité permet de prolonger T_1 en un sous-fibré totalement réel de (F, J) au-dessus de $\varphi(D)$, et le fibré (F, J) est alors trivial.

7. Prolongement à F d'une structure complexe adaptée J.

Dans $\varphi(S^3)$, le complémentaire d'un voisinage tubulaire de $\varphi(\Gamma)$ est un tore plein, feuilleté par le feuilletage T. Tous les fibrés sont vus au-dessus de ce tore plein. Il s'agit de prolonger, en laissant T réel, une structure complexe J donnée sur F au-dessus du bord. L'espace des structures complexes sur F qui laissent T réel est un fibré dont la fibre est homotopiquement un cercle. Nous en avons une section J_0, obtenue à partir de la structure complexe standard sur $\mathbb{R}^4$ par un relèvement et une homotopie. Le mode de construction des formes de contact α (cf.4.) permet de contrôler le degré de J par rapport à J_0, au-dessus d'un cercle méridien du bord du tore plein. La nullité de ce degré peut être obtenue pour une forme α à quatre points de contact avec Δ, vérifiant la condition de trivialité de 6., ce qui permet de prolonger la structure complexe J qui lui est associée.

Bibliographie

[1] V.I. Arnold, Characteristic class entering in quantization conditions. Funkt. Anal. i Ego Pril. 1,1 (1967) 1-14. Traduction.

[2] D. Bennequin, Entrelacements et équations de Pfaff.

Thèse, Université Paris VII, 1982.

[3] Y. Eliashberg, Rigidity of symplectic and contact structures. Prépublication, 1981.

[4] M. Gromov, Stable mappings of foliations into manifolds. Izv. Akad. Nauk SSSR 33 (1969). Math. USSR Izvestiya 3 (1969) 671-694

[5] M. Gromov, Convex integration of differential relations. I Izv. Akad. Nauk SSSR 37 (1973). Math. USSR Izvestiya 7 (1973) 329-343

[6] M. Gromov, Pseudo holomorphic curves in symplectic manifolds. Invent. Math. 82 (1985) 307-347

[7] A. Haefliger, Lectures on the theorem of Gromov. Proc. Liverpool Singularities Symp. II Lecture Notes in Math. n° 209 (1971) 128-141

[8] T. Kawashima, Some remarks on lagrangian imbeddings. J. Math. Soc. Japan 33,2 (1981) 281-294

[9] D. Mc Duff, Symplectic structures on $\mathbb{R}^{2n}$. Séminaire Sud-Rhodanien de Géométrie VI, Hermann 1987.

[10] V.P.Maslov, Théorie des perturbations et méthodes asymptotiques. (En russe). izdat. Moskov. Gos. Univ. 1965.

[11] J.C. Sikorav, Non-existence de sous-variété lagrangienne exacte dans $\mathbb{C}^n$ (d'après Gromov). Séminaire Sud-Rhodanien de Géométrie VI, Hermann 1987.

[12] S. Smale, The classification of immersions of spheres in euclidean spaces. Ann. of Math. 69,2 (1959) 327-344

[13] A. Weinstein, Some problems in symplectic geometry. Séminaire Sud-Rhodanien de Géométrie VI, Hermann 1987.

[14] R.O.Wells Jr., Compact real submanifolds of a complex manifold with nondegenerate holomorphic tangent bundle. Math. Ann. 179 (1969) 123-129

[15] H. Whitney, The singularities of a smooth n-manifold in (2n-1)-space. Ann. of Math. 45,2 (1944) 247-293

Université Louis Pasteur
Département de Mathématiques
7 rue René Descartes
F-67084 Strasbourg cedex

Déformations universelles des crochets de Poisson

par Claude ROGER
Unité associée au CNRS n° 399
Département de Mathématiques et d'Informatique
Université de Metz
F.57045 METZ Cedex

Le but de cette conférence est de convaincre le lecteur de la validité de la conjecture suivante :

Conjecture : Toute structure de Poisson admet au moins une déformation formelle non triviale de son crochet.
Les travaux exposés ici ont fait l'objet d'une collaboration entre P. Lecomte et l'auteur. Nous n'avons pas encore pu démontrer complètement la conjecture.

1) Définitions et position du problème :

Si V est une variété de Poisson on notera N l'anneau des fonctions différentiables sur V et $\{\ ,\ \}$ le crochet de Poisson $(u,v)\ N^2 \to \{u,v\}\ \ N$ qui fait de N une algèbre de Lie.
Une déformation formelle du crochet de Poisson est une déformation formelle de cette structure d'algèbre de Lie au sens de Gerstenhaber ([6]), soit une application bilinéaire antisymétrique sur N à valeurs dans les séries formelles à une indéterminée à coefficients dans N :

$$N \times N \xrightarrow{\{\ ,\ \}_\lambda} N[[\lambda]]$$

$$\{u,v\}_\lambda = \{u,v\} + \sum_{i>1} \lambda^i P_i(u,v)$$

Les $P_i(u,v)$ sont des cochaînes locales :

$$\text{Supp } P_i(u,v) \subset \text{Supp } u \cap \text{Supp } v$$

et nulles sur les constantes : $P_i(u,v) = 0$ dès que u ou v est constante.
Cette application doit être telle que le prolongement naturel de $\{\ ,\ \}_\lambda$ à $N[[\lambda]]$ fasse de cet espace une algèbre de Lie.
L'étude et la classification de telles déformations font partie du programme de Flato, Lichnérowicz et al [1] dans le but d'aboutir à une théorie de quantification par déformations : c'est la théorie des star-produits.
De nombreux travaux ont été publiés dans ce domaine ; il n'est pas question de les citer tous ici ; mentionnons cependant outre ceux des auteurs de [1], les noms de Jacques Vey, Michel Cahen, Simone Gutt, Pierre Lecomte, Marc De Wilde, Jean-Claude Cortet, et Didier Arnal. Pour les résultats et les techniques de base dans cette théorie de déformations algébriques, et leurs applications aux structures de Poisson, le lecteur est renvoyé au livre [7] et particulièrement aux articles de Gerstenhaber [6], et de M. De Wilde et P. Lecomte [17].
La partie infinitésimale de la déformation $\{\ ,\ \}_\lambda$ est classifiée modulo équivalence par la classe de cohomologie de la cochaîne P_1 dans $H^2_{Lie}(N,N)$: il s'agit ici de la cohomologie des cochaînes locales, nulles sur les constantes, sur l'algèbre de Lie $(N,\{\ \})$ à coefficients dans sa représentation adjointe. Les obstructions à prolonger ces déformations sont contenues dans l'espace de cohomologie de degré 3, $H^3_{Lie}(N,N)$ (cf Gerstenhaber [6]).
La première étape de l'étude des déformations est donc le calcul de $H^2_{Lie}(N,N)$ [Rappelons que le théorème de Peetre implique que les cochaînes locales sont localement déterminées par des opérateurs multidifférentiels].
Nous allons tout d'abord détailler les résultats connus dans le cas d'une variété symplectique.

2) Le cas symplectique. L'invariant S^3_Γ :

Si V est une variété symplectique, l'espace $H^2_{Lie}(N,N)$ a été calculé par J. Vey [15] ; on a le résultat suivant :

$$H^2_{Lie}(N,N) = H^2_{DR}(V) \oplus \mathbb{R}.$$

Soit $\omega \in \Omega^2(V)$ une 2 forme différentielle sur V, on peut lui associer une 2-cochaîne $\tilde{\omega}$ de $C^2_{Lie}(N,N)$ définie par

$\tilde{\omega}(u,v) = \omega(X_u,X_v)$ où X_u et X_v sont les champs hamiltoniens associés aux fonctions u et v.

Cette construction détermine l'inclusion $H^2_{DR}(V) \to H^2_{Lie}(N,N)$.

Remarquons que la cochaîne $\tilde{\omega}$ est d'ordre de différentiabilité (1,1). Le facteur $\mathbb{R}$ dans $H^2_{Lie}(N,N)$ est engendré par une classe de cohomologie d'ordre de différentiabilité (3,3) que nous allons définir de façon détaillée, car elle jouera un rôle essentiel dans toute la suite.

Pour une variété V de classe C^∞ on peut construire une application $\Phi : \mathfrak{a}(V) \times \mathfrak{a}(V) \to \Omega^2(V)$, $\mathfrak{a}(V)$ étant l'algèbre de Lie des champs tangents à V, et $\Omega^2(V)$ l'espace des 2-formes différentielles sur V. Cette application sera une 2-cochaîne de l'algèbre de Lie $\mathfrak{a}(V)$ à coefficients dans $\Omega^2(V)$ pour la représentation naturelle. Considérons le fibré des repères de V, $P \xrightarrow{\pi} V$ et prenons ω une forme de connexion sur P. Pour X et Y dans $\mathfrak{a}(V)$ prenons $X^\bullet$ et $Y^\bullet$ leurs relevés canoniques dans $\mathfrak{a}(P)$ et posons $\Phi(X,Y) = Tr(L_{X^\bullet}\omega \wedge L_{Y^\bullet}\omega)$; on vérifie immédiatement que cette 2-forme est basique, et nous pouvons donc l'identifier à une 2-forme de $\Omega^2(V)$. Il est facile de voir que Φ définit bien un cocycle dont la classe de cohomologie est indépendante du choix de la connexion ω.

Cette construction se généralise facilement à des cocycles de degré supérieur et permet de construire un isomorphisme :

$$I^p(GL(n)) \xrightarrow{\Phi_p} H^p_{Lie}(\mathfrak{a}(V) ; \Omega^p(V))$$

$I^p(GL(n))$ étant l'espace des invariants symétriques de degré p sur l'algèbre de Lie de GL(n) ; n = dimV.

On pose $\Phi_p(I)(X_1, .., X_p) = I(L_{X_1}\omega \wedge \ldots \wedge L_{X_p}\omega)$ (voir Fuks [4] Thm 2-4-7 p 144). Cette construction a été définie au niveau des champs de vecteurs formels par Gelfand ([5]) dès 1970 puis a été introduite dans l'étude du problème des déformations par J. Vey [15] et M. De Wilde et P. Lecomte [16].

Remarquons que ces classes existent sur toute variété V en dehors de toute hypothèse d'existence d'une structure de Poisson. Si maintenant V est une variété symplectique dont la structure est définie par le 2 tenseur contravariant antisymétrique Λ $\Omega_2(V)$ (dual de la forme symplectique) on définira la classe [S] (notée S^3_Γ dans [16]) en contractant le tenseur Λ avec la forme Φ calculée sur les champs hamiltoniens associés aux fonctions u et v.

Soit $S(u,v) = \langle \Lambda, \Phi(X_u,X_v) \rangle$

Le résultat pour le cas symplectique est alors le suivant :

Thm (P. Lecomte, M. De Wilde 1984)

Toute classe de cohomologie $P_1 \in H^2_{Lie}(N,N)$ est le premier terme d'une déformation formelle.

Dans le cas symplectique, on peut donc s'arranger pour faire disparaître les obstructions, malgré la non nullité de l'espace $H^3_{Lie}(N,N)$.
Dans le cas d'une variété de Poisson quelconque, la formule $S(u,v) = \langle \Lambda, \Phi(X_u, X_v) \rangle$ définit toujours une classe de cohomologie de $H^2_{Lie}(N,N)$ la formulation étant purement contravariante. Les espaces $H^i_{Lie}(N,N)$ pour $i = 2,3$ ont été calculés par D. Melotte [12] dans un grand nombre de cas, notamment pour toutes les structures de Poisson régulières (c'est-à-dire celles dont les feuilles symplectiques sont de dimension constante) et pour les fameuses structures de Kirillov sur le dual d'une algèbre de Lie ; ces espaces sont beaucoup plus gros que dans le cas symplectique mais on constate la persistance de la classe associée au cocycle S-ci-dessus, qui n'est jamais nulle dans aucun des cas connus. Le but de cet article est d'indiquer la construction d'une déformation formelle dont le terme infinitésimal est le cocycle S. Un outil essentiel sera la cohomologie graduée que nous allons définir.

3) Algèbres de Lie graduées. Algèbre de Richardson. Cohomologie graduée :

Une algèbre de Lie graduée est un espace vectoriel gradué $\mathbb{E} = \bigoplus_{p \in \mathbb{Z}} E_p$ muni d'un crochet $\mathbb{E} \times \mathbb{E} \xrightarrow{[,]} \mathbb{E}$ respectant la graduation et vérifiant les deux conditions suivantes

(1) $[A_i, A_j] = (-1)^{a_i a_j + 1} [A_j, A_i]$ (antisymétrie graduée)

(2) $\sum_{(i,j,k)} (-1)^{a_i a_k} [A_i,[A_j,A_k]] = 0$ (Identité de Jacobi graduée)

avec $\deg A_i = a_i$

Une algèbre de Lie graduée par $\mathbb{Z}/_2\mathbb{Z}$ au lieu de $\mathbb{Z}$ est appelée superalgèbre de Lie ; à toute algèbre de Lie graduée est associée une superalgèbre de lie en posant $\mathbb{E} = \mathbb{E}^{(0)} \oplus \mathbb{E}^{(1)}$ avec $\mathbb{E}^{(0)} = \bigoplus_{p \in \mathbb{Z}} E^{2p}$ $\mathbb{E}^{(1)} = \bigoplus_{p \in \mathbb{Z}} E^{2p+1}$

[Attention : Il faut se garder de confondre les algèbres de Lie graduées et les algèbres de Lie munies d'une graduation pour laquelle le crochet est homogène, du genre algèbre des champs formels ou algèbres de Kac-Moody ; certains auteurs persistent cependant à les appeler improprement algèbres de Lie graduées]
Les algèbres de Lie graduées que nous aurons à considérer ici seront des sous algèbres de l'algèbre de Richardson-Nijenhuis définie dans [13] comme outil essentiel de la théorie des déformations. Rappelons-en brièvement la construction : à tout espace vectoriel E (de dimension finie ou infinie) on associe l'algèbre de Lie graduée $\mathbb{A}(E) = \bigoplus_{p=-1}^{+\infty} A^p(E)$ où $A^p(E) = \Lambda^{p+1}(E,E)$ l'espace des applications (p+1) linéaires alternées de E à valeurs dans E.
Le crochet de Richardson-Nijenhuis, qui détermine sur $\mathbb{A}(E)$ la structure d'algèbre de Lie graduée est défini de la manière suivante.
Si $A \in A^a(E)$ et $B \in A^b(E)$ on définit le produit intérieur $i(B).A$, qui est une application (p+q+1) linéaire de E à valeurs dans E, par $i(B).A(x_0, x_1, \dots x_{p+a}) = A(B(x_0,\dots,x_p), x_{p+1}, \dots, x_{p+q})$
Soit α l'opération d'antisymétrisation ; le crochet est alors défini par

$$[A,B] = \frac{(a+b+1)!}{a!(b+1)!}\alpha(i(B).A) + (-1)^{a+b+1}\frac{(a+b+1)!}{b!(a+1)!}\alpha(i(A).B)$$

si $a = b = 0$ on a $[A,B] = AoB - BoA$ et donc $A^0(E) = \mathfrak{gl}(E)$ comme algèbre de Lie.

si a = b = 1 et A = B alors $[A,A] \in A^2(E)$ est défini par :

$$[A,A]\,(x_1,x_2,x_3) = 2 \sum_{(i,j,k)} A(A(x_i,x_j),x_k)$$

et par conséquent l'application bilinéaire alternée $P \in A^1(E)$ est un crochet de Lie si et seulement si $[P,P] = 0$

Si maintenant P est un tel crochet de Lie, notons $\mathbb{G}$ l'algèbre de lie (E,P) obtenue ; on peut décrire sa cohomologie à coefficients dans sa représentation adjointe en terme de l'algèbre de Richardson-Nijenhuis. L'espace des p-cochaînes sur $\mathbb{G}$ à coefficients dans $\mathbb{G}$ s'identifie comme ensemble à $A^{p-1}(E)$ et l'application de bord pour cette cohomologie :

$$\begin{array}{ccc} \partial_p : \Lambda^p(\mathbb{G},\mathbb{G}) & \longrightarrow & \Lambda^{p+1}(\mathbb{G},\mathbb{G}) \\ \| & & \| \\ A^{p-1}(E) & \longrightarrow & A^p(E) \end{array}$$

est définie par $\partial_p(X) = -[X,P]$

On peut enfin définir la cohomologie d'une algèbre de Lie graduée à coefficients dans un module gradué. Cette cohomologie a été définie indépendamment par D. Leites [11] pour le cas des superalgèbres, Sridaran-Tripathy, et Jean Braconnier [3]. Nous décrirons ici brièvement cette version, sous la forme utilisée par P. Lecomte dans [9].

La définition même d'une cochaîne alternée nécessite de faire intervenir la graduation de l'algèbre :

$\Lambda^p(\mathbb{E},\mathbb{E})$ est l'espace des applications p linéaires de $\mathbb{E}$ à valeurs dans $\mathbb{E}$ vérifiant :

$$c(A_1,\dots,A_{i-1},A_i,A_{i+1},\dots,A_p) = (-1)^{a_i a_i+1+1} c(A_1,\dots,A_{i-1},A_{i+1},A_i,\dots,A_p)$$

$(\deg A_i = a_i)$

On a évidemment une notion de poids pour ces cochaînes : une p cochaîne alternée est homogène de poids $q \in Z$ si elle augmente la graduation de q soit

$c(A_1,\dots,A_q) \in E^{a_1+\dots+a_p+q}$

On notera $\Lambda^*(\mathbb{E})_q$ l'espace des cochaînes alternées de poids q.

La différentielle se définit naturellement à partir de celles des algèbres de Lie, en tenant compte de la graduation :

$$\partial c(A_0,\dots,A_p) = \sum_{i=0}^{p} (-1)^{\alpha_i} [A_i, c(A_0,\dots,\hat{A}_i,\dots,A_p)] + \sum_{0\leq i<j\leq p} (-1)^{\alpha_{i+j}}\, c([A_i,A_j],\dots\hat{A}_i,\dots\hat{A}_j,\dots,A_p)$$

avec $\alpha_i = i + a_i(a_0 + \dots + a_{i-1})$ $\qquad \alpha_{ij} = \alpha_i + \alpha_j + a_i a_j$.

On calcule immédiatement que le poids de ∂c est le même que celui de c ; les cochaînes de poids donné q forment donc un sous complexe dont la cohomologie sera notée $H^*_{gr}(\mathbb{E})_q$.

Nous considérerons le cas où l'espace vectoriel sous-jacent n'est autre que $E=N=C^\infty(V)$, et nous considérerons une sous algèbre de Lie graduée $\mathcal{A}^* \subset A^*(E)$ vérifiant :

(1) $\mathcal{A}^{-1} = E$

(2) Les cochaînes de $\mathcal{A}$ sont locales et nulles sur les constantes.

(i.e. $c(a_0,\dots,a_p) = 0$ si $\exists_i$ tel que a_i soit constante)

Donc si $P \in \mathcal{A}^1$ vérifie $[P,P] = 0$, il détermine sur N une structure d'algèbre de Lie locale. L'utilisation de cette cohomologie pour la construction de déformations fera l'objet du paragraphe suivant.

4) Homomorphisme caractéristique et construction de déformations formelles :

La cohomologie graduée contient des classes universelles, qui induisent des classes de cohomologie pour toute algèbre de Lie dont l'espace sous-jacent est E ; l'idée est que les cochaînes graduées sont des "cochaînes de cochaînes" et permettent donc de réaliser des opérations cohomologiques sur la cohomologie des algèbres de Lie. La construction a été décrite par P. Lecomte dans [9] :
Soit c une p cochaîne alternée sur $\mathcal{A}^*$ à valeurs dans $\mathcal{A}^*$.
On lui associe une application $\eta(C) : \mathcal{A}^* \longrightarrow \mathcal{A}^*$ en posant

$$\eta(C)(A) = \frac{C(A,\dots,A)}{p!}$$

Remarquons que $\eta(C)$ est identiquement nulle sur les éléments pairs. Soit maintenant $P \in \mathcal{A}^1$ une structure d'algèbre de Lie sur N, on notera $\mathbb{G}$ l'algèbre de Lie (N,P) et on pose $\eta_p(C) = \eta(C)(P)$.
Si C est de poids (r-p) alors $\eta(C)(P) \in \mathcal{A}^r$ et il est facile de voir que $\eta(C)(P)$ est un (r+1) cocycle de $\mathbb{G}$ dans sa représentation adjointe.
Cela résulte du lemme suivant, valable pour tout $A \in \mathcal{A}^*$:

$$\eta(\partial C)\ (A) = [A,\eta(C)A] + \frac{1}{2}\ (i([A,A]).C)(A)$$

([9] p 160 lemme 4.1)
Il suffit d'appliquer la définition de l'application de bord définie au paragraphe précédent.
Si maintenant A = P alors $\eta(\partial C)(P) = [P,\eta(C)^p]$, d'où
$\eta_p(\partial C) = \partial_p(\eta_p(C))$ et η_p induit donc un morphisme de complexes :

$$\Lambda^p(\mathcal{A}^*)_{r-p} \xrightarrow{\eta_p} \Lambda^{r+1}_{Lie}\ (\mathbb{G},\mathbb{G})$$

D'où le :

Théorème : (P. Lecomte)
Si $P \in \mathcal{A}^1$ est une structure d'algèbre de Lie, on a un morphisme caractéristique en cohomologie :

$$\eta_p^* : \overset{p}{\oplus}\ H^p_{gr}(A^*)_{r-p} \longrightarrow H^{r+1}_{Lie}\ (\mathbb{G},\mathbb{G})$$

Ce théorème est implicite dans [9] (explicite pour r=1). L'homomorphisme η_p^* mérite vraiment le nom d'homomorphisme caractéristique : la cohomologie graduée de $\mathcal{A}^*$ se comporte comme la cohomologie d'un espace classifiant qui fournit des classes caractéristiques (ici l'image de η_p^*) pour toute structure.
L'importance de cette construction pour le problème de déformations réside dans le fait que, dans le cas où r=1, toutes les classes de l'image de η_p^* induisent des déformations formelles de P.
Plus précisément soit $C_\lambda = C + \sum_{i \geq 1} \lambda^i C_i$ avec $C_i \in \overset{p}{\oplus} \Lambda^p_{gr}(A^*)_{1-p}$ une série formelle à coefficients dans la cohomologie graduée.
On peut considérer l'équation différentielle formelle suivante :

$$\begin{cases} \dfrac{dP_\lambda}{d_\lambda} + \eta(C_\lambda)(P_\lambda) = 0 \\ P_0 = P \end{cases}$$

P_λ étant une série formelle à coefficients dans $\mathcal{A}^1$.
Il est clair que cette équation formelle a une solution unique.

On peut calculer aisément (dans A^* $[[\lambda]]$)

$$\frac{d}{d_\lambda}[P_\lambda,P_\lambda] = -2\,[\eta(C_\lambda)(P_\lambda),P_\lambda] = -2\,\eta(\partial c_\lambda)(P_\lambda)$$

d'après les calculs précédents. Par conséquent si $\partial c_\lambda = 0$

on a $\frac{d}{d\lambda}([P_\lambda,P_\lambda]) = 0$, d'où $[P_\lambda,P_\lambda] = [P_0,P_0] = 0$, et par conséquent P_λ est une structure d'algèbre de Lie sur $N[[\lambda]]$ et donc une déformation formelle de P (cf [9] p 161 proposition 4.3).

Des calculs analogues permettent de montrer que l'équivalence des déformations a lieu si et seulement si les cocycles C_λ sont cohomologues.

Donc les séries formelles à coefficients dans $\bigoplus_p H^p_{gr}(\mathcal{A}^*)_{1-p}$ déterminent toutes des déformations formelles distinctes pour toute structure d'algèbre de Lie P sur N. Ceci justifie amplement le terme de déformation universelle utilisé dans le titre, et d'autre part, cette méthode de calcul d'équations différentielles, permet d'espérer, au moins théoriquement, d'avoir des formules explicites.

Dans le cas qui nous intéresse ici, le problème est donc de détecter dans $\bigoplus_p H^p_{gr}(\mathcal{A}^*)_{1-p}$ une classe de cohomologie qui induit la classe S dans la cohomologie de toutes les structures de Poisson sur N.

Pour le cas symplectique, les classes correspondant au terme $H^2_{DR}(V) \hookrightarrow H^2_{Lie}(N,N)$ ont été explicitées dans $H^2_{gr}(A^*)_{-1}$ (cf [9] Thm 6.4 et [17]). On peut montrer en fait que $H^p_{gr}(\mathcal{A}^*)_{-1}$ contient la cohomologie de De Rham en degré p.

Nous allons mettre en évidence une classe de $H^3_{gr}(\mathcal{A}^*)_{-2}$ qui sera la classe S universelle.

5) Calcul de la cohomologie graduée : la méthode de prolongement des cochaînes :

Le calcul de la cohomologie graduée semble a priori insurmontable compte tenu de l'énormité de l'espace des cochaînes à considérer. Nous allons donner maintenant quelques indications sur une méthode due à P. Lecomte, qui permet de prolonger à l'algèbre graduée toute entière des cochaînes définies seulement sur des termes de basse graduation ; l'idée est de parvenir à tout calculer à partir de la cohomologie de $A^0 \hookrightarrow \mathcal{A}^*$, qui est une algèbre de Lie.

Soit donc $\mathcal{A}^* \hookrightarrow A(E)$ telle que $\mathcal{A}^{-1} = A^{-1}(E) = E$. Les produits intérieurs des cochaînes par les éléments de E vont nous permettre d'abaisser les degrés.

Plus précisément soit $A \in \mathcal{A}^p$ et $i_u(A) = [u,A] \in \mathcal{A}^{p-1}$ pour $u \in \mathcal{A}^{-1}$

Si C est une p cochaîne dans $\Lambda^p(\mathcal{A}^*)$, alors $I_u(C)$ est la (p-1) cochaîne définie par $I_u(C)(A_1,\ldots,A_{p-1}) = C(A_1,\ldots,A_{p-1},u)$

Pour aboutir à une formule "à la Cartan" on peut comparer $I_u \circ \partial$ et $\partial \circ I_u$, ∂ étant le cobord des cochaînes graduées.

Il est facile de voir que si $C \in \Lambda^p_{gr}(\mathcal{A}^*)_q$ est une p-cochaîne graduée de poids q :

$$(I_u(\partial C))(A_0,\ldots,A_{p-1}) = [\partial(I_u(C))](A_0,\ldots,A_{p-1}) + (-1)^{p+a_0+\ldots+a_{p-1}}[u,C(A_0,\ldots,A_{p-1})] +$$

$$+ \sum_{0<i<p-1} (-1)^{i+a_i(a_0+\ldots+a_{i-1})+p+a_0+\ldots+a_{p-1}+a_i}\, C([A_i,u], A_0,\ldots\hat{A}_i,\ldots,A_{p-1})$$

On pose alors $(I_u \circ \partial - \partial \circ I_u)(C) = (-1)^{p+1} L_u(C)$.

$L_u(C)$ étant défini par :

$$L_u(C)(A_0,\dots,A_{p-1}) = (-1)^q i_u[C(A_0,\dots,A_{p-1})] - \sum_{0 \leqslant i \leqslant p-1} (-1)^{a_i+1+\dots+a_{p-1}} C(A_0,\dots,A_{i-1}, i_u A_i,\dots,A_{p-1})$$

Par conséquent si $L_u(C) = 0$ on a

$$i_u[C(A_0,\dots,A_{p-1})] = (-1)^q \sum_{0<i<p-1} (-1)^{a_i+1+\dots+a_{p-1}} C(A_0,\dots,A_{i-1}, i_u A_i, A_{i+1},\dots,A_{p-1}) \quad (*)$$

C'est cette formule qui va nous permettre de procéder à la récurrence : pour déterminer $C(A_0,\dots,A_{p-1}) \in \mathcal{A}^{a_0+\dots+a_{p-1}+q}$ il suffit de connaître $i_u[C(A_0,\dots A_{p-1})]$ et ses itérés compte tenu du fait que $i_u i_v + i_v i_u = 0$. La formule nous permet donc de calculer C sur un p-uple de graduation totale $a_0+\dots+a_{p-1}$, connaissant C sur les p-uples de graduation totale $a_0+\dots+a_{p-1}-1$, pourvu toutefois que les a_i soient supérieurs ou égaux à 1. Compte tenu du poids total q, on peut partir de p-uplets de graduation $a_0+\dots+a_{p-1} = -1-q$ et la cochaîne C sera alors à valeurs dans $\mathcal{A}^{-1} = E$. En itérant la formule (*) on obtiendra les valeurs de la cochaîne C sur tous les p-uples de toute graduation possible.
En résumé nous avons construit un homomorphisme de complexes (on vérifie immédiatement que l'opérateur L_u commute à ∂)

$$\bigoplus_{\substack{a_0+\dots+a_{p-1} = -1-q \\ a_i \geqslant 0}} \Big(\bigotimes_{i=0\dots p-1} (A^{a_i}(E))^* \otimes E\Big) \xrightarrow{\ X\ } \Lambda^p_{gr}(\mathcal{A}^*)_q$$

à condition de se limiter aux cochaînes vérifiant $L_u(C) = 0$.
Mais des arguments classiques permettent de voir que seules celles-ci donnent des classes non triviales en cohomologie. Les détails de cette construction figurent dans l'article à paraître [10].

6) Recherche de la classe S universelle. L'algèbre de Lie des opérateurs différentiels sur V :

Dans le cas qui nous intéresse, on rappelle que $\mathcal{A}^* \hookrightarrow A^*(N)$ se compose d'applications multilinéaires locales nulles sur les constantes et vérifie $\mathcal{A}^{-1} = N$. Le théorème de Peetre permet d'affirmer que les éléments de A* sont donnés localement par des opérateurs multidifférentiels. Plus précisément, si $A \in \mathcal{A}^p$, pour tout ouvert $U \subset V$ relativement compact et tout $u_1,\dots,u_p \in N$ on a :

$$A(u_1,\dots,u_p)_{/U} = \sum_{\substack{(\alpha_1,\dots,\alpha_p) \in (\mathbb{N}^n)^p \\ |\alpha_i|>0 \quad |\alpha_i| \leqslant K}} A^{\alpha_1,\dots,\alpha_p} D^{\alpha_1}u\ D^{\alpha_2}u_2 \dots D^{\alpha_p}u_p$$

Les $A^{\alpha_1,\dots,\alpha_p}$ sont des fonctions antisymétriques en les p-uplets de multi-indices $(\alpha_1,\dots,\alpha_p)$. Comme cas particulier on peut considérer les p-tenseurs alternés et contravariants :
Si $\Lambda \in \Omega_p(V)$, on peut lui associer un opérateur multidifférentiel d'ordre (1,...,1), noté encore Λ, par la formule :

$$\Lambda(u_1,\dots,u_p) = \sum_{1 \leqslant i_1 < \dots < i_p \leqslant n} \Lambda_{i_1\dots i_p} \partial_{i} u_1 \dots \partial_{i_p} u_p = \langle \Lambda, du_1 \wedge \dots \wedge du_p \rangle$$

On rappelle que c'est cette identification qui permet de calculer la cohomologie de Hochschild de l'anneau associatif N :
$H^p_H(N,N) = \Omega_p(N)$ (résultat de M. Cahen et M. de Wilde) étendant le classique résultat de Hochschild-Kostant-Rosenberg pour l'homologie).
La partie de graduation 0 de $\mathcal{A}^*$ que nous noterons $\mathcal{A}^\circ = \mathcal{G}\ell(N)$ s'identifie donc à l'algèbre de Lie des opérateurs différentiels locaux sur V : si $D \in \mathcal{A}^\circ$ et $U \subset V$ relativement compacte alors

$D(u)_{/U} = \sum_{1 < |\alpha| < k_U} \alpha\, D^\alpha_u$. L'ordre k_U n'a a priori aucune raison d'être borné indépendamment de U, sauf bien entendu si V est compacte auquel cas $\mathcal{G}\ell(N)$ est exactement l'algèbre de Lie des opérateurs différentiels.
On a donc un diagramme d'inclusions :

$$\begin{array}{ccc} \mathcal{A}^\circ = \mathcal{G}\ell(N) & \hookrightarrow & \mathcal{A}^* \\ \uparrow & & \uparrow \\ \Omega_\circ(V) = \mathfrak{A}(V) & \hookrightarrow & \Omega_*(V) \end{array}$$

L'inclusion $\Omega_*(V) \hookrightarrow \mathcal{A}^*$ est un morphisme d'algèbres de Lie graduées, la structure d'algèbre de Lie graduée sur $\Omega_*(V)$ étant celle donnée par le crochet de Schouten (vérification immédiate).
On peut donc considérer le calcul de la cohomologie de $\mathcal{A}^*$ ou de $\mathcal{G}\ell(N)$ comme une généralisation de la cohomologie de $\mathfrak{A}(V)$: on passe des champs de vecteurs qui sont des opérateurs différentiels d'ordre 1 à des opérateurs différentiels d'ordre arbitraire.
Ce problème consiste donc en la mise au point d'une "Cohomologie de Gelfand-Fuks d'ordre supérieur" (voir l'excellent livre de D.B. Fuks [4] pour les techniques et les calculs de cohomologie des algèbres de Lie de champs de vecteurs).
Pour détecter des classes de cohomologie dans $H^3_{gr}(\mathcal{A}^*)_{-2}$ la méthode de prolongement des cochaînes décrite au paragraphe précédent nous amène à considérer des cochaînes :

$$C : \mathcal{A}^\circ \times \mathcal{A}^\circ \times \mathcal{A}^1 \longrightarrow \mathcal{A}^{-1}$$

soit $\quad C : \mathcal{G}\ell(N) \times \mathcal{G}\ell(N) \times \Lambda^2(N,N) \longrightarrow N$
soit encore en dualisant le terme contenant des opérateurs bidifférentiels

$$C : \mathcal{G}\ell(N) \times \mathcal{G}\ell(N) \longrightarrow L_{loc}\,(\Lambda^2(N,N),\ N)$$

C'est donc exactement la généralisation à l'ordre supérieur de la classe Φ construite au §2 : $\Phi : \mathfrak{A}(V) \times \mathfrak{A}(V) \longrightarrow \Omega^2(V)$
La construction de cette classe et de ses analogues nécessitait l'introduction de la trace et des invariants symétriques de l'algèbre $\mathcal{G}\ell(n)$. Ici l'algèbre formelle associé à $\mathcal{G}\ell(N)$ n'est autre que l'algèbre des opérateurs différentiels formels que nous allons étudier au prochain paragraphe.

7) Recherche des invariants de l'algèbre de Lie des opérateurs différentiels formels :

A l'inclusion des champs de vecteurs dans les opérateurs différentiels locaux $\mathfrak{A}(V) \hookrightarrow \mathcal{G}\ell(N)$ correspond une inclusion analogue au niveau formel $W_n \longrightarrow \widehat{\mathcal{D}}_n$
W_n est l'algèbre de Lie des champs de vecteurs formels à n indéterminées :

$$W_n = \{ X = \sum_{i=1}^{n} P_i(x)\, \partial_i \ /\ p_i(x) \in \mathbb{R}\,[[x_1,\dots,x_n]] \}$$

$\widehat{\mathcal{D}}_n$ est l'algèbre de Lie des opérateurs différentiels formels à n indéterminées (sans termes d'ordre 0)

[On utilise les notations classiques : $\partial_i = \frac{\partial}{\partial x_i}$, $D^\beta = \frac{\partial^{\beta_1}}{\partial x_1^{\beta_1}} \cdots \frac{\partial^{\beta_n}}{\partial x_n^{\beta_n}}$ $\beta = (\beta_1, .., \beta_n)$]

$$\hat{\mathcal{D}}_n = \{ D = \sum_{\substack{|\alpha| \geq 0 \\ |\beta| \geq 0}} a_\alpha^\beta x^\alpha D^\beta \; / \; a_\alpha^\beta \quad \mathbb{R} \}$$

Remarquons que $\hat{\mathcal{D}}_n$ en tant qu'algèbre de Lie est l'antisymétrisé de la structure naturelle d'algèbre associative sur $\hat{\mathcal{D}}_n$; cette structure a été abondamment étudiée du point de vue algébrico-analytique (voir par exemple le livre de Björk [2]), mais à la connaissance de l'auteur, rien n'est connu sur ses propriétés en tant qu'algèbre de Lie. Pour généraliser la construction de la classe Φ, il nous faut connaître les invariants symétriques de cette algèbre de Lie $\hat{\mathcal{D}}_n$; ceux-ci nous permettront de généraliser l'homomorphisme de Chern-Weil. Nous donnons ici la construction de l'invariant de degré 2, autrement dit la trace généralisée.

Il nous faut considérer la sous algèbre $\mathcal{D}_n \hookrightarrow \hat{\mathcal{D}}_n$ constituée des opérateurs différentiels formels de degré positif dont les coefficients sont sans terme constant.

$$\mathcal{D}_n = \{ D = \Sigma \, a_\alpha^\beta x^\alpha D^\beta \; / \, |\alpha| > 0 \; |\beta| > 0 \}$$

Cette algèbre contient canoniquement $\mathcal{G}\ell(n)$:
on a $\mathcal{G}\ell(n) \hookrightarrow \mathcal{D}_n$ par $(a_i^j) \longrightarrow D = \sum_{ij=1}^{n} a_i^j x_i \partial_j$

et nous allons pouvoir étendre la trace :

<u>Théorème</u> : Il existe une application unique (modulo la multiplication par une constante) $I : \mathcal{D}_n \longrightarrow \mathbb{R}$ telle que $I(D_1 \circ D_2) = I(D_2 \circ D_1)$ pour tous les D_1, D_2 dans $\mathcal{D}_n$.

Nous avons donc mis en évidence un invariant bilinéaire symétrique de l'algèbre de Lie $\mathcal{D}_n$, $\tilde{I} : \mathcal{D}_n \times \mathcal{D}_n \longrightarrow \mathbb{R}$ défini par $I(D_1, D_2) = I(D_1 \circ D_2)$. Mais le problème de déterminer tous les invariants symétriques de $\mathcal{D}_n$ reste ouvert.

<u>Démonstration (abrégée)</u> :

Il s'agit de calculer l'algèbre des commutateurs $[\mathcal{D}_n, \mathcal{D}_n]$ et de montrer que $\mathcal{D}_n / [\mathcal{D}_n, \mathcal{D}_n]$ est de dimension 1.

On calcule aisément que $[x^\alpha D^\beta, x_i \partial^j] = (\beta_i - \alpha_i) \, x^\alpha D^\beta$ et donc que $x^\alpha D^\beta \quad [\mathcal{D}_n, \mathcal{D}_n]$ si $\beta \neq \alpha$. On essaie ensuite de se ramener au cas n=1 en trouvant des relations entre les $x^\alpha D^\alpha$ pour $|\alpha| = k$ fixé. On a pour $i \neq j$

$$[x_i \partial_j, x_j x^\alpha \partial_i D^\alpha] = (\alpha_j + 1) \, x_i \cdot x^\alpha \partial_i D^\alpha - (\alpha_i + 1) \, x_j x^\alpha \partial_j D^\alpha$$

et en particulier :

$$[x_i \partial_j, x_j^n \partial_i (\partial_j)^{n-1}] = n \, x_i \, x_j^{n-1} \partial_i (\partial_j)^{n-1} - x_j^n \partial_j^n$$

On peut donc montrer par récurrence que :

$$x_1^{p_1} \ldots x_n^{p_n} \partial_1^{p_1} \ldots \partial_n^{p_n} = \frac{p_1! \ldots p_n!}{N!} x_i^N \partial_i^N \text{ modulo } [\mathcal{D}_n, \mathcal{D}_n]$$

avec $N = p_1 + \ldots + p_n$

On peut donc se placer maintenant dans le cas n=1 pour trouver des relations entre les $x^N \partial^N$ pour les différentes valeurs de N.

$$[x\partial^N, x^N \partial] = (N^2 - 1) \, x^N \partial^N + \sum_{i=1}^{N-1} \left(\frac{N!}{(N-i-1)!} \right)^2 \frac{x^{N-i}}{(i+1)!} \partial^{N-i}$$

Finalement on obtient une relation du type :

$$x^N \partial^N = \alpha_N \, x\partial \text{ modulo } [\mathcal{D}_n, \mathcal{D}_n]$$

Les coefficients α_N étant définis par récurrence par :

$$\alpha_N(N^2-1) + \sum_{i=1}^{N-1} \frac{N!}{(N-i-1)!}^2 \frac{1}{(i+1)!} \alpha_{N-i} = 0$$

$$\alpha = 1$$

$$\alpha_2 = -\frac{2}{3}, \quad \alpha_3 = \frac{3}{2}, \quad \alpha_4 = -\frac{8}{5} \ldots$$

Finalement, nous avons montré que modulo $[\mathcal{D}_n, \mathcal{D}_n]$ tous les éléments sont équivalents à $x_i \partial^i$. On a donc bien

$$\operatorname{Dim} \frac{\mathcal{D}_n}{[\mathcal{D}_n, \mathcal{D}_n]} = 1 \text{ et l'application } I : \mathcal{D}_n \longrightarrow \mathbb{R}$$

est déterminée de façon unique si l'on impose la condition de normalisation : $I|_{\mathfrak{gl}(n)}$ s'identifie à la trace.
Les calculs précédents nous montrent que :

$$I(x_1^{p_1} x_n^{p_n} \partial_1^{p_1} \ldots \partial_n^{p_n}) = \frac{p_1! \ldots p_n!}{(p_1 + \ldots + p_n)!} I(x^N \partial^N) = \alpha_N \frac{p_1! \ldots p_n!}{(p_1 + \ldots + p_n)!}$$

$$I(x^\alpha D^\beta) = 0 \text{ si } \alpha \neq \beta$$

Nous avons donc obtenu une formule explicite pour l'invariant bilinéaire symétrique sur l'algèbre de Lie $_n$:
Si $D \in \mathcal{D}_n$ on notera D_β^α le coefficient de $x^\alpha D^\beta$ dans le développement de D :

$$\tilde{I}(D_1, D_2) = \sum_{N=1}^{+\infty} \alpha_N \sum_{\substack{(p_1, \ldots, p_n) \\ \sum_{i=1}^{n} p_i = N}} \frac{p_1! \ldots p_n!}{(p_1 + \ldots + p_n)!} (D_1 \circ D_2)_{(p_1, \ldots, p_n)}^{(p_1, \ldots, p_n)}$$

Les problèmes de convergence ne se posent pas car la somme est en fait une somme finie bornée par l'ordre de $D_1 \circ D_2$.
Si D_1 et D_2 sont d'ordre 1, on a :

$$\tilde{I}(D_1, D_2) = \sum_{i=1}^{n} (D_1 \circ D_2)_i^i = \operatorname{Tr}(D_1 \circ D_2) \text{ comme prévu.}$$

Remarques :

(1) Le même calcul fait sur $\hat{\mathcal{D}}_n$ et non sur $\mathcal{D}_n$ aurait abouti à $\hat{\mathcal{D}}_n / [\hat{\mathcal{D}}_n, \hat{\mathcal{D}}_n] \equiv 0$ (les coefficients constants servant à abaisser l'ordre total).

(2) Ce calcul peut s'interpréter en terme d'homologie de Hochschild (voir [8] par exemple) nous avons en fait calculé $HH_0(\mathcal{D}_n) = \mathbb{R}$. L'étude des invariants de degré supérieur de l'algèbre de Lie $\mathcal{D}_n$ devrait reposer sur le calcul des espaces d'homologie de degré supérieur $HH_k(\mathcal{D}_n)$. Il faut noter que des calculs ont été faits pour l'homologie de Hochschild de l'algèbre associative de tous les opérateurs différentiels (et non plus seulement ceux d'ordre positif). Voir par exemple Kassel [8] et Wodzicki [18].

(3) Il est légitime de considérer l'invariant I comme trace généralisée, mais il n'est la trace d'aucune représentation de $\mathcal{D}_n$.

8) L'invariant S calculé au niveau formel :

Il faut construire $\tilde{S} \in H^3_{gr}(\mathcal{A}^*)_{-2}$ tel que $\eta_p(\tilde{S}) = S$ pour toute structure de Poisson. Les considérations du §5 réduisent le problème à calculer la classe dans $H^2_{Lie}(\mathcal{G}\ell(N), L_{loc}(\Lambda^2(N,N),N))$. Une analyse analogue à celle utilisée dans la cohomologie de Gelfand-Fuks nous amène à considérer un analogue formel de cette cohomologie : il faut étudier la cohomologie de l'algèbre des opérateurs différentiels formels $\mathfrak{D}_n$ à coefficients dans le dual des opérateurs bidifférentiels formels.

La classe de cohomologie va apparaître à cause de la situation suivante. Si on pose $\mathbb{R}[\partial_1,\dots,\partial_n]$ l'algèbre abélienne des opérateurs différentiels à coefficients constants, qui est canoniquement une sous algèbre de $\mathfrak{D}_n$, on a une suite exacte d'algèbres de Lie :

$$0 \longrightarrow \mathbb{R}[\partial_1,\dots,\partial_n] \longrightarrow \widehat{\mathfrak{D}}_n \longrightarrow \mathfrak{D}_n \longrightarrow 0$$

Mais il est facile de voir que l'on a aussi une inclusion canonique $\mathfrak{D}_n \hookrightarrow \widehat{\mathfrak{D}}_n$ et donc une décomposition comme somme directe d'espaces vectoriels $\widehat{\mathfrak{D}}_n = \mathfrak{D}_n + \mathbb{R}[\partial_1,\dots,\partial_n]$, $\mathfrak{D}_n$ et $\mathbb{R}[\partial_1,\dots,\partial_n]$ étant des sous algèbres, mais aucune des deux n'est un idéal. Dans cette situation, on peut construire des classes de cohomologie de la façon suivante :

Proposition : Soit L une algèbre de Lie contenant deux sous algèbres E et F telles que L = E+F comme espace vectoriel. A chaque invariant symétrique de F, $I \in S^p(F^*)$, on peut associer une classe de cohomologie $S_I \in H^p(F,\Lambda^p(E^*))$ pour la représentation naturelle de E sur l'algèbre extérieure du dual de F.

Démonstration : Notons p_E (resp. p_F) la projection de L sur E (resp. F) ; E et F opèrent l'une sur l'autre :

E est un F module par $f.e = p_E([f,e])$

On définit une classe de cohomologie de F par la formule,

$$S(f)(e) = p_F([e,f]) \quad \text{soit} \quad S:F \longrightarrow \mathrm{Hom}(E,F)$$

On vérifie facilement que S est un 1-cocycle :

$$\begin{aligned}(f_1.S(f_2))(e) &= S(f_2)(f_1.e) - f_1.(S(f_2).e)\\ &= S(f_2)(p_E([f_1,e]) - [f_1,p_F[e,f_2]]\\ &= p_F[p_E([f_1,e]),f_2] - [f_1,p_F[e,f_2]]\end{aligned}$$

Soit $(f_1.S(f_2))(e) - (f_2.S(f_1))(e) = p_F[p_E([f_1,e]),f_2] + [f_2,p_F[e,f_1]]$

$- p_F[p_E[f_2,e],f_1] - [f_1,p_F[e,f_2]] = p_F[[f_1,e],f_2] + p_F[[e,f_2],f_1]$

$$S([f_1,f_2])(e) = p_F([e,[f_1,f_2]])$$

L'identité de Jacobi permet alors de conclure.

On peut ensuite considérer le cup-produit itéré de S par elle-même puis composer la classe obtenue par l'invariant symétrique $I \in S^p(F^*)$; celui-ci permet d'entrelacer les représentations de F :

$$\Lambda^p(\mathrm{Hom}(E,F)) \xrightarrow{\tilde{I}} \Lambda^p(E^*)$$

$$\tilde{I}_*(f_1\wedge\dots\wedge f_p)(e_1,\dots,e_p) = I(f_1(e_1),\dots,f_p(e_p)) + \text{l'antisymétrisé}$$

et on obtient la classe $S_I \in H^p(F,\Lambda^p(E^*))$

En particulier pour p=2 et I l'invariant symétrique défini précédemment, on obtient :

$$S_I(f_1,f_2)(e_1,e_2) = I(p_F([e_1,f_1]),\ p_F([e_2,f_2]) -$$
$$- I(p_F([e_2,f_1]),\ p_F([e_1,f_2])).$$

On a bien l'antisymétrie en (f_1,f_2) et (e_1,e_2) (utiliser la symétrie de I).
Pour le cas qui nous intéresse, nous avons obtenu une classe $S_I \in H^2(\mathcal{D}_n, \Lambda^2(\mathbb{R}[\partial_1,\ldots,\partial_n]^*))$ qui est la partie formelle de la classe $\tilde{S}$ cherchée. Les détails de la démonstration feront l'objet d'une autre publication.

Remarques :

(1) La classe $\Phi \in H^2(\mathcal{Q}(V),\Omega^2(V))$ possède une partie formelle qui peut s'obtenir de la même façon que la classe S_I ci-dessus. Soit W_n l'algèbre de Lie des champs de vecteurs formels à n indéterminées, $L_0 \hookrightarrow W_n$ la sous algèbre des champs nuls en 0 et $\mathbb{R}^n$ la sous algèbre abélienne des champs de vecteurs constants.
On a une suite exacte $0 \longrightarrow L_0 \longrightarrow W_n \longrightarrow \mathbb{R}^n \longrightarrow 0$ qui s'envoie canoniquement dans $0 \longrightarrow \mathcal{D}_n \longrightarrow \hat{\mathcal{D}}_n \longrightarrow \mathbb{R}[\partial_1,\ldots,\partial_n] \longrightarrow 0$ comme sous suite composée des opérateurs différentiels d'ordre 1.
La construction ci-dessus nous fournit des classes dans $H^p(L_0,\Lambda^p(\mathbb{R}^{n*}))$ compte tenu du fait que les invariants de L_0 s'identifient à ceux de $\mathfrak{gl}(n)$. Notamment le cas p=2 correspond à Φ ([4] Thm 227 et [5] ...).

(2) Les classes que l'on pourrait obtenir à partir d'autres invariants de $\mathcal{D}_n$ se trouveraient dans $H^p(\mathcal{D}_n, \Lambda^p(\mathbb{R}[\partial_1,\ldots,\partial_n]^*))$ et seraient donc candidates à être les parties formelles de cocycles du type $(\mathfrak{gl}(N))^p \times \Lambda^p(N,N) \longrightarrow N$. On obtiendrait ainsi des p+1 cocycles de poids total-p et l'argument du prolongement des cochaînes nous fournirait des classes de cohomologie graduée dans $H^{p+1}_{gr}(\mathcal{A}^*)_{-p}$.

On peut donc conjecturer l'existence d'un morphisme caractéristique généralisant celui de Chern-Weil :

$$I^p(\mathcal{D}_n) \longrightarrow H^{p+1}_{gr}(\mathcal{A}^*)_{-p}$$

qui serait en outre l'extension de celui du §2

$$I^p(\mathfrak{gl}(n)) \longrightarrow H^p(\mathcal{Q}(V)\ ;\ \Omega^p(V))$$

Remerciements : L'auteur remercie les organisateurs du congrès, et notamment C. Albert et J.P. Dufour pour leur invitation. Il remercie également le CNRS et la C.G.R.I. (Belgique) pour leur soutien financier à l'action de coopération : "Déformation des algèbres de Lie de dimension infinie. Applications à la quantification géométrique", dans le cadre de laquelle une bonne partie des résultats ci-dessus ont été obtenus.

[1] F. BAYEN, C. FRONSDAL, M. FLATO, A. LICHNEROWICZ, D. STERNHEIMER : Deformation theory and quantization. Annals of Physics 111 (1978) pp 61-110 et 111-151.

[2] J.E. BJÖRK : Rings of differential operators. North-Holland.

[3] J. BRACONNIER : Eléments d'algèbre différentielle graduée. Publications du Département de Mathématiques de Lyon. 1982.

[4] D.B. FUKS : Cohomologie des algèbres de Lie de dimension infinie (en Russe) Editions Nauka-Moscou (1984).

[5] I.M. GELFAND : Comptes-rendus du Congrès International des Mathématiciens. Nice (1970).

[6] M. GERSTENHABER and S.D. SCHACK : Algebraic cohomology and deformation theory (in [7] pp 11-240).

[7] M. HAZEWINKEL (éditeur) : Deformation theory of algebras and structures and Applications. NATO-ASI Series C.vol 247. Kluwer Acad Publishers.

[8] C. KASSEL : L'homologie cyclique des algèbres enveloppantes. Inventiones Mathematicae 91 (1988) pp 221-251.

[9] P. LECOMTE : Applications of the cohomology of graded Lie algebras to formal deformations of Lie algebras. Letters in Mathematical Physics 13 (1987) pp 157-166.

[10] P. LECOMTE, D. MELOTTE, C. ROGER : Explicit Form and convergence of the 1-differential formal deformations of the Poisson Lie algebras. A paraître aux Letters in Mathematical Physics (1989).

[11] D. LEITES et D.B. FUKS : Cohomologie des superalgèbres de Lie. Doklady Bolg. Akad. Nauk (1984) 37 n°10 p 1294-1296.

[12] D. MELOTTE : Cohomologie de Chevalley associée aux variétés de Poisson. Thèse de Doctorat. Université de Liège (1989).

[13] A. NIJENHUIS and M. RICHARDSON : Deformation of Lie algebra structures. Journal of Math. et Mech. vol 17 (1967) pp 39-105.

[14] SRIDARAN and TRIPATHY :

[15] J. VEY : Déformations du crochet de Poisson d'une variété symplectique. Comm. Math. Helv. 50 (1975) pp 421-454.

[16] M. DE WILDE et P. LECOMTE : Cohomology of the Lie algebra of smooth vector fields on a manifold associated with the Lie derivative of smooth forms. Journal de Mathématiques Pures et Appliquées 62 (1983) pp 197-214.

[17] M. DE WILDE et P. LECOMTE : Existence of star products and of formal deformations of the Poisson-Lie algebra of arbitrary symplectic manifolds. Letters in Mathematical Physics 7 (1983) pp 487-496.

[18] M. WODZICKI : Cyclic homology of differential operators. Duke Mathematical Journal 54 (1987) pp 641-647.

BLOW UP OF COLLAPSING BINARIES IN THE PLANAR THREE BODY PROBLEM

Regina Martínez* and Carles Simó**
* Dept. de Matemàtiques, Fac. de Ciències, Univ. Autònoma de Barcelona, Bellaterra, Barcelona, Spain.
**Dept. de Matemàtica Aplicada i Anàlisi, Universitat de Barcelona, Gran Via 585, 08007 Barcelona, Spain.

Abstract For problems with 3 or more bodies the blow up method allows to study the total collision manifold. In this manifold very hard binaries, with two bodies at a very small relative distance, can appear. Nearby motions, in the physical space, go away from the collision manifold with very high energy, travelling hyperbolically to infinity. In this work we analyze the neighborhood of the limit orbit (the collapsing binary) in the case of 3 bodies in the plane. This limit orbit goes from the triple collision manifold to infinity at an infinite speed.

1. Introduction: The classical blow up

We consider the classical n-body problem which describes the motion of n punctual masses under their mutual gravitational attraction in a ν-dimensional euclidean space, $\nu = 1,2$ or 3. Let $\underline{q}_i, \underline{p}_i \in \mathbb{R}^\nu$ be the position and momentum of the body with mass m_i. We introduce the following notation:

$$\underline{q} = (\underline{q}_1^t, \dots, \underline{q}_n^t)^t \in \mathbb{R}^{n\nu} \quad , \quad \underline{p} = (\underline{p}_1^t, \dots, \underline{p}_n^t)^t \in \mathbb{R}^{n\nu} \quad ,$$

$$M = \mathrm{diag}(m_1, \overset{\nu}{\ldots}, m_1, \dots, m_n, \overset{\nu}{\ldots}, m_n) \quad ,$$

$$B = (I_\nu, \overset{n}{\ldots}, I_\nu) \in \mathcal{L}(\mathbb{R}^\nu, \mathbb{R}^{n\nu}) \quad , \quad A = BM \quad ,$$

$$T = \tfrac{1}{2}\underline{p}^t M^{-1} \underline{p} \quad , \quad U = \sum_{1 \le i < j \le n} \frac{m_i m_j}{\|\underline{q}_i - \underline{q}_j\|} \quad ,$$

where I_ν is the identity matrix in $\mathbb{R}^\nu$ and the gravitational constant is taken equal to 1. The equations of motion are ($\dot{} = d/dt$)

$$\dot{\underline{q}} = M^{-1}\underline{p} \quad , \quad \dot{\underline{p}} = \nabla U(\underline{q}) \quad , \tag{1.1}$$

with the first integrals

$$A\underline{q} = 0 \text{ (center of mass)} \quad , \quad B\underline{p} = 0 \text{ (linear momentum)} \quad ,$$
$$\underline{c} = \sum_{1 \le i \le n} \underline{q}_i \wedge \underline{p}_i \text{ (angular momentum)} \quad , \quad T(\underline{p}) - U(\underline{q}) = h \text{ (energy)}. \tag{1.2}$$

To study the behaviour near total collision (all the bodies close to the center of mass) we use the blow up device introduced by McGehee [4] (see also [8] and references therein). The changes

$$r=(\underline{q}^t M \underline{q})^{1/2},\ \underline{s}=\underline{q}/r,\ v=\underline{q}^t \underline{p} r^{-1/2},\ \underline{u}=M^{-1}\underline{p} r^{1/2}-v\underline{s},\ dt=r^{3/2}d\tau \qquad (1.3)$$

convert (1.1) into ($' = d/d\tau$)

$$r' = rv\ ,\ v' = \tfrac{1}{2}\underline{u}^t M\underline{u}+rh\ ,\ \underline{s}' = \underline{u}\ ,\ \underline{u}' = -\tfrac{1}{2}v\underline{u}-(\underline{u}^t M\underline{u})\underline{s}+\nabla V(\underline{s})\ , \qquad (1.4)$$

where V is the restriction of the potential U to the ellipsoid S given by $\underline{s}^t M\underline{s} = 1$. The relation $\nabla U(\underline{s}) = M\nabla V(\underline{s})-U(\underline{s})M\underline{s}$ (see [1]) has been used. Let $\underline{d} = \underline{c}r^{-1/2} = \sum_{1\le i\le n} m_i \underline{s}_i \wedge \underline{u}_i$ be the scaled angular momentum, for which one has $\underline{d}' = -\frac{1}{2}v\underline{d}$. Despite $\underline{d}$ is not a first integral the manifold $\underline{d} = \underline{0}$ is invariant. The equations (1.4) have the first integrals:

$$A\underline{s} = 0\ ,\ A\underline{u} = 0\ ,\ \underline{d}r^{1/2} = \underline{c}\ ,\ \tfrac{1}{2}\underline{u}^t M\underline{u}+\tfrac{1}{2}v^2-V(\underline{s})-rh = 0\ , \qquad (1.5)$$

in correspondence with the ones in (1.2).

Let $\overline{S} = \{\underline{s} \in S\setminus\Delta \mid A\underline{s} = 0\}$, where Δ is the set of partial collisions, i.e., $\Delta = \{\underline{s} \in S \mid \underline{s}_i = \underline{s}_j$ for some $i\neq j\}$, where the restricted potential becomes unbounded. The vectorfield in the new variables is regular (and analytic) in the manifold $\mathcal{M}= \{(r,v,(\underline{s},\underline{u})) \in [0,\infty)\times R\times T\overline{S}\}$, where $T\overline{S}$ is the tangent bundle of $\overline{S}$. (We note that from (1.3) one has $\underline{u}^t M\underline{s} = 0$). On $\mathcal{M}$ we can define several invariant subsets

$I^h = \{(r,v,\underline{s},\underline{u}) \in \mathcal{M} \mid \frac{1}{2}\underline{u}^t M\underline{u}+\frac{1}{2}v^2-V(\underline{s})-rh = 0\}$ (level of energy),

$I_{\underline{c}} = \{(r,v,\underline{s},\underline{u}) \in \mathcal{M} \mid r^{1/2}\underline{d} = \underline{c}\}$ (level of angular momentum),

$I^h_{\underline{c}} = I^h \cap I_{\underline{c}}\ ,\quad I^h_{\underline{0}} = I^h_{\underline{c}=\underline{0}}\ ,$

$C = \{(r,v,\underline{s},\underline{u}) \in \overline{I^h} \mid r = 0\}$ (total collision manifold).

The dimensions of $\mathcal{M}, I^h, I_{\underline{c}}, I^h_{\underline{c}}$ and C are, respectively, $2(n-1)\nu$, $2(n-1)\nu-1$, $2(n-1)\nu-\binom{\nu}{2}$, $2(n-1)\nu-\binom{\nu}{2}-1$ and $2(n-1)\nu-2$.

Several remarks should be done:

1) The manifold C is obtained by blow up of the total collision. Physically it corresponds to one point, but the new flow is regulat on it. Hence, relevant information concerning passages close to total collision can be obtained from the study of the flow on C. The physical time does not change along C because $t' = 0$ if $r = 0$.

2) The total collision manifold is contained in the boundary of I^h but it is independent on the value of h. In fact, as $\underline{c} = \underline{0}$ on C it seems that C should be contained in $\overline{I^h_{\underline{0}}}$. This is not true because $\underline{d}$ can take any value on C. As the evolution of $v,\underline{s},\underline{u}$ on C is independent on $\underline{d}$ one considers usually the (invariant) submanifold $N = C \cap \{\underline{d} = \underline{0}\}$ called non rotating collision manifold (see [14]) whose dimension is $2(n-1)\nu-\binom{\nu}{2}-2$. Of course N is contained on the boundary of $\overline{I^h_{\underline{0}}}$.

3) The n-body problem is a mechanical system with a symmetry (see [12])

given by the Lie group SO(ν) acting diagonally. For instance, for $\nu = 2$ one has the classical node elimination and the evolution of one further variable can be recovered from the evolution of the others.
4) We consider the motion on $\mathcal{M}$, i.e., in particular $(\underline{s},\underline{u}) \in T\bar{S}$. It would be nice to extend the flow to TS. This means that one should regularize the collisions which take place in Δ. This is easily accomplished in what refers to binary collisions because they are regularizable using any one of the well known methods (for instance Levi-Civita method for $\nu = 1,2$ or Kustaanheimo-Stiefel (KS) method for $\nu = 3$ [13]). However triple collisions (and, hence, higher order collisions) are not regularizable unless we consider very special subproblems [7,9].
5) The variables used in the blow up are not suitable for the description of the motion when the bodies go to infinity (unless the total energy h is zero, in which case the full motion projects on C [3]). Several other difficulties concerning the variables obtained after regularization of binary collisions in the isosceles problem (a subproblem of the planar 3 body problem) and how to overcome them are presented in [11] section 3.

In [4] McGehee showed that in the collinear 3-body problem,after a passage close to triple collision,two of the bodies can go away from the third one at an arbitrarily large velocity. They constitute a hard binary. In what follows we describe the motion of the limit orbit and its neighborhood when the energy of the escaping binary goes to $-\infty$ (i.e., the distance between the two bodies goes to zero) and,therefore, the energy of the center of masses of the binary with respect to the third body goes to $+\infty$. We restrict ourselves to the case $n = 3$. The reason is that according to the remark 4) if $n > 3$ we can have triple collision inside C and we have not been able to find sufficient conditions ensuring that such a triple collision does not occur. This is related also to the non existence of different Hill's regions for $n > 3$ bodies, that is, $I^h_{\underline{c}}$ has only one connected component if $n \geq 4$. For $n = 3$ and suitable values of $h,\underline{c}$ there are 3 different components of $I^h_{\underline{c}}$ and the effect of the third body can not break the binary. Very few things are known about four body collision except in some degenerate cases [10]. Furthermore we have taken $\nu = 2$ to avoid unnecessary technical difficulties in the presentation related to the use of the KS method to regularize binary collisions.

2. An alternative set of variables

To describe the motion of hard binaries we shall use a different set of variables. First of all we introduce a set of variables already used in [2] and [6]. Let us suppose the center of masses fixed at the origin and $\underline{r}_i$ the position of the particle of mass m_i. Let now $M = \sum_{i=1}^{3} m_i$ the total mass and $\mu = m_1+m_2$ the sum of the masses of the bodies which form the binary. Then we introduce the Jacobi coordinates $\underline{q} = \underline{r}_2-\underline{r}_1$ and $\underline{Q}$ from the center of mass of the binary to $\underline{r}_3$:

$$\underline{q} = \underline{r}_2 - \underline{r}_1 \quad , \quad \underline{Q} = M\mu^{-1}\underline{r}_3 \quad .$$

$\underline{p}$ and $\underline{P}$ being the corresponding momenta.

Next we introduce the following constants:

$$\alpha = 2^{-1/3}M^{1/3} \quad , \quad \beta = 2^{2/3}M^{1/3} \quad , \; k_1 = m_3\mu M^{-1} \quad , \; k_2 = m_1m_2\mu^{-1} \quad . \tag{2.1}$$

Looking at $\underline{q},\underline{Q},\underline{p},\underline{P}$ as complex numbers we define new variables $x,y,\rho \in \mathbb{R}$, $s \in S^1 \subset \mathbb{C}$, $z,w \in \mathbb{C}$ by

$$Q = \alpha x^{-2}s \; , \; q = zs \; , \; P = k_1\left[\beta ys+i\alpha^{-1}x^2\rho s\right] \; , \; p = k_2\left[\mu^{-1}ws+z\dot{s}\right], \tag{2.2}$$

where $i = \sqrt{-1}$, $\dot{s} = i\alpha^{-2}x^4\rho s$ and multiplication should be considered in $\mathbb{C}$.

To do the Levi-Civita regularization we introduce $\xi,\eta \in \mathbb{C}$, $\xi = \xi_1+i\xi_2$, $\eta = \eta_1+i\eta_2$, by

$$z = 2\mu\xi^2 \quad , \quad w = \mu\gamma^{-1}\eta\overline{\xi}^{-1} \quad , \tag{2.3}$$

where $\overline{\xi}$ denotes the complex conjugate of ξ and $\gamma^2 = |\xi|^2+|\eta|^2$ ($|\;|$ = modulus in $\mathbb{C}$). The independent variable is changed according to $dt = K da$, where $K = 4\mu\gamma|\xi|^2$ and we denote now d/da by $'$. Using (2.2) and (2.3) the equations of motion are

$$\begin{aligned}
x' &= -Kx^3y \; , \\
y' &= -Kx^4+KE_2 \; , \\
\xi' &= \eta \; , \\
\eta' &= -\xi+F_3 \; , \\
\rho' &= -32\alpha m_1m_2\gamma|\xi|^2\xi_1\xi_2x^4\sigma_1 \; , \\
s' &= iK\alpha^{-2}x^4\rho s \; ,
\end{aligned} \tag{2.4}$$

where E_2 and F_3 are auxiliary functions defined by

$$E_2 = \beta^{-1}\alpha^{-3}x^6\rho^2-\mu^{-1}x^4\left[-\mu+\sigma_3+2\alpha^{-1}m_1m_2(\xi_1^2-\xi_2^2)\sigma_1\right] \quad ,$$

$$F_3 = A_1x^4\rho+A_2x^4+A_3x^6+A_4x^6y\rho+A_5x^8+A_6x^8\rho^2 \quad .$$

Several additional auxiliary functions have been introduced by

$$\|\underline{r}_1-\underline{r}_3\| = r_{13} = \alpha x^{-2}\sigma_{13} \quad \text{and hence} \quad \sigma_{13} = |1+2m_2\alpha^{-1}x^2\xi^2| \; ,$$

$$\|\underline{r}_2-\underline{r}_3\| = r_{23} = \alpha x^{-2}\sigma_{23} \quad \text{and hence} \quad \sigma_{23} = |1-2m_1\alpha^{-1}x^2\xi^2| \; ,$$

$$\sigma_1 = \sigma_{13}^{-3}-\sigma_{23}^{-3} \quad , \quad \sigma_2 = m_2\sigma_{13}^{-3}+m_1\sigma_{23}^{-3} \quad , \quad \sigma_3 = m_1\sigma_{13}^{-3}+m_2\sigma_{23}^{-3} \; ,$$

$$\tilde{\alpha} = m_1 m_2 m_3 \mu^{-1}\alpha^{-2} \quad , \quad A_0 = 2|\xi|^2 + |\eta|^2 \quad , \quad A_1 = -8i\gamma\alpha^{-2}\mu|\xi|^2\eta \quad ,$$
$$A_2 = -2\gamma^2\mu k_2^{-1}\tilde{\alpha}\sigma_1(A_0\bar{\xi}+\xi\eta^2) \quad , \quad A_3 = -4\gamma^2\mu k_2^{-1}\tilde{\alpha}\alpha^{-1}\sigma_2|\xi|^2(A_0\xi+\bar{\xi}\eta^2) \quad , \tag{2.5}$$
$$A_4 = -16\gamma^2\mu^2\alpha^{-2}|\xi|^2(-A_0 i\xi + i\bar{\xi}\eta^2) \quad ,$$
$$A_5 = -16\gamma^2\mu^3\tilde{\alpha}k_1^{-1}\alpha^{-2}\sigma_1\xi_1\xi_2(-A_0 i\xi + i\bar{\xi}\eta^2) \quad ,$$
$$A_6 = 4\gamma^2\mu^2\alpha^{-4}|\xi|^2(A_0\xi+\bar{\xi}\eta^2) \quad .$$

Let $c = \|\underline{c}\|$ the modulus of the angular momentum. Then the variable ρ can be expressed as

$$\rho = k_1^{-1}\left[c - 2\mu k_2\gamma^{-1}(\xi_1\eta_2-\xi_2\eta_1)\right]\cdot\left[1 + 4k_2k_1^{-1}\alpha^{-2}\mu^2x^4|\xi|^4\right]^{-1} . \tag{2.6}$$

By using (2.6) in x',y',ξ',η' we see that it is enough to study the first 4 equations in (2.4). The evolution of s can be obtained from the one of the remaining variables.

Furthermore the equation of the energy is given by

$$H = H_1 + H_2 + H_3 = h \quad , \tag{2.7}$$

where

$$H_1 = -Mk_1\alpha^{-1}x^2 + \tfrac{1}{2}k_1\beta^2y^2 + \tfrac{1}{2}k_1\alpha^{-2}x^4\rho^2 \quad ,$$
$$H_2 = -\tfrac{1}{2}k_2\gamma^{-2} + 2k_2\mu\alpha^{-2}\gamma^{-1}x^4\rho(\xi_2\eta_1-\xi_1\eta_2) + 2k_2\mu^2\alpha^{-4}x^8\rho^2|\xi|^4 \quad ,$$
$$H_3 = \mu m_3\alpha^{-1}x^2 - m_3\alpha^{-1}x^2(m_1\sigma_{13}^{-1} + m_2\sigma_{23}^{-1}) \quad .$$

The physical meanings of H_1 and H_2 are, respectively, the energy of the center of mass of m_1 and m_2 w.r.t. m_3 and the energy of the binary formed by m_1 and m_2.

The variables defined in (2.2) have been introduced to study the behaviour when the binary escapes to infinity ($\|\underline{Q}\| \to \infty$ and hence $x \to 0$) and are not suitable to study the triple collision manifold and its neighborhood. To study simultaneously the neighborhood of the binary, both near the manifold C and close to infinity we introduce our final set of variables (a similar set has been introduced for the first time in [11] App.B, to study this behaviour in the isosceles problem).

Let r be the variable introduced in (1.3) and $d = \mu^2 m_3 2^{-2/3}M^{-1/3}(m_1m_2)^{-1}$. Then instead of x,y,ξ,η, introduced in (2.2, 2.3) we shall use the variables $X,Y,\hat{\xi},\hat{\eta}$, defined by

$$X = x\left[4dr(1+r+4drx^2)^{-1}\right]^{1/2} \quad , \quad Y = y\left[4dr(1+r+4dry^2)^{-1}\right]^{1/2} \quad ,$$
$$\hat{\xi} = \xi\left[(1+r)r^{-1}(1-Y^2)^{-1}\right]^{1/2} \quad , \quad \hat{\eta} = \eta\left[(1+r)r^{-1}(1-Y^2)^{-1}\right]^{1/2} \quad . \tag{2.8}$$

From (1.3) and (2.8) it is easily obtained the following relation for r as a function of $X, Y, \hat{\xi}$ and constants depending only on the masses:

$$(1+r)^2 X^4 = 4\mu^2 k_2 |\hat{\xi}|^4 X^4 (1-Y^2)^2 + 16\alpha^2 d^2 k_1 (1-X^2)^2 \ . \tag{2.9}$$

As we shall study the motion near the manifold C and on it the angular momentum $\underline{c}$ is zero, from now on we restrict ourselves to the manifold $\underline{I_0^h}$ (i.e. $\underline{c} = \underline{0}$). No hypothesis is made on the total energy h because its value is irrelevant in our analysis.

3. The new equations of motion

Let $\bar{d} = m_3 \mu 2^{1/3} M^{-1/3}$, $\hat{\gamma}^2 = |\hat{\xi}|^2 + |\hat{\eta}|^2$ and B defined by

$$B = 2\mu k_2 [k_1 + \tfrac{1}{4} k_2 \mu^2 \alpha^{-2} d^{-2} X^4 (1-X^2)^{-2} (1-Y^2)^2 |\hat{\xi}|^4]^{-1} \ .$$

Then the equation of the energy (2.7) in the new variables can be written as

$$\begin{aligned} \frac{r}{1+r}(1-Y^2) h \hat{\gamma}^2 = {} & \tfrac{1}{2} k_2 \hat{\gamma}^2 [Y^2 - X^2 (1-X^2)^{-1} (1-Y^2)] - \tfrac{1}{2} k_2 + \\ & [k_1 (32\alpha^2 d^2)^{-1} B^2 - k_2 \mu (8\alpha^2 d^2)^{-1} B] X^4 (1-X^2)^{-2} (1-Y^2)^2 (\hat{\xi}_1 \hat{\eta}_2 - \hat{\xi}_2 \hat{\eta}_1)^2 + \\ & k_2 \mu^2 (128\alpha^4 d^4)^{-1} X^8 (1-X^2)^{-4} (1-Y^2)^4 |\hat{\xi}|^4 (\hat{\xi}_1 \hat{\eta}_2 - \hat{\xi}_2 \hat{\eta}_1)^2 B^2 + \\ & m_3 (4\alpha d)^{-1} \hat{\gamma}^2 X^2 (1-X^2)^{-1} (1-Y^2) [m_1 (1-\sigma_{13}^{-1}) + m_2 (1-\sigma_{23}^{-1})] \ , \end{aligned} \tag{3.1}$$

where σ_{13}, σ_{23} should be expressed in terms of $X, Y, \hat{\xi}$.

Before obtaining the differential equations for $X, Y, \hat{\xi}, \hat{\eta}$ we analyze some especial cases of (3.1):

1) If we suppose $\|\underline{q}\|$ bounded, when $r \to \infty$ one should have $X \to 0$. Inserting $X = 0$ in (3.1) one has the expression of the infinity manifold, defined by

$$\hat{\gamma}^2 [Y^2 - 2k_2^{-1} h (1-Y^2)] = 1 \quad \text{and} \quad X = 0 \ . \tag{3.2}$$

As we study hard binaries γ is very small and in (2.7) H_2 is negative and with very big absolute value. Hence H_1 is positive and very large. Therefore y is very large and Y is close to 1. Let $Y = 1-\bar{Y}$, $\bar{Y} \geq 0$. Then (3.2) makes sense and gives an upper bound of $\hat{\gamma}$ at infinity if $\bar{Y}$ is bounded by some constant $\bar{Y}_0$.

2) Another limiting case is obtained when $Y \to 1$ (corresponding to $y \to \infty$, i.e., the two bodies in the binary are at a distance $|z| \to 0$, a case which will be called collapsing binary). From (3.1) one has

$$\hat{\gamma}^2 = 1 \ , \tag{3.3}$$

that together with $\bar{Y} = 0$ defines the collapsing binary manifold.

3) Finally we express the triple collision manifold in the new variables.

From (2.9) one has for $r = 0$

$$X = (1 + D/(4\alpha d))^{-1/2} , \tag{3.4}$$

where $D^2 = k_1^{-1}(1-4\mu^2 k_2|\hat{\xi}|^4(1-Y^2)^2)$. Hence, given $\hat{\xi}$ and Y we obtain X. Using (3.4) and $r = 0$ the energy relation (3.1) gives a relation between $Y, \hat{\xi}$ and $\hat{\eta}$:

$$\hat{\gamma}^2\left[Y^2-(1-Y^2)4\alpha d\mu^{-1}D^{-1}(m_1|1+2m_2\hat{\xi}^2(1-Y^2)/D|^{-1}+m_2|1-2m_1\hat{\xi}^2(1-Y^2)/D|^{-1})\right] = 1 + 4\mu^2 k_2(1-Y^2)^2(\hat{\xi}_1\hat{\eta}_2-\hat{\xi}_2\hat{\eta}_1)^2 . \tag{3.5}$$

If in (3.4) we put $Y = 1$ ($\overline{Y} = 0$) one obtains $X = (1+(4k_1\alpha d)^{-1})^{-1/2}$, a value which will be denoted by X_0. In general, for $\overline{Y}$ small, if X is bounded away from 1 the energy relation (3.1) gives $\hat{\gamma} = 1+O(\overline{Y})$ and then on the triple collision manifold we have $X = X_0+O(\overline{Y})$ from (3.4). We should only consider the motion for $\overline{Y} \leq \overline{Y}_0$, with $\overline{Y}_0$ small enough, and for those values of X between the one given by (3.4) and $X = 0$.

From (3.2), (3.3) and (3.5) it is seen that the three manifolds corresponding to infinity, collapsing binary and triple collision, for $\overline{Y} \leq \overline{Y}_0 \ll 1$ are the product of S^3 by a closed segment. The general picture is the one given in fig.1 multiplied by S^3. Going back under the Levi-Civita transformation one should identify antipodal points in S^3. In this way we obtain the three-dimensional projective space P^3 or, equivalently, the unitary tangent bundle T_1S^2 to the two dimensional sphere [5].

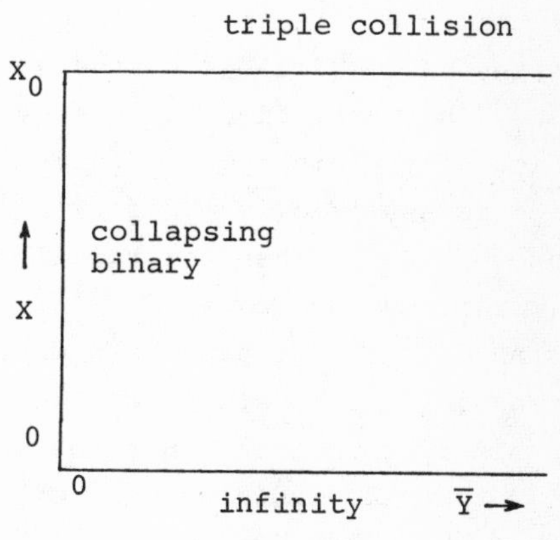

Figure 1

Furthermore we remark that for $\overline{Y} = 0$ one has $\xi = 0$ from (2.8) and therefore $z = 0$ from (2.3). In the physical space the collapsing binary manifold is just a line. What we have done is the blow up of that line.

An elementary but long computation starting with (2.4) and making explicit use of (2.5), (2.6), (2.8) and (2.9) gives the new equations:

$$\begin{aligned} X' &= \overline{Y}X^3|\hat{\xi}|^2[-b_1+b_2X^2(1-X^2)^{-1}+O(\overline{Y})] , \\ \overline{Y}' &= -2b_2\overline{Y}^2X^4(1-X^2)^{-2}|\hat{\xi}|^2(1+O(\overline{Y})) , \\ \hat{\xi}' &= \hat{\eta}+\hat{\xi}(1-Y^2)^2X^4|\hat{\xi}|^2J_1 , \\ \hat{\eta}' &= -\hat{\xi}+\hat{\eta}(1-Y^2)^2X^4|\hat{\xi}|^2J_2 , \end{aligned} \tag{3.6}$$

for $\overline{Y} \to 0$, where $b_1 = \mu d^{-3/2} = 2(m_1^3m_2^3Mm_3^{-3}\mu^{-4})^{1/2}$, $b_2 = (m_1m_2)^{5/2}m_3^{-3}\mu^{-9/2}M$, and J_1, J_2 are bounded (complex) functions.

4. Analysis of the flow

We consider the flow in several regions:

1) At the infinity manifold the flow is simply described by

$$X' = 0 \quad , \quad \overline{Y}' = 0 \quad , \quad \hat{\xi}' = \hat{\eta} \quad , \quad \hat{\eta}' = -\hat{\xi} \quad . \tag{4.1}$$

That is, the S^3 leaves are invariant and foliated by periodic orbits. This corresponds to the fact that the motion of the binary is uncoupled with the effect of the third body.

2) On the collapsing binary manifold the flow is given again by (4.1) and, in particular, X remains constant. This requires an explanation (see [11] App.B). Going back to (2.7) we have identified H_1 and H_2 as the energies of the center of mass of m_1 and m_2 w.r.t. m_3 and of the binary formed by m_1 and m_2. The remaining part given by H_3 can be written as

$$\begin{aligned} H_3 &= \alpha^{-1}x^2 m_3\left[m_1(1-\sigma_{13}^{-1})+m_2(1-\sigma_{23}^{-1})\right] = \\ &m_3\alpha^{-1}(1+r)(4dr)^{-1}X^2(1-X^2)^{-1}\left[m_1(1-|1+m_2L|^{-1})+m_2(1-|1-m_1L|^{-1})\right] , \end{aligned} \tag{4.2}$$

where $L = (2\alpha d)^{-1}X^2(1-X^2)^{-1}(1-Y^2)\hat{\xi}^2$. Hence $H_3 = O(\frac{1+r}{r}\overline{Y}^2)$, and, unless we are very close to the triple collision manifold, the value h_3 of H_3 satisfies $h_3 = O(\overline{Y}^2)$. Let h_i the values of H_i, $i = 1,2,3$ along one orbit. Let $h_2 < 0$, $|h_2|$ very big, the energy of the binary m_1+m_2. The instantaneous period of the binary is $O(|h_2|^{-3/2})$. From (2.7) h_1 satisfies $h_1=h-h_3-h_2$ which is essentially $-h_2$ for $|h_2|$ big and r bounded away from zero because of (4.2). Then the radial velocity of the center of mass of m_1 and m_2 w.r.t. m_3 behaves as $|h_2|^{1/2}$. In one revolution of the binary the distance $\|\underline{Q}\|$ between the binary and m_3, for big values of $\|\underline{Q}\|$, increases as $|h_2|^{-1}$. To slow down the motion in order that the oscillations of the binary tend to a finite period (by a suitable scaling of time), implies that the radial motion of the third particle is stopped when $|h_2|$ goes to infinity.

However, going back to the physical time t instead of the new time a, already used in (2.4) we have

$$\frac{dX}{dt} = (8\sqrt{2}\mu)^{-1}X^3\left[-b_1+b_2X^2(1-X^2)^{-1}+O(\overline{Y})\right](1+r^{-1})^{-3/2}(\overline{Y})^{-1/2}\hat{\gamma}^{-1} \quad ,$$

which goes to infinity when $\overline{Y}\to 0$ for $0 < X < X_0$. Hence, the passage from the triple collision manifold to infinity is done at an infinite velocity on the collapsing binary.

3) On the triple collision manifold and as $b_2X_0^2(1-X_0^2)^{-1} = b_1$ follows from the definition of X_0, X changes slowly (just to keep the flow on that

manifold) and $\overline{Y}$ is decreasing monotonically going towards the collapsing binary $\overline{Y}=0$ $(Y=1)$. The motion for $\hat{\xi},\hat{\eta}$ is a small perturbation of an harmonic oscillator.

4) Let us consider the cylindrical annulus, A, which has as basis the annulus $S^3\times[0,\overline{Y}_0)$ and as vertical height the variable X between the triple collision manifold and the infinity manifold.

We claim that A is positively invariant under the flow corresponding to (3.6) and that any orbit entering A trough the boundary $\overline{Y}=\overline{Y}_0$ and not belonging to the triple collision manifold ends in one of the leaves of S^3 type at infinity.

To prove the first part it is enough to consider that A is bounded by C and infinity, at top and bottom (see fig.1), respectively, both manifolds being invariant. The inner vertical boundary, $\overline{Y}=0$, is formed by periodic orbits. Points in the outer vertical boundary, $\overline{Y}=\overline{Y}_0$, not being at the infinity manifold enter A because $\overline{Y}'<0$ if $\overline{Y}$ is small enough and $\overline{Y}\neq 0$, $X\neq 0$.

To prove the second part it is enough to remark that any orbit entering A below the triple collision manifold $(r>0)$ can not go to one of the periodic orbits which foliate $Y=1$ (we note that $-b_1+b_2X^2(1-X^2)^{-1}<0$ for $0<X<X_0$). If this were the case, a physical orbit (i.e. an orbit in $r>0$) would reach a finite value of $\|\underline{Q}\|$ with an infinite value of the radial velocity, which is an absurdity. Furthermore, as $\overline{Y}$ is monotone we approach one of the S^3 leaves.

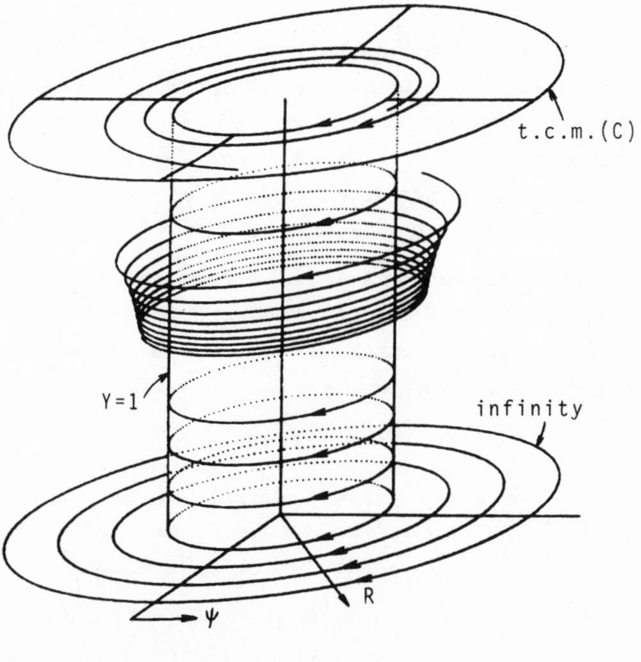

Figure 2

The fig.2 displays a qualitative picture of the flow on A where, for simplicity, we have replaced S^3 by S^1. Then $\hat{\xi},\hat{\eta}$ are considered as real variables. This is exactly the situation obtained in the isosceles problem [11]. In the figure the variable R can be considered as Y^{-1} and ψ is the argument of the vector which has $\hat{\xi}$ and $\hat{\eta}$ as components.

5. Further results

In this section we study first the behaviour of $\overline{Y}$ on the triple collision manifold and we show how to use the variable Y near a hard binary to obtain a compactification of C.

From (3.6) and using (3.4) one has

$$\overline{Y}' = -8\mu\alpha k_1^{1/2} d^{-1/2} \overline{Y}^2 |\hat{\xi}|^2 (1+O(\overline{Y})) \quad . \tag{5.1}$$

The couple $\hat{\xi},\hat{\eta}$ behaves essentially as an harmonic oscillator and $|\hat{\xi}|^2+|\hat{\eta}|^2 = 1+O(\overline{Y})$. Averaging (5.1) with respect to the time a one has, skipping the terms $O(\overline{Y})$, the equation

$$\overline{Y}'_{av} = -c_1 \overline{Y}^2_{av} \quad , \tag{5.2}$$

where $c_1 = 4\mu\alpha k_1^{1/2} d^{-1/2}$. From (5.2) it is found $\overline{Y}_{av} = (c_1 a+c_2)^{-1}$ with a suitable constant c_2.

On C one can relate $\overline{Y}$ to the variable v (see (1.3)) used in the classical blow up. An elementary computation shows

$$v = \alpha(k_1/(2d))^{1/2} (\overline{Y})^{-1/2} + O(\overline{Y}^{1/2}) \quad . \tag{5.3}$$

The equation (5.3) shows that on the triple collision manifold, when v is very large and binary collisions have been regularized, one can use locally the variable Y corresponding to the related binary, instead of v. In this way C becomes compact (see [11], section 4) and the motion towards $v = \infty$ has been replaced by the motion towards a critical point, $Y = 1$, corresponding to the collapsing binary on C.

Now we study the limiting behaviour of the orbits of hard binaries when they escape to infinity. First we return to the variable s defined in (2.4). We recall that s describes the rotation of m_3 around the baricenter of m_1 and m_2. Using the new variables (2.8) one has

$$s' = -\tfrac{1}{4}\mu d^{-2} X^4 (1-X^2)^{-2} (1-Y^2)^2 |\hat{\xi}|^2 (\hat{\xi}_1\hat{\eta}_2 - \hat{\xi}_2\hat{\eta}_1) \mathrm{Bis} \quad , \tag{5.4}$$

where, for small $\overline{Y}$, one has $B = 2\mu k_2 (k_1+O(\overline{Y}^2))^{-1}$. As $\overline{Y}$ is monotone on the annulus A, provided $\overline{Y} \neq 0$, $X \neq 0$, we can use it as independent variable. From (3.6) one has $|ds/d\overline{Y}|$ bounded. Let c_3 be a constant bounding $|ds/d\overline{Y}|$ on A. Then $|\Delta s| < c_3 |\Delta\overline{Y}|$, where Δs and $\Delta\overline{Y}$ denote the variations of s and $\overline{Y}$

from some initial values, s_{in}, $\overline{Y}_{in}$ for $a = a_{in}$, to the limit values when $a = \infty$. As $\overline{Y}_\infty = \overline{Y}(a = \infty) \geq 0$ we have $|\Delta s| < c_3|\overline{Y}_{in}|$, showing that s tends to some definite direction.

Before proceeding with the limit behaviour of the hard binaries we show how to estimate $\overline{Y}_\infty$ from X_{in}, $\overline{Y}_{in}$. From (3.6) one has

$$\frac{dX}{d\overline{Y}} = (1-X^2)\left[b_1(1-X^2) - b_2X^2\right](2b_2\overline{Y}X)^{-1}(1+O(\overline{Y})) \ , \tag{5.5}$$

which becomes zero for $X = X_0 = b_1^{1/2}(b_1+b_2)^{-1/2}$. Skipping the $O(\overline{Y})$ term (5.5) is easily integrated to

$$\overline{Y} = c_4(1-X^2)(X_0^2 - X^2)^{-1} \ , \tag{5.6}$$

where c_4 is a constant to be determined from the initial conditions. If $0 < X_{in} < X_0 - O(\overline{Y}_{in})$ we obtain from (5.6) an approximation of $\overline{Y}_\infty$ putting $X=0$:

$$\overline{Y}_\infty = \overline{Y}_{in}(X_0^2-X_{in}^2)X_0^{-2}(1-X_{in}^2)^{-1} \ . \tag{5.7}$$

From (5.7) it follows that the variation of $\overline{Y}$ is, approximately,

$$|\Delta\overline{Y}| = |\overline{Y}_\infty-\overline{Y}_{in}| = \overline{Y}_{in}X_{in}^2(1-X_0^2)X_0^{-2}(1-X_{in}^2)^{-1} \ . \tag{5.8}$$

This expression can be used to refine the bound on $|\Delta s|$.

The fact that one obtains a very simple relation is not a surprise. The equation (5.6) is recovered simply by taking the dominant terms when $Y \to 1$ in the equation of the energy when we consider the one dimensional two body problem with masses m_3 and μ. The problem can be considered as one dimensional because the variation Δs was shown to be small if $\overline{Y}$ is small enough.

Finally we consider the following question: The binary formed by m_1 and m_2 is perturbed by m_3. How do the semimajor axis, sma, the eccentricity, e, and the argument of the pericenter, ω, of the binary change when $\overline{Y}$ is very small and the binary escapes to infinity?

The motion of the binary is described by

$$\hat{\xi}' = \hat{\eta} + \hat{\xi}GJ_1 \ , \quad \hat{\eta}' = -\hat{\xi} + \hat{\eta}GJ_2 \ , \tag{5.9}$$

where $\hat{\xi}, \hat{\eta} \in \mathbb{C}$, $G = X^4(1-Y^2)^2|\hat{\xi}|^2$ and J_1, J_2 are bounded functions, as follows from (3.6). This is a perturbed binary and the unperturbed one is obtained by putting $Y = 1$, and hence $G = 0$, in (5.9). It is elementary to show that $\hat{\gamma}^2$ is related to the semimajor axis in the scaled variables by $sma = \hat{\gamma}^2/2$. To obtain the physical value of the semimajor axis one should multiply sma by $2\mu\overline{Y}+O(\overline{Y}^2)$ according to (2.3) and (2.8). The eccentricity is given by $e^2 = 1-4\beta_0^2\hat{\gamma}^{-4}$ where $\beta_0 = \hat{\xi}_1\hat{\eta}_2-\hat{\xi}_2\hat{\eta}_1$. When $e = 0$ the angle ω is not defined. It is better to use the parameters $m = e\cos\omega$ and $n = e\sin\omega$. Furthermore when e ranges in $[0,1]$ and ω in $[0,2\pi]$ we obtain a disc. Two copies of the disc should be used, corresponding to direct and retrograde orbits and pasted along the collision orbits ($e = 1$), i.e., the boundaries of the discs. In this way we obtain a two dimensional sphere, S^2, which paremeterizes the space of planar Kepler orbits (see [5]). Let $\beta_1 = \hat{\xi}_2^2 + \hat{\eta}_2^2 - (\hat{\xi}_1^2 + \hat{\eta}_1^2)$ and $\beta_2 = -2(\hat{\xi}_1\hat{\xi}_2 + \hat{\eta}_1\hat{\eta}_2)$. Then one has $m = \beta_1\hat{\gamma}^{-2}$, $n = \beta_2\hat{\gamma}^{-2}$.

A tedious computation shows that $|d\hat{\gamma}^2/d\bar{Y}|$, $|d\beta_0/d\bar{Y}|$, $|d\beta_1/d\bar{Y}|$ and $|d\beta_2/d\bar{Y}|$ are bounded on A, if $\bar{Y}_0$ is sufficiently small, by some constants c_5, c_6, c_7 and c_8, respectively. Hence $|\Delta\hat{\gamma}^2| < c_5|\Delta\bar{Y}|$, $|\Delta\beta_0| < c_6|\Delta\bar{Y}|$, $|\Delta\beta_1| < c_7|\Delta\bar{Y}|$ and $|\Delta\beta_2| < c_8|\Delta\bar{Y}|$. Then

$$|\Delta sma| < \tfrac{1}{2}c_5|\Delta\bar{Y}| \ . \tag{5.10}$$

Concerning eccentricity, a necessary condition to reach, in particular, a limit circular orbit ($e_\infty = 0$) is that the initial eccentricity satifies

$$e_{in} < \left[(2c_5+4c_6)|\Delta\bar{Y}|(1+O(\bar{Y}))\right]^{1/2} \ . \tag{5.11}$$

In a similar way, a necessary condition to reach a limit collinear orbit for the binary ($e_\infty = 1$) is

$$e_{in} > 1 - 2c_6^2|\Delta\bar{Y}|^2(1+O(\bar{Y})) \ . \tag{5.12}$$

Also Δm and Δn can be bounded by

$$\begin{aligned} |\Delta m| &< (c_7+|m|c_5)|\Delta\bar{Y}|(1+O(\bar{Y})) \ , \\ |\Delta n| &< (c_8+|n|c_5)|\Delta\bar{Y}|(1+O(\bar{Y})) \ . \end{aligned} \tag{5.13}$$

In (5.10) to (5.13) one can use (5.8) to obtain bounds when the initial conditions are known. From (5.10) and (5.13) it is clear that the binary tends to some definite binary at infinity. Hence, the second part of the claim made in section 4) of §4 can be refined as follows: The ω-limit set of any orbit entering A through $\bar{Y} = \bar{Y}_0$ and not belonging to C is a periodic orbit at infinity.

Acknowledgements This work has been supported by a CICYT Grant PB86-0527 and by the EEC Contract ST2J-0274-C. The authors are indebted to the organizers of the V Colloque International de Géométrie Symplectique et Mécanique for the invitation to present this paper.

References

[1] Devaney, R.L.: Structural stability and homothetic solutions of the collinear n-body problem, Cel. Mechanics 19 (1979), 391-404.

[2] Easton,R.:Parabolic orbits for the planar three body problem, J. Differential Equations 52(1984), 116-134.

[3] Lacomba,E.,Simó,C.:Bounded manifolds for energy surfaces in celestial mechanics, Cel.Mechanics 28(1982),37-48.

[4] McGehee,R.:Triple collision in the collinear three body problem, Inventiones Math. 27(1974),191-227.

[5] Moser,J.:Regularization of Kepler's problem and the averaging method on a manifold, Comm.on Pure and App.Math.XXIII(1970),609-636.

[6] Robinson,C.:Homoclinic orbits and oscillation for the planar three body problem, J.Differential Equations 52(1984),356-377.

[7] Simó,C.:Masses for which triple collision is regularizable, Cel.Mechanics 21(1980),25-36.

[8] Simó,C.,Llibre,J.:Characterization of transversal homothetic solutions in the n-body problem, Archive for Rat.Mech.and Anal.77(1981), 189-198.

[9] Simó,C.:Necessary and sufficient conditions for the geometrical regularization of singularities, Proceed.IV Congreso Ec.Dif. y Aplic., Sevilla (1981),193-202.

[10] Simó,C.,Lacomba,E.:Analysis of quadruple collision in some degenerate cases, Cel.Mechanics 28(1982),37-48.

[11] Simó,C.,Martínez,R.:Qualitative study of the planar isosceles three body problem, Cel.Mechanics 41(1988),179-251.

[12] Smale,S.:Topology and Mechanics I,II, Inventiones Math. 10(1970), 305-331 and 11(1970),45-64.

[13] Stiefel,E.L.,Scheifele,G.:Linear and Regular Celestial Mechanics, Springer, 1971.

[14] Waldvogel,J.:Stable and unstable manifolds in planar three body collision, in Instabilities in Dynamical Systems, Ed. V.Szebehely, pp. 263-271, Reidel, 1979.

DIMENSION MINIMALE DES ORBITES D'UNE ACTION SYMPLECTIQUE DE $\mathbb{R}^n$

F. J. Turiel [(1)]
Seccion de Matematicas, Facultad de Ciencias, Ap. 59
29080 Malaga , Espagne

Let (M, ω) be a connected symplectic manifold of dimension 2m and span b. We consider a symplectic action of $\mathbb{R}^n$ on this manifold. It is easily seen that the rank 2a of the restriction of ω to an orbit is independent of this one. In this paper we prove that if $M \neq \mathbb{T}^k x \mathbb{R}^{2m-k}$, then there exist an orbit of dimension $< (m-a)/2 + b$.

Introduction

Toutes les variétés considérées sont sans bord et de classe C^∞.

L'étude des dimensions des orbites d'une action de $\mathbb{R}^n$ sur une variété compacte et connexe M' de dimension m' a suscité depuis longtemps l'intérêt de différents auteurs (voir par exemple [11]). Un résultat bien connu de E. Lima [3] montre que, quand m'= 2 et que la caractéristique d'Euler-Poincare $\chi(M')$ ne s'annule pas, on a toujours un point fixe. Récemment, P. Molino et l'auteur [8], [9] ont montré que si $M' \neq \mathbb{T}^{m'}$, il existe une orbite de dimension $< (m' + b')/2$, où b' est le rang de M'; on rappelle que le rang d'une variété est le nombre maximum de champs de vecteurs commutants, linéairement indépendants en tout point. Dans le cas des champs non commutants, le nombre maximum de ces champs, noté ici b, est appelé span de la variété.

Si on considère une action de $\mathbb{T}^n$, ou si l'on suppose que $\mathbb{R}^n$ agit de façon isométrique (pour une certaine métrique riemannienne), alors l'isotropie infinitésimale de l'action est localement constante sur la sous-variété réunion des orbites de dimension donnée, ce qui permet de démontrer l'existence d'une orbite de dimension $\leq b'$.

De manière générale, si l'on veut obtenir des propriétés plus précises que celles indiquées en [9] pour la dimension minimale des orbites d'une action de $\mathbb{R}^n$, il parait raisonable d'étudier des actions qui respectent un tenseur sur la variété; dans notre cas, ce sera une forme symplectique. En outre nos résultats sont aussi valables pour les variétés non compactes.

Soit donc (M, ω) une variété symplectique connexe de dimension 2m. Considérons une action symplectique de $\mathbb{R}^n$ sur M. La restriction de ω à chaque orbite définit sur cette orbite une 2-forme fermée de rang constant. En fait, on voit facilement que ce rang 2a,

---

(1) Projet de recherche de la CAICYT 661/84

que nous appellerons rang symplectique de l'action, ne dépend pas de l'orbite choisie. Il est nécessairement $\leq b$.

On dira que M est un cylindre si $M = \mathbb{T}^k \times \mathbb{R}^{2m-k}$.

Les résultats principaux de ce travail sont les suivants:

THEOREME 1. Il existe une orbite de dimension $< (m - a)/2 + b$, à moins que M ne soit un cylindre.

THEOREME 2. Si toutes les orbites sont de la même dimension (action feuilletante), alors cette dimension $\leq b$.

THEOREME 3. Il existe une orbite de dimension $\leq 2(m + b - 1)/3$, à moins que M ne soit un cylindre.

On observera que, d'après le Théorème 1, si une action a des orbites de grande dimension, comme le rang symplectique sera grand, on aura aussi des orbites de dimension proche du span.

La démonstration du Théorème 1 est contenue dans les sections 2, 3 et 4. Mis à part des difficultés techniques, le principe de cette démonstration est simple: si X est un champ fondamental de l'action qui s'annule en $p \in M$, alors, localement, X est le hamiltonien d'une fonction f, et le linéairisé de X en p correspond au hessien de f en p. Cette observation permet d'établir une relation précise entre l'isotropie linéaire en p et la structure transverse de l'ensemble des orbites voisines.

Dans certains cas cette relation peut être encore précisée. Par exemple, si on considère une action hamiltonienne de $\mathbb{T}^n$ sur une variété compacte, alors le Théorème d'Atiyah-Guillemin-Sternberg sur l'image du moment [2], [4], [5], [6] fournit une description détaillée de la structure transverse de l'ensemble des orbites. En particulier, dans ce cas, on a toujour des points fixes.

Les Théorèmes 2 et 3 sont démontrés dans la section 5.

Exemples

Avant de se lancer dans les démonstrations des résultats principaux on va illustrer la situation par quelques exemples.

Exemple 1. Supposons M compacte et $\chi(M) \neq 0$. Alors il existe une orbite de dimensión $< m/2$.

En particulier si $\dim M = 4$ il y a un point fixe.

Exemple 2. Considérons $T^* P(\mathbb{R}, 2)$ muni de la forme symplectique de Liouville ω. Alors $w_2(T\, T^* P(\mathbb{R}, 2)) \neq 0$ et span $(T^* P(\mathbb{R}, 2)) = 2$ .Soit $F : P(\mathbb{R}, 2) \to \mathbb{R}^n$ une immersion . Posons $F = (f_1, ...f_n)$. Les hamiltoniens des $f_i \circ \pi$, où $\pi : T^* P(\mathbb{R}, 2) \to P(\mathbb{R}, 2)$ est la projection canonique, définissent une action symplectique de

$\mathbb{R}^n$ sur $(T^* P(\mathbb{R}, 2), \omega)$, dont les orbites sont les fibres. Elles sont donc de dimension deux, qui est le maximum possible d'après le théorème 2.

Une construction analogue peut être faite sur $T^* P(\mathbb{C}, 2)$ ou sur le cotangent du projectif quaternionien de dimension deux.

Exemple 3. Considérons la variété produit $P(\mathbb{C},2) \times \mathbb{R}^{2q}$ (on peut remplacer $\mathbb{R}^{2q}$ par un cylindre) munie d'une forme symplectique quelconque. Son span est 2q car $w_4(P(\mathbb{C},2) \times \mathbb{R}^{2q}) \neq 0$, et d'après le théorème 3 il existera une orbite de dimensión $\leq 2q$, ce qui est visiblement le meilleur résultat général possible.

Exemple 4. Soit ρ une forme de contact sur une variété N. On définit sur $\mathbb{R} \times N$ la forme symplectique : $\omega = d(e^t \rho) = e^t dt \wedge \rho + e^t d\rho$.

C'est le cas, par exemple, de $\mathbb{R}^{2n} - \{0\}$ muni de la forme symplectique usuelle par rapport à la structure de contact canonique de S^{2n-1}.

Si $L_X\rho = f\rho$ on définit sur $\mathbb{R} \times N$ le champ de vecteurs $X' = -f\, \partial/\partial t + X$ qui vérifie $L_{X'}\, \omega = 0$. De plus si $[X,Y] = 0$ alors $[X', Y'] = 0$. Par conséquent une action de $\mathbb{R}^n$ sur N , qui préserve la structure de contact, peut être relevée en une action symplectique sur $\mathbb{R} \times N$. Le rang symplectique de cette nouvelle action est zero. Maintenant le théorème 1, appliqué à cette action, permet d'assurer l'existence d'une orbite de l'action de $\mathbb{R}^n$ sur N de dimension $< (\dim N+1)/4 + \operatorname{span}(\mathbb{R} \times N)$, sauf si $\mathbb{R} \times N$ est un cylindre.

On peut présenter la construction qu'on vient de faire d'une manière un peu différente. Soit $\mathcal{E} = \{ t\rho(p) \ / \ t \in \mathbb{R}^+ \text{ et } p \in N \}$. L'extension naturelle de l'action de $\mathbb{R}^n$ à T^*N préserve $\mathcal{E}$. On obtient ainsi une action de $\mathbb{R}^n$ sur $\mathcal{E}$. En outre, la restriction de la forme symplectique de Liouville à $\mathcal{E}$ est encore symplectique. Les transportés des ces deux objets par le difféomorphisme $(t,\rho) \in \mathbb{R} \times N \to e^t \rho(p) \in \mathcal{E}$ sont précisément l'action de $\mathbb{R}^n$ et la forme symplectique construites plus haut.

Considérons en particulier $N = P(\mathbb{R}, 4r+1)$. Alors $w_{4r} \neq 0$ et $\operatorname{span}(\mathbb{R} \times N) = 2$. Il existera donc, pour toute action de $\mathbb{R}^n$ sur $P(\mathbb{R}, 4r+1)$ qui respecte une structure de contact, une orbite de dimension $\leq r+2$.

Pour r = 1, et d'après le théorème 3, il existe une orbite de dimension ≤ 2.

Exemple 5. Considérons $\mathbb{R}^{2n}$, $n \geq 2$, muni de la forme symplectique usuelle ω. Soient $f_1, \dots f_k$ des fonctions définies sur un voisinage ouvert A de S^{2n-1} . Supposons $\|x\|^2, f_1, \dots, f_k$ en involution. Alors il existe $p \in S^{2n-1}$ tel que

$$\dim \mathbb{R} \{d\|x\|^2(p), df_1(p), \dots df_k(p)\} < (n+1)/2$$

En effect, soient $X, X_1, \dots X_k$ les hamiltoniens de ces fonctions, qui commuteront et qui seront tangents à S^{2n-1} . Comme $[X, X_j]\big|_{S^{2n-1}} = 0$ et $L_{X_j}(\omega\big|_{S^{2n-1}})=0$, les champs

$X_1|_{S^{2n-1}}, \ldots X_k|_{S^{2n-1}}$ se projettent sur $P(\mathbb{C}, n-1)$ et ils engendrent une action de $\mathbb{R}^k$ qui respecte la forme symplectique usuelle; d'où l'existence d'une orbite de cette action de dimension $< (n-1)/2$. Il suffit, maintenant, de considérer un point $p \in S^{2n-1}$ dont la projection appartient à une telle orbite.

Pour S^3 cette propiété peut être démontrée de façon élémentaire. Supposons la fausse. Alors $\dim \mathbb{R}\{d\|x\|^2, df_1, \ldots df_k\} = 2$ sur S^3 car les fontions sont en involution, et rang $(F|_{S^3}) = 1$ où $F=(f_1,\ldots f_k\}$. Ceci permet de définir sur S^3 un feuilletage à feuilles fermées (les composantes connexes de $F^{-1}(a)$ quand $a \in F(S^3)$) et sans holonomie, ce qui est impossible.

1. Quelques préliminaires sur les grassmanniennes.

Soient V un espace vectoriel réel de dimension n et G^n_k la grassmannienne des k-plans de V. Si F est un k'-plan on posera:

$$N^r_F = \{E \in G^n_k \ / \dim(E \cap F) = r\} \qquad , r \geq 1$$

$$N_F = \bigcup_{r\geq 1} N^r_F$$

On montre facilment que chaque N^r_F est une sous-variété plongée de G^n_k de codimension $r(n+r-k-k')$.

Considérons une variété P et une application différentiable $f : P \to G^n_k$. On dira que cette application est transversale à N_F si f est transversale à chaque N^r_F.

<u>LEMME 1</u>. *L'ensemble des* $F \in G^n_{k'}$ *pour lesquels* f *n'est pas transversale à* N_F *est maigre* .

<u>Démonstration</u>. Considérons sur $G^n_k \times G^n_{k'}$ l'action naturelle du groupe linéaire $GL(V)$. L'orbite O_r d'un couple (E_0, F_0), tel que $\dim E_0 \cap F_0 = r$, peut s'écrire sous la forme:

$$\bigcup_{F \in G^n_{k'}} N^r_F \times \{F\} \qquad \text{ou sous la forme} \qquad \bigcup_{E \in G^n_k} \{E\} \times N^r_E$$

où $N^r_F \subset G^n_k$ et où $N^r_E \subset G^n_{k'}$.

De plus $\pi_1 : O_r \to G^n_k$ et $\pi_2 : O_r \to G^n_{k'}$ sont des fibrés de fibre type $N^r_{E_o}$ et $N^r_{F_o}$ respectivement.

Notons O'_r le fibré sur P pull-back par f de O_r. Soit $f'_r : O'_r \to O_r$ l'application canonique. Si F est une valeur régulière de $\pi_2 \circ f'_r$ alors f est transversale à N^r_F. Comme l'ensemble des points critiques d'une application est une union dénombrable de compacts, il suffit d'appliquer le théorème Sard. C.Q.F.D.

LEMME 2. *Supposons* n, k, k' *et* $r_0 \geq 0$. *On a*:

(I) *Si rang* $f \leq r_0 (n + r_0 - k - k') -1$ *en tout point d'un sous-ensemble* P' *de* P, *alors l'ensemble* $C = \{F \in G^n_{k'} / \exists\, p \in P'$ *tel que* $\dim (f(p) \cap F) \geq r_0\}$ *est maigre*.

(II) *Supposons maintenant que* P' *est maigre dans* P. *Si* $\dim P \leq r_0 (n + r_0 - k - k')$ *l'ensemble* $D = \{F \in G^n_{k'} / \exists\, p \in P'$ *tel que* $\dim (f(p) \cap F) \geq r_0\}$ *est maigre* .

Démonstration. On prouvera (I), l'autre cas est analogue.

Soit $P'_r = (\pi')\text{-}1 (P')$, où $\pi'_r : O'_r \to P$ est la projection canonique. Alors:

$$C = \bigcup_{r \geq r_0} \pi_2 \circ f'_r (P'_r) .$$

Or sur P'_r , rang $(\pi_2 \circ f'_r) < \dim G^n_{k'}$. C.Q.F.D.

2. Le résultat principal.

Soit (M, ω) une variété symplectique connexe de dimension $2m \geq 2$. Considérons une action de $\mathbb{R}^n$ sur M par symplectomorphismes. Soit V l'algèbre de Lie de $\mathbb{R}^n$. On aura un morphisme d'algèbres de Lie $v \in V \to X_v$ où X_v est un champ de vecteurs sur M (action infinitésimale).

Si V' est un sous-ensemble de V et si $p \in M$ on notera:

$$V'(p) = \{X_v(p) / v \in V'\}$$

Comme l'action de $\mathbb{R}^n$ préserve ω il vient $L_{X_v} \omega = 0$. Donc $\omega(X_v, X_w)$ est une fonction constante car $d(\omega(X_v, X_w)) = (L_{X_w}\omega)(X_v, \ )$. On définit ainsi sur V la 2-forme extérieure $\Omega(v, w) = \omega(X_v, X_w)$.

On appelera *rang symplectique de l'action de* $\mathbb{R}^n$ le rang de Ω. Celui-ci est égal au rang de la restriction de ω à chaque orbite de l'action. Ce nombre, forcément pair, sera noté 2 a.

Soit b le *span de* M, c'est-à-dire le nombre maximum des champs de vecteurs linéairement indépendants en tout point [7]. Si M est compacte alors $\chi(M) = 0$ si et seulement si $b = 0$. Si M n'est pas compacte $b \geq 1$. En outre $2a \leq b$.

On dira que M est un cylindre si $M = \mathbb{T}^k \times \mathbb{R}^{2m-k}$.

<u>THEOREME 1</u>. *Considérons une action symplectique de* $\mathbb{R}^n$ *sur* (M, ω). *Alors ou bien* M *est un cylindre, ou bien il existe une orbite de dimension* $< (m-a)/2 + b$.

Le reste de cette section, ainsi que les paragraphes 3 et 4, seront consacrés à la démonstration du théorème 1.

Pour tout entier positif k on note Σ_k la réunion des orbites de dimension k. Si G^n_{n-k} est la grassmannienne des $(n-k)$ - plans de V, la correspondance qui à $p \in \Sigma_k$ associe l'isotropie infinitésimale en ce point définit une application $h_k : \Sigma_k \to G^n_{n-k}$, qui est invariante par l'action de $\mathbb{R}^n$. Cette application, comme on verra dans quelques instants, admet des extensions locales différentiables.

<u>DEFINITION</u>. *On dira qu' une carte* $(U, x_1, \dots x_m, y_1, \dots y_m)$, *est adaptée à* Σ_k *si:*

(I) *l'image de* U *dans* $\mathbb{R}^n$ *est un produit d' intervalles.*

(II) $\dfrac{\partial}{\partial x_1}, \dots \dfrac{\partial}{\partial x_{k-a}}, \dfrac{\partial}{\partial y_1}, \dots \dfrac{\partial}{\partial y_a}$ *appartient à la restriction de l'action infinitésimale.*

(III) $\omega = \sum_{j=1}^{m} d x_j \wedge d y_j$ *sur* U.

Bien entendu tout point de Σ_k appartient, au moins, au domaine d'une carte adaptée à Σ_k (on modifie un peu la construction classique, voir [1]).

Considérons une carte (U, x, y) adaptée à Σ_k et une base $\{v_1, \dots v_n\}$ de V telle que

$$X_{v_j} = \frac{\partial}{\partial x_j} \quad \text{si} \quad 1 \leq j \leq k-a$$

et que

$$X_{v_j} = \frac{\partial}{\partial y_{j+a-k}} \quad \text{si} \quad k-a+1 \leq j \leq k.$$

Posons:

$$X_{v_j} = \sum_{r=1}^{k} f_{jr} \; X_{v_r} + Y_j \quad , j = k+1, \ldots n, \text{ où } \; Y_j \text{ comprend les termes en}$$

$$\frac{\partial}{\partial x_{k-a+1}}, \ldots \frac{\partial}{\partial x_m}, \frac{\partial}{\partial y_{a+1}}, \ldots \frac{\partial}{\partial y_m} .$$

Regardons les homomorphismes de l'espace engendré par $\{v_{k+1}, \ldots v_n\}$ dans l'espace engendré par $\{v_1, \ldots v_k\}$ comme un ouvert de G^n_{n-k}. Si on identifie cet ouvert à l'espace des matrices $(n-k) \times k$ moyennant les bases $\{ v_{k+1}, \ldots v_n\}$ et $\{ -v_1, \ldots -v_k \}$, alors $h_k : \Sigma_k \cap U \to G^n_{n-k}$ a pour composantes les f_{jr}, où $j = k+1, \ldots n$ et $r = 1, \ldots k$. Donc les fonctions f_{jr} définissent une extension différentiable $h^{\#}_k$ de h_k à U.

Comme $h^{\#}(x, y)$ est l'espace vectoriel des vecteurs $u \in V$ tels que:

$$X_u(x, y) = \sum_{j=k-a+1}^{m} a_j \frac{\partial}{\partial x_j} + \sum_{i=a+1}^{m} b_i \frac{\partial}{\partial y_i}$$

l'extension $h^{\#}_k$ *ne dépend que du système de coordonnées adapté à* Σ_k *choisi.*

Dans ce qui suit on va *fixer une famille dénombrable* $\mathfrak{F}_k$ *de cartes adaptées à* Σ_k *dont les domaines recouvrent cet ensemble*. Notons c le premier entier pair strictement plus grand que b. On peut supposer sans perte de généralité $c \le n$.

Considérons sur M une métrique de Riemann ϕ . Soit J le tenseur de type (1, 1) défini par la relation $\omega(X, Y) = \phi(J X, Y)$. Si $\Omega(v, w) = 0$ alors $J X_v$ et X_w sont orthogonaux car $\phi(J X_v, X_w) = \omega(X_v, X_w) = \Omega(v, w)$.

LEMME 3. *Pour tout* $F \in G^n_c$ *l'ensemble*:

$$S(F) = \{p \in M / \dim F(p) \le c - 2\}$$

est non vide.

Démonstration. Posons $F = F_o \oplus F_1$, où $F_o = \mathrm{Ker}\,(\Omega|_F)$. Comme F_o est de dimension paire il existe un automorphisme ρ de cet espace vectoriel sans droites invariantes. Etant donné $v = v_o + v_1$ appartenant à F on définit le champ de vecteurs:

$$Y_v = X_{v_o} + J X_{\rho(v_o)} + X_{v_1}$$

Comme $b < c$ on pourra trouver un vecteur non nul v et un point p tels que $Y_v(p) = 0$. D'où $\dim F(p) \le c - 2$. C.Q.F.D.

Le plan de ce qui reste de la démonstraction du théorème est, à peu près, le suivant:

1) On montre que pour un c-plan générique F l'ensemble S(F) est formé d'orbites de dimension $\leq (m-a)/2+c-2$.

2) Si l'on suppose (section 3) Σ_k vide pour tout $k<(m-a)/2+b$ alors: $c = b+2 = 2a+2$; S(F) est une sous-variété plongée réunion d'une quantité finie ou dénombrable d'orbites et $\dim F = \dim F(p)+2$ pour chaque $p \in S(F)$.

3) Sous ces dernières hypothèses (section 4) on construit, en perturbant l'action infinitésimale de F près de S(F) , $2a+1$ champs de vecteurs linéairement indépendants en chaque point, ce qui est contradictoire.

On dira qu' un point $p \in \Sigma_k$ peut être *enfermé en dimension* r s'il existe un ouvert A et une sous-variété plongée P, de dimension r, tels que:

$$p \in A \cap \Sigma_k \subset P$$

Bien sûr tous les point de $A \cap \Sigma_k$ sont enfermés en dimensión r.

Notons Σ^r_k l'ensemble des points $p \in \Sigma_k$ qui peuvent être enfermés en dimensión r. Clairement $\Sigma^{2m}_k = \Sigma_k$ et $\Sigma^j_k \subset \Sigma^r_k$ si $j \leq r$. Chaque Σ^r_k peut être recouvert par les ouverts d'une famille dénombrable (donc par les sous-variétés elles-mêmes) de couples (A, P) comme plus haut. *Choisissons, pour le suite, une telle famille* $\mathbf{P}^r_k$.

Si les couples (A_1, P_1) et (A_2, P_2) enferment un même point $p \in \Sigma_k$, il existe un couple (A, P) qui enferme encore ce point et tel que $T_p P = T_p P_1 \cap T_p P_2$. En effet, P_1 est définie, au voisinage de p, par l'annulation des fonctions $f_1, \dots f_r$ fonctionellement indépendantes en ce point. De façon analogue P_2 est définie par l'annulation des fonctions , $g_1, \dots g_{r'}$. Parmi les fonctions $f_1, \dots f_r, g_1, \dots g_{r'}$ on peut choisir $[2m - \dim(T_p P_1 \cap T_p P_2)]$ fonctions indépendantes en p, dont l'annulation définira autour de p la sous-variété P cherchée. Par conséquent *si* r_0 *est la plus petite dimension qui permet d'enfermer* p *et si* $\dim P_1 = r_0$ *alors* $T_p P_1 \subset T_p P_2$.

Soit C_1 l'ensemble des $F \in G^n_c$ pour les quels il existe deux entiers $k, r \geq 0$, un élément $(A, P) \in \mathbf{P}^r_k$ et un élément $(U, x, y) \in \mathbf{F}_k$, tels que $h^\#_k : P \cap U \to G^n_{n-k}$ ne soit pas transversale à $N_F \subset G^n_{n-k}$. *Comme les familles* $\mathbf{P}^r_k$ et $\mathbf{F}_k$ *sont dénombrables, d'après le lemme* 1 , C_1 *est maigre* .

<u>LEMME 4</u>. *Considérons un espace vectoriel réel de dimension finie* $E = E_0 \oplus E_1$ *et une application bilinéaire symetrique* $\lambda : E \times E \to \mathbb{R}^r$ où $r \geq 2$.*Soient* $\lambda_0 : E \to \mathrm{Hom}(E_0, \mathbb{R}^r)$ *et* $\lambda_1 : E \to \mathrm{Hom}(E_1, \mathbb{R}^r)$ *les applications linéaires induites par* λ . *Notons* F' *l'orthogonal par rapport à* λ *d'un sous-espace* F *de* E. *Alors*:

$$\text{rang } \lambda_1 \geq \frac{1}{r-1} \left(\text{rang } (\lambda_{o|E'_1}) - \dim E_o\right).$$

<u>Démonstration</u>. Le rang de l'application linéaire $E_1 \rightarrow \text{Hom}(E, \mathbb{R}^r) = E^* \times \ldots \times E^*$ induite par λ sera $\geq \dim E_1 - \dim E'$ car son noyau est $E_1 \cap E'$. Par suite l'une de ses composantes aura un rang $\geq (\dim E_1 - \dim E')/r$. D'où

$$\text{rang } \lambda_1 = \text{codim } E'_1 \geq \frac{1}{r} (\dim E_1 - \dim E').$$

D'autre part E'_1 contient E' et $\lambda_o(E') = 0$, donc:

$$\text{rang } (\lambda_{o|E'_1}) \leq \dim E'_1 - \dim E' \leq \dim E - \text{codim } E'_1 - \dim E' \leq$$

$$\leq \dim E_o + \dim E_1 - \frac{1}{r} (\dim E_1 - \dim E') - \dim E' = \dim E_o + \frac{r-1}{r} (\dim E_1 - \dim$$

C.Q.F

<u>PROPOSITION 1</u>. *L'orbite d'un point* $p \in S(F)$, *où* $F \in (\mathcal{G}^n_c - C_1)$, *est de dimension* $\leq (m-a)/2 + c - 2$.

De plus, si $\dim F - \dim F(p) \geq 3$ *l'inégalité précédente est stricte.*

<u>Démostration</u>. Notons k la dimension de l'orbite de p. Soit $r = \dim F - \dim F(p) \geq 2$.

Alors $h_k(p) \in N^r_F \subset \mathcal{G}^n_{n-k}$. Choisissons une carte $(U, x, y) \in \mathcal{F}_k$, avec $p \in U$, et une base $\{v_1, \ldots v_n\}$ de V de façon que $X_{v_1}, \ldots X_{v_k}$ s'écrivent

$$\frac{\partial}{\partial x_1}, \ldots \frac{\partial}{\partial x_{k-a}}, \frac{\partial}{\partial y_1}, \ldots \frac{\partial}{\partial y_a}$$

et que $\{v_{k+1}, \ldots v_{k+r}\}$ soit une base de $h_k(p) \cap F$.

Considérons des fonctions $f_1, \ldots f_r : U \rightarrow \mathbb{R}$, telles que

$$X_{v_{k+j}} = \sum_{i=1}^{m} \left(\frac{\partial f_j}{\partial y_i} \frac{\partial}{\partial x_i} - \frac{\partial f_j}{\partial x_i} \frac{\partial}{\partial y_i}\right).$$

Comme $v_{k+j} \in \text{Ker } \Omega$ le champ $X_{v_{k+j}}$ n'a pas de termes en

$$\frac{\partial}{\partial x_1}, \dots \frac{\partial}{\partial x_a}, \frac{\partial}{\partial y_1}, \dots \frac{\partial}{\partial y_{k-a}},$$

ce qui entraîne que chaque f_j est seulement fonction de $(x_{k-a+1}, \dots x_m, y_{a+1}, \dots y_m)$.

Notons E_o le sous-espace vectoriel engendré par

$$\{\frac{\partial}{\partial y_{a+1}}, \dots \frac{\partial}{\partial y_{k-a}}\}$$

et E_1 le sous-space vectoriel engendré par le reste des operateurs de dérivation partielle. Soit

$$E_2 = E_o \oplus \mathbb{R} \{ \frac{\partial}{\partial x_1}, \dots \frac{\partial}{\partial x_a}, \frac{\partial}{\partial y_1}, \dots \frac{\partial}{\partial y_a} \}$$

Posons $F = (f_1, \dots f_r)$. On définit les applications:

$$G_i : U \to \text{Hom}(E_i, \mathbb{R}^r)$$
$$(x, y) \to D_{E_i} F(x, y) \qquad , i = 0, 1, 2.$$

Alors $G_1(U \cap \Sigma_k) = 0$ car sur cet ensemble les champs $X_{v_{k+1}}, \dots X_{v_{k+r}}$ sont combinaisons linéaires de $X_{v_1}, \dots X_{v_k}$.

Soit $k_o = \text{rang}(G_1)(p) = m - \dim(\text{Ker } D G_1 (p))$. On peut trouver une application linéaire $\pi : \text{Hom}(E_1, \mathbb{R}^r) \to \mathbb{R}^{k_o}$ telle que rang $(\pi \circ G_1)(p) = k_o$. Il existera, donc, un ouvert $p \in A \subset U$ et une sous-variété plongée $P = (\pi G_1)^{-1}(0) \cap A$, tels que le couple (A, P) enferme p. Par construction $T_p P = \text{Ker } D G_1 (p)$.

Supposons que r_o soit la plus petite dimension qui permet d'enfermer p. Prenons $(B, Q) \in \mathbf{P}_k^{r_o}$ tel que $p \in Q$. Alors $T_p Q \subset T_p P = \text{Ker } D G_1 (p)$.

Si on identifie l'espace des matrices $(n - k) \times k$ à un ouvert de G^n_{n-k} moyennant les bases $\{v_{k+1}, \dots v_n\}$ et $\{- v_1, \dots - v_k\}$, et si on considère l'application linéaire ρ qui à chaque matrice associe ses r premières lignes, alors $h_k(p) \in \rho^{-1}(0)$ et la sous-variété $\rho^{-1}(0)$ est contenue au voisinage de $h_k(p)$ dans N^r_F. Comme $h^\#_k : Q \cap U \to G^n_{n-k}$ est transversale à N^r_F il vient :

$$\text{rang}(\rho \circ h^\#_k |Q)(p) \geq \text{codim } N^r_F .$$

Or $\rho \circ h^\#_k$ et G_2 sont à isomorphisme des espaces d'arrivée près la même application, et $G_2 = (G_o, 0)$ 2. Donc rang $(G_o |Q)(p) \geq \text{codim } N^r_F$.

Posons $\lambda = D^2 F(p)$. Alors $E'_1 = \text{Ker } D G_1 (p) \supset T_p Q$, et du lemme 4 il résulte:

$$\text{rang } G_1(p) = \text{rang } \lambda_1 \geq \frac{1}{r-1}\left[\text{rang } (\lambda_o|_{E_1'}) + 2a - k\right] \geq$$

$$\geq \frac{1}{r-1}\left[\text{rang } (G_o|_Q)(p) + 2a - k\right] \geq \frac{1}{r-1}(\text{codim } N^r_F + 2a - k)$$

Comme $h^{\#}_k$ est constante sur l'orbite de p localement contenue dans Q, on a:

$$\text{codim } N^r_F \leq \text{rang}\,(h^{\#}_k|_Q)(p) \leq \dim Q - k \leq \dim P - k =$$

$$= 2m - \text{rang } G_1(p) - k \leq 2m - \frac{1}{r-1}\left[\text{codim } N^r_F + 2a + (r-2)k\right]$$

D'où, en prenant les deux bouts de l'inégalité et en remplaçant codim N^r_F par sa valeur, il vient:

$$k \leq \frac{2m - 2a}{r+2} + \frac{2(r-2)a + r^2 c - r^3}{(r+2)(r-1)}$$

Par construction $2a \leq c - 2$, donc

$$k \leq \frac{2m - 2a}{r+2} + c + 1 - r - \frac{5r - 6}{(r+2)(r-1)}$$

C.Q.F.D.

3. Le cas où la dimension des orbites est trop grande.

Jusque à la fin du prochain paragraphe on va supposer Σ_k vide pour tout $k < (m-a)/2 + b$. On supposera, de même, que M n'est pas un cylindre et on aboutira à une contradiction. *D'après la proposition* 2:

1) $c = b + 2$ donc b est pair.

2) $\dim F - \dim F(p) = 2$ pour tout $p \in S(F)$ et tout $F \in (G^n_{b+2} - C_1)$.

3) $m - a$ doit être divisible par deux.

Posons donc $m = a + 2r$. *On supposera, en plus,* $r \geq 1$, *car sinon* M *est un cylindre et* ω *est une forme symplectique invariant par l'action du groupe.*

En particulier l'orbite d'un point $p \in S(F)$ est de dimension $b + r$ et codim $N^2_F = 2r$.

Dans la démonstration précédente, de laquelle on garde par l'instant l'essentiel des notations, on a établi:

$$\text{codim } N^2_F \leq \dim Q - b - r \leq \dim P - b - r \leq m - (\text{codim } N^2_F + 2a)$$

d'où: $\dim Q = \dim P = b + 3r$.

Autrement dit, *la plus petite dimension qui permet d'enfermer* p est $b+3r$.

En outre, $E'_1 = T_p P = T_p Q$ sera l'espace tangent en p de toute sous-variété de dimension $b + 3r$ qui enferme p.

Considérons une base $\{v, w\}$ de $F \cap h_{b+r}(p)$. Soient A_v et A_w les parties linéaires, en p, de X_v et de X_w respectivement.

LEMME 5. *Prenons un couple* (B', Q'), *avec* $\dim Q' = b + 3r$, *qui enferme* $p \in S(F)$. *Supposons* $b = 2a$. *Alors il existe deux sous-espaces vectoriels* $L_v \subset \text{Ker } A_v$ *et* $L_w \subset \text{Ker } A_w$, *de dimension* r, *tels que* $A_v(L_w) = A_w(L_v) = (\text{Ker } \Omega)(p)$ *et que*

$$T_p Q' = L_v \oplus L_w \oplus (\text{Ker } A_v \cap \text{Ker } A_w).$$

De plus $T_p Q'$ *est l'orthogonal symplectique de* $(\text{Ker } \Omega)(p)$.

Démonstration. On peut choisir une base $\{v_1, \dots v_n\}$ de V, comme dans la démonstration de la proposition 1, de façon que $v = v_{b+r+1}$ et $w = v_{b+r+2}$. Donc $i_{X_v} \omega = d f_1$ et $i_{X_w} \omega = d f_2$.

D'autre part $(\text{Ker } \Omega)(p)$ est en coordonnées (U, x, y) l'espace engendré par ($b = 2a$ par hypothèse)

$$\frac{\partial}{\partial x_{a+1}}, \dots \frac{\partial}{\partial x_{a+r}}.$$

Si on prend de bases convenables de $\text{Hom}(E_i, \mathbb{R}^2) = E^*_i \times E^*_i$, on pourra écrire:

$$G_o = \left(\frac{\partial f_1}{\partial y_j}, \frac{\partial f_2}{\partial y_j}\right) \quad , \quad j = a+1, \dots a+r$$

$$G_1 = \left(\frac{\partial f_1}{\partial x_i}, \frac{\partial f_1}{\partial y_j}, \frac{\partial f}{\partial x_i}, {}_2\frac{\partial f_2}{\partial y_j}\right) \quad \text{où} \quad i = 1, \dots m$$

et où $1 \leq j \leq a$ ou bien $a + r + 1 \leq j \leq m$.

Comme $E'_1 = \text{Ker } D G_1(p)$ il est clair que

$$E'_1 = A_v^{-1}((\text{Ker } \Omega)(p)) \cap A_w^{-1}((\text{Ker } \Omega)(p)).$$

Or $\text{rang}(G_o|_Q) \geq \text{codim } N^2_F = 2r$, donc

$$(A_v \times A_w)(E'_1) = (\text{Ker } \Omega)(p) \times (\text{Ker } \Omega)(p)$$

car $D G_o(p) : E'_1 \to \mathbb{R}^{2r}$ et $A_v \times A_w : E'_1 \to (\text{Ker } \Omega)(p) \times (\text{Ker } \Omega)(p)$ sont, à isomorphisme de l'espace d'arrivée près, la même application. Ceci permet de choisir L_v et L_w .

C.Q.F.D.

Nous allons maintenant définir "l'intérieur" N de Σ_{b+r}^{b+3r}. On dira que $p \in N$ s'il existe un couple (A, P), enfermant p en dimension b + 3 r, tel que p appartient à l'intérieur, relativement à P, de $P \cap \Sigma_{b+r}$. Cette propriété ne dépend pas du couple (A, P) considéré . Par construction N *a une structure (d'ailleurs unique) de sous-variété plongée de dimension* b + 3 , *qui enferme* p . *En outre* $h_{b+r} : N \to G^n_{n-b-r}$ *et* N_F *sont transversales si* $F \notin C_1$.

Posons $N' = \Sigma_{b+r}^{b+3r} - N$. Les ensembles N et N' sont invariants par l'action de $\mathbb{R}^n$.

<u>LEMME 6</u>. *L'ensemble*

$C_2 = \{F \in G^n_{b+2} / \exists\, p \in N'$ *tel que* $\dim(F \cap h_{b+r}(p)) \geq 2\}$ *est maigre* .

<u>Démonstration</u>. Prenons un point $p \in N'$ et un couple (A, P), avec $P \subset A$, qui enferme p en dimension b+3 r. On peut supposer, sans perte de généralité, qu' il existe des coordonnées (x, y) telles que (A, x, y) soit une carte adaptée à Σ_{b+r} . Il suffira de prouver que: $C' = \{F \in G^n_{b+2} / \exists\, p \in N' \cap A$ tel que $\dim(F \cap h_{b+r}(p)) \geq 2\}$ est un ensemble maigre.

Soit T une transversale à l'action obtenue en prenant les coordonnées x_i, pour i = 1,... b + r - a, et y_j, pour j = 1,... a, constantes. Alors $h_{b+r}(N' \cap A) = h_{b+r}(N' \cap T)$ et il suffira d'appliquer (II) du lemme 2 à $N' \cap T$, qui est maigre dans $P \cap T$.

C.Q.F.D.

L'action de $\mathbb{R}^n$ sur N définit un feuilletage de dimension b+r , dont les feuilles sont des cylindres. Une transversale à ce feuilletage se dira *unisécante* si elle coupe au plus une fois chaque feuille. Soit U(N) l'ensemble des points de N par lesquels passe une transversale unisécante. Alors U(N) est un ouvert saturé de N .

<u>PROPOSITION 2</u>. *Considérons* $F \in (G^n_{b+2} - C_1 \cup C_2)$. *Alors*:

(I) S (F) *est une sous-variété plongée et fermée de dimensión* b+r, *contenue dans* U(N), *réunion d'une quantité finie ou dénombrable d'orbites*.

(II) rang $(\Omega|_F) = 2a = b$.

<u>Démonstration</u>. Pour prouver (I) il suffit d'observer que $h_{b+r} : N \to G^{n}_{n-b-r}$ et N_F sont transversales et que $h^{-1}_{b+r}(N^2_F) = S(F)$.

Posons $S(F) = \cup_{i \in I} S_i$ où chaque S_i est une orbite de l'action de $\mathbb{R}^n$ et où I est un ensemble fini ou dénombrable. Soit $R_i = \{v \in F / X_v|_{S_i} = 0\}$.

Comme $\dim F - \dim F(p) = 2$ pour chaque $p \in S(F)$, la dimension de R_i est deux.

Supposons $\operatorname{rang}(\Omega|_F) < b$. Faisons $F = F_o \oplus F_1$ où $F_o = \operatorname{Ker}(\Omega|_F)$. Alors $\dim F_o$ est pair et supérieur ou égal à quatre. Si $v \in R_i$ le champ X_v a des singularités, donc $R_i \subset F_o$.

Comme $\dim F_o \geq 4$ on peut choisir une structure complexe ρ sur F_o telle que $\rho(R_i) \cap R_i = \{0\}$ pour tout $i \in I$. Pour chaque $u = u_o + u_1$ de $F = F_o \oplus F_1$, on définit le champ de vecteurs:

$$Y_u = X_u + J X_{\rho(u_o)}$$

Comme X_u et $J X_{\rho(u_o)}$ sont orthogonaux, $Y_u(p) = 0$ si et seulement si $u_1 = 0$ et $X_{u_o}(p) = X_{\rho(u_o)}(p) = 0$. Si $u_o \neq 0$ alors $p \in S(F)$ et $\{u_o, \rho(u_o)\}$ est une base d'un certain R_i qui devient, ainsi, une droite complexe, ce qui est exclu. Bref, si $u \neq 0$ le champ Y_u n'a pas de singularités , et $\operatorname{span}(M) \geq b+2$ *ce qui est contradictoir* . C.Q.F.D.

Notons $U_o(N)$ l'ensemble des points $p \in U(N)$ tels que le type de feuille est constante au voisinage de p. D'après le lemme 1 de l'appendice $U_o(N)$ est un ouvert dense de $U(N)$. Soit :

$$C_3 = \{F \in G^{n}_{2a+2} / \exists\, p \in (U(N) - U_o(N)) \text{ tel que } \dim(F \cap h_{2a+r}(p)) \geq 2\}$$

L'ensemble C_3 *est maigre*. En effet, transversalement au feuilletage défini par l'action de $\mathbb{R}^n$, l'ensemble $U(N) - U_o(N)$ est maigre.

Etant donné $p \in N$ on définit:

$$\mathcal{E}(p) = \{(i_{X_u}\omega)(p)|_{T_pN} / u \in V\} \subset T^*_pN$$

Par construction $2a \leq \dim \mathcal{E}(p) \leq 2a + r$ car $2a$ est le rang symplectique de l'action et $b + r = 2a + r$ est la dimension de l'orbite de p. La semi-continuité de la dimension de $\mathcal{E}$ entraîne que l'ensemble N_1, des points de N pour lesquels $\dim \mathcal{E}$ est localement constante, est un ouvert dense, stable par l'action de $\mathbb{R}^n$. Soit :

$$C_4 = \{F \in G^{n}_{2a+2} / \exists\, p \in (N - N_1) \text{ tel que } \dim(F \cap h_{2a+r}(p)) \geq 2\}.$$

L'ensemble C_4 *est maigre* puisque $N-N_1$ est transversalement maigre.

Posons $C = C_1 \cup C_2 \cup C_3 \cup C_4$. Soit $N_o = \{p \in N_1 / \dim \mathcal{E}(p) = 2a\}$.

Prenons $F \in (G^{n}_{2a+2} - C)$. Si $p \in S(F)$, d'après le lemme 5 , $T_p N$ est l'orthogonal symplectique de $(\mathrm{Ker}\ \Omega)(p)$. Donc $\dim \mathcal{E}(p) = 2a$. *Autrement dit* $S(F) \subset N_o$. Par conséquent $S(F) \subset N_o \cap U_o(N)$.

4. Fin de la démonstration du théorème 1.

Dans ce paragraphe on va construire (2a+1) champs de vecteurs linéairement indépendants en tout point, *ce qui est contradictoire car* $b = 2a$.

Prenons un élément F de $G^{n}_{2a+2} - C$. Posons $F = F_o \oplus F_1$ où $F_o = \mathrm{Ker}\ \Omega|_F$. D'après la proposition 2, $\dim F_o = 2$ et $\dim F_1 = \mathrm{rang}\ (\Omega|_{F_1}) = \mathrm{rang}\ (\Omega|_F) = 2a$. Par conséquent:

1) $F_1(M) = \bigcup_{p \in M} F_1(p)$ est un sous-fibré vectoriel de TM isomorphe à $F_1 \times M$.

2) $p \in S(F)$ si et seulement si $F_o(p) = 0$.

Il suffira, donc, de trouver un champ de vecteurs Z transverse à $F_1(M)$, c'est-à-dire une section non singulière du fibré normal à $F_1(M)$.

Prenons une base $\{v, w\}$ de F_o. Soit $Y = X_v + J X_w$. Un raisonnement analogue à celui de la démonstration de la proposition 2, montre que $Y(p) \in F_1(p)$ *si et seulement si* $Y(p) = X_v(p) = X_w(p) = 0$; en d'autres termes, si et seulement si $p \in S(F)$, qui est precisément l'ensemble de zeros de Y.

L'ensembles $S(F)$ est une reunion d'orbites, donc de cylindres, qui sont ses composantes connexes. Soit S une orbite de $S(F)$ .Comme $S(F) \subset U_o(N)$, d'après le théorème de stabilité (voir l'appendice) on peut trouver un disque $D \subset \mathbb{R}^{2r}$ et un voisinage de S dans N_o, du type $D \times S$, de manière que S s'identifie à $\{0\} \times S$ et que chaque $\{z\} \times S$ soit une orbite de l'action.

Considérons coordonnées (z,θ) comme dans le théorème de stabilité. Alors X_u s'exprime comme une combinaison linéaire de $\partial/\partial\theta_1, \dots \partial/\partial\theta_{2a+r}$, dont les coefficients sont seulement fonction de z .

Soit $\{v_1, \dots v_{2a}\}$ une base de F_1 . Notons α_j la restriction de $i_{X_{v_j}}\omega$ à N_o . La forme $\alpha_1 \wedge \dots \wedge \alpha_{2a}$ restreinte à la sous-variété $\{0\} \times S$ (et à son fibré tangent bien sûr) est non singulière. Comme α_j est invariante par l'action de $\mathbb{R}^n$ sur $D \times S$ s'écrit sous la forme $\sum f_{jk}(z,\theta)\, dz_k + \sum h_{j\lambda}(z)\, d\theta_\lambda$. Il existe donc des formes fermées $\beta_1, \dots \beta_r$, combinaison linéaire à coefficients constants de $d\theta_1, \dots d\theta_{2a+r}$, telles que $\alpha = \alpha_1 \wedge \dots \wedge \alpha_{2a} \wedge \beta_1 \wedge \dots \wedge \beta_r$ soit une forme de volume sur $\{0\} \times S$. En rapetissant D on peut supposer que Ker α définit, sur $D \times S$, un feuilletage de dimension $2r$ transverse au feuilletage associé à l'action de $\mathbb{R}^n$. Par construction ces deux feuilletages sont orthogonaux du point de vue symplectique car $\{\alpha_1(p), ...\alpha_{2a}(p)\}$ est une base de $\mathfrak{E}(p)$.

Considérons champs de vecteurs $Z_1,...Z_{2r}$, tangents à Ker α, dont les projections sur D sont les champs $\partial/\partial z_1$, ... $\partial/\partial z_{2r}$. Alors $[Z_j, Z_k] = 0$. Par suite les champs $Z_1,...Z_{2r}$ engendrent une action locale de $\mathbb{R}^{2r}$ sur $D \times S$ (voir [10] ; pour se guider penser au flot d'un champ de vecteurs). Soit $G : A \rightarrow D \times S$, où A est un ouvert de $\mathbb{R}^{2r} \times D \times S$, une telle action locale, et soit $\mathfrak{B} = \{(t,\theta) \in \mathbb{R}^{2r} \times S \;/\; (t,0,\theta) \in A\}$. Bien sûr $\mathfrak{B}$ est un ouvert.

L'application $G' : (t,\theta) \in \mathfrak{B} \rightarrow G(t,0,\theta) \in D \times S$ est injective. En effet, G se projette dans la action naturelle de $\mathbb{R}^{2r}$ sur D, donc $G'(t,\theta) = G'(t',\theta')$ entraîne $t = t'$. Or chaque G_t est injective car G est une action locale, d'où $(t,\theta) = (t',\theta')$.

En outre G' est de rang maximum puisque le noyau de la différentielle de G, en chaque point $(t,0,\theta)$, est transverse à $T_t\mathbb{R}^{2r} \times \{0\} \times T_0S$. Bref $G' : \mathfrak{B} \rightarrow G'(\mathfrak{B})$ est un difféomorphisme, qui transforme le feuilletage donné par le premier facteur dans celui associé à Ker α, et qui préserve le feuilletage donné par le second facteur.

A l'aide de G' on peut donc conclure l'existance d'un voisinage de S dans N_o, du type ouvert $\mathfrak{B}$ de $D \times S$, de manière que :

(i) S s'identifie à $\{0\} \times S$ et l'action (locale) de $\mathbb{R}^n$ est tangente au second facteur. Donc, sur $\mathfrak{B}$, on a $X_u = \Sigma f_j(z,\theta)\, \partial/\partial\theta_j$.

(ii) Les feuilletage associés aux facteurs sont orthogonaux du point de vue symplectique. C'est-à-dire, si ω' designe la restriction de ω à N_o alors sur $\mathfrak{B}$ on a : $\omega' = \Sigma f_{jk}\, dz_j \wedge dz_k + \Sigma g_{\lambda\mu}\, d\theta_\lambda \wedge d\theta_\mu$, où $\partial f_{jk}/\partial\theta_\lambda = \partial g_{\lambda\mu}/\partial z_j = 0$.

D'autre part on peut prendre une métrique ϕ dont la restriction à N_o, qui sera notée ϕ', s'écrit sur $\mathfrak{B}$, sous la forme : $\phi' = \Sigma_j\, dz_j \otimes dz_j + \Sigma_\lambda\, d\theta_\lambda \otimes d\theta_\lambda$.

Soit J' le tenseur de type (1, 1) défini sur N_o par la relation $\omega'(X, Z) = \phi'(J'X, Z)$.

Alors $J' = \Sigma f'_{jk}\, \partial/\partial z_j \otimes dz_k + \Sigma g'_{\lambda\mu} \partial/\partial\theta_\lambda \otimes d\theta_\mu$, où $\partial f'_{jk}/\partial\theta_\lambda = \partial g'_{\lambda\mu}/\partial z_j = 0$.

Par conséquent sur $\mathfrak{B}$ le champ $(L_{X_u}J')(X)$ est tangent au feuilletage associé à l'action de $\mathbb{R}^n$. Autrement dit, il existe un voisinage de S dans N_o, sur lequel J' est invariant par l'action (locale) de $\mathbb{R}^n$ modulo le feuilletage induit par cette action.

On remarque que J' est la projection orthogonale sur TN_o de la restriction de J à ce sous-fibré. C'est-à-dire, si $\tau \in T_pN_o$ alors $(J\tau - J'\tau) \in T_pN_o^{\perp}$. En outre, l'intersection de

T_pN_o et de $F'_1(p)$, où $F'_1(p)$ est l'orthogonal symplectique de $F_1(p)$, est stable par J' si $p \in \mathbb{B}$. En effet, $J'(\mathrm{Ker}\,\omega'(p)) = 0$ et $J'(\partial/\partial z_k) = \sum f'_{jk}\,\partial/\partial z_j$.

Soient A_v, A_w et B respectivement les parties linéaires, sur S , de X_v, X_w et Y. Elles sont donc des sections sur S de $T M \otimes T^*M$. On vérifie facilement que $B = A_v + J A_w$.

PROPOSITION 3. *Etant donné* $F \in (G^n_{2a+2} - C)$ *et une orbite* S *de* S(F) *,on peut choisir* ϕ *de manière que*:

(I) Im B *soit un sous-fibré, au dessus de* S, *de* T M *de dimension* 3r.

(II) $\mathrm{Im}\,B \cap F_1(M) = \{0\} \times S$.

(III) *Le fibré normal à* $\mathrm{Im}\,B \oplus (F_1(M)|_S)$ *soit parallélisable.*

Démonstration. Comme $\phi(X_v, JX_w) = -\omega(X_v, X_w) = 0$ les sous-fibrés Im A_v et Im A_w sont orthogonaux. Par conséquent $\mathrm{Ker}\,B = \mathrm{Ker}\,A_v \cap \mathrm{Ker}\,A_w$ et d'après le lemme 5 , $\dim(\mathrm{Im}\,B) = 3r$.

Im $A_v(p)$ est l'orthogonal symplectique de Ker $A_v(p)$, qui contient à son tour $V(p) = (\mathrm{Ker}\,\Omega)(p) + F_1(p)$. Donc $\mathrm{Im}\,A_v(p) \subset T_p N_o \cap F'_1(p)$. De même $\mathrm{Im}\,A_w(p) \subset T_p N_o \cap F'_1(p)$. D'où $\mathrm{Im}\,(A_v + J' A_w)(p) \subset T_p N_o \cap F'_1(p)$ et $\mathrm{Im}\,(A_v + J' A_w)(p) \cap F_1(p) = 0$.

D'autre part (voir encore le lemme 5):

$\mathrm{Im}\,B(p) \supset (A_v + J A_w)(p)(L_v \oplus L_w) = (\mathrm{Ker}\,\Omega)(p) \oplus J(\mathrm{Ker}\,\Omega)(p) = (\mathrm{Ker}\,\Omega)(p) \oplus T_p N_o^{\perp}$ puisque $T_p N_o$ est l'orthogonal symplectique de $(\mathrm{Ker}\,\Omega)(p)$. Par conséquent, la projection orthogonale de Im B sur $T N_o$ nous définit un sous-fibré vectoriel au dessus de S , qui est exactement $\mathrm{Im}\,(A_v + J' A_w)$, et $\mathrm{Im}\,B \cap F_1(M) = \{0\} \times S$. Clairement cette projection contient à $(\mathrm{Ker}\,\Omega)(p)$ pour tout $p \in S$. Donc $F_1(p) \oplus \mathrm{Im}\,(A_v + J' A_w)(p) \supset T_p S$.

Pour finir il suffit de montrer que le quotient E de $T N_o|_S$ par $(F_1(M)|_S) \oplus \mathrm{Im}\,(A_v + J' A_w)$ est parallélisable.

Par construction A_v et A_w sont invariants par l'action de $\mathbb{R}^n$, et aussi J' sur S, modulo T S. Donc $(F_1(M)|_S) \oplus \mathrm{Im}\,(A_v + J' A_w)$ est lui-même invariant par cette action. Mais l'action de $\mathbb{R}^n$ sur $(T N_o|_S) / T S$ ne dépend que du point de départ et du point d'arrivée dans la base . Par conséquent le même résultat est vrai pour E qui devient ainsi parallélisable. C.Q.F.D.

COROLLAIRE. *Dans la proposition précédante on peut remplacer* S *par* S(F) .

Démonstration. Posons $S(F) = \cup_{i \in I} S_i$ où chaque S_i est une orbite de l'action de $\mathbb{R}^n$.

Pour chaque S_i on construit ϕ_i comme plus haut . Or toutes les orbites sont fermées, donc on peut trouver une métrique ϕ égal à ϕ_i près de S_i . C.Q.F.D.

LEMME 7. *Considérons une variété* P, *un sous-fibré vectoriel* E *de* T P *et un champ de vecteurs* Z, *dont l'ensemble des zeros constitue une sous-variété plongée* Q *de* P. *Soit* C *sa partie linéaire sur* Q. *Supposons que*:

(I) $Z(p) \in E(p)$ *si et seulement si* $Z(p) = 0$, *où* $E(p)$ *désigne la fibre de* E *en* p.

(II) Im C *est un sous-fibré vectoriel de dimension égal à la codimension de* Q.

(III) $E \cap \text{Im}\, C = \{0\} \times Q$.

(IV) *Le fibré normal à* $(E|_Q) \oplus \text{Im}\, C$ *admet une section sans singularités.*

Alors il existe une section sans zeros du fibré normal à E.

Démonstration. Le fibré Im C s'étend en un fibre E_1 au dessus d'un voisinage tubulaire P' de Q . En outre on peut trouver sur un ouvert P'' , contenant Q , un supplémentaire E_2 de $E \oplus E_1$. Considérons sur P'' la décomposition du champ Z par rapport à $E \oplus E_1 \oplus E_2$: $Z = Z' + Z_1 + Z_2$.

D'après (II) la partie linéaire de Z_1 sur Q induit un isomorphisme entre le fibre normal à T Q et $\text{Im}\, C = E_1|_Q$. Par suite, en rapetissant P'' , on peut supposer que l'ensemble de zeros de Z_1 sur P'' est Q .

Compte tenu de (IV) il existe un champ de vecteurs U , qui est une section de E_2 sur P'', sans singularités sur Q et nul sur P - P''. Bien sûr Z+U produit une section non nulle du fibre normal à E. C.Q.F.D.

D'après le corollaire de la proposition 3 et le lemme 7 le fibré normal à $F_1(M)$ admet une section non singulière. Donc $\text{spanM} \geq 2a + 1 = b + 1$, ce qui est contradictoire. *Ceci finit la démonstration du théorème* 1.

Remarque. On peut prouver le théorème 1 sous la forme plus précise suivante: Supposons que M n'est pas un cylindre. Alors l'ensemble des $F \in G^n_c$ tels que S (F) contient une orbite de dimension $< (m - a)/2 + b$ est dense.

En effet, soit A l'intérieur du complémentaire de cet ensemble. Clairement A est ouvert. Si A n'est pas vide, on peut refaire tous les calculs en prenant A à la place de G^n_c et on finit par aboutir à une contradiction.

5. Dimension des orbites d'une action feuilletante.

On dira qu'une action de $\mathbb{R}^n$ est *feuilletante* si toutes les orbites ont la même dimension.

LEMME 8. *Considérons un fibré vectoriel* E, *de dimension* k, *sur une variété différentiable* Q *et une application* $f : P \to Q$. *Notons* E' *le pull-back de* E *par* f. *Soit* $r = k - \max \{\text{rang}(f)(x) \ / \ x \in P\}$. *Alors* E' *admet* r *sections globales, linéairement indépendantes en chaque point.*

Ce résultat est une conséquence assez directe du lemme 2 , en écrivant E comme le pull-back du fibré canonique d'une certaine grassmannienne.

THEOREME 2.*Considérons une variété symplectique* (M, ω) *de span* b .*Supposons donnée une action symplectique et feuilletante de* $\mathbb{R}^n$ *sur* M , *dont les orbites sont de dimensión* k . *Alors* $k \leq b$.

Démonstration. Prenons V, Ω, ϕ et J comme dans la démonstration du théorème 1. Posons $V = F_o \oplus F_1$ où $F_o = \text{Ker } \Omega$. On définit les sous-fibrés du fibré tangent $E_o = \bigcup_{p\in M} F_o(p)$ et $E_1 = \bigcup_{p\in M} F_1(p)$.

Soit 2a le rang symplectique. Alors E_1 est un fibré parallèlisable de dimension 2a et E_o est un fibré de dimension k - 2a . En outre l'application

$$(a, b, c) \in E_o \oplus E_o \oplus E_1 \to (a + Jb + c) \in TM$$

est un isomorphisme avec le fibré image. Il suffit donc de trouver (k - 2a) sections indépendantes de $E_o \oplus E_o$.

Considérons l'action infinitésimale de F_o sur M qui est, bien sûr, associée à une action d'un certain $\mathbb{R}^{n-2a}$ dont les orbites sont toutes de dimension k - 2a . Soit $f : M \to G^{n-2a}_{n-k}(F_o)$ l'application qui à chaque point associe l'isotropie infinitésimale en ce point . Si on écrit f à l'aide d'une carte adaptée (U, x, y) on voit clairement que rang (f) $\leq$ k - 2a .

Supposons F_o muni d'un produit scalaire.Soit $\rho : G^{n-2a}_{n-k}(F_o) \to G^{n-2a}_{k-2a}(F_o)$ le difféomorphisme induit par le passage à l'orthogonal. Alors $E_o \oplus E_o$ est le pull-back du fibré produit canonique sur $G^{n-2a}_{k-2a}(F_o) \times G^{n-2a}_{k-2a}(F_o)$ par l'application $h = (\rho \circ f, \rho \circ f)$ dont le rang est $\leq k - 2a$. Maintenant le lemme 8 nous donne les sections requises.

C.Q.F.D.

THEOREME 3. *Soit* (M, ω) *une variété symplectique connexe de dimension* 2m *et de span* b .*Supposons donnée une action symplectique de* $\mathbb{R}^n$ *sur* M . *Alors ou bien* M *est un cylindre, ou bien il existe une orbite de dimension* $\leq 2(m + b - 1)/3$.

Démonstration. Si $b = 2m$ le résultat est évident. Supposons donc $b < 2m$. Ceci équivaut à dire $b \leq 2m - 2$ car tout fibré de dimension 1 orientable, est parallélisable. Alors $b \leq 2(m + b - 1)/3$ et on peut exclure aussi le cas feuilletant (théorème 2). Soit k la plus petite dimension des orbites de l'action. Il existera une orbite de dimension $\geq k+1$ et le rang symplectique sera $\geq 2k + 2 - 2m$, et d'après le théorème 1 :

$$k < \frac{m-(k+1-m)}{2} + b = \frac{2m-k-1}{2} + b$$

C.Q.F.D.

Appendice : Voisinage produit d'une feuille d'un $\mathbb{R}^n$-feuilletage .

Dans cet appendice $(M,\mathcal{F})$ sera une variété différentiable connexe de dimension m, munie d'un feuilletage $\mathcal{F}$ de dimensión k . On dira qu'une transversale T à $\mathcal{F}$ est *unisécante* si elle coupe au plus une fois chaque feuille. Soit $U(\mathcal{F})$ la reunión de toutes les transversales unisécantes. Alors $U(\mathcal{F})$ est un ouvert saturé de M eventuellement vide.

On va supposer, dans la suite, qu'il existe une action $\mathbb{R}^n$ sur M , dont les orbites sont exactement les feuilles de $\mathcal{F}$. Bien sûr $k \leq n$, mais en général l'égalité n'aura pas lieu. Les feuilles de $\mathcal{F}$ seront donc des cylindres $C_r = \mathbb{T}^r \times \mathbb{R}^{k-r}$ où $r = 0, \dots k$. Le nombre r sera appelé le type de la feuille.

En assignant à chaque p de M le type de la feuille qui passe par ce point, on définit une fonction t constante sur les feuilles de $\mathcal{F}$.

LEMME 1. *L'ensemble des points* $p \in U(\mathcal{F})$ *tels que* t *soit constante au voisinage de* p, *est un ouvert dense et saturé de* $U(\mathcal{F})$.

Démonstration. Il suffit de montrer que t est localement croissante. Considérons $p \in U(\mathcal{F})$, alors il existe un sous-groupe $\mathbb{R}^k$ de $\mathbb{R}^n$ qui a les mêmes orbites que $\mathbb{R}^n$ au voisinage de p .

D'autre part on peut choisir un voisinage ouvert $A_1 \times A_2$ de p , tel que chaque plaque $\{y\} \times A_2$ appartienne à une feuille différente. Etant donné $a \in \mathbb{R}^k - \{0\}$ tel que $a \cdot p = p$, si q est proche de p alors q et $a \cdot q$ appartiennent à la même plaque de $A_1 \times A_2$. Donc il existera $a' \in \mathbb{R}^k$, tout proche de a , tel que $a' \cdot q = q$. Ceci montre que la dimension du groupe fondamental d'une feuille, en tant que $\mathbb{Z}$-module, ne peut que augmenter au voisinage de p . C.Q.F.D.

Notons H_p la feuille passant par p .

THEOREME DE STABILITE. *Supposons que sur un voisinage d'un point* $p \in U(\mathcal{F})$ *la fonction* t *soit constante. Alors il existe un ouvert de* M *de la forme* $D \times C_r$, *où* D *est un disque de* $\mathbb{R}^{m-k}$ *tel que:*

(a) $D \times C_r$ *est saturé, chaque* $\{x\} \times C_r$ *est un feuille de* $\mathcal{F}$ *et* $\{0\} \times C_r = H_p$.

(b) *On peut choisir des coordonnées* (x,θ) *sur* $D \times C_r$ *dans lesquelles les champs fondamentaux de l'action s'écrivent sous la forme*

$$X = \sum_{j=1}^{k} f_j(x) \frac{\partial}{\partial \theta_j}$$

Démonstration. Il suffit de considérer le cas k=n . Soit D un disque assez petit de $\mathbb{R}^{m-k}$ plongé dans M comme une transversale unisécante. Supposons p identifié à l'origine et t constante sur D . Un raisonnement analogue à celui de la démonstration du lemme précédant, permet de trouver une famille différentiable $\{a_1(x), \dots a_r(x)\}$, $x \in D$, d'éléments de $\mathbb{R}^k$ contenus dans l'isotropie de x , telle que $\{a_1(0), \dots a_r(0)\}$ soit une base de l'isotropie de ce point. Or si D est assez petit ceci entraîne que $\{a_1(x), \dots a_r(x)\}$ est aussi une base de l'isotropie de x .

A son tour on peut choisir une famille différentiable $\varphi(x)$ d'automorphismes de $\mathbb{R}^k$, telle que $\varphi(x)(e_j) = a_j(x)$ où $j = 1, \dots r$ et où $\{e_1, \dots e_k\}$ est la base canonique de $\mathbb{R}^k$. Alors l'aplication $F: (x,a) \in D \times \mathbb{R}^k \to \varphi(x)(a) \cdot x \in M$ induit un difféomorphisme entre $D \times C_r$ et un ouvert saturé de M contenant p .

Pour finir il suffit de prendre les coordonnées canoniques de C_r. C.Q.F.D.

BIBLIOGRAPHIE

[1] R. ABRAHAM - J. MARSDEN, Foundations of Mechanics, deuxième edition, Benjamin Cummings, Reading, Massachusetts, 1978.

[2] M. ATIYAH, Convexity and commuting Hamiltonians, Bull. London Math. Soc., 14 (1982), 1-15.

[3] E. LIMA, Common singularities of commuting vector fields on 2-manifolds, Comment. Math. Helv., 39 (1964), pp. 97-110.

[4] V. GUILLEMIN - S. STERNBERG, Convexity properties of the moment mapping, I, Invent. Math., 67 (1982), pp. 491-513.

[5] V. GUILLEMIN - S. STERNBERG, Convexity properties of the moment mapping, II, Invent. Math., 77 (1984), pp. 533-546.

[6] F. KIRWAN, Convexity properties of the moment mapping, III, Invent. Math., 77 (1984), pp. 547-552.

[7] U. KOSCHORKE, Vector Fields and Other Vector Bundle Morphisms - A Singularity Approach, L. N. 847, Springer - Verlag 1981.

[8] P. MOLINO - F. J. TURIEL, Une observation sur les actions de $\mathbb{R}^p$ sur les variétés compactes de caractéristique non nulle, Comment. Math. Helv., 61 (1986), pp. 370-375.

[9] P. MOLINO - F. J. TURIEL, Dimension des orbites d'une action de $\mathbb{R}^p$ sur une variété compacte, Comment. Math. Helv.63 (1988), pp.253-258.

[10] R. PALAIS, A global formulation of the Lie theory of transformation groups, Memoirs A.M.S. 22.

[11] R. SACKSTEDER, Degeneracy of Orbits of Actions of $\mathbb{R}^m$ on a manifold, Comment. Math. Helv., 41 (1966-67), pp. 1-9.

[12] F. J. TURIEL, Dimension minimale des orbites d'une action de $\mathbb{R}^n$ par symplectomorphismes, C. R. Acad. Sci. Paris, 305 (1987), pp. 131-133.

LECTURE NOTES IN MATHEMATICS

Edited by A. Dold and B. Eckmann

Some general remarks on the publication of proceedings of congresses and symposia

Lecture Notes aim to report new developments - quickly, informally and at a high level. The following describes criteria and procedures which apply to proceedings volumes. The editors of a volume are strongly advised to inform contributors about these points at an early stage.

§1. One (or more) expert participant(s) of the meeting should act as the responsible editor(s) of the proceedings. They select the papers which are suitable (cf. §§ 2, 3) for inclusion in the proceedings, and have them individually refereed (as for a journal). It should not be assumed that the published proceedings must reflect conference events faithfully and in their entirety. Contributions to the meeting which are not included in the proceedings can be listed by title. The series editors will normally not interfere with the editing of a particular proceedings volume - except in fairly obvious cases, or on technical matters, such as described in §§ 2, 3. The names of the responsible editors appear on the title page of the volume.

§2. The proceedings should be reasonably homogeneous (concerned with a limited area). For instance, the proceedings of a congress on "Analysis" or "Mathematics in Wonderland" would normally not be sufficiently homogeneous.

One or two longer survey articles on recent developments in the field are often very useful additions to such proceedings - even if they do not correspond to actual lectures at the congress. An extensive introduction on the subject of the congress would be desirable.

§3. The contributions should be of a high mathematical standard and of current interest. Research articles should present new material and not duplicate other papers already published or due to be published. They should contain sufficient information and motivation and they should present proofs, or at least outlines of such, in sufficient detail to enable an expert to complete them. Thus resumes and mere announcements of papers appearing elsewhere cannot be included, although more detailed versions of a contribution may well be published in other places later.

Surveys, if included, should cover a sufficiently broad topic, and should in general not simply review the author's own recent research. In the case of surveys, exceptionally, proofs of results may not be necessary.

"Mathematical Reviews" and "Zentralblatt für Mathematik" require that papers in proceedings volumes carry an explicit statement that they are in final form and that no similar paper has been or is being submitted elsewhere, if these papers are to be considered for a review. Normally, papers that satisfy the criteria of the Lecture Notes in Mathematics series also satisfy this

.../...

requirement, but we would strongly recommend that the contributing authors be asked to give this guarantee explicitly at the beginning or end of their paper. There will occasionally be cases where this does not apply but where, for special reasons, the paper is still acceptable for LNM.

§4. Proceedings should appear soon after the meeeting. The publisher should, therefore, receive the complete manuscript within nine months of the date of the meeting at the latest.

§5. Plans or proposals for proceedings volumes should be sent to one of the editors of the series or to Springer-Verlag Heidelberg. They should give sufficient information on the conference or symposium, and on the proposed proceedings. In particular, they should contain a list of the expected contributions with their prospective length. Abstracts or early versions (drafts) of some of the contributions are very helpful.

§6. Lecture Notes are printed by photo-offset from camera-ready typed copy provided by the editors. For this purpose Springer-Verlag provides editors with technical instructions for the preparation of manuscripts and these should be distributed to all contributing authors. Springer-Verlag can also, on request, supply stationery on which the prescribed typing area is outlined. Some homogeneity in the presentation of the contributions is desirable.

Careful preparation of manuscripts will help keep production time short and ensure a satisfactory appearance of the finished book. The actual production of a Lecture Notes volume normally takes 6 -8 weeks.

Manuscripts should be at least 100 pages long. The final version should include a table of contents and as far as applicable a subject index.

§7. Editors receive a total of 50 free copies of their volume for distribution to the contributing authors, but no royalties. (Unfortunately, no reprints of individual contributions can be supplied.) They are entitled to purchase further copies of their book for their personal use at a discount of 33.3 %, other Springer mathematics books at a discount of 20 % directly from Springer-Verlag. Contributing authors may purchase the volume in which their article appears at a discount of 33.3 %.

Commitment to publish is made by letter of intent rather than by signing a formal contract. Springer-Verlag secures the copyright for each volume.

LECTURE NOTES

ESSENTIALS FOR THE PREPARATION OF CAMERA-READY MANUSCRIPTS

Springer

Springer-Verlag
Berlin Heidelberg New York
London Paris Tokyo Hong Kong

The preparation of manuscripts which are to be reproduced by photo-offset require special care. Manuscripts which are submitted in technically unsuitable form will be returned to the author for retyping. There is normally no possibility of carrying out further corrections after a manuscript is given to production. Hence it is crucial that the following instructions be adhered to closely. If in doubt, please send us 1 - 2 sample pages for examination.

General. The characters must be uniformly black both within a single character and down the page. Original manuscripts are required: photocopies are acceptable only if they are sharp and without smudges.

On request, Springer-Verlag will supply special paper with the text area outlined. The standard TEXT AREA (OUTPUT SIZE if you are using a 14 point font) is 18 x 26.5 cm (7.5 x 11 inches). This will be scale-reduced to 75% in the printing process. If you are using computer typesetting, please see also the following page.

Make sure the TEXT AREA IS COMPLETELY FILLED. Set the margins so that they precisely match the outline and type right from the top to the bottom line. (Note that the page number will lie outside this area). Lines of text should not end more than three spaces inside or outside the right margin (see example on page 4).

Type on one side of the paper only.

Spacing and Headings (Monographs). Use ONE-AND-A-HALF line spacing in the text. Please leave sufficient space for the title to stand out clearly and do NOT use a new page for the beginning of subdivisons of chapters. Leave THREE LINES blank above and TWO below headings of such subdivisions.

Spacing and Headings (Proceedings). Use ONE-AND-A-HALF line spacing in the text. Do not use a new page for the beginning of subdivisons of a single paper. Leave THREE LINES blank above and TWO below headings of such subdivisions. Make sure headings of equal importance are in the same form.

The first page of each contribution should be prepared in the same way. The title should stand out clearly. We therefore recommend that the editor prepare a sample page and pass it on to the authors together with these instructions. Please take the following as an example. Begin heading 2 cm below upper edge of text area.

MATHEMATICAL STRUCTURE IN QUANTUM FIELD THEORY

John E. Robert
Mathematisches Institut, Universität Heidelberg
Im Neuenheimer Feld 288, D-6900 Heidelberg

Please leave THREE LINES blank below heading and address of the author, then continue with the actual text on the same page.

Footnotes. These should preferable be avoided. If necessary, type them in SINGLE LINE SPACING to finish exactly on the outline, and separate them from the preceding main text by a line.

Symbols. Anything which cannot be typed may be entered by hand in BLACK AND ONLY BLACK ink. (A fine-tipped rapidograph is suitable for this purpose; a good black ball-point will do, but a pencil will not). Do not draw straight lines by hand without a ruler (not even in fractions).

Literature References. These should be placed at the end of each paper or chapter, or at the end of the work, as desired. Type them with single line spacing and start each reference on a new line. Follow "Zentralblatt für Mathematik"/"Mathematical Reviews" for abbreviated titles of mathematical journals and "Bibliographic Guide for Editors and Authors (BGEA)" for chemical, biological, and physics journals. Please ensure that all references are COMPLETE and ACCURATE.

IMPORTANT

Pagination. For typescript, number pages in the upper right-hand corner in LIGHT BLUE OR GREEN PENCIL ONLY. The printers will insert the final page numbers. For computer type, you may insert page numbers (1 cm above outer edge of text area).

It is safer to number pages AFTER the text has been typed and corrected. Page 1 (Arabic) should be THE FIRST PAGE OF THE ACTUAL TEXT. The Roman pagination (table of contents, preface, abstract, acknowledgements, brief introductions, etc.) will be done by Springer-Verlag.

If including running heads, these should be aligned with the inside edge of the text area while the page number is aligned with the outside edge noting that right-hand pages are odd-numbered. Running heads and page numbers appear on the same line. Normally, the running head on the left-hand page is the chapter heading and that on the right-hand page is the section heading. Running heads should not be included in proceedings contributions unless this is being done consistently by all authors.

Corrections. When corrections have to be made, cut the new text to fit and paste it over the old. White correction fluid may also be used.

Never make corrections or insertions in the text by hand.

If the typescript has to be marked for any reason, e.g. for provisional page numbers or to mark corrections for the typist, this can be done VERY FAINTLY with BLUE or GREEN PENCIL but NO OTHER COLOR: these colors do not appear after reproduction.

COMPUTER-TYPESETTING. Further, to the above instructions, please note with respect to your printout that
- the characters should be sharp and sufficiently black;
- it is not strictly necessary to use Springer's special typing paper. Any white paper of reasonable quality is acceptable.

If you are using a significantly different font size, you should modify the output size correspondingly, keeping length to breadth ratio 1 : 0.68, so that scaling down to 10 point font size, yields a text area of 13.5 x 20 cm (5 3/8 x 8 in), e.g.

Differential equations.: use output size 13.5 x 20 cm.

Differential equations.: use output size 16 x 23.5 cm.

Differential equations.: use output size 18 x 26.5 cm.

Interline spacing: 5.5 mm base-to-base for 14 point characters (standard format of 18 x 26.5 cm).
If in any doubt, please send us 1 - 2 sample pages for examination. We will be glad to give advice.

Vol. 1259: F. Cano Torres, Desingularization Strategies for Three-Dimensional Vector Fields. IX, 189 pages. 1987.

Vol. 1260: N.H. Pavel, Nonlinear Evolution Operators and Semigroups. VI, 285 pages. 1987.

Vol. 1261: H. Abels, Finite Presentability of S-Arithmetic Groups. Compact Presentability of Solvable Groups. VI, 178 pages. 1987.

Vol. 1262: E. Hlawka (Hrsg.), Zahlentheoretische Analysis II. Seminar, 1984–86. V, 158 Seiten. 1987.

Vol. 1263: V.L. Hansen (Ed.), Differential Geometry. Proceedings, 1985. XI, 288 pages. 1987.

Vol. 1264: Wu Wen-tsün, Rational Homotopy Type. VIII, 219 pages. 1987.

Vol. 1265: W. Van Assche, Asymptotics for Orthogonal Polynomials. VI, 201 pages. 1987.

Vol. 1266: F. Ghione, C. Peskine, E. Sernesi (Eds.), Space Curves. Proceedings, 1985. VI, 272 pages. 1987.

Vol. 1267: J. Lindenstrauss, V.D. Milman (Eds.), Geometrical Aspects of Functional Analysis. Seminar. VII, 212 pages. 1987.

Vol. 1268: S.G. Krantz (Ed.), Complex Analysis. Seminar, 1986. VII, 195 pages. 1987.

Vol. 1269: M. Shiota, Nash Manifolds. VI, 223 pages. 1987.

Vol. 1270: C. Carasso, P.-A. Raviart, D. Serre (Eds.), Nonlinear Hyperbolic Problems. Proceedings, 1986. XV, 341 pages. 1987.

Vol. 1271: A.M. Cohen, W.H. Hesselink, W.L.J. van der Kallen, J.R. Strooker (Eds.), Algebraic Groups Utrecht 1986. Proceedings. XII, 284 pages. 1987.

Vol. 1272: M.S. Livšic, L.L. Waksman, Commuting Nonselfadjoint Operators in Hilbert Space. III, 115 pages. 1987.

Vol. 1273: G.-M. Greuel, G. Trautmann (Eds.), Singularities, Representation of Algebras, and Vector Bundles. Proceedings, 1985. XIV, 383 pages. 1987.

Vol. 1274: N. C. Phillips, Equivariant K-Theory and Freeness of Group Actions on C*-Algebras. VIII, 371 pages. 1987.

Vol. 1275: C.A. Berenstein (Ed.), Complex Analysis I. Proceedings, 1985–86. XV, 331 pages. 1987.

Vol. 1276: C.A. Berenstein (Ed.), Complex Analysis II. Proceedings, 1985–86. IX, 320 pages. 1987.

Vol. 1277: C.A. Berenstein (Ed.), Complex Analysis III. Proceedings, 1985–86. X, 350 pages. 1987.

Vol. 1278: S.S. Koh (Ed.), Invariant Theory. Proceedings, 1985. V, 102 pages. 1987.

Vol. 1279: D. Ieşan, Saint-Venant's Problem. VIII, 162 Seiten. 1987.

Vol. 1280: E. Neher, Jordan Triple Systems by the Grid Approach. XII, 193 pages. 1987.

Vol. 1281: O.H. Kegel, F. Menegazzo, G. Zacher (Eds.), Group Theory. Proceedings, 1986. VII, 179 pages. 1987.

Vol. 1282: D.E. Handelman, Positive Polynomials, Convex Integral Polytopes, and a Random Walk Problem. XI, 136 pages. 1987.

Vol. 1283: S. Mardešić, J. Segal (Eds.), Geometric Topology and Shape Theory. Proceedings, 1986. V, 261 pages. 1987.

Vol. 1284: B.H. Matzat, Konstruktive Galoistheorie. X, 286 pages. 1987.

Vol. 1285: I.W. Knowles, Y. Saitō (Eds.), Differential Equations and Mathematical Physics. Proceedings, 1986. XVI, 499 pages. 1987.

Vol. 1286: H.R. Miller, D.C. Ravenel (Eds.), Algebraic Topology. Proceedings, 1986. VII, 341 pages. 1987.

Vol. 1287: E.B. Saff (Ed.), Approximation Theory, Tampa. Proceedings, 1985–1986. V, 228 pages. 1987.

Vol. 1288: Yu. L. Rodin, Generalized Analytic Functions on Riemann Surfaces. V, 128 pages, 1987.

Vol. 1289: Yu. I. Manin (Ed.), K-Theory, Arithmetic and Geometry. Seminar, 1984–1986. V, 399 pages. 1987.

Vol. 1290: G. Wüstholz (Ed.), Diophantine Approximation and Transcendence Theory. Seminar, 1985. V, 243 pages. 1987.

Vol. 1291: C. Mœglin, M.-F. Vignéras, J.-L. Waldspurger, Correspondances de Howe sur un Corps p-adique. VII, 163 pages. 1987

Vol. 1292: J.T. Baldwin (Ed.), Classification Theory. Proceedings, 1985. VI, 500 pages. 1987.

Vol. 1293: W. Ebeling, The Monodromy Groups of Isolated Singularities of Complete Intersections. XIV, 153 pages. 1987.

Vol. 1294: M. Queffélec, Substitution Dynamical Systems – Spectral Analysis. XIII, 240 pages. 1987.

Vol. 1295: P. Lelong, P. Dolbeault, H. Skoda (Réd.), Séminaire d'Analyse P. Lelong – P. Dolbeault – H. Skoda. Seminar, 1985/1986. VII, 283 pages. 1987.

Vol. 1296: M.-P. Malliavin (Ed.), Séminaire d'Algèbre Paul Dubreil et Marie-Paule Malliavin. Proceedings, 1986. IV, 324 pages. 1987.

Vol. 1297: Zhu Y.-l., Guo B.-y. (Eds.), Numerical Methods for Partial Differential Equations. Proceedings. XI, 244 pages. 1987.

Vol. 1298: J. Aguadé, R. Kane (Eds.), Algebraic Topology, Barcelona 1986. Proceedings. X, 255 pages. 1987.

Vol. 1299: S. Watanabe, Yu.V. Prokhorov (Eds.), Probability Theory and Mathematical Statistics. Proceedings, 1986. VIII, 589 pages. 1988.

Vol. 1300: G.B. Seligman, Constructions of Lie Algebras and their Modules. VI, 190 pages. 1988.

Vol. 1301: N. Schappacher, Periods of Hecke Characters. XV, 160 pages. 1988.

Vol. 1302: M. Cwikel, J. Peetre, Y. Sagher, H. Wallin (Eds.), Function Spaces and Applications. Proceedings, 1986. VI, 445 pages. 1988.

Vol. 1303: L. Accardi, W. von Waldenfels (Eds.), Quantum Probability and Applications III. Proceedings, 1987. VI, 373 pages. 1988.

Vol. 1304: F.Q. Gouvêa, Arithmetic of *p*-adic Modular Forms. VIII, 121 pages. 1988.

Vol. 1305: D.S. Lubinsky, E.B. Saff, Strong Asymptotics for Extremal Polynomials Associated with Weights on ℝ. VII, 153 pages. 1988.

Vol. 1306: S.S. Chern (Ed.), Partial Differential Equations. Proceedings, 1986. VI, 294 pages. 1988.

Vol. 1307: T. Murai, A Real Variable Method for the Cauchy Transform, and Analytic Capacity. VIII, 133 pages. 1988.

Vol. 1308: P. Imkeller, Two-Parameter Martingales and Their Quadratic Variation. IV, 177 pages. 1988.

Vol. 1309: B. Fiedler, Global Bifurcation of Periodic Solutions with Symmetry. VIII, 144 pages. 1988.

Vol. 1310: O.A. Laudal, G. Pfister, Local Moduli and Singularities. V, 117 pages. 1988.

Vol. 1311: A. Holme, R. Speiser (Eds.), Algebraic Geometry, Sundance 1986. Proceedings. VI, 320 pages. 1988.

Vol. 1312: N.A. Shirokov, Analytic Functions Smooth up to the Boundary. III, 213 pages. 1988.

Vol. 1313: F. Colonius, Optimal Periodic Control. VI, 177 pages. 1988.

Vol. 1314: A. Futaki, Kähler-Einstein Metrics and Integral Invariants. IV, 140 pages. 1988.

Vol. 1315: R.A. McCoy, I. Ntantu, Topological Properties of Spaces of Continuous Functions. IV, 124 pages. 1988.

Vol. 1316: H. Korezlioglu, A.S. Ustunel (Eds.), Stochastic Analysis and Related Topics. Proceedings, 1986. V, 371 pages. 1988.

Vol. 1317: J. Lindenstrauss, V.D. Milman (Eds.), Geometric Aspects of Functional Analysis. Seminar, 1986–87. VII, 289 pages. 1988.

Vol. 1318: Y. Felix (Ed.), Algebraic Topology – Rational Homotopy. Proceedings, 1986. VIII, 245 pages. 1988

Vol. 1319: M. Vuorinen, Conformal Geometry and Quasiregular Mappings. XIX, 209 pages. 1988.

Vol. 1320: H. Jürgensen, G. Lallement, H.J. Weinert (Eds.), Semigroups, Theory and Applications. Proceedings, 1986. X, 416 pages. 1988.

Vol. 1321: J. Azéma, P.A. Meyer, M. Yor (Eds.), Séminaire de Probabilités XXII. Proceedings. IV, 600 pages. 1988.

Vol. 1322: M. Métivier, S. Watanabe (Eds.), Stochastic Analysis. Proceedings, 1987. VII, 197 pages. 1988.

Vol. 1323: D.R. Anderson, H.J. Munkholm, Boundedly Controlled Topology. XII, 309 pages. 1988.

Vol. 1324: F. Cardoso, D.G. de Figueiredo, R. Iório, O. Lopes (Eds.), Partial Differential Equations. Proceedings, 1986. VIII, 433 pages. 1988.

Vol. 1325: A. Truman, I.M. Davies (Eds.), Stochastic Mechanics and Stochastic Processes. Proceedings, 1986. V, 220 pages. 1988.

Vol. 1326: P.S. Landweber (Ed.), Elliptic Curves and Modular Forms in Algebraic Topology. Proceedings, 1986. V, 224 pages. 1988.

Vol. 1327: W. Bruns, U. Vetter, Determinantal Rings. VII,236 pages. 1988.

Vol. 1328: J.L. Bueso, P. Jara, B. Torrecillas (Eds.), Ring Theory. Proceedings, 1986. IX, 331 pages. 1988.

Vol. 1329: M. Alfaro, J.S. Dehesa, F.J. Marcellan, J.L. Rubio de Francia, J. Vinuesa (Eds.): Orthogonal Polynomials and their Applications. Proceedings, 1986. XV, 334 pages. 1988.

Vol. 1330: A. Ambrosetti, F. Gori, R. Lucchetti (Eds.), Mathematical Economics. Montecatini Terme 1986. Seminar. VII, 137 pages. 1988.

Vol. 1331: R. Bamón, R. Labarca, J. Palis Jr. (Eds.), Dynamical Systems, Valparaiso 1986. Proceedings. VI, 250 pages. 1988.

Vol. 1332: E. Odell, H. Rosenthal (Eds.), Functional Analysis. Proceedings, 1986–87. V, 202 pages. 1988.

Vol. 1333: A.S. Kechris, D.A. Martin, J.R. Steel (Eds.), Cabal Seminar 81–85. Proceedings, 1981–85. V, 224 pages. 1988.

Vol. 1334: Yu.G. Borisovich, Yu. E. Gliklikh (Eds.), Global Analysis – Studies and Applications III. V, 331 pages. 1988.

Vol. 1335: F. Guillén, V. Navarro Aznar, P. Pascual-Gainza, F. Puerta, Hyperrésolutions cubiques et descente cohomologique. XII, 192 pages. 1988.

Vol. 1336: B. Helffer, Semi-Classical Analysis for the Schrödinger Operator and Applications. V, 107 pages. 1988.

Vol. 1337: E. Sernesi (Ed.), Theory of Moduli. Seminar, 1985. VIII, 232 pages. 1988.

Vol. 1338: A.B. Mingarelli, S.G. Halvorsen, Non-Oscillation Domains of Differential Equations with Two Parameters. XI, 109 pages. 1988.

Vol. 1339: T. Sunada (Ed.), Geometry and Analysis of Manifolds. Procedings, 1987. IX, 277 pages. 1988.

Vol. 1340: S. Hildebrandt, D.S. Kinderlehrer, M. Miranda (Eds.), Calculus of Variations and Partial Differential Equations. Proceedings, 1986. IX, 301 pages. 1988.

Vol. 1341: M. Dauge, Elliptic Boundary Value Problems on Corner Domains. VIII, 259 pages. 1988.

Vol. 1342: J.C. Alexander (Ed.), Dynamical Systems. Proceedings, 1986–87. VIII, 726 pages. 1988.

Vol. 1343: H. Ulrich, Fixed Point Theory of Parametrized Equivariant Maps. VII, 147 pages. 1988.

Vol. 1344: J. Král, J. Lukeš, J. Netuka, J. Veselý (Eds.), Potential Theory – Surveys and Problems. Proceedings, 1987. VIII, 271 pages. 1988.

Vol. 1345: X. Gomez-Mont, J. Seade, A. Verjovski (Eds.), Holomorphic Dynamics. Proceedings, 1986. VII, 321 pages. 1988.

Vol. 1346: O. Ya. Viro (Ed.), Topology and Geometry – Rohlin Seminar. XI, 581 pages. 1988.

Vol. 1347: C. Preston, Iterates of Piecewise Monotone Mappings on an Interval. V, 166 pages. 1988.

Vol. 1348: F. Borceux (Ed.), Categorical Algebra and its Applications. Proceedings, 1987. VIII, 375 pages. 1988.

Vol. 1349: E. Novak, Deterministic and Stochastic Error Bounds in Numerical Analysis. V, 113 pages. 1988.

Vol. 1350: U. Koschorke (Ed.), Differential Topology. Proceedir 1987. VI, 269 pages. 1988.

Vol. 1351: I. Laine, S. Rickman, T. Sorvali, (Eds.), Complex Analys Joensuu 1987. Proceedings. XV, 378 pages. 1988.

Vol. 1352: L.L. Avramov, K.B. Tchakerian (Eds.), Algebra – S Current Trends. Proceedings, 1986. IX, 240 Seiten. 1988.

Vol. 1353: R.S. Palais, Ch.-l. Terng, Critical Point Theory Submanifold Geometry. X, 272 pages. 1988.

Vol. 1354: A. Gómez, F. Guerra, M.A. Jiménez, G. López (Ed Approximation and Optimization. Proceedings, 1987. VI, 280 pag 1988.

Vol. 1355: J. Bokowski, B. Sturmfels, Computational Synthetic Ge metry. V, 168 pages. 1989.

Vol. 1356: H. Volkmer, Multiparameter Eigenvalue Problems a Expansion Theorems. VI, 157 pages. 1988.

Vol. 1357: S. Hildebrandt, R. Leis (Eds.), Partial Differential Equatio and Calculus of Variations. VI, 423 pages. 1988.

Vol. 1358: D. Mumford, The Red Book of Varieties and Schemes. 309 pages. 1988.

Vol. 1359: P. Eymard, J.-P. Pier (Eds.), Harmonic Analysis. Procee ings, 1987. VIII, 287 pages. 1988.

Vol. 1360: G. Anderson, C. Greengard (Eds.), Vortex Method Proceedings, 1987. V, 141 pages. 1988.

Vol. 1361: T. tom Dieck (Ed.), Algebraic Topology and Transformati Groups. Proceedings, 1987. VI, 298 pages. 1988.

Vol. 1362: P. Diaconis, D. Elworthy, H. Föllmer, E. Nelson, G. Papanicolaou, S.R.S. Varadhan. École d'Été de Probabilités de Sai Flour XV–XVII, 1985–87. Editor: P.L. Hennequin. V, 459 page 1988.

Vol. 1363: P.G. Casazza, T.J. Shura. Tsirelson's Space. VIII, 2 pages. 1988.

Vol. 1364: R.R. Phelps, Convex Functions, Monotone Operators a Differentiability. IX, 115 pages. 1989.

Vol. 1365: M. Giaquinta (Ed.), Topics in Calculus of Variation Seminar, 1987. X, 196 pages. 1989.

Vol. 1366: N. Levitt, Grassmannians and Gauss Maps in PL-Topolog V, 203 pages. 1989.

Vol. 1367: M. Knebusch, Weakly Semialgebraic Spaces. XX, 3 pages. 1989.

Vol. 1368: R. Hübl, Traces of Differential Forms and Hochsch Homology. III, 111 pages. 1989.

Vol. 1369: B. Jiang, Ch.-K. Peng, Z. Hou (Eds.), Differential Geome and Topology. Proceedings, 1986–87. VI, 366 pages. 1989.

Vol. 1370: G. Carlsson, R.L. Cohen, H.R. Miller, D.C. Ravenel (Ed Algebraic Topology. Proceedings, 1986. IX, 456 pages. 1989.

Vol. 1371: S. Glaz, Commutative Coherent Rings. XI, 347 page 1989.

Vol. 1372: J. Azéma, P.A. Meyer, M. Yor (Eds.), Séminaire de Probab tés XXIII. Proceedings. IV, 583 pages. 1989.

Vol. 1373: G. Benkart, J.M. Osborn (Eds.), Lie Algebras, Madis 1987. Proceedings. V, 145 pages. 1989.

Vol. 1374: R.C. Kirby, The Topology of 4-Manifolds. VI, 108 page 1989.

Vol. 1375: K. Kawakubo (Ed.), Transformation Groups. Proceedings, 198 VIII, 394 pages, 1989.

Vol. 1376: J. Lindenstrauss, V.D. Milman (Eds.), Geometric Aspects Functional Analysis. Seminar (GAFA) 1987–88. VII, 288 pages. 198

Vol. 1377: J.F. Pierce, Singularity Theory, Rod Theory, and Symmetr Breaking Loads. IV, 177 pages. 1989.

Vol. 1378: R.S. Rumely, Capacity Theory on Algebraic Curves. III, 43 pages. 1989.

Vol. 1379: H. Heyer (Ed.), Probability Measures on Groups I Proceedings, 1988. VIII, 437 pages. 1989